2022

BUSINESS SERVICES ——— YEARBOOK

商業服務業年鑑

ESG低碳與數位轉型

目錄
contents

Chapter 4
零售業現況分析與發展趨勢

——商研院經營模式創新研究所　李世珍副所長

Chapter 5
餐飲業現況分析與發展趨勢

——商研院中部辦公室　程麗弘主任

Chapter 6
物流業現況分析與發展趨勢

——龍華科技大學工業管理系副教授、中華民國物流協會顧問　梅明德

Chapter 7
連鎖加盟業現況分析與發展趨勢

——商研院商業發展與策略研究所　李曉雲、彭驛迪、李佳蔚研究員

目錄
contents

Chapter 11
疫後人才培育與轉型

——Hahow 好學校共同創辦人　黃彥傑

Chapter 12
XR 沉浸科技加速零售數位轉型

——資策會 MIC 資深產業分析師兼產品經理　柳育林

Chapter 13
元宇宙經濟學與新商業模式

——臺灣大學資訊網路與多媒體研究所助理教授　葛如鈞
暨電通行銷傳播集團 電通商業顧問 Web 3.0 團隊

部長序

在歷經二年多的 COVID-19 疫情紛擾後，國境大門終於在今（2022）年 10 月解封，根據國際貨幣基金（IMF）在今年 10 月發布的《世界經濟展望》預估，我國今年經濟成長率可望達到 3.3%，較 4 月小幅上修 0.1 個百分點，且預估明年成長率為 2.8%，顯示經濟仍維持成長動能。

從去年影響至今的物流塞港、原物料供應鏈斷鏈、病毒變異株迅速散播，以及受俄烏戰爭導致的市場波動、美國聯準會（FED）貨幣政策造成世界各國的連鎖反應等，讓全球經濟面臨一連串動盪及挑戰；此外，IMF 預估今年全球通貨膨脹率大幅上升至 8.8%，我國經濟與全球局勢連動性高，受進口商品價格及匯率變動等因素影響，同樣面臨輸入性通膨壓力，惟政府從去年起即適時推出如調降貨物稅等各項穩定物價措施，使我國今年通貨膨脹率低於全球，預估為 3.1%。

依據主計總處統計，2021 年我國服務業產值達新臺幣 12 兆 3,185.95 億元，約占 GDP 的 60.07%；而 2021 年的服務業就業人口 685.3 萬人，也占總就業人數約 59.9%，顯見服務業在我國經濟成長與就業總人口數都是舉足輕重的角色。近年受到疫情影響，電商及外送商機大爆發，消費者交易時對「無接觸」需求更加高度重視，根據資策會的調查發現，支付款項選擇行動支付的偏好明顯提升，從 2020 年占比 37% 成長至 2021 年的 50%，由此可知，疫情加速擴大這波無接觸消費新勢力成為市場主流。此外，對於各國逐漸重視的淨零排放議題，服務業也扮演重要的角色；經濟部響應我國淨零目標，對於商業部門減碳路徑提出「設備或操作行為改善」、「使用低碳能源」、「商業模式低碳轉型」及「綠建築」等轉型策略，透過公私協力，落實節能減碳。

經濟部編著「商業服務業年鑑」，記錄商業服務業發展軌跡及動態趨勢，自 2010 年發行迄今已邁入第 13 個年頭。今年年鑑以「ESG 低碳與數位轉型」

為主軸，協助企業鑑往知來；除聚焦國內趨勢，並輔以國內外成功案例供各界賢達參考。「總論篇」和「基礎資訊篇」收錄商業服務業相關政策及國內外重要數據資料；而「專題篇」則邀請到各領域專家深度探討年度重大議題，包含ESG 減碳議題、提供企業掌握數位轉型、拓銷通路、數位人才培育、未來科技及元宇宙等專題篇章，集結產學各界專家深入淺出分享及實戰經驗指引，以利企業迎接解封後的產業新格局。

經濟部部長 王美花 謹誌

2022 年 11 月

召集人序

　　COVID-19 疫情與「2050 淨零排放」願景，使得數位轉型以及低碳管理成為必要需求，更是企業邁向永續經營的核心要素。2022 商業服務業年鑑即以「ESG 低碳與數位轉型」為主題，邀請國內學者、智庫與產業界專家分別從淨零排放、科技賦能、通路數位轉型、人才培育、XR 沉浸科技、Web 3.0 大未來等六大構面深入探究，並輔以國內外知名案例說明，最後提揭解方建言，期望對我國商業服務業未來經營有所助益。

　　「2022 年全球風險報告」中，「氣候行動失敗（Climate action failure）」和「極端天氣（Extreme weather）」被列為未來十年內地球面臨最嚴重威脅之十大風險中的前二名，世界各國無不加快其環境永續「綠色轉型」的步伐。我國行政院國發會也於 2022 年 3 月 30 日提出第一版「臺灣 2050 淨零排放路徑及策略總說明」，提供至 2050 年臺灣淨零排放的軌跡與行動路徑，指引臺灣產業綠色轉型，期以帶動新一波經濟成長。

　　「綠色轉型」不只涉及技術變革，更涵蓋經濟、社會以及政治重組的過程。因此，在培育「綠色轉型」產業人才時，必須顧及舊產業以及弱勢團體的工作權益，亦即「公正轉型（Just Transition）」。然「公正轉型」雖已列入我國「2050淨零轉型」12 項戰略之一，但對如何確保勞工就業權益，並無明確規範。

　　自 2022 年 10 月 13 日起，臺灣正式實施入境免隔離的國境解封新制，民眾逐漸恢復正常生活，商業活動亦開始回升。然而疫後企業經營的商業模式已有所改變，數位行銷科技、新零售模式、XR（AR/MR/VR）沉浸科技以及Web 3.0 的元宇宙「平行世界」正被廣泛的應用與發展。此外，「混合辦公」已成為疫後辦公模式的新常態。

　　依據工研院 ISTI 預估，未來幾年，臺灣的 IoT 與 AI 應用將遍及製造業與服務業，至 2030 年，臺灣 GDP 將有六成的貢獻是來自於數位轉型相關產業。

在此瞬息萬變的時代，企業唯有加速數位轉型，建構數位韌性，以及重塑企業文化，提升新工作模式的生產力，才能確保企業永續經營。

商業服務業年鑑係由經濟部商業司發行，委託財團法人商業發展研究院編撰，自 2010 年發行首版以來，已邁入第十三年。2022 商業服務業年鑑內容將延續多年來的主要架構，分為「總論篇」、「基礎資訊篇」以及「專題篇」三大主軸，共十三章。除上述「專題篇」六章外，另有「總論」二章，介紹「全球服務業發展概況與商業發展趨勢」及「我國服務業發展現況與商業發展趨勢」；「基礎資訊篇」五章，除分別就批發服務業、零售服務業、餐飲服務業、物流服務業等四大商業服務業進行扼要分析，提出未來發展的關鍵報告外，今年也如同去年，針對臺灣連鎖加盟業的最新發展概況進一步剖析。

2022 商業服務業年鑑能夠以專業且豐富的樣態順利完成，首先依託於經濟部商業司的大力支持，以及「2022 商業服務業年鑑編輯委員會」的各位產官學界專家不吝指導，其次幸運仰仗財團法人商業發展研究院的研究同仁，以及國內各大學、研究機構、產業界專家學者通力合作，為本年鑑在編撰、選題與審稿上貢獻心力。各界的加持是商業服務業年鑑的榮光，在此致上本人萬分謝意。

編審委員會召集人　陳厚銘　謹識

2022 年 11 月

Part

1

總　論
General

第一節　前言

全球經濟在 2021 年普遍走出 2020 年疫情的谷底，雖然整體經濟已回復疫情前的水準，但這並不包括歐元區、英國、日本、加拿大等已開發國家，顯示「不均衡」的復甦現象。尤有甚者，當時令人憂心的各種「不確定」風險，在 2022 年初以來卻一一浮現，特別是俄烏戰爭這隻恐怖的「黑天鵝」突然闖入本來就風雲詭譎的天空，讓全球經濟驟然籠罩嚴重陰鬱。未來，無論政治、經濟與社會都面臨前景難料的挑戰。

事實上，不只是生產與消費水準的景氣起伏變動，在疫情與極端氣候嚴重衝擊下，經濟活動與生活方式大幅改變，企業加速採取數位轉型因應，已讓整個世界的投資貿易、企業經營與產業結構呈現實質的變化，相關的各種「新常態」儼然成型。

第二節對世界與主要地區國家的經濟發展動態與展望進行分析探討，並引用國際大型組織的調查研究資料，對 2022 年與 2023 年的經濟做預測與相關分析。

提出值得注意的三大風險：全球經濟展望由樂轉悲、通貨膨脹率上調與下行風險加大，充滿不可預測性。

第三節探討分析全球海外直接投資（FDI）信心指數與國際投資動態趨勢。發現，在嚴重不確定時期，不只 FDI 的目的國已顯示明顯往優勢區位移，並有「強強連結」的主流趨勢。

尤其重要的是企業的投資經營已對 ESG[1] 許下承諾，只是優先目標的考慮仍存分歧。

第四節研究分析全球貿易與服務業發展趨勢。發現在後疫情時代的貿易已發生結構性的變化。消費者因疫情轉向購買耐久財，因此世界服務貿易遲滯，在 2021 年，世界各國的服務業對 GDP 占比均呈下滑，唯數位貿易卻是經濟韌性的保障。

隨著數位人口的增加，數位生活與消費已逐漸步入「元宇宙」虛擬取代實體世界的時代。「數位化可交付服務」成為已開發國家與落後國家的分野，電子商務不只量變也質變。

在貿易景氣上，因世界的地緣政治與戰爭變局，加上疫情與通貨膨脹衝擊，突然黑雲密布，陰鬱不堪。

第五節論述後疫情時代，六大經濟「新常態」的發生與挑戰。包括替代移動新常態、體驗經濟新常態、在地經濟新常態、美食經濟新常態、短缺經濟新常態與地緣政治新常態。克服新常態的挑戰，非數位轉型、ESG 永續轉型、社會轉型與生活轉型莫屬。第六節論述經濟新變局與亞太經貿協議對我國商業發展的影響。

最後在第七節整理研究結果對政府政策與企業經營策略的蘊涵。

第二節 全球經濟發展動態與展望

全球經濟在去（2021）年初曾被預測會呈現「不均衡」與「不確定」復甦時，其所展望的不確定性諸多疑慮，包括：COVID-19 病毒變種、極端氣候變遷、能源危機、地緣政治衝突與通貨膨脹隱憂等相關風險[2]，在 2022 年上半年間通通顯現了。

如今展望 2022 下半年與 2023 年，將不再期待更快速的復甦，而是能源危機、糧食危機、供應短缺、通貨膨脹交錯的經濟隱憂。何時得以「軟著陸」？還是會變本加厲，演成「通貨膨脹型衰退」（Inflationary Recession）、「停滯膨脹」（Stagflation），甚至「債務危機」或「金融危機」？

註 1　ESG 即環境保護（Environment）、社會責任（Social）及公司治理（Governance）的簡稱，最早來自於全球報告倡議組織（Global Reporting Initiative）於 2002 年推出的第一份永續報告格式，這格式是鼓勵企業主動向社會大眾揭露環境、社會、公司治理等三層面的資訊。

註 2　參見許添財 2021.11.〈全球經濟貿易暨服務業發展現況與趨勢〉，《2021 商業服務業年鑑》第一章。

一　IMF 對全球經濟最新展望悲觀

國際貨幣基金組織（International Monetary Fund，簡稱 IMF）在 2022 年 7 月 26 日發布的《世界經濟展望》（World Economic Outlook, WEO）即稱，世界經濟本就因疫情而削弱，又接連遭逢數次衝擊，不確定性因而上升，包括：主要經濟體成長放緩、全球通膨預期上調，與經濟下行風險加大。

（一）IMF 下調主要國家經濟成長率及其結構性意義

2022 年 7 月 26 日 IMF 更新《世界經濟展望》稱：「陰鬱與不確定」（Gloomy and More Uncertain）。同時強調了世界三大經濟體——美國、中國與歐洲——景氣停滯不前的重大後果。

IMF 將全球經濟成長的基線預測，從去年的 6.1% 減緩為 2022 年的 3.2%（比 4 月時的預測又低了 0.4 個百分點，更比 2021 年 10 月最早的預測低了 1.7 個百分點）。對 2023 年的預測也降為 2.9%（比今年 4 月的預測也低了 0.7 個百分點）。

1. 已開發國家復甦重挫，遠較新興市場與開發中國家嚴重

其中，已開發經濟體在 2021 年成長 5.2%，預測 2022 年與 2023 年分別降為 2.5% 與 1.4%（分別比 4 月的預測低 0.8% 與 1.0%）；新興市場與開發中經濟體預測在 2021 年成長 6.8%，預測 2022 年與 2023 年分別為 3.6% 與 3.9%（分別比 4 月的預測低 0.2% 與 0.5%）。顯示這三個月以來通貨膨脹與貨幣緊縮的衝擊，導致的一般成長預測下修幅度，在已開發經濟體顯然比開發中及新興市場嚴重。

根據《世界經濟展望》，在美國，去年經濟成長率 5.7%，今（2022）年扶搖直上的通貨膨脹已使家庭購買力下降，加上貨幣政策緊縮，將使今年的經濟成長降至 2.3%（比 4 月時的預測低了 1.4 個百分點，更比去年 10 月的預測低了 2.9 個百分點）。對 2023 年的預測下調為 1%（比 4 月時的預測低了 1.3%）；另外，今年上半年連續二季的 GDP 負成長，一般稱為「技術性衰退」，由於這次諸多經濟現象有別於以往，目前刻正引發衰退風險的激烈論戰。

2. 中國經濟發展面臨向下轉捩點，上世代長期高速成長難再

中國去年經濟成長率 8.1%，但今年受到變種病毒現蹤，北京試圖消滅 COVID-19 病毒的「清零政策」嚴重阻滯了生產與消費活動，又受到俄羅斯入

侵烏克蘭的持續負面影響，加上惡化的房地產危機等新衝擊，導致今年預測下修為 3.3%（比 4 月時的預測低了 1.1%，更比去年 10 月的預測低了 2.3%）。對 2023 年預測也下調為 4.6%（比 4 月時的預測低了 0.5%）。比起其他各國，中國今年上半年復甦重挫的程度明顯嚴重。這亦顯示除短期因素外，長期結構的惡化使得過去 30 年的高度成長有難以為繼之嫌；另按中國上半年 GDP 比去年同期只成長 2.5%，中國宏觀經濟論壇也於 6 月 25 日預測 2022 年經濟成長率只有 4.7%，坦言難保官方原定的 5.5% 目標。

歐元區受到俄烏戰爭外溢效應影響，加上貨幣政策緊縮，導致今年與明年的預測分別降至 2.6% 與 1.2%（分別比 4 月時的預測，低了 0.2% 與 1.1%）。

日本去（2021）年經濟成長率 1.7%。這次預測 2022 年只有 1.7%（比 4 月時的預測低了 0.7%，更比去年 10 月的預測低了 1.5%）。對 2023 年預測 1.7%（比 4 月時的預測低了 0.6%）。顯示，今年上半年的復甦重挫，同時影響了今年並延續到明年的經濟成長。

英國去年經濟成長率 7.4%。這次預測 2022 年為 3.2%（比 4 月時的預測低了 1.5%，更比去年 10 月的預測低了 1.8%）。預測 2023 年經濟成長率 0.5%（比 4 月時的預測低了 0.7%）。英國今年以來復甦受挫程度，顯然比他國嚴重。

韓國 2021 年經濟成長率 4.1%。對 2022 年預測為 2.3%（比 4 月時的預測低了 0.2%）。對 2023 年預測為 2.1%（較 4 月時的預測低了 0.8%）。

臺灣 2021 年經濟成長率 6.3%，對 2022 年預測維持 4 月時的預測 3.2%（比去年 10 月時的預測低了 0.1%）。對 2023 年預測維持 4 月時的預測 2.9%。比較其他各國，臺灣今年上半年的復甦是受到衝擊最小的國家。

3. 新南向國家儼然成為世界新製造中心

東協 5 國 2021 年經濟成長率 3.4%。這次預測 2022 年成長率 5.3%（與 4 月時的預測相同，僅比去年 10 月的預測低了 0.5%）。對 2023 年成長率預測 5.1%（比 4 月時的預測低了 0.8%）。

印度 2021 年經濟成長率高達 8.7%。這次預測 2022 年成長率 7.4%（比 4 月時預測低了 0.8%；比去年 10 月的預測低了 1.1%）。這次對 2023 年預測 6.1%（比 4 月時預測低了 0.8%）。

東協 5 國與印度新而高的經濟成長率與今年以來較輕的復甦重挫程度，凸顯了世界新製造中心已從中國位移至此的新趨勢，更彰顯新南向政策對我國國際經濟競爭力的重要性（以上有關 IMF 預測各國經濟成長率，參見下表 1-1）。

▼表 1-1　全球主要地區國家經濟成長率（2019-2023 年）

[單位：%、* 預測值]

國家／地區＼年度	2019	2020*	2020	2021*	2021	2022*	2023*
全球	2.8	-4.9	-3.3	6.0	6.1	3.2	2.9
已開發國家（主要）	1.6	-8.0	-4.7	5.1	5.2	2.5	1.4
美國	2.2	-8.0	-3.5	6.4	5.7	2.3	1.0
歐元區	1.3	-10.2	-6.6	4.4	5.4	2.6	1.2
德國	0.6	-7.8	-4.9	3.6	2.9	1.2	0.8
法國	1.5	-12.5	-8.2	5.8	6.8	2.3	1.0
義大利	0.3	-12.8	-8.9	4.2	6.6	3.0	0.7
西班牙	2.0	-12.8	-11.0	6.4	5.1	4.0	2.0
荷蘭	1.7	N/A	-3.8	3.5	4.9	2.5	1.0
日本	0.3	-5.8	-4.8	3.3	1.7	1.7	1.7
英國	1.4	-10.2	-9.9	5.3	7.4	3.2	0.5
加拿大	1.9	-8.4	-5.4	5.0	4.5	3.4	1.8
南韓	2.0	N/A	-1.0	3.6	4.1	2.3	2.1
臺灣	3.0	N/A	3.1	4.7	6.3	3.2a	2.9a
新興市場與發展中國家	3.6	-3.0	-2.2	6.7	6.8	3.6	3.9
新興市場與發展中國家 亞洲	5.3	N/A	-1.0	8.6	7.3	4.6	5.0
中國	5.8	1.0	2.3	8.4	8.1	3.3	4.6
印度	4.0	-4.5	-8.0	12.5	8.7	7.4	6.1
東協 5 國	4.8	-2.0	-3.4	4.9	3.4	5.3	5.1
新興市場與發展中國家 歐洲	2.4	N/A	-2.0	4.4	6.7	-1.4	0.9
俄羅斯	2.0	-6.6	-3.1	3.8	4.7	-6.0	-3.5
拉丁美洲與加勒比海國家	0.2	-9.4	-7.0	4.6	6.9	3.0	2.0
巴西	1.4	-9.1	-4.1	3.7	4.6	1.7	1.1
墨西哥	-0.1	-10.5	-8.2	5.0	4.8	2.4	1.2
中東與中亞	1.4	N/A	-2.9	3.7	5.8	4.8	3.5
沙烏地阿拉伯	0.3	N/A	-4.1	2.9	3.2	7.6	3.7
撒哈拉沙漠以南非洲	3.2	-3.2	-1.9	3.4	4.6	3.8	4.0
奈及利亞	2.2	N/A	-1.8	2.5	3.6	3.4	3.2
南非	0.2	N/A	-7.0	3.1	4.9	2.3	1.4
中東與北非	0.8	-4.7	-3.4	4.0	5.8	4.9	3.4
新興市場與中所得國家	3.5	N/A	-2.4	6.9	7.0	3.5	3.8
低所得國家	5.3	-1.0	0.0	4.3	4.5	5.0	5.2

資料來源：IMF 估計、作者整理自 2021 年 4 月及 2022 年 7 月《世界經濟展望》報告。

說　　明：（1）* 代表預測值（2022 與 2023 預測值見 IMF2022 年 7 月的新下修報告；2021 預測見 2021 年 4 月報告）。

（2）a 代表該數字是 2022 年 4 月預測，於 7 月預測並未修正。

（3）行政院主計總處發布：臺灣 2021 年 GDP 成長率是 6.57%（2022 年 6 月 6 日發布）；對 2022 年與 2023 年預測分別為 3.76% 與 3.05%（2022 年 8 月 16 日下修發布），皆比表列 IMF 的預測報告為高。

（二）全球通貨膨脹率上調

IMF《世界經濟展望》報告顯示，糧食與能源價格上漲與供需失衡，是持續致使全球通膨預期被上調的重大因素。預計今（2022）年已開發經濟體的通貨膨脹率將達到 6.6%，新興市場和發展中國家將達到 9.5%。二者比上次 4 月時的預測被分別上調了 0.9% 與 0.8%。

《世界經濟展望》這次同時預測，全球 CPI 總通貨膨脹率在今年第三季將達 9% 的高峰，接著緩緩下降，到明（2023）年底會降到約 5%[3]。

1. 各國同遭通膨危機，央行均被迫提高利率

2021 年的消費者物價開始出現了超乎預期的持續上漲。今（2022）年 6 月美國消費者物價指數（CPI）比去年同期上漲了 9.1%。另按美國商務部 7 月 29 日發布，伴隨天然氣價格飆升，6 月份反映美國消費者購買的商品和服務價格變化的「個人消費支出物價指數」（Personal Consumption Expenditure Price Index, PCE index）年增 6.8%，創下 40 年新高。另一項聯準會（Fed）青睞的通膨指標 6 月份核心 PCE 也年增 4.8%；它不包括揮發性石油，天然氣和食品價格。經排除這些類別，它更可以瞭解「潛在的通膨」（Underlying Inflation）趨勢。

在 5 月，英國 CPI 一樣上漲 9.1%。英、美二國同創 40 年的最高物價上漲紀錄。在歐元區，6 月 CPI 漲幅高達 8.6%，同樣創下了歐洲「貨幣同盟」（The Monetary Union）成立以來的新高峰。

同樣的憂慮出現在新興市場與開發中國家。今年第二季的通膨率估計 9.8%。這一切都是肇因於糧食與能源價格高漲，許多部門的供應短缺及對服務需求的失衡，驅動眾多國家的「總體通貨膨脹」（Headline Inflation）。其實，諸如反應在核心通膨（Core Inflation）指標裡的各種物價，也因為供應鏈及勞動供給短缺的成本壓力，造成「潛在通膨」（Underlying Inflation）的上升。這在已開發國家尤其嚴重，又造成不管是在已開發國家或新興市場與開發中國家，一般而言其工資的提高總趕不上物價的上漲，進而侵蝕家庭的購買力。

儘管在已開發國家的長期通膨預期還是安定的，但面對新數據，各國央行開始採取比 2022 年 4 月的《世界經濟展望》所預期更加顯著的貨幣緊縮與利率上升政策。有些新興市場與開發中國家，其央行的利率調升甚至遠比以往

註3　參　考 IMF. 2022 July. WORLD ECONOMIC OUTLOOK UPDATE: GLOOMY AND MORE UNCERTAIN. Fig.1

已開發國家的緊縮循環來得厲害。相關的長期借貸成本，包括房屋抵押借款利率，加上全球的金融情勢，已導致股票價值急劇下跌並影響經濟成長，也損及對 COVID-19 公共支持的措施。

2. 多重供給短缺因素

（1）中國經濟遲緩

中國因 COVID-19 再起而採意圖消滅病毒的「動態清零」政策，嚴重阻滯了移動性。世界供應鏈中心的上海在 2022 年 4 月開始實施為期 8 週的封城，中國 2022 年第二季的實質 GDP 還比因消費低迷而大幅收縮 2.6%，其房地產危機[4] 更造成銷售與投資的嚴重減損。

中國的成長遲滯勢必連帶影響全球經濟，封城阻斷全球供應鏈，國內支出的衰減均將深深影響對其貿易夥伴的商品與服務需求。

（2）俄烏戰爭

俄烏戰爭對歐洲主要經濟體的負面影響超乎預期，包括能源價格高漲、消費者信心下降、供應鏈持續受阻與投入成本上揚導致的製造業動能低落。戰爭的人道成本也正上升中，如今已有 900 萬烏克蘭難民逃離烏國，傷亡人數與有形資本的破壞還在不斷增加。

自今年 4 月開始，主要已開發國家對俄羅斯採取額外的金融制裁，歐盟同意自今年 8 月起停止對俄羅斯煤炭及 2023 年起對俄羅斯海底石油的進口。歐盟宣布將停止對俄羅斯石油運往第三國的海上保險與融資直到 2022 年底。同時，石油出口國家組織同意計劃在 9 月增加石油生產，G7 計劃研究俄羅斯原油出口價格上限的可能性。即使如此，這些抵消性的發展，充其量也只會讓國際原油價格比較去年 4 月時《世界經濟展望》的預期低一點點而已。

俄羅斯也立即採取反制裁的措施。例如：最近俄羅斯管線輸送到歐洲的油氣數量突然劇減到只剩去年同期的 40%，更造成 6 月的天然氣價格大漲。

因俄烏戰爭而被採取的諸多制裁與反制裁措施正直接或間接衝擊區域甚至全球經濟。除糧食、能源、商品等貿易，更直接影響投資。聯合國貿易和發

註4　2022.8.1. 自由財經：《彭博》報導，中國在 90 多個城市引發拒繳抵押貸款的情況，顯現中國房地產市場更廣泛系統性風險的警訊。最壞的情況，標普全球預估中國銀行恐面臨 2.4 兆人民幣的抵押貸款損失。今年房屋銷售可能下降多達 33%。

展會議（United Nations Conference on Trade and Development, UNCTAD）就報導光今年第一季，世界已開發國家就已有 75 項相關管制外國直接投資的政策措施，其中有七成是針對俄羅斯、白俄羅斯與東烏克蘭被佔領區 [5]。

（3）糧食危機惡化

全球糧食價格比去（2021）年高出許多，主要驅動因素是烏克蘭戰爭加上一些國家的禁止出口。在糧食消費占比較大的低所得國家對通貨膨脹的衝擊感受尤其顯著。

飲食傾向於價格漲幅最大的商品（尤其是小麥與玉米）的國家，那些更依賴糧食進口的國家，與那些從全球到當地的主食價格有大量傳導性的國家，其受苦最大。當然那些在俄烏戰前就已經遭受嚴重營養不良與高死亡率的低收入國家，更是雪上加霜。

（三）全球經濟下行風險加大

IMF 2022 年 7 月的《世界經濟展望》基線預測是建立在今年上半年影響世界經濟的重大因素不再惡化的假設上。包括，從俄羅斯到歐洲其他地區的天然氣流量沒有進一步意外的減少；長期通膨預期保持穩定；全球金融市場的無序調整不會因通貨緊縮的貨幣政策再收緊而惡化等。不過，這些假設中的部分或全部不成立的風險還是非常高的，經濟可能衰退的擔憂因此提高。例如，根據資產價格所包含的信息，G7 經濟體的「經濟衰退可能性估計」已接近 15%（是平時水平的 4 倍），而德國更接近 25%。

《展望》新聞稿引用相關風險指數之最新評估，顯示「貨幣政策不確定性」已衝高到超出 2019 與 2020 年時兩次高峰的水準以上；G7 經濟體的「相對衰退風險」也達到 2020 年初那時的三分之二新高點。根據 Google 對全球網民搜尋關鍵字「衰退」（Recession）的興趣數量來跟 2008 年金融海嘯時的最高興趣量做比較得出的比率（Ratio），發現「衰退恐懼」（Recession Fear）在今（7月 22 日）雖未及 2019 與 2020 年的高點，卻是 2020 下半年以來的新高；「國家安全政策不確定性」等。以上 4 個風險與不確定性指標都已出現了最近一年半的新高，意味經濟下行風險正提高中 [6]。

註5　參考 UNCTAD,2022,World Investment Report 2022.
註6　參考 IMF. 2022.7.27. WORLD ECONOMIC OUTLOOK. Fig.5《Downturn ahead, Downside Risks Dominate》。

二 美國經濟會否衰退之爭議

美國商務部經濟分析局今（2022）年 7 月 28 日公布，美國第二季 GDP 年成長率繼第一季萎縮 1.6% 又下滑 0.9%。雖然連續二季經濟負成長符合「公認」的技術性衰退定義，但在美國正式的景氣循環周期「日期認定」（Dating）機構美國國家經濟研究局（National Bureau of Economic Research, NBER），對 2020 年 2 月到 4 月的歷史上最短衰退（收縮期）以來，再在做出任何景氣循環「向下轉折點」（Downturning Point）認定之前，並無任何權威機構可代為宣布。

唯在高通膨伴隨高利率新**趨勢**未見止步跡象的當下，未來景氣衰退可能性高低看法分歧，已引發激烈爭論。

（一）樂觀派論點

1. 就業面仍見穩健

諾貝爾經濟學獎得主克魯曼（Paul Krugman）在紐約時報專欄指出，此時美國就業面紮實，若以「失業率大幅提高」做為辨識衰退開始依據的「莎姆法則」（The Sahm Rule）來看，「此刻，該法則明白顯示，美國並未處於衰退。」[7]（按美國 2022 年 6 月經季節調整後的失業率為 3.6%，是 2009 年 10 月創 10% 高紀錄以後的最佳狀況之二，只比 2020 年 2 月至 4 月因疫情而衰退之前的 2020 年 1 月及 2 月的 3.5% 稍高出 0.1% 而已）。

《CNBC》引述 Capital Economics 資深美國經濟學家杭特（Andrew Hunter）的話強調：「6 月份強勁的 37.0 萬非農業就業人數讓那些認為經濟正朝向衰退或已在衰退中的說法顯得荒謬。」[8]。

美國勞工部於 2022 年 8 月 5 日公布美國 7 月非農就業人口增幅達 52.8 萬，遠超預期的 25 萬，創今（2022）年 2 月以來新高，失業率達 3.5%。此一勞動力市場的火熱顯然與典型的衰退不一致。

2. 資金充裕，但房屋供給不足

這次與 2008 年金融海嘯所引發的經濟危機不同的是，目前美國資金充裕，

註 7　參見 2022.7.28. 經濟日報.《美經濟連兩季萎縮即「衰退」？克魯曼：蠢，言之過早》。
註 8　參見 2022.7.11. 天下雜誌.《美國新增就業人數比預期好太多！專家 3 個方向解讀》。

房市表現強勁，房屋供給不足。加大洛杉磯分校（UCLA）安德森管理學院經濟學家俞偉雄（William Yu）認為：「未來房價不會出現像 2008 年房市泡沫時的斷崖式崩跌局面」[9]。

（二）悲觀派看法

1. 停滯膨脹加上債務危機

悲觀派無庸置疑非「末日博士」羅比尼（Nouriel Roubini）莫屬，他因曾經準確預測 2008 年金融海嘯而一夕成名。

羅比尼強調：「這次，我們面臨停滯性通膨的負總供給衝擊，以及處於歷史高點的債務比。」他特別提到，已開發經濟體以及一些次產業的債務負擔還在繼續攀升。1970 年代雖有成本推升導致的停滯性膨脹，但債務比仍低。因前幾次的經濟衰退，均採行大規模的貨幣與財政寬鬆措施，這次將因為緊縮貨幣政策而陷入衰退，並沒有財政空間[10]。

在美國 7 月消費者物價指數年升 8.5%，比 6 月稍降溫，而 7 月生產者物價指數（PPI）月減 0.5%，而被部分人視為通膨可能已經觸頂的跡象的同時，羅比尼卻仍舊堅持說：「鑑於聯準會（Fed）推動數十年最激進的貨幣緊縮，美國經濟接下來只有兩條路可選：經濟硬著陸，或通膨失控。」他認為美國「只要通膨率突破 5%、失業率低於 5%，Fed 的緊縮都會導致硬著陸的結果。」羅比尼強調不只美國，全世界都還處於「極為通膨性的環境」，地緣政治事件與烏克蘭戰爭的持續，更會繼續讓薪資物價螺旋式上漲（Wage-Price Spiral）。他個人認為，Fed 利率可能需要達到 4.5 至 5.0%，不然控制不了通膨預期，但這麼做，經濟就可能硬著陸[11]。

2. 自然利率多高才能抑制通貨膨脹？

到底利率會上升到何種程度才可抑制通膨？

Fed 主席鮑爾（Jerome H. Powell）表示：「無法恢復物價穩定的錯誤，將比把美國推入經濟衰退更嚴重。」在他相信可以設計出不讓經濟衰退而可解決通貨膨脹的利率提升，於 7 月 28 日基準利率調升 75 點（base point）而成為 2.5%。

註 9　參見 2022.7.29. 新頭殼 Newtalk.《美陷經濟衰退？》。
註 10　參見 2022.7.27. 經濟日報《末日博士示警羅比尼：美經濟面臨深度衰退》。
註 11　參見「鉅亨網」2022/08/16.《末日博士：美國只有經濟硬著陸和通膨失控兩條路可選》。

前財政部長桑默斯（Lawrence Summers）就批評，面對 9% 的通貨膨脹率，若說 2.5% 是自然利率，那是站不住腳的（Indefensible）。他著實擔心這次的「工資通膨」（Wage Inflation）會帶來「停滯膨脹」的後果。桑默斯也不認同財政部長葉倫（Janet L. Yellen）稱可避免失業率升到 5% 就能脫離通貨膨脹之苦的樂觀說法，除非生產力持續加速提高[12]。

3. 殖利率倒掛的衰退隱憂

2022 年 8 月 5 日美國 10 年期公債殖利率是 2.83%，低於 2 年期公債殖利率的 3.23%。這是今年以來第三度，自 7 月初以來連續第 4 周的「殖利率曲線倒掛」，引發衰退的隱憂。

美國就業市場的火熱，證實了聯準會認為經濟韌性可以承受更激進的升息，也引發金融市場對聯準會將走向更激進升息之路的心理預期，不利股市與投資的預期報酬率評估，多少會阻滯相關有利於提高生產力的投資與經營決策，反而不利於通貨膨脹的抑制作用。

事實上，根據歷史經驗，從長期與短期公債殖利率曲線倒掛領先股市真正碰頂，轉而進入景氣循環收縮期的時差平均長達 2 年，短至 10 個月，長至 3 年不等。通常是發生在長時期的曲線倒掛，接著又因嚴重的信用緊縮而致經濟衰退[13]。尤有甚者，當信用緊縮到某一臨介點構成「債務增量」（Credit）由升轉降，「債務泡沫」（Debt Bubble）一夕爆破，形成資產價格暴跌的「敏斯基時刻」（Minsky Moment）就會發生「金融危機」（Financial Crisis）。換言之，面對 40 年來最高點的通膨年增率 9.1%，美國聯準會如何適時適當的採取貨幣與利率政策而不造成災難性經濟衰退，甚至「停滯膨脹」（Stagflation）是個空前嚴峻的挑戰。

（三）巨變與新常態的市場不可預測性

後疫情（Post-pandemic）時代，雖許多經濟體的產出、就業、消費水準紛紛恢復到疫情前的水準，但產業結構與消費型態卻已大不相同，讓市場的結

註 12 觀看 YouTube.2022.7.30.Bloomberg.《Wall Street Week.》
註 13 有關短長期殖利率曲線倒掛領先經濟衰退的關聯性探討，筆者曾根據「景氣領先指標之父」莫爾博士（Dr.Geoffrey H. Moore）對利率結構與股市與景氣循環的關係解析其原理。參看 2019-04-02.「Ettoday 新聞雲」「Ettoday 論壇」許添財《殖利率曲線倒掛與景氣衰退關係探源》；另根據 Charlie Bilello 的計算，美國從 1976 年來，一旦發生殖利率曲線倒掛，平均歷時 19 個月，最短 7 個月，最長 35 個月，大多數就會發生經濟衰退。其實看不出較明確的區間與幅度。

構、關係與運作模式都發生巨變，無論是一時「異常」（Abnormal）或是「新常態」（New Normals），傳統用來預測市場行為的邏輯與模式甚至不再完全適用，高度不確定性因此進而導致市場不可預測性。

1. 勞動市場結構改變，成長與失業率關係變易

依據經濟學「奧肯法則」（Okun's law），過去美國若總產出比總產能減少 1%，失業率就會提高 0.5%。但若有效需求已疲弱，但勞動力供給卻縮減，或求職人口減少，勞動市場依然會繃緊，產生「高就業式衰退」（Jobful Recession），這跟 2008 年全球金融海嘯後的「失業型復甦」（Jobless Recovery）恰恰相反。還有，雖就業人數並未減少，可是就業型態改變，例如非全職或「零工經濟」使生產力無法維持以往水準，就業人數的增加或失業率的降低都無法維持同等的產出水平。

華爾街日報 2022 年 8 月 7 日報導，美國第二季 GDP 萎縮，但 7 月份新增就業卻突破 50 萬人，失業率更跌回疫情低點的 3.5%。德國第二季成長停滯，能源危機迫在眉睫，但德國失業仍逼近 40 年低點，近半公司抱怨缺工嚴重。日本 30 年來成長低迷，甚至出現負成長，但失業率未曾衝破 5.5%，近來更降至 2.6%。2020 年 2 月疫情以來，美國勞動力縮減了 50 萬人，同一時期，德國也減少了 35 萬人。已開發國家在疫情期間限制人口流動，導致移民減少，疫情後就職意願未能完全恢復，加上就業型態跟著生活與消費行為改變，「宅經濟」與「居家上班」流行，均改變了就業與成長變動的傳統關係[14]。

2. 受非經濟因素干擾，商品市場與金融市場不確定性風險急劇攀升

若以俗稱的「黑天鵝」、「綠天鵝」與「灰犀牛」亂飛狂奔，來形容當前的世界經濟局勢與秩序，恐不為過。

如地緣政治衝突緊張有增無減，從已持續半年的俄烏戰爭尚未停息，在台海又有中國意圖以軍事威脅改變穩定東亞安全和平數十年「現狀」（Status quo）的隱憂。

極端氣候肆虐變本加厲，野火、熱浪、乾旱、缺水、停電、暴雨、洪水等天然災害，直接衝擊經濟民生，更使世界企業的經營面臨與日劇增的 ESG「實

註 **14** 參見 2022.8.9. 科技新報：《違背奧肯法則，歐美似乎出現「高就業式衰退」》。

體風險」。

疫情與通膨衝擊世界經濟，加上中國「一帶一路」造成越來越多國家陷入「債務陷阱」，引發國際資金從新興與開發中國家移出的國際流動性風險。如此諸多的極高度不確定風險橫阻於前，確實令人難以小覷。

第三節　全球 FDI 信心指數與國際投資動向

一 全球與主要國家「外國直接投資」發展現況

（一）2021 年「FDI 流入」復甦，美國奪回冠軍寶座，歐盟續見頹勢，甚被東協趕過。世界投資目的地持續集中化

2021 年全球外國直接投資（FDI）總流入量（Inflows）大幅復甦，比曾因疫情而劇減 25.9% 的 2020 年增加 57%，為 1 兆 7,789 億美元。這也比疫情前的 2019 年的 1 兆 5,305 億美元增加 16.2%，雖然還未及歷史高峰的 2015 年水準 [15]。

若以區域別觀察，其中流入 OECD 劇增 75.2%，為 8,089 億美元，占全球 FDI 總流入的 45.5%。這占比仍然低於 2019 年的 51.7%，或 2018 年的 58%。

流入 G20 劇增 66.8%，為 1 兆 1,903 億美元，占全球 FDI 總流入的 66.9%，占比呈現逐年提高之趨勢。

若進一步比較 OECD G20 與 non-OECD G20 的流入量變化，分別跟疫情前 2019 年的水準比較，前者增加 96%，而後者只增加 43%。而且後者的增加幾乎全靠巴西、中國、俄羅斯與南非等「金磚」國家的貢獻 [16]。

但歐盟 27 國的 FDI 流入量，繼 2020 年減少 48.2% 後，又減少 28.9%，為 1,382 億美元。其對全球 FDI 總流入的占比僅剩 7.8%，呈現連續 3 年下跌。這占比已經低於東協（ASEAN）的 9.9%。

註 15　參見 OECD, 2022April, FDI IN FIGURE. Fig 2: FDI inflows to selected areas, 2005-2021.
註 16　但值得注意的是，未來金磚國家的 FDI 流入前景不確定性十分之大。例如：同屬金磚五國之一的印度，在 2021 年的 FDI 流入減少了 30.5%。現在的俄羅斯在它入侵烏克蘭後，正遭國際嚴厲經濟制裁。中國站在俄羅斯一邊，「動態清零政策」嚴重造成供應鏈與移動性阻斷，房地產危機，受美國陸續加碼的「科技戰」產生的「脫鉤」效應衝擊，因反制美國眾院議長裴洛西堅持訪台，持續對台展開威嚇性軍演嚴重打擊區域安定與世界貿易，引發「開戰」憂慮，政治、經貿、軍事等不確定性與日劇增。

綜合上述，足見 2021 年全球 FDI 流入強勁復甦的主要國家越發集中於 G20 的「優勢區」，且「位移」趨勢明顯。但這全球 FDI 流入「優勢區」既不屬歐盟 27 國，也不屬「非 OECD」的 G20[17]。

全球 FDI 總流入量及其對 GDP 的占比，雙雙在 2015 年達到高峰，接著波動下滑。其對 GDP 占比在 2021 年是 1.9%，比 2020 年的 1.34% 只增加 0.56%，比 2015 年的 2.5% 更足足少了 0.6%[18]。

風行 40 年的「全球化」經濟發展模式已從退潮的「量變」到位移的「質變」[19]。FDI 投資目的地也再產生變化，更形集中化，美國重新奪回冠軍寶座。

在 2020 年流入中國大陸的 FDI 為 2,530 億美元，位居世界第 1；美國則退居第 2，從 2019 年的 2,821 億美元劇減 41.8%，為 1,643 億美元。但 2021 年美國劇增 132.4%，為 3,819 億美元；中國大陸則只增加 32%，為 3,339 億美元。緊跟在後的是加拿大增加 158%，為 596 億美元；巴西增加 77.7%，為 503 億美元。美中兩國的 FDI 流入合計占全球總流入比，從 2019 年的 32.2% 提高為 2020 年的 36.8%，在 2021 年又提高到 40.2%。

▼表 1-2　全球與主要國家國外直接投資流量（2017-2021 年）

[單位：十億美元]

流向 年度 地區	FDI 流出（Outflows）					FDI 流入（Inflows）				
	2017	2018	2019	2020	2021ᴾ	2017	2018	2019	2020	2021ᴾ
全　球	1,618.2	880.6	1,183.5	795.8	1,850.4	1,714.9	1,745.2	1,530.5	1,133.2	1,778.9
OECD	1,172	546.9	825	485.5	1,302.5	978.7	1,017.5	791	461.7	808.9
G20	1,167.3	567.8	883.6	683.5	1,272.8	978.1	1,014.6	960.7	713.6	1,190.3
中　國	138.3	143	136.9	153.7	128	166.1	235.4	187.2	253	333.9
美　國	353.4	-169.3	119	264.7	433.6	315	243.4	282.1	164.3	381.9
歐盟 27 國	349.9	326.2	386.1	72.9	385	312.6	567.5	375.4	194.5	138.2
印　度	11.1	11.4	13.1	11.1	15.5	40	42.1	50.6	64.3	44.7
盧森堡	11	-7.2	34.5	102.3	25.3	-23.2	-76.4	14.8	102	-9
德　國	86.3	86.2	139.3	60.4	151.6	48.5	62	54.1	64.4	31.2
愛爾蘭	-2.04	9.6	-16.6	-46.4	62.2	52.7	232.7	81.1	82.1	15.9
墨西哥	4	8.4	11	2.7	-0.7	34.2	33.7	34.1	27.9	31.6
瑞　典	27.4	17.8	15.6	23.6	20.3	15.9	4.2	10.1	18.8	26.9
巴　西	19	-16.3	19	-12.9	23	66.6	59.8	65.4	28.3	50.3

註 17　OECD 現有 38 個成員。
註 18　參見 Figure 1：Global FDI flows,1999-2021in OECD April 2022 FDI IN FIGURES.
註 19　參見《2021 商業服務業年鑑》第一章第三節一之（二）〈FDI 流量長期衰退與流向轉型形成轉折點考驗〉頁 7-9。

流向 年度 地區	FDI 流出（Outflows）					FDI 流入（Inflows）				
	2017	2018	2019	2020	2021ᴾ	2017	2018	2019	2020	2021ᴾ
以色列	7.6	6.1	8.6	6.3	9.7	16.9	21.5	19	24.2	29.6
日 本	164.6	143.1	226.6	115.7	146.7	9.4	9.3	14.5	10.2	24.6
英 國	142.4	41.4	-6.1	-65.3	107.7	96.4	65.3	45.4	18.2	27.5
法 國	35.9	105.6	38.7	45.9	-2.8	24.8	38.2	34	4.8	14.1
荷 蘭	43.5	-12.8	74.9	-177.2	28.8	41	120.2	42.2	-126.5	-81
義大利	24.5	32.8	19.8	-1.8	11.7	24	37.7	18.1	-23.5	8.4
韓 國	51	45.2	35.2	34.8	60.8	12.7	13.3	9.6	8.7	16.8
印 尼	2.1	8.1	3.4	4.4	3.5	20.6	20.6	23.9	18.5	20
加拿大	76.2	57.4	78.9	46.5	89.9	22.7	38.2	47.8	23.1	59.6
臺 灣	11.6	18.1	11.8	11.5	10.1	3.4	7.1	8.2	6.0	5.4
ASEAN	88.7	52	72.4	62.3	75.8	154.6	145.8	180.9	122.1	175.3

資料來源：摘自 OECD；2022 年 4 月《FDI IN FIGURES》。
說　　明：（1）美國、日本與盧森堡是最大的 FDI 流出國。
　　　　　（2）美國取代中國大陸成為最大 FDI 流入國。中國大陸、加拿大、巴西緊跟其後。
　　　　　（3）2021 年度數據為初步數據（preliminary data）。
　　　　　（4）ASEAN 為印尼、越南、寮國、汶萊、泰國、緬甸、菲律賓、柬埔寨、新加坡與馬來西亞十國。
　　　　　（5）臺灣與 ASEAN 2020 & 2021 的數據取材自 UNCTAD: WIR2022 P.212 Annex table 1. FDI flows, by region and economy, 2016–2021（Continued）。

　　2021 年 FDI 流入排行前 10 名國家（美國、中國、加拿大、巴西、印度、南非、俄羅斯、瑞士、墨西哥、德國）的全球占比為 59%（這 10 國的總和在 2020 疫情期間全球占比為 52.6%；若不含瑞士的負 420 億美元，則總和全球占比是 56.3%）。2020 年實際排行前 10 國（中國、美國、盧森堡、愛爾蘭、德國、印度、法國、巴西、墨西哥、以色列）總和全球占比為 75.8%。2019 年前 10 名（美國、中國、愛爾蘭、巴西、德國、印度、加拿大、英國、荷蘭、法國）的總和是 8,900 億美元，占全球的 58.2%。

　　上述 FDI 流入前 10 名總和的全球占比在 2021 年為 59%，2020 年為 75.8%，在 2019 年占 58.2%，集中於「少數優勢地區」的趨勢仍然十分明顯。唯優勢國家仍會因當時不同情況而變化，除了各年前 10 名名單會有位移波動，疫情初發的 2020 年更見超高優勢集中度（表 1-2）。

（二）2021 全球 FDI 流出也呈現集中化趨勢

　　全球 2021 年 FDI 總流出（Outflows）高達 1 兆 8,504 億美元，比 2020 年增加 132.5%。OECD2021 年 FDI 總流出（Outflows）高達 1 兆 3,025 億美元，

比 2020 年劇增 168%，占全球 FDI 總流出的 70.4%（比 2020 年的 61%，或 2019 年的 66% 爲高）。G20 在 2021 年 FDI 總流出高達 1 兆 2,728 億美元，比 2020 年劇增 86.2%，占全球 FDI 總流出的 68.8%（對全球占比，比 2020 年的 86% 或 2019 年的 74.7% 爲低）。

若將 OECD 區分爲 OECD G20 與 non-OECD G20，前者在 2021 年的 FDI 總流出比 2020 年增加 97.3%，後者只增加 52.7%。足見 G20 的 FDI 總流出在 2021 年劇增主要是來自 OECD G20 的貢獻。其中屬 OECD 的歐盟 27 國就劇增了 428%；而非屬 OECD 的中國則減少 16.7%。

（三）2021 年全球 FDI 特色

再綜合 2021 年主要經濟體的 FDI 流入與流出，發現均已從 2020 年因疫情而急劇衰退的谷底大幅復甦，且均回復到 2019 年的水準之上。除呈現「後全球化時期」的集中化趨勢外，並具「強強連結」特性。

OECD-G20 是全球資本流入的主要目的國，也是流出的主要來源國。但歐盟卻是流出而非流入的大經濟體，是「強強連結」的弱勢區；而中國在 2021 年依然是 FDI 流入大國卻變成流出的小國（FDI 流出的全球占比降爲 6.9%，遠不及 2020 年的 19.3% 及 2019 年的 11.6%）。所以中國也非「強強連結」的優勢區。

二 國外直接投資信心指數（FDICI）的最新動向

（一）俄烏戰爭可能讓年初的投資信心「樂觀情緒破滅」

1. 科爾尼 FDI 投資信心指數（FDICI）與 FDI 流量關係

科爾尼（Kearney）年度外商直接投資信心指數報告（FDICI）是一項針對全球企業高層的年度調查。自 1998 年第一份報告發表以來，被認爲「在 FDI 信心指數上排名的國家與隨後幾年實際 FDI 流量的主要目的地密切相關。因此，在宏觀層面，FDI 信心指數是一個相對合理的預測未來三年 FDI 流向的指標」[20]。

註 20 然而，它並非是與 FDI 流量一對一比較。因爲分析單位不同，FDICI 衡量的是公司對市場的計劃投資，而不是其投資的規模。也許一家公司的大筆投資可以超過許多公司的小筆投資。何況，投資的意圖也可能因潛在東道國市場的經濟或政治發展，或其優質目標和項目的實際可行性等因素而改變。

2. 俄烏戰爭放大風險，嚴重衝擊了 2022 年初的樂觀期待，前景難料

2022 年 1 月，科爾尼公司依例對全球商界領袖就 2022 年的投資前景看法進行調查，在 4 月發布時，「全球商業政策委員會」（Global Business Policy Council, GBPC）創始人勞迪奇納（Paul A. Laudicina）寫到：「儘管在這些調查結果表現出明顯的樂觀情緒，包括全球經濟前景的改善、增加外國直接投資計畫、外國直接投資國家得分的提高，以及我們認為我們指數中的大多數國家的三年經濟前景都會改善等；投資者確實也發現了，大宗商品價格上漲、地緣政治緊張局勢升級和持續通膨可能在未來一年出現等。但今年僅僅幾個月都已經發展，當然，俄烏戰爭加劇了這些擔憂。雖然意義重大，但這些發展並未削弱今年調查中的其他發現，包括：對美國的樂觀情緒顯著復甦、投資者對追求 ESG（環境的、社會的、治理承諾）的強烈熱情等。」他更強調：「在撰寫本文時同時，我們相信今年的 FDI 信心指數將為投資者在導致衝突爆發的關鍵時期的想法提供有意義的見解」[21]。

鑑於 UNCTAD 的數據，顯示 2021 年的外國直接投資流量出現強勁的反彈跡象，全球經濟也正在復甦等動態，FDI 信心調查發現，76% 的商界領袖表示，他們計劃在未來三年內增加 FDI，高於前一年的 67%。此外，83% 的受訪者表示 FDI 在未來三年內對其企業盈利能力和競爭力變得更加重要，其中 50% 的美洲投資者表示，FDI 將變得更加重要。

其中有 63% 投資者表示對全球經濟的樂觀程度高於悲觀，高於去年的 57%。在美洲有 69% 的受訪者表示樂觀。

下表 1-3 顯示，今（2022）年排名前 25 個國家中就有 17 個國家的信心度得分提高（包括去年沒入圍的卡達，卡達將舉辦 2022 年國際足聯世界盃予以投資者高度的期待）；只有六個國家的得分下降，另外二個保持不變。尤其值得注意的是，歐洲表現特別出色，在前 25 個國家中占了 14 個保持最大地區份額。再看 2022 年前 25 名的得分平均 1.84，也比去年的平均 1.83 增加。連續二年的得分都比疫情前以至於 2014 年來各年的得分高。進一步顯示，FDI 信心已開始從 2015 年以來一般稱呼的「新平庸經濟」（New Mediocre Economy）中回升。只是在更趨高度不確定風險中，投資者的投資目標選擇會有新的替代偏好。

註 21　參見 April, 2022. Optimism dashed The 2022 FDI Confidence Index, Message from Paul Laudicina.

3. 調查再次顯示，投資者在不確定時期更偏愛可信賴的已開發市場

科爾尼特別強調其研究成果說：「雖然投資者可能對俄羅斯的行動感到驚訝，就像世界上大多數國家一樣，⋯⋯在危機期間，投資者可能會繼續轉向已開發市場，就像我們在大流行高峰期看到了這種現象」。

然而，科爾尼又補充說：「除了這些發現外，很難做出更精確的預測。我們標示今年的指數稱『樂觀破滅』（Optimism dashed）是有充分理由的：它補捉了年初的寄予厚望與烏克蘭持久悲劇的現實之間的衝擊」。

下表 1-3 也看出從去年到今年的名單構成的相對一致性。在今年指數的前 10 個市場中，有 9 個在去年已進入前 10 名，而且這 9 個都是已開發市場（今年的第 10 名是由去年第 12 名的中國（含香港）所取代。去年第 7 名的澳大利亞在今年退爲第 11 名）。

▼表 1-3　科爾尼 FDI 信心指數排名（2022 年 V.S 2021 年）

年／排序／國別	2022 排名	2022 得分	2021 排名	2021 得分
美國	1	2.19(+)	1	2.17
德國	2(+)	2.08(+)	3	2.07
加拿大	3(-)	2.07(-)	2	2.1
日本	4(+)	2.01(+)	5	1.98
英國	5(-)	2.00(+)	4	1.99
法國	6	1.98(+)	6	1.95
義大利	7(+)	1.94(+)	8	1.88
西班牙	8(+)	1.90(+)	9	1.86
瑞士	9(+)	1.89(+)	10	1.86
中國（含香港）	10(+)	1.89(+)	12	1.81
澳大利亞	11(-)	1.86(-)	7	1.9
紐西蘭	12(+)	1.80(+)	13	1.78
瑞典	13(+)	1.79(+)	14	1.77
阿聯酋	14(+)	1.78(+)	15	1.77
荷蘭	15(-)	1.77(-)	11	1.82
南韓	16(+)	1.77(+)	21	1.71
比利時	17	1.75	17	1.74
新加坡	18(-)	1.74(-)	16	1.77
葡萄牙	19(+)	1.74(+)	20	1.71
奧地利	20(-)	1.71(-)	19	1.72
丹麥	21(+)	1.71(+)	22	1.7

年 排序 國別	2022		2021	
	排名	得分	排名	得分
巴西	22(+)	1.71(+)	24	1.64
挪威	23(-)	1.70(-)	18	1.73
卡達	24(+)	1.69(+)	--	--
愛爾蘭	25(-)	1.66	23	1.66
臺灣	--		--	
平均得分	1.84(+)		1.83	

資料來源：科爾尼（Kearney）《2022 年 FDICI（信心指數）調查報告》圖 3。

說　　明：（1）2022 年排名後「+」或「-」符號代表比 2021 年「進步」或「退步」。

（2）2022 年得分後「+」或「-」符號代表比 2021 年的分數「提高」或「降低」。

（3）芬蘭於 2021 年排名第 25，2022 年未入圍；卡達於 2021 年未入圍，2022 年晉升第 24 名。

4. 科爾尼 FDI 信心指數排名前 25 國的三年展望「淨樂觀度」普遍提高

再看下表 1-4，當這 25 個經濟體的受訪者被問及他們對個別國家三年間展望與一年前相比有何變化時，得分也明顯提高。前五國——加拿大、日本、德國、美國和英國的淨樂觀度更顯著提高，尤其美國的淨得分從去年的 17 增加到 36，增幅最大。即使 25 國中排名最後四名的比利時、奧地利、愛爾蘭、巴西，其今年的總體淨樂觀度得分也高於去年[22]。

▼表 1-4　25 國經濟前景評價為更樂觀度排序（2022 年）

	更樂觀	更悲觀	淨值（淨樂觀度）
#1 加拿大	51	-8	43
#2 日本	48	-9	39
#3 德國	48	-10	38
#4 美國	44	-8	36
#5 英國	46	-12	34
#6 紐西蘭	43	-11	32
#7 法國	40	-9	31
#8 瑞士	43	-12	31
#9 澳洲	44	-13	31
#10 瑞典	40	-10	30
#11 阿聯酋	43	-13	30
#12 荷蘭	37	-11	26

註 22　2021 年 25 國前景評價「更樂觀」與「更悲觀」淨值，參見《2021 年商業服務業年鑑》〈第一章全球經濟貿易暨服務業發展現況與趨勢〉，表 1-3-3。頁 12-13。

	更樂觀	更悲觀	淨值（淨樂觀度）
#13 挪威	38	-12	26
#14 義大利	38	-13	25
#15 西班牙	39	-14	25
#16 中國（含香港）	39	-14	25
#17 新加坡	38	-13	25
#18 葡萄牙	37	-12	25
#19 卡達	40	-15	25
#20 丹麥	36	-12	24
#21 南韓	38	-15	23
#22 比利時	34	-12	22
#23 奧地利	35	-13	22
#24 愛爾蘭	33	-14	19
#25 巴西	29	-18	11

資料來源：科爾尼（Kearney）《2022 年 FDICI（信心指數）調查報告》圖 4。

説　明：世界企業領袖們被問及他們對各國未來 3 年經濟前景的看法，於今年比去年做了如何的改變？依較樂觀、持平、較悲觀勾選。再比較各國得得分分配，選出樂觀淨值最高的前 25 名。

（二）企業領袖衡量 FDI 投資標準的最重要因素順位

首先，依據科爾尼 FDICI 調查顯示投資者在選擇「外國直接投資」地點時所考慮的最重要因素排序。根據 2022 年與 2021 年調查發現，獲得 5% 以上圈選的計有 19 項，其中有 8 項屬於「治理與監管」（Governance and Regulatory）因素；另 11 項屬於「市場資產與基礎建設」（Market assets and Infrastructure）因素。

這些項目的得分順位比去年卻大有變化。今（2022）年第一是得分 17% 的「政府行政透明化與清廉度」（去年排名第 5），第二名一樣是得分 15% 的「科技與創新能力」，第三名是「稅率與納稅便利度」相同得分 15%（去年排名第 1）。其他得分 10% 以上的有 8 項，包括屬於「政府治理與監管要素」的有 7 項：排名第 4 的「資金進出國家的便利度」、第 5 的「對投資者與財產權的強力保障」、第 6 的「政府法規與管制流程的效率」、第 7 的「一般性的環境安全」、第 8 的「政府提供的投資誘因」、第 10 的「政府參與區域或雙邊貿易協議」；及屬於第 9 的「市場資產與基礎設施要素」中的「人才與勞動力的技術水準」。其餘得分 9% 到 5% 之間的另外 9 項都是屬於「市場資產與基礎設施要素」：分別為「國內市場規模」、「原物料與其他投入的供應」、「國內市場的金融資本供給」、「數位基礎建設品質」、「勞動成本」、「實體基礎建

設的品質」、「國內經濟表現」、「研發能力」與「房地產與土地的供應」等。

以上各項投資考慮的標準得分順序，再印證各國 FDI 信心指數排名的結果，也進一步證明了已開發市場的實力。大約 70% 的受訪投資者「已投資」於已開發市場，並「正在維持或尋求擴大其中的投資機會」；而新興市場則為59%，前沿市場（Frontier market）為 57%。「尋求新投資機會的意願」在美洲最為強烈（42%），其次是亞太地區（30%）和歐洲（21%）[23]。

（三）企業領袖認為未來最可能發生的兩件事是商品價格上漲與地緣政治緊張局勢的持續上升

雖然上述 FDI 信心指數調查結果除表明投資者對烏克蘭危機深感意外，他們仍預計今年大宗商品價格的上漲與地緣政治緊張局勢會再加劇，以及新興市場 2021 年商業監管環境會更加嚴格。這已與去年投資者所指出大宗商品價格上漲是最大的風險，其次就是地緣政治緊張局勢的加劇和新興市場經濟危機並無不同。在地緣政治緊張局勢升高的憂慮當中，最為投資者憂慮還是美國與中國經過多年的貿易爭端與科技霸權競爭越演越烈的趨勢。

FDICI 調查顯示受訪者認為「未來一年最可能發生的發展」、「優先」排序如下表 1-5，依序為 2022、2021、2020 年）：

▼表 1-5　「未來發展可能性」調查優先排序

項目 ＼ 年度	2022 年		2021 年		2020 年	
商品價格上漲	33%	1	32%	1	34%	1
地緣政治緊張升高	29%	2	31%	2	31%	2
新興市場商業環境監管更嚴厲	27%	3	25%		28%	4
持續的通貨膨脹	26%	4				
已開發市場的經濟危機	23%	5	27%	5	31%	2
新興市場的政治不安	23%	5	26%		27%	5
已開發市場的政治不安	22%		29%	4	27%	5
已開發市場的商業監管環境趨嚴	22%		25%		26%	
新興市場的經濟危機	22%		31%	2	24%	
地緣政治緊張趨緩	14%		16%		20%	
商品價格下跌	12%		17%		14%	

資料來源：科爾尼（Kearney）：《2022 FDICI 研究報告》圖 7。

註 23　參見科爾尼（Kearney）：《2022FDICI 研究報告》圖 6。

這些投資標準對照 FDI 信心指數，反映當前各國各地投資環境條件與現況。當然也可做為一國政府與民間要如何才能吸引外資的參考，更不失為觀察世界經濟前景可能動向的指南。

觀察相關的 FDI 流量預測，投資者（例如科爾尼調查）與專家都預測全球在 2022 年會有持續 2021 年的復甦，但不約而同指出更嚴峻的不確定性。

（四）投資者熱衷追求 ESG 承諾，但對於優先考慮的目標仍存分歧

聯合國《氣候變遷綱要公約》第 26 屆締約國大會（Conference of the Parties，簡稱 COP26）於 2021 年 11 月 1 日至 11 月 12 日舉行，翌日 197 個與會國家為了避免氣候變遷危機，共同通過《格拉斯哥氣候公約》（Glasgow Climate Pact）新協議，有史以來首次明確表述減少使用煤炭計畫，並承諾為發展中國家提供更多資金助其調適氣候變遷。其中 140 多國承諾要達到「淨零排放」（Net-zero）的目標；包括巴西在內的 100 多國家承諾 2030 年前停止「濫伐森林」；40 多國承諾逐步「禁用煤炭」；印度承諾 2030 年前全國 50% 電力來自再生能源，並於 2070 年實現「碳中和」；24 個已開發國家政府和汽車製造商承諾 2040 年以前逐步停止生產燃油車和廂型貨車；掌控著 130 兆美元資產的 450 家金融機構也聲明支持「清潔技術」和能源轉型等[24]。

緊接著「世界經濟論壇」（World Economic Forum，簡稱 WEF）於 2022 年 1 月發布之《2022 年全球風險報告》（The Global Risks Report 2022）揭示 2022 年將會是氣候風險與國際政治更加不穩定的一年，伴隨而生的是經濟分歧（Economic Divergence）與社會凝聚力侵蝕（Social Cohesion Erosion），形成空前高度風險的新局勢，加上對 COVID-19 疫情衝擊的反思，決策者無不面對如何維持風險感知（Risk Perception），俾以韌性策略（Resilience Strategies）因應的重大挑戰。WEF 根據此結果將全球風險統整成五大主題風險：經濟、環境、地緣政治、社會與技術[25]。

在此嶄新時空的激盪與加速發展下，被視為評估一間企業是否永續經營重要的指標及投資決策的「ESG」，分別是環境保護（E, Environmental）、社會責任（S, Social）與公司治理（G, Governance），也急速從數十年以來的概念變成新價值，形成運動風潮，而且建立相關制度與市場。

註 24　參見維基百科：《2021 年聯合國氣候變遷大會》。
註 25　參見 2022/01/26. 風險社會與政策研究中心：「WEF《2022 全球風險報告》重點整理」。

有鑑於「氣候變遷、政治分裂、不平等加劇」等宏觀趨勢，在過去幾年，尤其經歷疫情艱難的日子後，已讓投資者、企業與消費者對 ESG 問題的關注激增，加上日益增長的 ESG 運動的及時性和重要性，今年科爾尼 FDI 信心指數調查的主題部分決定放在這些問題上。

調查結果顯示，94% 的投資者表示他們的公司已制定實現 ESG 承諾的戰略，89% 的投資者認為他們公司的 ESG 承諾是競爭優勢的來源，73% 的投資者認為他們的 ESG 承諾使過去的三年變得更強大。事實上，三分之二的投資者表示，COVID-19 加快公司履行 ESG 承諾的時間表，其中包括 71% 的美洲受訪者、74% 的亞洲受訪者和 58% 的歐洲受訪者。疫情明顯催化大家對影響地球挑戰的更多思考。

儘管如此，投資者似乎仍處於各自 ESG 旅程的早期階段。只有 35% 的人認為其公司已經充分制定並全面實施 ESG 戰略、政策、和實踐。54% 認為所屬公司在未來兩年內會全面做到，包括美洲的 62%、歐洲的 56% 及亞太地區的 43%。

被列為他們對 ESG「承諾」的前三大因素是：提高生產力（32%）、提高成本效率（27%）與改善供應鏈問題（27%）。其他是緩解氣候變遷（18%）、提高員工士氣（18%）等。這表明投資者主要關注的是 ESG 如何影響他們的「底線」，而不是這些目標可以帶來更廣泛的社會和環境效益。換言之，投資者面對 ESG 考驗，首先還是重視自己經營與策略的內部報酬與風險。

此外，ESG 優先事項的分配也因區域而分別。例如：美洲將「高質量的碳足跡監測和測量」列為優先最高等級（55%），歐洲首重「節約用水」（39%），亞洲則專注於開發「更可持續性的產品」（43%）。

上述投資者 ESG 承諾圖像，顯然有三分之二的受訪者認為實施 ESG 戰略同時會提高其營運成本。不過，已有越來越多的 ESG 範例直接使企業利潤受益，雖然在獲得更高的成本效率之前，有必要提高營運成本的初始投資。

三 小結

綜觀疫後的全球經濟在 2021 年 FDI 明快的持續復甦中，卻埋下 2022 年更詭譎莫測的經濟、地緣政治、社會與環境等潛在風險。

雖然這些全球發展確實改變了世界，但這並不妨礙投資者利用現有**趨勢**或尋求新出現的機會。

一則，聚焦在基礎設施，尤其是數位基礎建設等重點領域的投資，以及在國內外早日實施 ESG 戰略，將為投資者與企業提供更堅實的前進道路，最後有助於構築更強大與持久的投資環境。

再者，掌握並順應「強強連結」的 FDI 新趨勢，依自身的優勢極大化與調適最適化為原則，慎選 FDI「優勢區」，避免「弱勢區」。

第四節　全球貿易與各國服務業發展趨勢

一 「後疫情時代」（Post-pandemic Era）貿易成長與產業結構變化

在農業、工業與服務業三級產業中，服務業比重隨著經濟發展而不斷上升是公認的規律[26]。唯在 2008 世界金融海嘯後的「後全球化」時期，世界經濟進化逐漸進入「數位經濟」新時代，卻於 2020 年發生世紀 COVID-19 大流行，讓原本因貿易關係、地緣政治與氣候變遷等紛擾與衝突的世界經濟更充滿 VUCA（VUCA：波動性，volatility、不確定性，uncertainty、複雜性，complexity 與模糊性，ambiguity）。2020-2021 年的疫後復甦不只呈現高度不確定性與不均衡性復甦，而且也形成產業與產業間、國與國間顯著的結構性差異。2022-2023 年原先展望樂觀的世界貿易情勢，突因俄烏戰爭與通膨爆發等因素而轉下行。

（一）2022-2023 世界經濟與貿易展望驟變陰鬱

今年世界經濟突遭俄烏戰爭襲擊，加上變本加厲的極端氣候影響，中國對新疫情採取「動態清零」政策等，對供應鏈的衝擊與糧食、能源、原物料供應短缺的高速通膨壓力，造成展望轉悲。

註 26 「服務業是衡量經濟發展程度的重要指標」，參考「2021 商業服務業年鑑」許添財作《全球經濟貿易暨服務業發展現況與趨勢》第一章第四節一之（一）。

2021 年全球經濟成長率從 2020 年的衰退底谷 -3.3% 回升為 6.1%，但 IMF 的預測來年，在今年 7 月對 2022 年全球經濟成長率已從最早的預測 4.9%（2021 年 10 月發布）經兩度的下修為 3.6%；對 2023 年預測則從 3.6%（今年 4 月發布）下修為 2.9%。而且相對上，對已開發國家的下修幅度高於新興市場與開發中或低度開發國家 [27]。

根據 WTO 統計，全球 2021 年貿易總值為 44.8 兆美元，比 2020 年成長 26.58%。其中出口 22.28 兆美元，比 2020 年成長 26.74%；進口 22.52 兆美元，比 2020 年成長 26.43%[28]。

世界貿易組織（WTO）的調查研究亦發現，國際經貿展望面臨多項空前嚴峻的挑戰 [29]：

疫情衝擊改變消費與生活型態，消費從服務轉移到大量貿易的耐久財，使全球商品貿易量在 2021 年初即創歷史新高，也攪亂了生產與物流供應鏈，港口航運與運輸成本更形高漲。

俄烏戰爭讓已受疫情重創的全球經貿雪上加霜。WTO 於去年 10 月對今年世界商品貿易成長率所預測的 4.7%，在今年 4 月已調降為 3%。

俄羅斯與烏克蘭對全球糧食與能源的貿易供應，曾幫世界度過疫情難關，但今卻因其戰爭而阻斷。兩國的 GDP 高占全球 2%，因其戰爭的直接破壞與國際制裁、反制裁已深刻影響世界市場的秩序與發展。

WTO 於今年 4 月發布第 902 號新聞稿，大幅下修今年與明年的世界商品貿易量。下表 1-6 顯示，世界商品貿易總量在 2021 年增加 9.8%，但預測 2022 與 2023 年分別只能增加 3% 與 3.4%。

再以 2021 年的成長率 9.8% 與 2020 年負成長 5% 推算，世界商品的貿易總量在 2021 年已回復到疫情前的水準。但細部觀察不同地區的復甦走勢，其回復速度依然快慢不一。以亞洲衰退最小而復甦力道最大；其次是南美洲，其出口與進口衰退大而復甦也大；再其次是北美洲與歐洲。但亞洲與南美洲的進出口均已恢復疫前水準，美洲與歐洲則是進口恢復，出口還沒恢復。其他中東與非洲的出口與進口均未恢復。

各地區的商品出口量年成長率，預測在 2022 年，除了中東由 2021 年增

註 27　參見 IMF《WEO》2022 年 7 月。
註 28　參見 WTO. World Trade Report, 2001-2021.
註 29　WTO 第 12 屆部長級會議（MC12）於 2022 年 6 月 12-17 日的會後結論。

加 7.3%，再加速成長 11% 外，其餘主要貿易市場的成長均大見減速。亞洲由 13.8% 降為 2%；歐洲從 7.9% 降為 2.9%；北美從 6.3% 降為 3.4%。預測 2023 年北美與亞洲會比 2022 年有 5.3% 與 3.5% 的回升外，預測中東增速大減成為 2.9%，歐洲也減緩為 2.7%。

預測 2022 年商品進口量的成長率，一樣除中東從去（2021）年的 5.3% 再加速成長 11.7% 外，其餘市場成長率均見滑落。亞洲從 11.1% 降為 2%；北美從 12.6% 降為 3.9%；歐洲從 8.1% 降為 3.7%。預測 2023 年除了亞洲與非洲成長率將增加外，其餘各區皆呈減緩，尤其中東成長率為 6.2% 下降最多。

預測歐洲與北美洲 2022 與 2023 兩年的出口與進口成長率均連續減緩，殊值注意（表 1-6）。

▼表 1-6　世界商品貿易量成長率（2018-2023 年）

[單位：年成長率 %]

	2018	2019	2020	2021	2022[a]	2023[a]
世界商品貿易量[b]	3.0	0.2	-5.0	9.8	3.0	3.4
出口						
北美	3.8	0.3	-8.8	6.3	3.4	5.3
南美[c]	-0.9	-1.2	-4.6	6.8	-0.3	1.8
歐洲	1.8	0.6	-7.8	7.9	2.9	2.7
CIS[d]	4.0	-0.3	-1.2	1.4	4.9	2.8
非洲	3.1	-0.3	-7.5	5.1	1.4	1.1
中東	4.6	-1.9	-9.3	7.3	11.0	2.9
亞洲	3.7	0.9	0.5	13.8	2.0	3.5
進口						
北美	5.1	-0.6	-6.1	12.6	3.9	2.5
南美[c]	4.8	-1.7	-11.2	25.8	4.8	3.1
歐洲	1.9	0.3	-7.3	8.1	3.7	3.3
CIS[d]	4.0	8.3	-5.5	10.7	-12	-5.2
非洲	5.4	3.0	-11.8	4.2	2.5	3.9
中東	-4.1	5.2	-9.8	5.3	11.7	6.2
亞洲	5.0	-0.4	-1.0	11.1	2.0	4.5

資料來源：WTO. Press/902（12 April 2022TRADE STATISTICS AND OUTLOOK Table 1。
説　明：a. 2022 與 2023 是預測值。b. 出口與進口的平均。c. 包括中南美與加勒比海。d. CIS：獨立國家國協。

下表 1-7 顯示世界「商業服務貿易值」（Commercial service trade value）在 2020 年衰退大幅減少 18% 後，於 2021 年明快上升 15%[30]。

分項看出，運輸增加最多，成長率達 33%，旅遊成長 8%，商品有關的服務與其他商業服務均各成長 12%。

但從服務貿易值的成長率變動，可算出比較疫前（2019 年）水準的回復程度。在 2021 年整體商業服務貿易值只回復到 94%。各分項中，旅遊僅回復度只有 42%，商品有關的服務恢復度是 98%。運輸服務與其他商業服務已回復到疫前水準以上，回復度分別是 109% 與 112%。

展望 2022-2023 年荊棘滿布，病毒變種與大流行尚未真正結束，地緣政治與俄烏戰爭越演越烈，極端氣候肆虐變本加厲，全球通貨膨脹與貨幣危機仍在蔓延，前景嚴重充滿不確定性。唯疫情期間已證明「數位化可交付服務」（Digitally Deliverable Service）貿易更具韌性，相關的數位化貿易與跨境電商零售發展將在後文加以分析。

▼表 1-7　世界商業服務貿易值（2019-2021 年）

[單位：美元計價的年變動率、%]

	2019	2020	2021
商業服務	3	-18	15
運　輸	0	-18	33
旅　遊	2	-61	8
商品有關的服務	5	-12	12
其他商業服務	5	0	12

資料來源：WTO-UNCTAD-ITC 估計。截錄自 2022 年 4 月 12 日 WTO 記者會新聞稿圖 5。
說　　明：進口與出口的平均值。

綜合表 1-6 與表 1-7，顯示世界商品貿易量在 2020 年衰退比世界商業服務貿易相對較輕。商品貿易量在 2021 年已回復疫前水準，服務貿易則尚未。

註 30　依據 UNCTAD 2015 年的分類，商業的服務貿易分成下列九項：商品相關的、運輸、旅遊、建築、金融、智慧財產、電信與 ICT、其他商業服務與個人、文化、娛樂等。並對總商業服務中再分出「數位化可交付的服務」（Digitally deliverable service）的部分，以瞭解國際貿易的數位轉型發展。

（二）疫情衝擊與不均衡復甦，各國貿易服務業化進程遲滯

在 2020 年，全球經濟突遭 COVID-19 肆虐的重大衝擊，但主要國家的產業別受到疫情衝擊不一與其復甦程度也有別。傳統服務業成為一般的重災區，唯數位與遠距的新型智慧化服務業卻成為疫情衝擊下的主要「經濟韌性」（Economic resilience）來源 [31]。在 2021 年全球經濟可說全面復甦，但服務業卻仍然籠罩在低迷的景氣之中，讓各國的「服務業附加價值對 GDP 占比」呈現全面下降的現象。

下表 1-8 顯示，在 2021 年除了韓國的「服務業附加價值對 GDP 占比」繼續從 2020 年的 57.12% 略上升 0.15% 變成 57.27% 外，其餘各國均見下降，但下降幅度不一，列舉如下：

在 2021 年，是中國經濟崛起以來的首度轉升為降，從 2020 年的 54.46% 下降為 53.31%，降幅高達 1.15%。其餘各國亦均呈下降，其降幅分別為：德國 0.29%，法國 1%，義大利 1.76%，英國 1.09%，澳大利亞 0.57%，巴西 3.42%，沙烏地阿拉伯 7.21%，南非 1.82%，印度 0.75%，印尼 1.58%，泰國 1.38%，馬來西亞 3.22%，荷蘭 0.32%。

回顧 2020 年，這些主要國家的「服務業附加價值對 GDP 占比」對 2019 年增減不一。多數國家增加，其增幅分別是：美國 2.84%，中國 0.16%，日本 0.07%，德國 0.71%，法國 0.96%，義大利 0.42%，英國 1.82%，澳大利亞 0.28%，紐西蘭 4.33%，俄羅斯 2.1%，沙烏地阿拉伯 3.9%，南非 3.37%，印尼 0.2%，馬來西亞 0.57%，南韓 0.02%，荷蘭 0.05%。其餘少數國家減少，其減幅分別為：巴西 0.3%，印度 1.46%，泰國 0.24%。

2021 年世界主要國家的「服務業對 GDP 占比」普遍下降，與 2020 年仍然普遍上升，形成強烈對比。（表 1-8）顯見，2020 年疫情對產業造成全面性衝擊，但因各國經濟韌性不一而產生不均衡復甦。2021 年全球整體經濟大幅復甦，卻因服務業仍因 COVID-19 病毒變種與消費者購買行為轉變的持續影響，依然低迷不振。

註 31 2020 年各國遭到疫情衝擊，顯現經濟韌性（resilience）不一的情況與原理分析，參見《2021 商業服務業年鑑》第一章第二節，頁 3-5。

[單位：%]

年度 國家別	2015	2016	2017	2018	2019	2020	2021
美國	76.8	77.5	77.2	76.9	77.2	80.14	N/A
中國	50.8	52.4	52.7	53.3	54.27	54.46	53.31
日本	69.3	69.4	69	69.3	69.42	69.47	N/A
德國	62.2	61.8	61.8	62.1	62.35	63.31	63.02
法國	70.2	70.5	70.3	70.2	70.04	71.16	70.16
義大利	67	66.7	66.4	66.3	66.25	66.82	65.06
英國	70.1	70.7	70.4	71	70.86	72.72	71.63
加拿大	66.7	68	67.1	N/A	N/A	N/A	N/A
澳大利亞	67.3	68.3	67	66.7	66.06	66.28	65.71
紐西蘭	65.8	65.6	65.2	65.5	65.57	N/A	N/A
巴西	62.3	63.2	63.1	62.7	63.07	62.8	59.38
俄羅斯	56.1	56.8	56.3	53.5	54.17	56.13	53.0
沙烏地阿拉伯	51.9	54	51.6	48.4	48.49	53.9	46.69
南非	61.4	61	61.5	61	64.36	64.57	62.75
印度	47.8	47.8	48.5	48.8	50.11	48.44	47.69
印尼	43.3	43.6	43.6	43.4	44.22	44.4	42.82
泰國	54.9	55.8	56.4	57.1	58.29	58.06	56.68
馬來西亞	51.2	51.7	51	53	54.17	54.77	51.55
南韓	55.6	55.4	54.9	55.7	57.24	57.12	57.27
荷蘭	70.1	70.2	70.1	70	69.97	69.85	69.53

資料來源：整理自 IMF, WEO，2021 年 4 月。2019、2020 與 2021 年數據整理自快易數據。

二　數位貿易與電商市場「蛻變發展」概況與動向

　　在 2020 年疫情期間，消費者的購買從服務轉向耐久財。上表 1-6 與 1-7 比較亦顯示，服務貿易遠比商品貿易受挫嚴重。另外，UNCTAD 秘書處於 2022 年 5 月 10 日發送給「貿易、服務與發展多年性專家會議」（Multi-year Expert Meeting on Trade, Service and Development）參考資料，該資料名為《數位化服務貿易進化景觀》（The evolving landscape of digital trade in services）卻彰顯相較於其他服務與商品的出口，「數位化可交付的服務」（The digitally deliverable service）對疫情的衝擊更顯韌性[32]。例如，2020 年從開發中國家的「數位化可交付的服務」出口就增加了 1%，而且其在 2014 至 2020 年期間還以每年 5% 的增加速度在成長，這與同期間商品與總服務出口每年減少 1% 形成強烈對比。

註 32　「數位化可交付服務」是指，除其他之外，可藉 ICT 網路進行遠距的交付，包括 ICT 服務、金融保險服務、專業服務、銷售與行銷服務、研發服務與教育服務。

無疑地，基於數據爲基礎的「數位化分析」允許創新產品與服務可被創造與行銷；「數位轉型」允許新的生產流程與專業，產品、流程與商業模式的創新，虛擬協作與數位通訊等變成可能。兩者相輔相成，讓數位經濟時代的網路科技力，可以同時從供給面與需求面，創造並實現源源不斷的創新價值。這是工業 4.0，從工業 3.0 ICT 進化爲 IoT 的意義，卻因一場自 1930 年代經濟大恐慌以來，最嚴重的疫情經濟災難而加速進化。

（一）疫情激發電商市場蓬勃發展，零售電商替代傳統零售成新常態

疫情大流行，各國封城封界，迫使消費者居家工作、上班或生活，實體商店關閉，均造成在店零售巨幅驟降。全球總零售額在 2020 年減少 2.3%，但零售電商卻大爲繁榮，巨幅增加 26.4%。結果，2020 年零售電商劇增至 4.248 兆美元，占總零售額的 17.9%（這占比還比 2019 年的 13.8% 多出了 4.1%）。

2021 年全球零售額反彈回升到大流行前水準，實際成長了 5%，成爲 25.989 兆美元；同時零售電商也增加 16.3% 而到 4.938 兆美元。亦即，2021 年零售電商占總零售將續升至 19%。

eMarketer 的專家預測，全球的零售電商市場在 2022 年將高達 5.542 兆美元，並在 2021-2025 的 4 年間，將以 10.61% 的複合年成長率（CAGR）持續增加。相對上，同期間總零售的複合年成長率只有 4.8%，亦即，在 2025 年零售電商對總零售的占比將高達 23.6%（表 1-9）。

▼表 1-9　全球零售電商發展（**2019-2025 年**）

[單位：十億美元、%、%]

	零售電商銷售額	年成長率	占總零售比例
2019 年	3,351	20.5	13.8
2020 年	4,248	26.4	17.9
2021 年	4,938	16.3	19.0
2022 年 *	5,542	12.2	20.3
2023 年 *	6,151	11.0	21.5
2024 年 *	6,767	10.0	22.5
2025 年 *	7,391	9.2	23.6

資料來源：eMarketer：《全球電子商務預測，2022 年 2 月 1 日》（同 Stephanie Chevalier 的報告，2022 年 7 月 26 日）。

說　明：（1）總零售含零售電商銷售額及非電商的零售額。

　　　　（2）＊預測值。

　　　　（3）零售電商包括以網路訂購的產品與服務，並不管付款或履行的方法。但並不包含旅遊或活動的門票、帳單支付、繳稅或匯款（金錢移轉）、餐飲地方的銷售、博弈或其他副貨的銷售。

（二）區域「數位落差」擴大，個人虛擬體驗深化

根據 UNCTAD 資料顯示，早在 2019 年疫情前，不同發展程度的國家在商業服務出口的結構上，已存在著數位化程度落差。「數位化可交付服務」占其自己商業服務出口的百分比，在已開發國家、發展中國家與未開發國家分別為 58.6%、39.2% 與 18.8%。其實，ICT 服務是「數位可交付服務」貿易的驅動力。2019 年電信與 ICT 服務對其自己商業服務出口的占比，在已開發、開發中與未開發國家分別為 11.4%、10.7% 與 5.6%（表 1-10）。

▼表 1-10　商業服務出口分配（2019 年）

[單位：%]

	已開發國家	發展中國家	未開發國家
商品相關	3.7	4.2	5.4
運　輸	15.5	20.5	25.3
旅　遊	20.2	32.6	47.7
建　築	1.3	2.9	2.5
金　融	12.6	6.4	2.0
智　財	9.2	1.7	0.2
電信與 ICT	11.4	10.7	5.6
其他商業服務	24.3	20	10.9
個人、文化、娛樂	1.7	0.9	0.3
合　計	100	100	100
數位化可支付服務	**58.6**	**39.2**	**18.8**

資料來源：UNCTAD. 10 May 2022 發送資料，頁 7。
説　　明：主題為《數位化服務貿易進化景觀》（The evolving landscape of digital trade in services）。

在後疫情不均衡復甦情況下，加上產業結構的數位落差（digital divide），突飛猛進的電子商務市場更出現嚴重的榮枯分歧。Statista 揭櫫了區域間、國與國間的發展落差。

由下表 1-11 及 Statista 的相關《洞察概覽》，可發現全球的電商市場營收，預測從 2022 到 2025 年將以年複合成長率（CAGR）11.58% 的速度成長。

依此預測趨勢，各地區的零售電商市場在全球的占比，在 2022 年與 2025 年的百分比變化如下：北美由 26% 增為 28.4%；歐洲從 19.6% 增為 20.8%；東亞從 41.42% 降為 35.6%（主要是中國從 33.4% 降為 27.7%）；其餘各區占比均有略增，變化不大。表 1-10 顯見數位化強者愈強，區域間數位落差擴大。

在廣連結的數位經濟時代，跨境數位投資一樣有強強連結的**趨勢**，這與前文分析的外人直接投資（FDI）目的地往優勢區集中的**趨勢**不謀而合。

▼表 1-11　世界與各區域零售電商市場（2019-2025 年）

[單位：美金十億元、%、＊：預測值]

指標\地區	2019			2020			2021		
	銷售額	成長率	占比	銷售額	成長率	占比	銷售額	成長率	占比
全　球	2,205.19	17.7	100	2,854.76	29.5	100	3,285.42	15.1	100
北　美	453.68	8.5	20.6	588.37	29.7	20.6	657.80	11.8	20
歐　洲	355.33	10.6	16.1	460.53	29.6	16.1	530.74	15.2	16.2
東南亞	97.72	43.1	1.7	59.43	57.6	2.08	77.311	30.1	2.35
東　亞	1,224.84	20.1	55.5	1,552.68	26.8	54.4	1,779.08	14.6	54.2
南　美	32.97	20.3	1.5	44.98	36.4	1.58	54.84	21.9	1.67
英　國	82.40	7.7	3.7	104.72	27.1	3.67	117.75	12.4	3.6
東　協	122.57	17.1	5.6	168.23	37.2	5.9	199.32	18.5	6.0
中　國	1066.71	21.9	48.4	1,3436.46	25.9	47.1	1,542.550	14.8	47
印　度	33.21	32.6	1.5	50.08	53.7	1.78	62.950	23.9	1.9

指標\地區	2022*			2023*			2025*		2022-2025
	銷售額	成長率	占比	銷售額	成長率	占比	銷售額	占比	複合年成長率 CAGR
全　球	4,230.00	28.8	100	4,719.83	11.6	100	5,880.00	100	11.58
北　美	1,099.00	67.1	26.0	1,224.95	11.5	26	1,677.00	28.4	11.46
歐　洲	827.90	56	19.60	953.16	15.1	20.2	1,222.00	20.8	15.13
東南亞	142.70	84.6	3.37	164.22	15.1	3.5	217.50	3.7	15.08
東　亞	1,752.00	-1.5	41.42	1,858.35	6.1	39.4	2,091.00	35.6	6.07
南　美	98.75	80.1	2.30	117.34	18.8	2.5	165.70	2.82	18.83
英　國	199.90	69.8	4.70	225.15	12.6	4.8	285.60	4.9	12.63
東　協	142.60	-28.5	3.37	164.12	15.1	3.5	217.40	3.7	15.09
中　國	1,412.00	-8.5	33.40	1,480.06	4.8	31.4	1,626.00	27.7	4.82
印　度	99.44	58.0	2.40	117.82	18.5	2.5	165.40	2.8	18.48

資料來源：Statista 資料庫。

説　明：（1）電子商務市場包括通過數位管道向私人最終用戶（B2C）銷售實物商品。此定義包括通過台式計算機（包括筆記本電腦）進行的購買以及通過智慧手機和平板電腦等移動設備進行的購買。

（2）電子商務市場不包括以下內容：數位交付服務（Digitally-delivered Services）、數位媒體下載或流媒體、B2B 市場中的數位分發商品，以及使用過的、有缺陷的或修復過的商品（e-commerce 和 C2C）的數位購買或轉售。所有貨幣數字均指年度總收入，不考慮運輸成本。

當今世界有46億web網路使用者，52億手機使用者（OSENSE TECHNOLOGY 提供，2022-4-18於台北「元宇宙 XR Hub Taiwan」）而根據 eMarketer 在今 （2022）年1月的估計，全球數位買者在2020年暴增了12.3%，已有23.7億人， 人口占比30.7%。接著會持續溫和增加，到2025年將達27.7億人，人口占比 增為34.3%。（表1-12）

▼表 1-12　全球數位購買者（2020-2025 年）

[單位：十億，%]

年度＼指標	人數	成長率	人口占比
2020	2.37	12.3	30.7
2021	2.48	4.8	31.9
2022	2.56	3.4	32.6
2023	2.64	3.1	33.3
2024	2.71	2.6	33.9
2025	2.77	2.2	34.3

資料來源：eMarketer,Jan.2022。
説　明：14歲以上，在一年內至少經由數位管道購物一次以上的網路使用者，包括線上、行動、平板。

全球零售電商崛起，不只國內電商，跨境電商，甚至跨域整合電商平台 均成企業必爭之地。隨著數位購買者的持續增加，與行動智慧手機、平板使 用者加速增加，「零售行動商務」占「零售電商」銷售額的比率也大幅增加， 在2022年全球已有65.7%。以亞太地區的79.9%最高，其次是中東與非洲的 66.4%，東南亞的64.6%與拉丁美洲的59.4%。歐洲與北美的比率反而較低。 顯示，電信與電腦網路較不發達的開發中與新興國家，個人直接使用行動手機 的「跳蛙式」成長反而快。（表1-13）

▼表 1-13　2022 年零售行動商務占零售電商銷售額的百分比

[單位：%]

全　球	**65.7**
亞　太	79.9
中東與非洲	66.4
東南亞	64.6
拉丁美洲	59.4
西　歐	46.8
中東歐	40.3
北　美	40.1

資料來源：eMarketer,Jan.2022。
說　　明：（1）東南亞包括在亞太之內。
　　　　　　（2）行動商務定義同電子商務，是電子商務的一部分。

　　隨著網民、鄉民在網路世界與社群媒體上，強調自主、自由、體驗、互動的交流方式日趨普遍，社交媒體與多媒體匯流日形發達，因此「社交媒體行銷與零售媒體廣告市場」應運而生。網路電商平台轉型為網紅（KOL）直銷電商，甚至企業或生產者自營直銷電商平台日趨流行。虛實合一（O2O）的行銷，走向越趨向沉浸式虛擬體驗，從 AR（擴增實境）、VR（虛擬實境）、MR（AR與 VR 混合實境）、XR（延展實境），正開始進入一個與社交連結的持久化、去中心化、線上 3D 虛擬環境的「元宇宙」（Metaverse）。

　　品牌力賦能轉型為信任度賦能，消費者動機不只是品質與價格的考量，更是信任與價值的嚴選。不為「買什麼」（what）而買，而是「因為什麼」（why）而買。ESG（Environmental 環境、Social 社會、Governance 治理）不只是對生產者經營評價的指標，也是消費者行為決策的參考指標。

　　Statista 針對「社交媒體 - 統計與事實」稱 2021 年全球活躍的社交媒體用戶有 46 億（預計到 2027 年將達 60 億），全球社交媒體的滲透率 58.4%。社交媒體的使用者，每天在全球社交媒體上花費的時間達 147 分鐘，每分鐘發送的 Snapshot（快照）消息數達 200 萬。尤其值得注意的是，全球社交媒體的增長，大部分是由移動設備使用量的增加所推動的。

　　2022 年全球社交網路按用戶量排名，每月活躍用戶達 10 億以上者，依序為：1.Facebook（Meta WhatsApp Facebook Messenger, Instagram），2. YouTube，

3. WhatsApp，4. Instagram，5. 微信，6. 抖音（以上資料取材自 Statista.2022-6-21. S. Dixon 出版）。

Statista 研究部 2022 年 6 月 23 日預估，到 2022 年底搜索廣告的支出，在美國與中國將分別高達 806.7 億美元與 805.5 億美元。不只境內電商，跨境電商，甚至跨域整合網路平台商的市場勢將成為企業必爭之地。

第五節　後疫情時代經濟「新常態」挑戰與機會

一　新常態的產生

基於此次工業革命是與商業革命、能源革命同步發生，而且這次的 AIoT 科技發明與生活應用是同步演化的；加上氣候變遷、COVID-19 疫情大流行衝擊了企業經營的環境與競爭模式；以及地緣政治衝突，改變了國與國關係、國家政策，從而改變了國際市場關係。

另一方面，生產方式與消費行為的改變也造成個人工作、生活起居、人際互動型態的變化，形成社會與社區，甚至文化的變革，林林總總都導致經濟與生活的「新常態」。

這些原生新常態更將持續內塑性的演化，對人類生活、企業經營，甚至國家治理產生永無止歇的挑戰。當然，它也帶來無限嶄新的創新與進步機會。

本文試著將之整理成下列六大「新常態」。

1. 替代移動新常態
2. 體驗經濟新常態
3. 在地經濟新常態
4. 美食經濟新常態
5. 短缺經濟新常態
6. 地緣政治新常態

二 六大新常態

（一）替代移動新常態

移動技術打破時間、旅行、工作地點、學習與休閒娛樂，甚至醫療的時空界限，不只可讓企業經營，生產與服務的價值創新與實現，更具效率與效益，也可讓消費者享有更自主與自由的工作與生活。

以關係到移動技術運用的 5G 而言，Mintel（英敏特）就估計，到 2030 年，5G 預計將連接 1,250 億部的設備。換言之，從 2019 年的 110 部設備算起，等於在 11 年間每年有高達 25% 的複合年成長率（CAGR）。

最明顯的工作、消費與生活方式新常態有：

1.WFH（Work from home）：麥肯錫全球研究所（MGI）估計，全球有 20% 以上的勞動力（其中大部分從事金融、保險與 IT 等行業的高技能工作）可以大部分居家上班而且一樣有效率。相對的，例如在疫情期間，企業加速導入自動化、數位化工具，更使得此一常態化進程加速。

2. 電商零售：電子商務不管境內或跨域在疫情期間突飛猛進，線上購物，跨境購物對越來越多的電腦或手機使用者，都是真實的，而且越來越方便。調查顯示，大部分人在後疫情時代一樣會堅持下去。

3. 數位游牧家庭（Digital Nomad Family）與「零工經濟」讓人們的自由與機會，家庭與工作，生活與社交，職涯與兒女教育得以兼容並蓄。

（二）體驗經濟新常態

不只是虛實融合（OMO）的銷售服務，科技也幫消費者滿足體驗的需求。有目的性的旅遊與休閒活動將大幅增加。關注環境與歷史傳承、文化節慶等活動，讓人們的個人體驗與社區、社會凝聚在一起。教育與求知與人們的求新與體驗相結合，受到傳統價值與體制框限的程度將越發減少。

元宇宙（Metaverse）的虛擬經濟終有一天會超越實體世界。李開復就表示，未來 20 年內，XR 將顛覆娛樂、培訓、零售、醫療、體育、旅行等行業。根據 Mordor Intelligence 調查機構報導，2020 年 XR 產業市值為 260.5 億美元，到了 2026 年預期將達到 4,637 億美元，年複合成長率超過 62.67%，市場潛力無窮，更證明體驗經濟常態化的趨勢氣勢如虹。

（三）在地經濟新常態

生產者為強化供應鏈與企業體質的韌性（Resilience）與 ESG 永續轉型的經營，在地化生產已更形普遍。政府為提高經濟自主（Autonomy）並保障就業也實施促進在地化的生產政策。

消費者為尋求更多人與人的互動，以及深富人文歷史、自然生態、益智愉悅情境的「場景體驗」，也要求購物體驗須同時具有更多啟發性的「實體數位化」。未來的本地社區服務將逐漸超越零售業。

在地化經濟本身也具有減少碳排放的實質意義，隨著 ESG 概念普及，以社區為基礎的組織會提供人們展開合作，推出適合當地需求的產品與服務。這也與相關企業的 ESG 相競合。

（四）美食經濟新常態

美食（Gastronomy）是一種展現自然與人文多樣性的文化表現形式，絕對也是知識經濟重要的一環。「美食經濟」（Gastronomy）強調觀光餐飲住宿要與人文自然永續共生，也屬體驗經濟與在地化經濟的共同生態系。

遊客不僅品嘗在地美食，更結合各種文化的實踐，發揚當地的文史、景觀、價值觀、文化遺產等永續發展價值。

美食經濟的範疇甚至包括，發展人才培育系統、發展新興商業模式、促進跨域合作、以在地資源觀點發展可永續生產與消費的模式，及維持文化上適宜的食品生產與消費方法。它也是數位轉型與 ESG 永續轉型的科技運用與價值創造。

（五）短缺經濟新常態

當前越演越烈的各種經濟資源與市場短缺現象，是「短缺經濟」（The Shortage Economy）的新常態，並非短期供需的摩擦性失衡，而是資源與能源的開發、生產、交換、使用的新結構系統失衡。在穩定與平衡的新系統重建完成前，整體商業環境與市場總是具波動性（Volatility）與脆弱性（Vulnerability）。因為短缺經濟的新常態也驗證永續成為市場驅動力的原理。

短缺經濟新常態因下列因素而形成：

1. 全球化 FDI 系統的分解與位移。

走過 40 年的「新自由主義」全球化經濟，除了部分已開發國家與已開發

國家相互投資，擴大企業經營規模經濟，互換技術研發合作外，最主要是已開發國家向開發中或新興市場投資，利用其廉價勞工或便宜資源來降低生產成本。這一系統模式的生命週期在 2008 年金融海嘯時宣告結束。全球的供給成本與數量不再如以前的穩定與充足。開發中與新興市場本身的需求也提高。全球資源總供需因此失衡，非短期內可調適完成。

2. 氣候變遷天災頻傳，原料與糧食的價格上漲，供給短缺。

3. 能源轉型調適不良

綠能與再生能源的供給缺乏彈性，化石燃料為主的傳統能源替代效果不佳。傳統能源的供給固然受到成本與汙染問題影響，既不穩定也不安全，更日形缺乏。再生能源一樣受到成本、技術與天候的影響。

4. 疫情衝擊供應鏈與人力供給

這不只是一時現象，勞動市場的供需，因就業與生活觀念、習慣的改變，而無法還原傳統市場的平衡。企業的投資與生產模式，一時無法調適，生產力無法恢復，商品與服務市場的供需也無法恢復平衡。

5. 地緣政治衝突與俄烏戰爭衝擊

俄烏戰爭嚴重影響世界糧食與能源的供給，既嚴重又深遠。地緣政治的衝突不只直接破壞原來的商品與服務市場的穩定與平衡，更間接造成資源的重配置（reallocation）。以美中為首的 G2 脫鉤（decoupling），半導體晶片搶奪科技戰方興未艾。

（六）地緣政治新常態

2022 年 8 月 9 日美國總統拜登簽署了《晶片法案》（CHIPS and Science Act），被視為是美國啟動跨國晶片產業「天下圍中」的大戰略[33]。這不只是宣告美中 G2「脫鉤」非短期可化解，更彰顯美國與西方國家，對於「世界尖端半導體製造技術與能量，都集中在西太平洋的第一島鏈上」，加上中國大陸虎視眈眈，摩拳擦掌「想要突破並摧毀第一島鏈」的雙重不安。

這種夾雜經濟、政治、軍事與國際強權爭奪戰因素的地緣政治衝突，顯然非一時可恢復平靜。只能簡單說，異於傳統的地緣政治關係與運作模式，將一直持續內生性演化，地緣政治新常態在這時候只是起點。

註 33 有關晶片成為國際戰略核心物資，及其對世界政治經濟的影響分析，參見：許添財作〈貿易戰未解，科技戰升級的隱憂與挑戰〉，《2021 商業服務業年鑑》，第一章第五節。

三 小結

面對上述六大新常態的挑戰，當然須做必要的調適，甚至系統的轉型。這是挑戰也是機會。這些新常態問題更是個個直搗市場永續經營的核心。永續成為市場的驅動力。唯數位轉型、ESG 永續轉型、社會轉型與生活轉型可為功。這些轉型作為，其實與前文各節論述，所涉的投資貿易經營策略與模式，息息相關。服務引導的轉型（Service-led Transformation）更是創新價值的核心。

第六節　經濟新變局與亞太經貿協議對我國商業服務業發展的影響

一 世界經濟新變局對亞太地區經濟的衝擊

鑑於俄烏戰爭、能源與糧食價格持續高漲、氣候變遷與地緣政治衝突加劇、美中 G2 脫鉤對立態勢提升、中國防疫「清零政策」、「爛尾樓」房市危機與「一帶一路」淪為「債務陷阱」等導致的中國經濟空前遲滯化，加上美國聯準會（Fed）為抑制嚴重的通貨膨脹，已自今（2022）年 3 月 17 日起至 9 月 22 日連續升息 5 次，合計已升息 12 碼，卻未見通膨止歇跡象，普遍預估聯準會於 11 月與 12 月連續再升息之高度可能性，已導致世界各國貨幣紛紛對美元狂貶，並且苦無對策。

IMF 一面嚴重警示世界經濟將面臨衰退威脅，尤其新興與開發中國家更可能發生史上最嚴重的金融危機[34]，另一方面則在 10 月再行今年以來第三度的經濟預測下調（表 1-14）。這些變本加厲的世界經濟變局，對亞太地區的衝擊有特殊的異質性，對一般長期矚目的亞太地區經貿協議的發展與影響也別具意趣，因此對我國經濟的主客觀影響更具複雜性。

註 34　IMF 總裁喬治艾娃，Kristalina Georgieva 於 2022 年 10 月 15 日在經濟領導人年度會議後與 190 個成員國表示，「繫好安全帶，繼續前行」，先前於 10 月 14 日發布最新《世界經濟展望》時更警告說，全球正面臨衰退，「最糟糕的情況還沒到來」。

▼表 1-14　全球主要地區國家 2023 年經濟成長率預測

[單位：%、＊預測值]

年度 預測時間 國家／地區	2023		
	2022 年 4 月	2022 年 7 月	2022 年 10 月
全球	3.6	2.9	2.7
已開發國家（主要）	2.4	1.4	1.1
美國	2.3	1.0	1.0
歐元區	2.3	1.2	0.5
德國	2.7	0.8	-0.3
法國	1.4	1.0	0.7
義大利	1.7	0.7	-0.2
西班牙	3.3	2.0	1.2
荷蘭	2.0	N/A	0.8
日本	2.3	1.7	1.6
英國	1.2	0.5	0.3
加拿大	2.8	1.8	1.5
南韓	2.9	N/A	2.0
臺灣	2.9	N/A	2.8
新興市場與發展中國家	4.4	3.9	3.7
新興市場與發展中國家 亞洲	5.6	5.0	4.9
中國	5.1	4.6	4.4
印度	6.9	6.1	6.1
東協 5 國	5.9	5.1	4.9
新興市場與發展中國家 歐洲	1.3	0.9	0.6
俄羅斯	-2.3	-3.5	-2.3
拉丁美洲與加勒比海國家	2.5	2.0	1.7
巴西	1.4	1.1	1.0
墨西哥	2.5	1.2	1.2
中東與中亞	3.7	3.5	3.6
沙烏地阿拉伯	3.6	3.7	3.7
撒哈拉沙漠以南非洲	4.0	4.0	3.7
奈及利亞	3.1	3.2	3.0
南非	1.4	1.4	1.1
中東與北非	3.6	3.4	3.6
新興市場與中所得國家	4.3	3.8	3.6
低所得國家	5.4	5.2	4.9

資料來源：IMF 估計、作者整理自 2022 年 4 月、7 月及 10 月 WEO，《世界經濟展望》，表 1.1 及附
　　　　　表 1.1.1；附表 1.1.2 及表 A1 與表 A2 與表 A4。

說　　明：（1）東協 5 國分別為印尼、馬來西亞、菲律賓、泰國與越南。
　　　　　（2）低所得國家包括中非共和國、甘比亞、利比亞、馬拉威、莫三比克……等 14 國。

1. 亞太對外相對優勢，對內盛衰易位的弔詭

　　表 1-13 顯示，在全球性經濟走勢下行間，亞太地區各國是相對優勢的國家。IMF 預測經濟成長在 10 月比較在 7 月的下修程度，美國、加拿大、日本、南韓、臺灣、中國、東協 5 國的平均下修了 0.26%，比歐元區的下修 0.7% 少了許多。

在亞太經濟區域內的國家而言，10月的下修以美國不變，臺灣下修0.1%幅度最小。南韓下修0.9%最多，中國與東協5國下修0.2%與日本下修0.1%次之。

下修結果，東協5國成長率4.9%，超過中國的4.4%。另印度亦高達6.1%，俗稱的「世界製造中心」已明顯從中國位移至東南亞與印度。最慘的是俄羅斯的負成長2.3%。

殊值注意的是，在全球化時代本身經濟擴張神速且躍居影響亞洲各國經濟首位（取代美國）的中國，如今政經內外交迫，面臨系統性自我破壞（Self-destruction）的經濟危機，可預見的是亞洲經濟因而失去原有穩定秩序與成長動能，短期內難以恢復平衡。進而衍生吉凶兩極化的極端不確定性。

後疫情時代，走完週期的全球化已回不去了。悲觀可能性，在普遍面臨停滯膨脹與經濟危機威脅的各國經濟，保護主義正變本加厲興起；面臨困局的中國尤其寧願自我封閉，強化孤立民族主義，極可能陷入「軍事凱恩斯經濟」迷失，引發戰禍。樂觀可能性，各國願意共同努力，恢復人類和平繁榮的願景大局為重，回到先經濟後政治的理性共融思維，坦誠恢復各種雙邊或多邊的溝通與協商。

2. 經濟新變局對區域經貿協議發展與運作的新考驗

當WTO架構與功能隨著全球化的週期走入尾聲，各種失能與脫序大大折損了本身標榜的自由與公平貿易普世價值。區域性多邊的自由貿易協定興起，各種仍然相信貿易與投資自由化為市場擴張、資源效率提高的不二法門，但必須重新檢視成員國或經濟體的是否具備「可接受性」與「可發展性」的積極條件。但如今的經濟新變局，在前文分析過的，正以「強強連結」方式重新組合中。包括RCEPT或CPTPP一樣因整體經濟危機，或成員國間的相對強弱易位，而使運作徒增困阻，組織功能頓失效率。限制出口、變相的非關稅壁壘照樣公然行事。形同「金融戰」的推升利率，讓全球資金單向快速回流美國，全球經濟面臨急凍性緊縮危機，尚不知後果為何。看來以願意拱手讓利、分享國內消費市場取得國際組織與市場領導地位的龍頭一旦匿跡或式微，各種形式的區域經濟整合或架構再恢復平衡穩定秩序前均暫時難起應有作用。

臺灣在疫情期間的逆勢再起與彎道超車並非偶然，是在全球化時期經過主客觀環境條件錘鍊累積的韌性與潛能。民間企業創新力量正加速崛起，政府上下願意與民為善的酬勤士氣當道，在世界經濟困局中，臺灣相對的優勢成為新長期趨勢。

3. 臺灣商業服務業面臨世界數位商業崛起的空前商機與挑戰

中國經濟的困厄與式微，對長期對中國有極高相互依賴性的臺灣，加上美中台三方政治關係的惡化與台海危機日益高升，必然是空前嚴峻的挑戰。但在多邊利害交錯的關係動態進展下，這並非絕對性的悲觀。其中，世界跨境數位商業的蓬勃發展對臺灣商業服務業全新的機遇即是明顯的例證。

根據商業發展研究院國際數位商業研究所在疫情前對我國跨境電商出口金額的調查，估計 2020 年以跨境電商 B2C 的形式出口總額約為新臺幣 931 億元，出口市場占比分布為中國大陸 72.4%、東協 13.5%、美國 9.5%、歐洲與日本皆為 1.7%、紐澳和韓國皆小於 1%。當時廠商預期跨境電商出口將以每年平均 11.4% 的速度成長，但有目共睹的是疫情促進了跨境電商的加速成長，根據今（2022）年亞馬遜發表的跨境電商發展報告 [35]，我國跨境電商的出口成長率提高為 14%，預估到 2025 年後將突破新臺幣 2 千億元。

這個情境彰顯臺灣的機會，也暴露臺灣尚待正視努力突破的盲點。臺灣數位貿易與零售電商能力具足，開始起飛，但對中國市場偏高的依賴度已形成極高不確定性的風險。必須劍及履及分散市場，提高對美國與新南向強勢經濟地區的市場競爭力與占有率。方法就是不為而非不可為的 AIoT 數位轉型精準行銷。無論是廣共享的整合平臺經濟，或洞悉消費者行為改變可實時調適的創新商業模式，臺灣的自主研發並非難事。

此外，更重要的是可分享百萬家中小企業的數位基礎建設，包括數位商業研發中心與商用數位資料庫及其交易市場與機制的及早建立。

第七節　結論與建議

一、2022 年全球經濟在上半年，俄烏戰爭、通貨膨脹、極端氣候、地緣政治惡化、美中兩大強權在西太平洋第一島鏈的對峙與 G2「脫鉤」科技戰深化廣化，加上中國經濟走緩與「一帶一路」引爆「債務陷阱」，國際貿易與投

註 35　亞馬遜於 2022 年 6 月舉辦跨境電商圓桌會議，估計自 2021 年起，臺灣整體 B2C 電商市場規模預計以每年 9% 的速度成長，2025 年規模預估將達到 6,830 億新臺幣。其中 B2C 出口跨境電商快速發展，是臺灣第六大的出口類型。

資出現亂流，各國內需市場則受疫情衝擊，尚難恢復應有活力，因此經濟展望普遍轉向悲觀。面對空前嚴重的通貨膨脹威脅，尋求「軟著陸」成爲當務之急。

二、國際 FDI 投資仍然被視爲企業經營發展重要一環，在目的地選擇上已出現往優勢區位移，且有「強強連結」趨勢。

歐元區是弱勢區，中國已非「強強連結」優勢區。新南向新興國家與北美已開發國家是主流優勢區。唯金融與貨幣潛伏危機，資金有從開發中與新興國家外移趨勢，需審慎注意。

三、ESG 是跨國企業重要的新承諾，唯優先順序見解仍極分歧。顯見 ESG 已成爲企業競爭新領域，ESG 的「實體」與「轉型」兩大風險之規避也成爲企業競爭興衰成敗重要因素。

四、國際貿易天空因黑天鵝、綠天鵝驟然亂闖而展望悲觀。在疫情衝擊下，服務貿易更是雪上加霜。但數位貿易卻是經濟韌性的保障。電商零售與數位跨境電商依然蓬勃發展。「數位化可交付服務」不只是本身的發展，更是支援促進其他服務貿易與商品貿易的重要驅動力。

五、數位公民與消費者長期持續增加，除使零售電商與跨境電商持續成長外，也因數位消費者的行爲改變，正引領虛擬取代實體的廣化與深化，可預見「元宇宙」產業鏈前景看好。

六、替代移動新常態、體驗經濟新常態、在地經濟新常態、美食經濟新常態、短缺經濟新常態與地緣政治新常態已儼然成型，亟待數位轉型、ESG 永續轉型、社會轉型與生活轉型加以因應。

七、我國數位貿易與電子商務的發展人才與技術具足，已經起飛。跨境 B2C 電子商務已成爲我國第六大出口類型。但其出口市場與 B2B 實體貿易一樣，仍然集中於中國市場，有待利用世界經濟新變局，國際「強強連結」的新趨勢，積極往美國與新南向等市場布局開拓，加速分散市場，提高在世界 B2C 電商市場的市占率。此外，潛力無窮，創意無限的商業服務業更應突破侷限於國內市場或個案式對外授權或連鎖加盟的有限實體店頭經營模式，以落地 OMO 的創新商業模式，進行跨域跨境整合平臺，共享數位轉型精準行銷與開發新國際市場的「臺灣」共同品牌新利基。

八、數位商業與貿易所需具備的基礎建設，包括數位經濟研究中心，商用數據資料庫與數據交易市場與機制的建立等，均待及早完備。

CHAPTER 02 我國服務業發展現況與商業發展趨勢

商研院商業發展與策略研究所　朱浩所長

第一節　前言

　　服務業的業種與業態眾多，其定義並無一致性，有些學者將初級產業與次級產業以外的產業皆歸類於服務業，有些學者則是將無形商品為主要交易對象的產業視為服務業。不過，目前國內外越來越多的學者認為服務業是將生產或技術導向轉變成為以市場或需求導向的產業。依據國內學者許士軍教授的說法，服務業是「將初級和次級產業的產出，融入文化、科技與創意後，轉化為具高附加價值以及具市場價值的服務產品」的產業。

　　由於服務業本身的特性，政府機構對於服務業的產業範圍的分類也顯示出差異，尤其近年來因應民眾與產業的需求，新型態、跨產業的服務業不斷產生，更加深此一現象。行政院主計總處在 2021 年 1 月完成我國行業統計分類第 11 次修訂，將服務業範圍劃分為以下 13 大類：G 類「批發及零售業」、H 類「運輸及倉儲業」、I 類「住宿及餐飲業」、J 類「出版影音及資通訊業」、K 類「金融及保險業」、L 類「不動產業」、M 類「專業、科學及技術服務業」、N 類「支援服務業」、O 類「公共行政及國防；強制性社會安全」、P 類「教育業」、Q 類「醫療保健及社會工作服務業」、R 類「藝術、娛樂及休閒服務業」、S 類「其他服務業」。

　　本章為提供讀者全面性的商業服務業觀察的視野，將採用上述行政院主計總處之服務業分類，先說明 2021 年我國服務業及商業發展概況，而後詳細探討我國服務業經營概況，最後再探討我國商業服務業發展趨勢。

第二節　我國服務業與商業發展概況

一　我國服務業占 GDP 之比較

　　依據行政院主計總處統計，2021 年製造業與服務業所創造的 GDP 分別為新臺幣 7 兆 5,675.22 億元及 12 兆 3,185.95 億元，分別占 GDP 的 36.90% 及 60.07%；對比 2020 年占 GDP 比例的 34.45% 與 62.03% 可知，與製造業相比，服務業占 GDP 比例雖有下滑，不過其占 GDP 仍超過 60%，顯示服務業仍是我國經濟生產的主要來源（表 2-1）。

　　從成長率來看，相較於 2020 年，2021 年製造業為 13.99%，而服務業卻僅有 3.07%（表 2-1）。在服務業中，成長率最高者為金融及保險業，達到 10.35%；其次為出版、影音製作、傳播及資通訊業的 7.65%，再次之為專業、科學及技術服務業的 5.06%。從服務業各業別占 GDP 的比例來看，則是以商業範疇（包含批發及零售業、運輸及倉儲業、住宿及餐飲業）所占比例最高，生產毛額達到新臺幣 4 兆 1,482.53 億元，約占整體 GDP 比重 20.23%，其次為不動產業之 1 兆 5,759.42 億元及金融與保險業 1 兆 4,882.26 億元，分別占整體 GDP 的 7.68% 與 7.26%（表 2-1）。

▼表 2-1　我國各業生產毛額、成長率結構及經濟成長貢獻度（2020-2021 年）

[單位：新臺幣百萬元、%]

基期：2016 年 =100	各業生產毛額（新臺幣百萬元）		成長率（%）		占 GDP 比例（%）		經濟成長貢獻度（%）	
	2020 年	2021 年	2020 年	2021 年	2020 年	2021 年	2020 年	2021 年
A 農、林、漁、牧業	361,407	348,097	-1.56	-3.68	1.88	1.70	-0.03	-0.06
B 礦業及土石採取業	12,074	12,438	0.67	3.01	0.06	0.06	0.00	0.00
C 製造業	6,638,733	7,567,522	7.37	13.99	34.45	36.90	2.30	4.48
D 電力及燃氣供應業	316,292	328,297	2.62	3.80	1.64	1.60	0.03	0.06
E 用水供應及污染整治業	113,496	113,878	4.21	0.34	0.59	0.56	0.02	0.00
F 營造工程業	460,744	499,946	5.42	8.51	2.39	2.44	0.14	0.25
服務業	11,951,214	12,318,595	1.24	3.07	62.03	60.07	0.77	1.89

基期：2016 年 =100	各業生產毛額（新臺幣百萬元）		成長率（%）		占 GDP 比例（%）		經濟成長貢獻度（%）	
	2020 年	2021 年	2020 年	2021 年	2020 年	2021 年	2020 年	2021 年
G 批發及零售業	3,168,684	3,299,295	4.75	4.12	16.45	16.09	0.75	0.63
H 運輸及倉儲業	467,863	446,379	-19.48	-4.59	2.43	2.18	-0.58	-0.13
I 住宿及餐飲業	433,817	402,579	-9.12	-7.20	2.25	1.96	-0.25	-0.17
J 出版、影音製作、傳播及資通訊業	663,983	714,801	4.73	7.65	3.45	3.49	0.15	0.23
K 金融及保險業	1,348,691	1,488,226	5.78	10.35	7.00	7.26	0.39	0.70
L 不動產業	1,547,054	1,575,942	2.73	1.87	8.03	7.68	0.22	0.15
M 專業、科學及技術服務業	422,270	443,656	0.43	5.06	2.19	2.16	0.01	0.12
N 支援服務業	315,879	322,563	-4.75	2.12	1.64	1.57	-0.09	0.04
O 公共行政及國防；強制性社會安全	1,104,040	1,117,343	1.77	1.20	5.73	5.45	0.10	0.07
P 教育業	737,561	733,946	-0.31	-0.49	3.83	3.58	-0.01	-0.02
Q 醫療保健及社會工作服務業	565,366	579,017	0.79	2.41	2.93	2.82	0.02	0.08
R 藝術、娛樂及休閒服務業	148,568	123,940	-4.85	-16.58	0.77	0.60	-0.04	-0.13
S 其他服務業	451,208	441,751	-2.01	-2.10	2.34	2.15	-0.05	-0.05

資料來源：行政院主計總處，2021，《國民所得及經濟成長統計資料庫：歷年各季國內生產毛額依行業分》。

說　　明：本表不含統計差異、進口稅及加值營業稅，故各業生產毛額加總不等於國內生產毛額。依往例計算各細業別的貢獻度，惟計算結果顯示除「批發及零售業」、「出版、影音製作、傳播及資通訊服務業」、「金融及保險業」、「不動產及住宅服務業」及「專業、科學及技術服務業」的貢獻度達 0.1 以上之外，其它產業的貢獻度數值均小於 0.1。

二 我國服務業之貿易活動

　　2021 年我國服務業對外貿易總額達 915.6 億美元，較 2020 年增加 16.39%。其中出口 519.95 億美元，較 2020 年增加 26.17%；進口 395.67 億美元，較前一年增加 5.63%，由於服務業出口增加的幅度較進口更大，因此 2021 年服務業貿易出超持續增加至 124.28 億美元，較前一年增加了 231.15%，如表 2-2 所示。若以中央銀行所公布的國際收支細表統計觀之，可以發現在加工服務、維修服務、運輸服務以及其他服務中的「電信、電腦及資訊服務」、「其他事務服務」、「個人、文化與休閒服務」等，服務貿易出超增加最快，也顯示上

述服務的貿易競爭力持續增強。

▼表 2-2　我國服務貿易概況（2016-2021 年）

[單位：百萬美元、%]

年份	貿易總值		出口總值		進口總值		出（入）超總值	
	金額 （百萬美元）	年增率 （%）	金額 （百萬美元）	年增率 （%）	金額 （百萬美元）	年增率 （%）	金額 （百萬美元）	年增率 （%）
2016 年	93,106	0.38	41,291	0.79	51,815	0.05	-10,524	-2.73
2017 年	99,188	6.53	45,213	9.50	53,975	4.17	-8,762	-16.74
2018 年	107,040	7.92	50,209	11.05	56,831	5.29	-6,622	-24.42
2019 年	108,740	1.59	51,838	3.24	56,902	0.12	-5,064	-23.53
2020 年	78,667	-27.66	41,210	-20.50	37,457	-34.17	3,753	174.11
2021 年	91,562	16.39	51,995	26.17	39,567	5.63	12,428	231.15

資料來源：中央銀行國際收支統計，2022，（臺北：中央銀行）。

三　我國服務業之投資活動

（一）外人投資我國服務業

　　2021 年核准服務業僑外投資件數為 2,711 件，較 2020 年減少 20.68%；投（增）資金額 74.76 億美元，較 2020 年減少 18.24%。

　　進一步觀察各業別的投資狀況，其中製造業投資金額為 16.87 億美元，較前一年的 16.88 億美元減少 0.11%；服務業投資金額為 53.37 億美元，較 2020 年減少 14.51%，其中商業投資件數減少 27.94%，而在投資金額上亦是減少 19.50%，顯示外資在 2021 年相較於前一年投資件數大幅減少，否則若以每件平均投資金額視之反倒呈現大幅成長（表 2-3）。

　　在服務業僑外投資細項行業方面，以金融及保險業為最高，達 22.92 億美元，其次是批發及零售業的 9.06 億美元，再其次是不動產業的 6.53 億美元。

　　至於在投資金額的成長方面，支援服務業為 1,221.05%、運輸及倉儲業為 116.60%、資訊及通訊傳播業為 72.08%、其他服務業為 61.54% 等，都有不錯表現；而專業、科學及技術服務業為 -68.42% 與住宿及餐飲業為 -54.09% 等，則是投資金額減少幅度較大的產業。

▼表 2-3　核准僑外投資分業統計表（2020-2021 年）

[單位：件、千美元、%]

	2020 年		2021 年		2020 與 2021 年比較	
	件數	金額	件數	金額	件數成長率（%）	金額成長率（%）
A 農、林、漁、牧業	5	19,636	1	5,956	-80.00	-69.67
B 礦業及土石採取業	1	631	1	3	0.00	-99.52
C 製造業	256	1,688,448	263	1,686,649	2.73	-0.11
D 電力及燃氣供應業	31	1,099,613	20	143,188	-35.48	-86.98
E 用水供應及污染整治業	6	6,807	2	20,656	-66.67	203.45
F 營造業	44	85,976	74	282,880	68.18	229.02
服務業（G-S）	3,073	6,242,801	2,350	5,336,942	-23.53	-14.51
商業（G-I）	1,643	1,272,790	1,184	1,024,537	-27.94	-19.50
G 批發及零售業	1,382	1,111,083	989	906,376	-28.44	-18.42
H 運輸及倉儲業	21	25,730	11	55,732	-47.62	116.60
I 住宿及餐飲業	240	135,977	184	62,429	-23.33	-54.09
J 資訊及通訊傳播業	363	361,934	286	622,826	-21.21	72.08
K 金融及保險業	296	2,787,337	305	2,291,922	3.04	-17.77
L 不動產業	65	473,000	45	653,481	-30.77	38.16
M 專業、科學及技術服務業	485	1,305,625	394	412,336	-18.76	-68.42
N 支援服務業	75	23,025	39	304,169	-48.00	1,221.05
O 公共行政及國防；強制性社會安全	0	0	0	0	0.00	0.00
P 教育業	19	1,773	23	2,078	21.05	17.20
Q 醫療保健及社會工作服務業	0	0	0	0	0.00	0.00
R 藝術、娛樂及休閒服務業	71	6,891	34	8,751	-52.11	26.99
S 其他服務業	56	10,426	40	16,842	-28.57	61.54
合計	3,418	9,144,336	2,711	7,476,273	-20.68	-18.24

資料來源：整理自經濟部投資審議委員會，2022，《110 年統計月報 - 表 6：核准華僑及外國人投資分區分業統計表》。

（二）陸資投資我國服務業

　　自 2009 年至 2021 年核准陸資來臺投資件數共有 1,510 件，較統計至 2020 年增加 3.35%；投（增）資金額計 25.28 億美元，較統計 2020 年增加 4.82%。自 2009 年 6 月 30 日開放陸資來臺投資以來，陸資逐年增加，這一成

長趨勢到近年因兩岸新情勢與美國製造業回流、中美貿易戰等因素而面臨挑戰。以來臺投資金額占比來看，陸資投資國內服務業超過50%。投資服務業最多者依序以批發及零售業最高7.15億美元，占28.29%；銀行業2.01億美元，占7.97%；資訊軟體服務業1.42億美元，占5.61%；港埠業1.39億美元，占5.50%；研究發展服務業1.12億美元，占4.44%；住宿服務業1.06億美元，占4.21%。顯示陸資來臺投資仍以批發、零售業與銀行業為主（表2-4）。

▼表2-4　陸資來臺投資統計

[單位：千美元、%]

	累積至2020年（件數）	累積至2020年金額（千美元）	累積至2020年金額比重（%）	累積至2021年（件數）	累積至2021年金額（千美元）	累積至2021年金額比重（%）	2020年與2021年件數成長百分比（%）	2020年與2021年金額成長百分比（%）
批發及零售業	967	694,498	28.80	999	714,967	28.29	3.31	2.95
電子零組件製造業	61	335,153	13.90	65	397,031	15.71	6.56	18.46
銀行業	3	201,441	8.35	3	201,441	7.97	0.00	0.00
資訊軟體服務業	107	115,055	4.77	109	141,692	5.61	1.87	23.15
港埠業	1	139,108	5.77	1	139,108	5.50	0.00	0.00
機械設備製造業	37	116,177	4.82	37	116,177	4.60	0.00	0.00
電腦、電子產品及光學製品製造業	34	110,954	4.60	37	112,246	4.44	8.82	1.16
研究發展服務業	9	112,135	4.65	9	112,135	4.44	0.00	0.00
電力設備製造業	9	109,708	4.55	9	111,124	4.40	0.00	1.29
金屬製品製造業	14	107,052	4.44	14	107,052	4.24	0.00	0.00
住宿服務業	5	104,651	4.34	5	106,453	4.21	0.00	1.72
化學製品製造業	6	75,856	3.15	6	75,856	3.00	0.00	0.00
餐飲業	68	34,197	1.42	72	35,927	1.42	5.88	5.06
醫療器材製造業	3	26,281	1.09	3	26,281	1.04	0.00	0.00
廢棄物清除、處理及資源回收業	9	21,658	0.90	10	22,087	0.87	11.11	1.98
紡織業	2	18,108	0.75	2	18,250	0.72	0.00	0.78
食品製造業	3	14,795	0.61	3	14,795	0.59	0.00	0.00
化學材料製造業	7	13,461	0.56	7	13,461	0.53	0.00	0.00
汽車及其零件製造業	4	8,349	0.35	4	8,349	0.33	0.00	0.00

	累積至 2020 年（件數）	累積至 2020 年金額（千美元）	累積至 2020 年金額比重（%）	累積至 2021 年（件數）	累積至 2021 年金額（千美元）	累積至 2021 年金額比重（%）	2020 年與 2021 年件數成長百分比（%）	2020 年與 2021 年金額成長百分比（%）
塑膠製品製造業	15	7,699	0.32	15	7,699	0.30	0.00	0.00
其他製造業	2	5,405	0.22	2	5,405	0.21	0.00	0.00
產業用機械設備維修及安裝業	7	5,156	0.21	7	5,156	0.20	0.00	0.00
技術檢測及分析服務業	7	4,984	0.21	7	4,984	0.20	0.00	0.00
會議服務業	20	4,684	0.19	21	4,896	0.19	5.00	4.53
專業設計服務業	13	4,127	0.17	14	4,361	0.17	7.69	5.67
橡膠製品製造業	2	4,002	0.17	2	4,002	0.16	0.00	0.00
未分類其他專業、科學及技術服務業	4	3,810	0.16	4	3,810	0.15	0.00	0.00
運輸及倉儲業	20	3,048	0.13	20	3,048	0.12	0.00	0.00
未分類其他運輸工具及其零件製造業	6	2,985	0.12	6	2,985	0.12	0.00	0.00
成衣及服飾品製造業	2	2,947	0.12	2	2,947	0.12	0.00	0.00
創業投資業	1	1,994	0.08	1	1,994	0.08	0.00	0.00
租賃業	4	1,162	0.05	4	1,162	0.05	0.00	0.00
廢污水處理業	5	385	0.02	5	385	0.02	0.00	0.00
清潔服務業	2	209	0.01	3	212	0.01	50.00	1.44
家具製造業	1	40	0.00	1	40	0.00	0.00	0.00
廣告業	1	6	0.00	1	6	0.00	0.00	0.00
小計	1,461	2,411,282	100.00	1,510	2,527,525	100.00	3.35	4.82

資料來源：整理自經濟部投資審議委員會，2022，《110 年 12 月統計月報 - 表 1C：陸資來臺投資分業統計表》。

四 我國就業概況

（一）各業就業人數

依據行政院主計總處之統計資料（表 2-5），2021 年我國總就業人口數為 1,144.5 萬人，相對於 2020 年的總就業人數減少了 0.15%。若以三級產業來分析，可以發現在總就業人數減少的情況下，服務業就業人數不減反增，2021 年服務業就業人數達到 685.3 萬人，占總就業人數的 59.9%，較 2020 年增加

0.09%。在服務業細項行業方面，2021年仍以「批發及零售業」之就業人數最多，高達186.6萬人，占總就業人口之比例達16.3%；居第二位的是「住宿及餐飲業」，就業人數有83.7萬人，占比為7.3%；居第三位的是「教育服務業」，就業人數有64.4萬人，占比為5.6%。至於成長較大的產業，依序為「醫療保健及社會工作服務業」的4.25%，「專業、科學及技術服務業」的2.88%，「出版、影音製作、傳播及資通訊服務業」的2.64%，「運輸及倉儲業」的2.42%，以及「公共行政及國防；強制性社會安全」的1.61%。

▼表2-5　我國各業別年平均就業人數、占比與成長率（2017-2021年）

[單位：千人、%]

		2017年（千人）	2018年（千人）	2019年（千人）	2020年（千人）	2021年（千人）	結構占比（%）	成長率（%）
農、林、漁、牧業	農、林、漁、牧業	557	561	559	545	541	4.7	-0.73
工業	工業	4,063	4,083	4,092	4,071	4,052	35.4	-0.47
	礦業及土石採取業	4	4	4	4	3	0.0	-25.00
	製造業	3,045	3,064	3,066	3,039	3,016	26.4	-0.76
	電力燃氣供應業	30	30	31	32	33	0.3	3.13
	用水供應及污染整治業	82	81	84	85	84	0.7	-1.18
	營造工程業	901	904	907	911	916	8.0	0.55
服務業	服務業	6,732	6,790	6,849	6,847	6,853	59.9	0.09
	批發及零售業	1,875	1,901	1,915	1,896	1,866	16.3	-1.58
	運輸及倉儲業	443	446	450	454	465	4.1	2.42
	住宿及餐飲業	832	838	848	845	837	7.3	-0.95
	出版、影音製作、傳播及資通訊服務業	253	258	262	265	272	2.4	2.64
	金融及保險業	429	432	434	431	435	3.8	0.93
	不動產業	103	106	108	106	106	0.9	0.00
	專業、科學及技術服務業	372	374	377	382	393	3.4	2.88
	支援服務業	292	296	297	295	295	2.6	0.00
	公共行政及國防；強制性社會安全	373	367	368	372	378	3.3	1.61
	教育業	652	653	657	656	644	5.6	-1.83
	醫療保健及社會工作服務業	451	456	461	471	491	4.3	4.25
	藝術、娛樂及休閒服務業	106	110	115	114	110	1.0	-3.51
	其他服務業	551	554	557	560	560	4.9	0.00
總計		11,352	11,434	11,500	11,462	11,445	100.0	-0.15

資料來源：行政院主計總處，2022，《人力資源調查統計年報 - 表13：歷年就業者之行業》。

（二）各業工時之比較

依據行政院主計總處之統計資料顯示，2021 年工業部門之每月平均工時達 160.5 小時，較前一年略爲減少 1 小時；而服務業之平均工時爲 157.4 小時，較前一年減少 2.05%。上述現象除了顯示 2018 年因應勞基法的修正，全面實施之「一例一休」政策，的確引發產業對工作時間之調整外；也可能是受到 COVID-19 疫情影響，營業狀況必須隨之調整的現象。另就各細項服務業比較，可觀察到「支援服務業」的平均工時最長，達 171.4 小時，而位居第二的是「不動產業」，平均工時達 163.7 小時，平均工時最低的爲「藝術、娛樂及休閒服務業」，取代過去的「教育服務業」，僅 136.2 小時。此外，「支援服務業」的加班工時爲服務業之冠，達 8.7 小時，位居第二者爲「運輸及倉儲業」，加班工時達 7.9 小時。這些資料和現象大致和往年類似，顯示有一定的結構性。

▼表 2-6　我國各產業平均工時與加班工時（2019-2021 年）

[單位：小時 / 月、%]

	2019 年		2020 年		2021 年		平均工時	加班工時
	平均工時 （小時/月）	加班工時 （小時/月）	平均工時 （小時/月）	加班工時 （小時/月）	平均工時 （小時/月）	加班工時 （小時/月）	成長率 （%）	成長率 （%）
工業及服務業	161.2	7.8	161	7.4	158.7	8	-1.43	-1.43
工業部門	161.2	12.7	161.5	12.1	160.5	13.8	-0.62	-0.62
服務業部門	161.2	4.3	160.7	4.1	157.4	3.9	-2.05	-2.05
G 批發及零售業	160.1	4	159.7	3.3	155.5	3	-2.63	-2.63
H 運輸及倉儲業	164.1	9.2	163.7	8.5	162.4	7.9	-0.79	-0.79
I 住宿及餐飲業	155.7	2.9	153.6	3.8	151.8	4	-1.17	-1.17
J 出版、影音製作、傳播及資通訊業	159.6	1.8	161.2	1.7	159.4	1.9	-1.12	-1.12
K 金融及保險業	162.5	3.3	163.6	3.5	162.2	3.4	-0.86	-0.86
L 不動產業	164.8	2.9	165.7	2.9	163.7	2.9	-1.21	-1.21
M 專業、科學及技術服務業	161.1	4.3	160.4	4.2	159.1	3.6	-0.81	-0.81
N 支援服務業	170.6	7.8	172.2	8.6	171.4	8.7	-0.46	-0.46
P 教育業	129.1	0.8	141.1	1.7	138.8	1.8	-1.63	-1.63
Q 醫療保健及社會工作服務業	161.5	4.2	159.9	4.3	154.6	3.5	-3.31	-3.31

	2019 年		2020 年		2021 年		平均工時	加班工時
	平均工時 (小時/月)	加班工時 (小時/月)	平均工時 (小時/月)	加班工時 (小時/月)	平均工時 (小時/月)	加班工時 (小時/月)	成長率 (%)	成長率 (%)
R 藝術、娛樂及 休閒服務業	160.3	2.1	156.6	1.8	136.2	1.7	-13.03	-13.03
S 其他服務業	174.1	2.4	170.1	2.3	159.3	1.9	-6.35	-6.35

資料來源：行政院主計總處，2022，《薪資及生產力統計資料》。
說　　明：「支援服務業」包括租賃、人力仲介及供應、旅行及相關服務、保全及偵探、建築物及綠化
　　　　　服務、行政支援服務等。

（三）各業勞動生產力比較

依據行政院主計總處之定義，勞動生產力為每單位時間內每位勞工 - 生產的產量。經由行政院主計總處最新統計資料來看，如表 2-7，2021 年全體產業產值勞動生產力指數為 124.96，是自 2016 年起逐年上升之最高點。而 2021 年服務業產值勞動生產力指數為 119.22，亦是近六年新高。

在每工時產出方面，2021 年全體產業的每工時產出為 834.39 元，亦較上年度之 759.46 元大幅增加；至於服務業部分，2021 年為 753.73 元，較上年度之 706.43 元增加。若以次產業觀之，可以發現服務業所有的次產業，2021 年「批發零售業」、「資訊與通訊傳播業」、「金融及保險業」、「不動產業」、「專業、科學及技術服務業」、「支援服務業」、「醫療保健業」及「其他服務業」的每工時產出相較於 2020 年均呈現成長趨勢。另外，2021 年每工時產出金額最高為「金融及保險業」的 1,720.58 元，其次為「不動產業」的 1,654.80元；而每工時產出最低則為「住宿及餐飲業」，每工時產出僅為 242.62 元，比2020 年的 254.50 元還減少 11.88 元。

以每位就業者產出來看，2021 年全體產業的每位就業者產出為每月140,171 元，較 2020 年之 129,660 元增加。服務業部分，2021 年為 124,068元，亦較 2020 年之 119,436 元增加；產出最高者依然為「金融及保險業」的285,252 元，其次為「不動產業」的 274,359 元，再其次為「資訊與通訊傳播業」的 223,635 元；而服務業最低者為「住宿及餐飲業」，每位就業者產出為40,000 元，相較上年度之 42,348 元減少 2,348 元。不過需要注意的是，因為近年全球受到 COVID-19 疫情的影響，「藝術、娛樂及休閒服務業」、「運輸及倉儲業」、「住宿及餐飲業」與「其他服務業」，每位就業者產出均有一定幅度的減少，分別減少 16,216 元、4,755 元、2,348 與 745 元。

▼表 2-7　我國各業勞動生產力比較（2016-2021 年）

產值勞動生產力指數							
基期 2016 年 =100	全體產業	農林漁牧業	工業	服務業	批發及零售業	運輸及倉儲業	住宿及餐飲業	資訊與通訊傳播業
2016	100.00	100.00	100.00	100.00	100.00	100.00	100.00	100.00
2017	104.04	109.09	104.36	103.46	103.50	106.20	101.96	100.91
2018	106.64	112.94	106.26	106.62	105.85	110.29	105.60	103.80
2019	109.36	113.03	107.86	110.36	110.30	110.84	109.61	109.28
2020	113.74	112.70	116.00	111.74	117.15	89.08	99.40	111.90
2021	124.96	114.44	131.13	119.22	127.40	85.43	94.76	121.53

基期 2016 年 =100	金融及保險業	不動產業	專業、科學及技術服務業	支援服務業	醫療保健業	藝術、娛樂及休閒服務業	其他服務業	
2016	100.00	100.00	100.00	100.00	100.00	100.00	100.00	
2017	103.02	100.88	101.89	101.46	100.86	104.18	103.72	
2018	105.16	103.28	105.10	105.17	103.51	105.23	108.43	
2019	108.97	112.76	108.76	109.33	105.67	102.29	109.90	
2020	114.46	125.19	107.37	102.44	105.43	96.38	109.39	
2021	127.05	134.93	112.54	106.13	110.53	94.69	115.98	

每工時產出（新臺幣元 / 小時）							
基期 2016 年 =100	全體產業	農林漁牧業	工業	服務業	批發及零售業	運輸及倉儲業	住宿及餐飲業	資訊與通訊傳播業
2016	667.72	283.26	769.08	632.23	703.60	547.64	256.03	1,143.50
2017	694.70	309.00	802.64	654.08	728.24	581.60	261.05	1,153.87
2018	712.07	319.93	817.23	674.11	744.75	604.01	270.37	1,186.94
2019	730.21	320.17	829.56	697.71	776.05	607.02	280.62	1,249.64
2020	759.46	319.24	892.10	706.43	824.29	487.82	254.50	1,279.57
2021	834.39	324.16	1,008.51	753.73	896.40	467.84	242.62	1,389.65

基期 2016 年 =100	金融及保險業	不動產業	專業、科學及技術服務業	支援服務業	醫療保健業	藝術、娛樂及休閒服務業	其他服務業	
2016	1,354.27	1,226.42	521.00	479.16	617.00	775.77	345.72	
2017	1,395.20	1,237.16	530.85	486.16	622.32	808.23	358.57	
2018	1,424.14	1,266.63	547.57	503.94	638.64	816.35	374.87	
2019	1,475.81	1,382.88	566.63	523.86	651.97	793.52	379.93	
2020	1,550.06	1,535.31	559.42	490.86	650.49	747.67	378.17	
2021	1,720.58	1,654.80	586.36	508.55	681.94	734.56	400.98	

每就業者產出（新臺幣元 / 每人每月）							
基期 2016 年 =100	全體產業	農林漁牧業	工業	服務業	批發及零售業	運輸及倉儲業	住宿及餐飲業	資訊與通訊傳播業
2016	115,320	48,969	133,399	108,839	120,436	96,874	43,951	183,978
2017	119,404	53,093	139,052	111,781	124,155	102,241	43,907	187,496
2018	122,219	55,073	141,886	114,714	126,628	106,953	44,863	191,920
2019	125,057	54,684	143,584	118,618	131,653	107,586	46,917	201,403
2020	129,660	54,946	154,229	119,436	139,033	85,640	42,348	207,920
2021	140,171	53,217	174,764	124,068	146,386	80,885	40,000	223,635

基期 2016 年 =100	金融及保險業	不動產業	專業、科學及技術服務業	支援服務業	醫療保健業	藝術、娛樂及休閒服務業	其他服務業	
2016	220,858	205,820	86,563	85,542	102,722	133,357	65,758	
2017	229,802	208,953	87,825	86,674	103,766	134,183	66,366	
2018	236,606	214,238	90,604	89,456	105,719	132,594	68,509	
2019	244,797	231,393	93,031	92,930	107,984	130,120	69,115	
2020	259,079	258,406	92,045	88,401	105,873	120,074	67,085	
2021	285,252	274,359	95,026	91,104	107,766	103,858	66,340	

資料來源：行政院主計總處，2022，《110 年度產值勞動生產力趨勢分析報告》。
說　　明：本報告書各表之行業分類係依第 10 次修訂之中華民國行業統計分類。

第三節 我國服務業經營概況

一 服務業家數及銷售額分析

由財政部統計月報，我們可從服務業的家數與銷售額觀察，進一步了解目前產業內的樣態，深化對服務業的認識。我國服務業 2021 年銷售額達新臺幣 28 兆 44.96 億元，家數約 124.97 萬家；2021 年與 2020 年相比，營業家數與銷售金額均有提升。

（一）結構分析

「批發及零售業」依然是服務業中家數與銷售額最高的產業，2021 年的家數約 70.78 萬家，銷售額則由 2020 年的 15 兆 5,227.77 億元，成長至 17 兆 5,481.31 億元（表 2-8）。

以家數排名來看，家數最高者為「批發及零售業」70.78 萬家，其他依序為「住宿及餐飲業」17.22 萬家；「其他服務業」8.96 萬家；「專業、科學及技術服務業」5.72 萬家；「不動產業」4.48 萬家；「金融及保險業」4.22 萬家；「藝術、娛樂及休閒服務業」3.54 萬家；「運輸及倉儲業」3.49 萬家。

以銷售額排名分析，除批發及零售業以外，銷售額較多的產業依序為「金融及保險業」2 兆 7,399.39 億元，「不動產業」1 兆 8,560.89 億元，「運輸及倉儲業」1 兆 6,187.16 億元，「出版、影音製作、傳播及資通訊業」1 兆 5,142.63 億元，「專業、科學及技術服務業」1 兆 74.30 億元，「住宿及餐飲業」6,952.94 億元，以及「支援服務業」5,915.86 億元。

▼表 2-8 我國服務業家數與銷售額（2019-2021 年）

[單位：家、新臺幣百萬元]

	2019 年		2020 年		2021 年	
	家數（家）	銷售額（新臺幣百萬元）	家數（家）	銷售額（新臺幣百萬元）	家數（家）	銷售額（新臺幣百萬元）
G 批發及零售業	678,410	15,248,561	689,172	15,522,777	707,836	17,548,131
H 運輸及倉儲業	33,216	1,285,737	34,098	1,193,333	34,887	1,618,716
I 住宿及餐飲業	157,098	731,837	165,490	704,119	172,244	695,294
J 出版、影音製作、傳播及資通訊服務業	22,653	1,284,148	24,054	1,342,337	25,585	1,514,263
K 金融及保險業	36,088	2,596,533	39,275	2,600,266	42,196	2,739,939

	2019 年		2020 年		2021 年	
	家數（家）	銷售額 （新臺幣百萬元）	家數（家）	銷售額 （新臺幣百萬元）	家數（家）	銷售額 （新臺幣百萬元）
L 不動產業	39,028	1,448,664	42,288	1,710,386	44,811	1,856,089
M 專業、科學及技術服務業	50,758	788,896	53,885	819,688	57,209	1,007,430
N 支援服務業	31,366	558,918	31,901	542,723	32,986	591,586
O 公共行政及國防；強制性社會安全	13	4,157	13	4,534	12	5,631
P 教育業	4,187	22,171	4,769	23,713	5,377	24,213
Q 醫療保健及社會工作服務業	1,216	34,325	1,408	34,660	1,608	36,821
R 藝術、娛樂及休閒服務業	32,994	115,501	34,293	114,260	35,372	101,993
S 其他服務業	84,940	261,787	87,259	258,432	89,564	264,389
服務業合計	1,171,967	24,381,235	1,207,905	24,871,226	1,249,687	28,004,496

資料來源：財政部，2022，《財政統計資料庫》。

（二）趨勢變化

從服務業家數成長率與銷售額成長率來看，過去一年的變化中，服務業主要分為三個族群，包含成長率高的成長性產業、成熟期產業與衰退期產業（表2-9）。

以家數成長率與銷售額成長率來看，2021 年家數與銷售額均呈現成長的產業分別為「批發及零售業」、「運輸及倉儲業」、「出版、影音製作、傳播及資通訊服務業」、「金融及保險業」、「不動產業」、「專業、科學及技術服務業」、「支援服務業」、「教育業」、「醫療保健及社會工作服務業」及「其他服務業」等。

若僅以家數成長率分析，2021 年服務業平均家數成長 3.46%。家數成長率較高者依序為「醫療保健及社會工作服務業」14.20%、「教育業」12.75%、「金融及保險業」7.44%、「出版、影音製作、傳播及資通訊服務業」6.36%、「專業、科學及技術服務業」6.17%、「不動產業」5.97%、「住宿及餐飲業」4.08%。

以銷售額成長率分析，2021 年服務業平均銷售成長 12.60%。銷售額成長率較高依序為「運輸及倉儲業」35.65%、「公共行政與國防；強制性社會安全」24.18%、「專業、科學及技術服務業」22.90%、「批發及零售業」13.05% 及「出版、影音製作、傳播及資通訊服務業」12.81%。至於「支援服務業」9.00%、「不動產業」8.52%、「醫療保健及社會工作服務業」6.24%、「金融及保險業」5.37%、「其他服務業」2.31% 及「教育業」2.11%，則是低於總體服務業平均

銷售成長的產業。

而「藝術、娛樂及休閒服務業」及「住宿及餐飲業」則是呈現衰退情形，分別衰退 10.74% 與 1.25%。

▼表 2-9　我國服務業單店年銷售額、家數及銷售成長率（2021 年）

[單位：新臺幣百萬元、%]

	單店年銷售額 （新臺幣百萬元）	家數成長 （%）	銷售成長 （%）
G 批發及零售業	24.79	2.71	13.05
H 運輸及倉儲業	46.40	2.31	35.65
I 住宿及餐飲業	4.04	4.08	-1.25
J 出版、影音製作、傳播及資通訊服務業	59.19	6.36	12.81
K 金融及保險業	64.93	7.44	5.37
L 不動產業	41.42	5.97	8.52
M 專業、科學及技術服務業	17.61	6.17	22.90
N 支援服務業	17.93	3.40	9.00
O 公共行政及國防；強制性社會安全	469.22	-7.69	24.18
P 教育業	4.50	12.75	2.11
Q 醫療保健及社會工作服務業	22.90	14.20	6.24
R 藝術、娛樂及休閒服務業	2.88	3.15	-10.74
S 其他服務業	2.95	2.64	2.31
服務業合計	22.41	3.46	12.60

資料來源：財政部，2022，《財政統計月報民國 111 年》，（臺北：財政部）。

（三）銷售額區域分布

從服務業銷售區域來看，臺北市在 2021 年與上年度一樣排名第一，可見臺北市依然為服務業的集中地；也因此對服務業來說，臺北市的競爭最為激烈。而排名第二名的縣市則依各區域的發展政策、地方特色及地理位置有所不同。

以「批發及零售業」來說，臺北市銷售額最高達 6 兆 6,686.15 億元，且遠遠領先其他縣市；第二為新北市 2 兆 4,646.22 億元，第三為高雄市 1 兆 8,259.33 億元，第四為臺中市 1 兆 7,095.94 億元（表 2-10）。

另就近幾年較熱門的「住宿及餐飲業」來說，臺中市因位於臺北市與高雄市的中間位置，結合了我國南、北不同的口味，成為餐飲業試水溫相當好的地點，「住宿及餐飲業」在當地銷售額為 894.38 億元，與過去幾年一樣為全臺第二，僅次於臺北市的 1,940.33 億元，可見其在住宿及餐飲業的發展潛力。

與我國進出口息息相關的「運輸及倉儲業」，桃園市的銷售額自 2014 年

為各縣市第二，超越原本排名第二的高雄市後，2021 年繼續維持這樣的排名。桃園市的「運輸及倉儲業」銷售額為 2,124.02 億元，僅次於臺北市的 7,770.63 億元，也領先新北市的 1,447.66 億元，與高雄市的 1,659.06 億元。

而以與我國工業最相關的服務業「專業、科學及技術服務業」來說，新竹市「專業、科學及技術服務業」銷售額 721.77 億元，位居全國第四，若把新竹縣一併納入視為新竹科學園區的腹地，則加計新竹縣 566.86 億元的銷售額，新竹縣市合計的銷售額為 1,288.63 億元，仍然僅次於臺北市的 5,334.99 億元。

▼表 2-10　我國服務業銷售額區域分布（2021 年）

[單位：新臺幣百萬元]

地區別	批發及零售業	運輸及倉儲業	住宿及餐飲業	出版、影音製作、傳播及資通訊服務業	金融及保險業	不動產業
總計	17,548,131	1,618,716	695,294	1,514,263	2,739,939	1,856,089
新北市	2,464,622	144,766	75,744	153,380	130,842	301,222
臺北市	6,668,615	777,063	194,033	1,117,842	2,114,462	647,970
桃園市	1,273,189	212,402	56,955	16,402	72,392	145,832
臺中市	1,709,594	75,748	89,438	53,558	131,461	273,008
臺南市	886,172	32,194	47,694	18,083	50,818	91,592
高雄市	1,825,933	165,906	70,307	38,364	102,884	173,158
宜蘭縣	107,858	11,664	17,253	3,518	9,108	14,363
新竹縣	358,650	12,917	16,785	39,202	13,707	45,159
苗栗縣	175,797	7,225	10,546	4,712	8,208	14,795
彰化縣	434,867	17,680	16,903	8,637	22,006	31,879
南投縣	95,367	5,672	12,390	3,779	7,992	5,449
雲林縣	183,514	13,431	7,992	4,837	11,218	15,517
嘉義縣	113,673	12,822	6,157	1,085	5,379	4,687
屏東縣	210,861	5,757	15,767	5,087	10,354	10,062
臺東縣	34,791	3,817	8,461	1,805	2,785	3,020
花蓮縣	71,273	5,274	12,401	3,318	5,461	8,458
澎湖縣	14,559	2,722	1,597	842	***	1,777
基隆市	59,833	93,833	6,724	4,780	5,561	2,724
新竹市	718,033	8,944	15,987	28,288	23,648	48,135
嘉義市	127,127	5,053	10,855	5,876	9,975	14,672
金門縣	11,962	2,642	1,133	742	737	2,597
連江縣	1,840	1,185	172	126	***	16

地區別	專業、科學及技術服務業	支援服務業	教育業	醫療保健及社會工作服務業	藝術、娛樂及休閒服務業	其他服務業
總計	1,007,430	591,586	24,213	36,821	101,993	264,389
新北市	107,183	53,998	2,752	2,590	12,376	30,747
臺北市	533,499	340,041	9,240	6,858	35,242	64,114
桃園市	89,529	39,900	2,176	699	7,380	31,284
臺中市	58,623	41,895	3,782	2,955	11,374	29,096
臺南市	19,080	18,650	1,210	782	5,754	14,134
高雄市	39,228	44,434	2,246	20,916	8,953	30,530
宜蘭縣	2,835	2,586	146	59	1,517	3,508
新竹縣	56,686	9,144	455	294	2,962	10,091
苗栗縣	6,630	4,197	119	213	1,633	5,021
彰化縣	5,756	6,152	314	577	2,101	9,148
南投縣	1,772	1,733	67	29	2,294	3,293
雲林縣	2,140	2,633	149	90	1,211	3,978
嘉義縣	2,221	4,110	40	65	679	2,726
屏東縣	2,747	2,907	237	142	2,525	5,956
臺東縣	861	891	49	14	538	1,421
花蓮縣	2,028	1,462	119	245	1,282	1,828
澎湖縣	220	1,054	11	1	147	191
基隆市	1,628	2,846	71	84	961	2,735
新竹市	72,177	9,601	792	144	1,920	9,588
嘉義市	2,158	2,602	220	53	1,063	4,789
金門縣	287	673	17	11	61	175
連江縣	143	77	2	***	20	36

資料來源：財政部，2022，《財政統計月報民國 111 年》。
說　　明：*** 表示不陳示數值以保護個別資料。

二 服務業各業別規模變化

　　企業規模可從企業平均人數來觀察，如表 2-11 所示。進一步依產業與企業兩種面向分析企業規模，可分成行業總人數（行業規模）與企業平均人數（企業規模）同步上升的同步成長行業、只有產業指標單項成長行業、只有企業指標單項成長行業以及兩項指標同步下降行業來觀察。由於 2021 年所有細項服務業的企業規模除「公共行政及國防；強制性公共安全」上升以外，其他均為下降，又前述行業別之型態較具特殊性，故不另行探討，因此以下就以行業規

模上升、企業規模下降，行業指標與企業規模同時下降，以及行業規模持平、企業規模下降等三個構面來說明：

（一）行業規模上升、企業規模下降的行業

根據 2021 年的統計資料，可以看出我國服務業中「運輸及倉儲業」、「專業、科學及技術服務業」與「醫療保健及社會工作服務業」等細項服務業的行業人數都有成長，但企業人均數卻反向縮小，可見這些行業的家數變多但每家的規模都縮小，顯示在最近一年有更多的業者加入該產業，進而帶動產業人數成長，但因為產業增加人數並沒有如業者增加的速度快，造成企業人均數下降。

（二）行業規模與企業規模同步下降的行業

「批發及零售業」、「住宿及餐飲業」、「金融及保險業」、「支援服務業」、「教育業」、「藝術、娛樂及休閒服務業」與「其他服務業」等細項產業，在2021 年行業人數都有減少，但企業人均數卻下降得更快，可見這些行業的家數變多但每家的規模都縮小，顯示這兩個行業在最近一年有更多的業者加入該產業，但因為產業人數略微減少，因此造成企業人均數下降。

（三）行業規模持平的但企業規模下降的行業

「出版、影音製作、傳播及資通訊業」與「不動產業」等細項產業，在2021 年行業人數雖持平，但企業人均數卻下降得更快，可見這些行業的家數變多但每家的規模都縮小，顯示這兩個行業在最近一年有更多的業者加入該產業，因此造成企業人均數下降。

▼表 2-11　我國服務業員工人數及企業規模（2020-2021 年）

[單位：家、千人、人、%]

	2020 年家數（家）	2021 年家數（家）	2020 年人數（千人）	2021 年人數（千人）	2020 年企業人均數（人）	2021 年企業人均數（人）	2021 年企業人均數成長率（%）	2021 年行業總人數成長率（%）
G 批發及零售業	689,172	707,836	1,899	1 878	2.76	2.65	-3.71%	-1.11%
H 運輸及倉儲業	34,098	34,887	455	460	13.34	13.19	-1.19%	1.10%
I 住宿及餐飲業	165,490	172,244	854	839	5.16	4.87	-5.61%	-1.76%
J 出版、影音製作、傳播及資通訊服務業	24,054	25,585	266	266	11.06	10.40	-5.98%	0.00%

	2020 年家數（家）	2021 年家數（家）	2020 年人數（千人）	2021 年人數（千人）	2020 年企業人均數（人）	2021 年企業人均數（人）	2021 年企業人均數成長率（%）	2021 年行業總人數成長率（%）
K 金融及保險業	39,275	42,196	434	433	11.05	10.26	-7.14%	-0.23%
L 不動產業	42,288	44,811	106	106	2.51	2.37	-5.63%	0.00%
M 專業、科學及技術服務業	53,885	57,209	382	388	7.09	6.78	-4.33%	1.57%
N 支援服務業	31,901	32,986	298	295	9.34	8.94	-4.26%	-1.01%
O 公共行政及國防；強制性社會安全	13	12	374	378	28,769.23	31,500.00	9.49%	1.07%
P 教育業	4,769	5,377	657	645	137.76	119.96	-12.93%	-1.83%
Q 醫療保健及社會工作服務業	1,408	1,608	474	488	336.65	303.48	-9.85%	2.95%
R 藝術、娛樂及休閒服務業	34,293	35,372	117	113	3.41	3.19	-6.36%	-3.42%
S 其他服務業	87,259	89,564	563	558	6.45	6.23	-3.44%	-0.89%

資料來源：財政部，2022，《財政統計資料庫》；行政院主計總處，2022，《110 年人力資源調查統計》。

三 服務業就業情勢

（一）服務業就業人數及結構

1. 服務業就業人數

（1）就業人數較多業別

2021 年就業人數以「批發及零售業」人數與占比最高，與上年度相同，占全國總就業人數比率為 16.41%。主要因為批發零售業，係將商品由製造業移轉至消費者的最後一站，市場對其需求較大，就業吸納能力較大；再者，批發零售展店模式標準化，提高展店效率，在大量展店的情況下，投入人數亦較多。

（2）成長率較高業別

「醫療保健及社會工作服務業」在 2021 年就業人數成長最高，達 2.95%，其次為「專業、科學及技術服務業」的 1.57%，再其次為「運輸及倉儲業」的 1.10%。其他成長超過 1% 的產業僅有「公共行政及國防；強制性社會安全」的 1.07%。然而，與 2020 年相比，2021 年服務業反倒呈現 0.47% 的衰退，說明整體表現其實不甚理想。

（3）幾近停滯與成長衰退的業別

2021 年「出版、影音製作、傳播及資通訊服務業」與「不動產業」人數成長則是呈現幾近停滯。而「藝術、娛樂及休閒服務業」、「教育業」、「住宿及餐飲業」、「批發及零售業」、「支援服務業」及「金融及保險業」的就業人數分別為 11.3 萬人、64.5 萬人、83.9 萬人、187.8 萬人、29.5 萬人及 43.3 萬人，衰退率分別為 3.42%、1.83%、1.76%、1.11%、1.01% 和 0.23%。

▼表 2-12　我國服務業就業人數、占比與成長率（2016-2021 年）

[單位：千人、%]

	2016 年（千人）	2017 年（千人）	2018 年（千人）	2019 年（千人）	2020 年（千人）	2021 年（千人）	結構占比（%）	成長率（%）
總計	11,267	11,352	11,434	11,500	11,504	11,447	100.00	-0.50
服務業	6,667	6,732	6,790	6,849	6,879	6,847	59.81	-0.47
G 批發及零售業	1,853	1,875	1,901	1,915	1,899	1,878	16.41	-1.11
H 運輸及倉儲業	440	443	446	450	455	460	4.02	1.10
I 住宿及餐飲業	826	832	838	848	854	839	7.33	-1.76
J 出版、影音製作、傳播及資通訊服務業	249	253	258	262	266	266	2.32	0.00
K 金融及保險業	424	429	432	434	434	433	3.78	-0.23
L 不動產業	100	103	106	108	106	106	0.93	0.00
M 專業、科學及技術服務業	368	372	374	377	382	388	3.39	1.57
N 支援服務業	286	292	296	297	298	295	2.58	-1.01
O 公共行政及國防；強制性社會安全	374	373	367	368	374	378	3.30	1.07
P 教育業	652	652	653	657	657	645	5.63	-1.83
Q 醫療保健及社會工作服務業	444	451	456	461	474	488	4.26	2.95
R 藝術、娛樂及休閒服務業	103	106	110	115	117	113	0.99	-3.42
S 其他服務業	547	551	554	557	563	558	4.87	-0.89

資料來源：行政院主計總處，2022，《110 年人力資源調查統計》。

2. 服務業就業人口結構

以下從性別、年齡及教育程度來分析服務業中就業人口的結構。

（1）性別

2021 年服務業就業人數達 684.7 萬人，其中男性占 46.28%；女性則占

53.72%，屬女性高於男性的行業（表 2-13）。其中「運輸及倉儲業」、「出版、影音製作、傳播及資通訊服務業」、「不動產業」、「支援服務業」、「公共行政及國防；強制性社會安全」、「藝術、娛樂及休閒服務業」以及「其他服務業」等產業以男性的就業人口為較多，尤以「運輸及倉儲業」的 77.17% 大幅領先女性。而「批發及零售業」、「住宿及餐飲業」、「金融及保險業」、「專業、科學及技術服務業」、「教育業」及「醫療保健及社會工作服務業」等，則是以女性就業人口占最多，尤以「醫療保健及社會工作服務業」、「教育服務業」與「金融及保險業」女性就業人口最多分別占 79.51%、73.33% 與 62.82%。

▼表 2-13　我國各產業與服務業就業人口性別結構（2019-2021 年）

[單位：千人、%]

	2019 年 總計人數 （千人）	2020 年 總計人數 （千人）	2021 年 總計人數 （千人）	2021 年 男生人數 （千人）	男生占比 （%）	2021 年 女生人數 （千人）	女生占比 （%）
總計	11,500	11,504	11,447	6,332	55.32	5,115	44.68
農林漁牧業	559	548	542	393	72.51	149	27.49
工業	4,092	4,076	4,059	2,771	68.27	1,288	31.73
服務業	6,849	6,879	6,847	3,169	46.28	3,678	53.72
G 批發及零售業	1,915	1,899	1,878	900	47.92	978	52.08
H 運輸及倉儲業	450	455	460	355	77.17	105	22.83
I 住宿及餐飲業	848	854	839	387	46.13	452	53.87
J 出版、影音製作、傳播及資通訊服務業	262	266	266	157	59.02	109	40.98
K 金融及保險業	434	434	433	161	37.18	272	62.82
L 不動產業	108	106	106	54	50.94	51	48.11
M 專業、科學及技術服務業	377	382	388	172	44.33	215	55.41
N 支援服務業	297	298	295	178	60.34	117	39.66
O 公共行政及國防；強制性社會安全	368	374	378	194	51.32	184	48.68
P 教育業	657	657	645	171	26.51	473	73.33
Q 醫療保健及社會工作服務業	461	474	488	99	20.29	388	79.51
R 藝術、娛樂及休閒服務業	115	117	113	57	50.44	56	49.56
S 其他服務業	557	563	558	281	50.36	277	49.64

資料來源：行政院主計總處，2022，《110 年人力資源調查統計》。
說　　明：工業包含礦業及土石採取業、製造業、電力及燃氣供應業、用水供應業與營造業。

（2）年齡

由表 2-14 可以得知各年齡區間與各產業類別的結構概況：

A.15~24 歲投入最多的產業為「批發及零售業」、「住宿及餐飲業」，從 15~24 歲的年齡區間可以看出，以「批發及零售業」的就業人口最多，達 15.9 萬人，在「批發及零售業」就業人口中占 8.47%，其次為「住宿及餐飲業」達 14.3 萬人，在「住宿及餐飲業」就業人口中占 17.04%，只有這兩行業高於 10 萬人以上。且「住宿及餐飲業」中 15~24 歲投入人數占比最高，顯示該行業投入年齡最輕，也顯示此行業之低門檻特性。

B.25~44 歲投入各服務業的絕對、相對人口數為「批發及零售業」、「住宿及餐飲業」及「教育業」較多，分別為 94.1 萬人、40.4 萬人及 34.1 萬人。其他產業如「醫療保健及社會工作服務業」、「其他服務業」、「運輸及倉儲業」、「專業、科學及技術服務業」以及「金融及保險業」也有超過 20 萬人的規模。就相對比例而言，整體服務業達 51.67%，高於整體服務業比例的產業依序為「出版、影音製作、傳播及資通訊服務業」、「醫療保健及社會工作服務業」、「專業、科學及技術服務業」、「藝術、娛樂及休閒服務業」、「不動產業」、「金融及保險業」及「教育業」；反之，其它產業之就業比例較整體服務業低。另外從每個細項服務業的年齡階層來看，除了「支援服務業」以 45~64 歲投入人口占比最高外，均以 25~44 歲投入人口占比為最高，顯示各行業幾乎均以此年齡階層為主要投入人口。

C.45~64 歲投入較多的產業為「批發及零售業」，占比最高為「支援服務業」，從表中可以看出 45~64 歲以「批發及零售業」的就業人口最多，有 70.4 萬人，而「住宿及餐飲業」、「教育業」以及「其他服務業」也有 20 萬人以上的規模；參與最少的為「藝術、娛樂及休閒服務產業」、「不動產業」以及「出版、影音製作、傳播及資通訊業」，皆未達 10 萬人。

D.65 歲以上投入較多的產業為「批發及零售業」，「批發及零售業」的 65 歲以上就業人口最高，為 7.4 萬人，其次為「住宿及餐飲業」與「其他服務業」的 2.3 萬人，再其次為「支援服務業」的 1.6 萬人。由於 65 歲以上人口多半皆已退休，故有些行業如「出版、影音製作、傳播及資通訊服務業」及「不動產業」等參與僅千人。

從 4 類年齡區間中，可以發現「批發及零售業」在各年齡區間皆有最多的就業人口。此外，除了支援服務業外，其他產業主要就業人口的年齡結構都落於 25-44 歲的區間內，而支援服務業的就業人口主要落於 45-64 歲的區間內，其是否反應出支援服務業有吸納較多再度就業人力的特性，值得後續分析。

▼表 2-14　我國各產業與服務業就業人口年齡結構（2021 年）

[單位：千人、%]

	總計	15-24 歲人數（千人）	15-24 歲結構比（%）	25-44 歲人數（千人）	25-44 歲結構比（%）	45-64 歲人數（千人）	45-64 歲結構比（%）	65 歲以上人數（千人）	65 歲以上結構比（%）
總計	11,447	812	7.09	5,882	51.38	4,404	38.47	350	3.06
農林漁牧業	542	14	2.58	128	23.62	291	53.69	109	20.11
工業	4,059	211	5.20	2,216	54.59	1,564	38.53	68	1.68
服務業	6,847	587	8.57	3,538	51.67	2,549	37.23	173	2.53
G 批發及零售業	1,878	159	8.47	941	50.11	704	37.49	74	3.94
H 運輸及倉儲業	460	25	5.43	237	51.52	191	41.52	8	1.74
I 住宿及餐飲業	839	143	17.04	404	48.15	269	32.06	23	2.74
J 出版、影音製作、傳播及資通訊服務業	266	19	7.14	176	66.17	69	25.94	1	0.38
K 金融及保險業	433	20	4.62	231	53.35	180	41.57	3	0.69
L 不動產業	106	6	5.66	57	53.77	41	38.68	1	0.94
M 專業、科學及技術服務業	388	31	7.99	233	60.05	119	30.67	4	1.03
N 支援服務業	295	11	3.73	116	39.32	153	51.86	16	5.42
O 公共行政及國防；強制性社會安全	378	19	5.03	193	51.06	161	42.59	6	1.59
P 教育業	645	35	5.43	341	52.87	263	40.78	5	0.78
Q 醫療保健及社會工作服務業	488	52	10.66	295	60.45	133	27.25	6	1.23
R 藝術、娛樂及休閒服務業	113	15	13.27	66	58.41	31	27.43	2	1.77
S 其他服務業	558	53	9.50	247	44.27	235	42.11	23	4.12

資料來源：行政院主計總處，2022，《110 年人力資源調查統計》。
說　　明：工業包含礦業及土石採取業、製造業、電力及燃氣供應業、用水供應業與營造業。

（3）教育程度

從教育程度來分析服務業就業人口的結構，「國中及以下」、「高中職」、「大專及以上」的占比分別為 9.58%、28.83%、61.60%，可以發現在目前服務業中，「大專及以上」占了半數以上（61.60%）的就業人口（表 2-15）。且「大專及以上」之比重較上年上升，「國中及以下」與「高中職」占比則較上年度下降，顯示國內服務業就業人口教育程度亦隨我國高教普及而越來越高。其他分述如下：

A. 「國中及以下」就業人口投入較多的行業：「批發及零售業」與「住宿及餐飲業」、「其他服務業」。

在此教育程度中，「批發及零售業」為就業人口投入較多的行業，有 22.0 萬人；其次為「住宿及餐飲業」以及「其他服務業」，就業人口分別為 14.5 萬人、10.9 萬人。而「出版、影音製作、傳播及資通訊服務業」、「金融及保險業」、「不動產業」以及「專業、科學及技術服務業」皆未達 1 萬人。

B. 「高中職」就業人口投入較多的行業：「批發及零售業」、「住宿及餐飲業」與「其他服務業」。

「批發及零售業」、「住宿及餐飲業」以及「其他服務業」，投入人口分別為 68.1 萬人、37.9 萬人與 25.8 萬人；而「運輸及倉儲業」為 19.5 萬人，「支援服務業」為 11.8 萬人，其餘產業皆未達 10 萬人。

C. 「大專及以上」就業人口投入較多的行業：「批發及零售業」、「教育業」、「醫療保健及社會工作服務業」、「金融及保險業」。

「批發及零售業」為投入最多的就業人口，有 97.7 萬人，其次為「教育業」、「醫療保健及社會工作服務業」以及「金融及保險業」，分別有 58.9 萬人、40.9 萬人，37.5 萬人。在此教育程度中，僅「藝術、娛樂及休閒服務業」及「不動產業」的就業人數未達 10 萬人，此結果也與上年度相同。從以上分析中可以發現，「批發及零售業」不管是從性別、年齡或教育程度來看，皆占最多的就業人口，顯示「批發及零售業」人力需求量大，在就業方面居重要地位。

▼表2-15　我國各產業與服務業就業人口教育程度結構（2021年）

[單位：千人、%]

	總計	國中及以下人數（千人）	國中及以下百分比（%）	高中職人數（千人）	高中職百分比（%）	大專及以上人數（千人）	大專及以上百分比（%）
總計	11,447	1,627	14.21	3,615	31.58	6,205	54.21
農林漁牧業	542	302	55.72	168	31.00	71	13.10
工業	4,059	669	16.48	1,474	36.31	1,916	47.20
服務業	6,847	656	9.58	1,974	28.83	4,218	61.60
G 批發及零售業	1,878	220	11.71	681	36.26	977	52.02
H 運輸及倉儲業	460	58	12.61	195	42.39	207	45.00
I 住宿及餐飲業	839	145	17.28	379	45.17	316	37.66
J 出版、影音製作、傳播及資通訊服務業	266	2	0.75	20	7.52	244	91.73
K 金融及保險業	433	3	0.69	56	12.93	375	86.61
L 不動產業	106	2	1.89	32	30.19	71	66.98
M 專業、科學及技術服務業	388	2	0.52	45	11.60	340	87.63
N 支援服務業	295	63	21.36	118	40.00	115	38.98
O 公共行政及國防；強制性社會安全	378	13	3.44	47	12.43	318	84.13
P 教育業	645	11	1.71	44	6.82	589	91.32
Q 醫療保健及社會工作服務業	488	15	3.07	63	12.91	409	83.81
R 藝術、娛樂及休閒服務業	113	14	12.39	35	30.97	64	56.64
S 其他服務業	558	109	19.53	258	46.24	191	34.23

資料來源：行政院主計總處，2022，《110年人力資源調查統計》。
說　　明：工業包含礦業及土石採取業、製造業、電力及燃氣供應業、用水供應業與營造業。

3. 服務業薪資結構

　　依據行政院主計總處之統計資料，2021年服務業每月平均經常性薪資達44,802元（表2-16），超過上年度的43,572元，成長率為2.82%。從下表可觀察到「金融及保險業」的經常性薪資在服務業中最高，達65,356元，其次為「出版、影音製作、傳播及資通訊服務業」，達62,119元，再其次為「專業、科學及技術服務業」的54,386元；而經常性薪資高於4萬元的產業還有「醫療保健服務業」、「運輸及倉儲業」、「不動產業」及「批發及零售業」。「教育業」之經常性薪資為28,063元，未滿3萬元。若將2020年與2021年相比，除「藝術、娛樂及休閒服務業」減少0.67%外，各項服務業的經常性薪資都有成長，其中以「出版、影音製作、傳播及資通訊服務業」成長幅度最大，達5.45%；「專業、

科學及技術服務業」、「不動產業」及「金融及保險業」成長幅度均超過服務業平均成長；而「支援服務業」、「住宿及餐飲業」、「醫療保健服務業」、「批發及零售業」、「教育業」、「其他服務業」及「運輸及倉儲業」經常薪資成長低於整體服務業平均水準。

「教育業」為服務業中最低薪資者，其經常性薪資為 28,063 元，非經常性薪資為 3,326 元，而平均經常性薪資較 2020 年成長 1.60%，非經常性薪資則增加 14.14%。然而依據行政院主計總處之統計資料顯示，「教育業」有 91.32% 就業人口的教育程度為大專以上，這些資料說明教育服務業的內涵、結構及問題仍須進一步研究了解。

▼表 2-16　我國各業平均經常薪資與非經常薪資（2020-2021 年）

[單位：新臺幣元、%]

	2020 年（新臺幣元）		2021 年（新臺幣元）		2020 與 2021 年相較（%）	
	經常性薪資	非經常性薪資	經常性薪資	非經常性薪資	經常性薪資	非經常性薪資
工業及服務業	41,776	11,681	43,209	12,583	3.43	7.72
工業部門	39,275	13,590	41,003	15,295	4.40	12.55
服務業部門	43,572	10,310	44,802	10,626	2.82	3.06
G 批發及零售業	41,306	10,022	41,965	9,483	1.60	-5.38
H 運輸及倉儲業	44,719	10,869	45,359	12,220	1.43	12.43
I 住宿及餐飲業	31,487	3,199	32,140	2,893	2.07	-9.57
J 出版、影音製作、傳播及資通訊服務業	58,909	13,235	62,119	13,469	5.45	1.77
K 金融及保險業	63,130	29,929	65,356	33,519	3.53	12.00
L 不動產業	41,705	8,726	43,235	14,095	3.67	61.53
M 專業、科學及技術服務業	52,133	11,401	54,386	11,092	4.32	-2.71
N 支援服務業	34,100	3,516	34,574	3,588	1.39	2.05
P 教育業	27,621	2,914	28,063	3,326	1.60	14.14
Q 醫療保健及社會工作服務業	52,606	11,439	53,505	10,515	1.71	-8.08
R 藝術、娛樂及休閒服務業	36,891	2,629	36,643	2,007	-0.67	-23.66
S 其他服務業	31,671	3,923	32,151	3,860	1.52	-1.61

資料來源：行政院主計總處，2022，《薪資及生產力統計資料》。

說　　明：（1）工業包含礦業及土石採取業、製造業、電力及燃氣供應業、用水供應業與營造業。

　　　　　（2）本項統計涵蓋範圍自 2019 年 1 月起新增 M 大類專業、科學及技術服務業「72 中類研究發展服務業」、P 大類教育業「851 小類學前教育」及 Q 大類醫療保健及社會工作服務業「88 中類其他社會工作服務業」。

　　　　　（3）本表不含「O 公共行政及國防」之統計資料。

四 服務業研發經費比較

　　我國服務業包含政府與民間投入的研發經費，雖歷年來比例皆不到製造業的一半，但每年皆有成長；加上近幾年政府大力推展服務業的科技化，復以近年來智慧型手機日趨普遍、行動 App 興起，數位支付應用更加普及，O2O（On-line To Off-line）營運模式受到重視，因此服務業各行業業主在研發方面相當重視，投入也相當積極，此將有利於我國服務業的創新及持續發展。

　　在研發經費方面，由於資料取得之限制，僅更新至 2020 年；在研發經費上，從表 2-17 可以看到，「出版、影音製作、傳播及資通訊服務業」的研發經費投入最高，高達 18,029 百萬元，其次是「專業、科學及技術服務業」的10,159 百萬元，至於「批發及零售業」、「金融及保險業」以及「醫療保健及社會工作服務業」，也分別有 5,398 百萬元、5,017 百萬元、4,530 百萬元的研發經費投入；此外，「住宿及餐飲業」及「不動產業」的研發經費投入分別僅56 百萬元、96 百萬元。就研發經費投入成長率來看，最高者為「批發及零售業」達 18.48%，其次為「運輸及倉儲業」10.08%，再其次為「金融及保險業」的 8.13%、「專業、科學及技術服務業」的 8.03%、「出版、影音製作、傳播及資通訊服務業」的 6.13%、「醫療保健及社會工作服務業」的 5.15%、「不動產業」的 3.23% 及其他產業的 1.73%；而「住宿及餐飲業」則衰退 6.67%。

▼表 2-17　我國服務業歷年研發經費（2015-2020 年）

[單位：新臺幣百萬元]

	2015 年	2016 年	2017 年	2018 年	2019 年	2020 年
G 批發及零售業	1,698	2,044	4,106	4,543	4,556	5,398
H 運輸及倉儲業	223	339	485	409	377	415
I 住宿及餐飲業	2	18	52	62	60	56
J 出版、影音製作、傳播及資通訊服務業	15,949	17,033	14,669	16,078	16,987	18,029
K 金融及保險業	3,034	3,379	3,880	4,147	4,640	5,017
L 不動產業	36	39	92	88	93	96
M 專業、科學及技術服務業	7,498	7,439	9,594	10,056	9,404	10,159
Q 醫療保健及社會工作服務業	3,522	3,545	4,191	4,323	4,308	4,530
S 其他服務業	162	186	257	320	347	353

資料來源：行政院科技部，2022，《全國科技動態調查－科學技術統計要覽》。
說　　明：其他服務業包括「O 大類公共行政及國防；強制性社會安全」、「P 大類教育業」、「R 大類藝術、娛樂及休閒服務業」及「S 大類其他服務業」。

第四節　我國商業服務業發展趨勢

　　我國商業服務業者多屬中小企業，因資源有限，相當容易受到國際情勢與大環境的影響。近年因爲受到 COVID-19 疫情影響，使得內需型服務業受到很大的衝擊；再加上年初開打的俄烏戰爭影響，使得國際經濟產生波動，連帶影響我國企業獲利、進而影響我國內需市場與消費。在國內產業環境上，實體零售業者面臨無店面零售業者的強烈競爭，過去多半呈現低速成長或衰退，不過最近很多實體零售業的業者開始強化帶給消費者體驗、也透過社群媒體強化與消費者互動與連結，開始對於無店面零售業者產生競爭壓力。不過總體而言，因爲疫情影響而導致外國旅客無法來臺觀光與消費、消費行爲的改變、國際商品物價的波動等，或多或少也影響商業服務業的發展，對幾乎占 GDP 六成以上的服務業自然是個不利的發展環境。所以，2021 年我國服務業整體或個別細項產業的發展與經營概況（見本章前二節），所呈現的指標大都不夠突出。這些情況其實並非只發生在今日，在過往的一段時間裡已逐漸顯現，只是面對國內外不確定因素越來越高，我國商業服務業者應持續提高警覺、積極應對。

　　從近年消費行爲的變化，就可以觀察出我國商業服務業未來發展的趨勢：

一　消費者進行線上購物的比率持續增加，但實體門店經營者強化體驗服務也讓消費者重新回到實體消費

　　消費者在購物途徑的選擇上，一直都是在線下與線上間遊走。近年由於電子商務開展時，消費者透過線上方式購物的比率快速增加，隨後因爲實體店面業者越加重視服務、重視帶給消費者不同的體驗，消費者開始回到實體店。根據歷年 PwC 全球消費者洞察調查（GCIS）顯示，在 COVID-19 肺炎爆發之前，消費者每周到實體店家消費的比率，由 2016 年的 40% 提升至 2019 年的 49%，顯示消費者又開始重視實體通路購物。不過，在 COVID-19 爆發之後，這樣的態勢又開始有了變化。由於出門購物會增加感染的風險，甚至很多國家或地區因爲疫情嚴重而封城，或管制店家營業與購物的時間，消費者每周到實體店家消費的比率又降至 41%，之後雖然到實體店消費購物的比率略有回升，

甚至接近疫情爆發前的水準，但是很多的消費者還是偏好透過不同的裝置在線上購物，而且比率持續提升，從疫情爆發前的 24%，快速提升至 41%。

在此同時，實體店的經營業者開始求新求變，以面對電商的挑戰。除了提供線上購物與運送商品的方式之外，實體店的經營業者也開始透過社群的經營對消費者溝通與行銷，提高消費者購買的傾向。此外，實體店的經營業者也開始強化消費者體驗，例如很多原本零售與餐飲的業者開始提供手作的服務、百貨公司增加特色餐飲服務的比例，這都是強化消費者體驗的方式。最近大型百貨公司也開始進行樓面的改裝，將原本為了讓更多商品陳列的空間規劃，調整成為寬敞、有歇腳空間的設計，讓遊逛在其中的消費者，走累了可以歇歇腳、喝喝飲料，之後再持續消費。甚至部分業者引進影城、遊樂設施的進駐，所期待的就是希望消費者能夠有更多樣化的體驗，讓消費者能多駐留在店內。根據經濟學人的研究，讓消費者駐留的時間增加 1%，可以讓營收提升 1.3%。

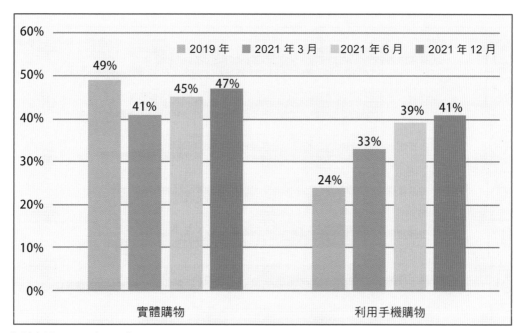

資料來源：PwC（2021）。

▲圖 2-1　消費者購買商品途徑的變化

上述現象不僅呼應了過去年鑑所提到的發展全通路，以及加強給予消費者更好的消費體驗的策略建議，更是在「疫情常態」的狀況下，零售業者必須積極應對的發展方向。

一 考慮物價的波動與商品來源的不穩定，消費者會多方比較與比價，在地優良商品會更容易被消費者看見

由於近兩年的 COVID-19 疫情的影響，使得很多國家以及產業的發展受到很大的影響。很多國家因為疫情嚴重而必須封城，連帶造成經濟受到很大的衝擊。雖然我國的疫情控制相對較好，不過對於很多商業服務業而言，在近三年疫情較為嚴重的期間，因為消費減緩，連帶造成相關產業的就業民眾收入銳減，整體經濟成長力道減弱，也使得大部分民眾的收入受到影響。

再加上全球因為疫情爆發而導致供應鏈斷鏈、物流塞港，今年初俄烏戰爭開打所導致全球經濟波動，造成物價上漲，也影響消費者購物的考量與行為。從 PwC（2021）所做調查，不論是服飾、消費性電子產品、運動服飾與設備、生活雜貨、健康與美容產品、DIY 商品與家用設備，消費者在實際消費的考量因素上，價格都排在第一位（圖 2-2）。

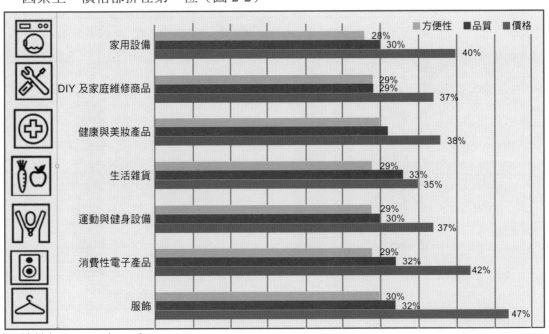

資料來源：PwC（2021）。

▲圖 2-2　消費者對於相關產品購買的考量因素

因為消費者在消費時會更加考慮價格因素，且因為供應鏈斷鏈、物流塞港等因素，讓商品未必能及時送到手上，因此不論在線上購物或在實體零售店購物，消費者勢必會多方比較與比價，在此一情況之下在地優良的商品會被消費

者看見並多選購，這樣消費趨勢的變化，業者也必須要及早因應。

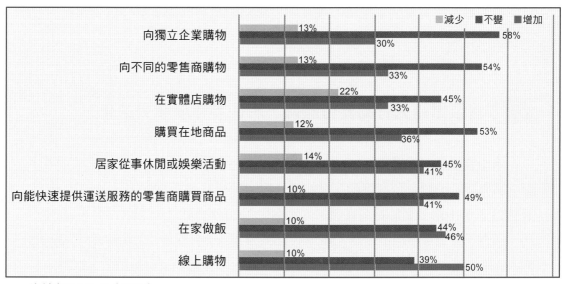

資料來源：PwC（2022）。

▲圖 2-3　消費者因應物價波動與產業斷鏈的購買行為調整

三　在全通路的時代，零售業的整併會導致不同零售的界線逐漸模糊，店鋪也往大型化發展

　　2022 年 7 月公平會有條件通過超市龍頭全聯收購大潤發，成為臺灣超市一哥、量販店二哥（不計入會員制的好市多），整體營收將挑戰 1,900 億元的新高目標；不過，不到一週，統一集團宣布取得家樂福臺灣 60% 股權，不但穩住超商一哥，再進取量販店一哥、超市二哥，等於統一集團旗下將擁有超商、超市、量販、百貨等 4 大零售業態，營收瞬間提升至 2,500 億水準，暫時穩居零售業霸主地位。

　　雖然綜合商品零售業包括超商、百貨公司、量販店、合作社、超市、網購等，選擇看似多元，但臺灣綜合商品零售市場已被統一、全聯、家樂福、全家共四大集團包圍。

　　全聯併購大潤發，再加上統一併購家樂福，量販通路頓時成為搶手貨，業界分析全聯與統一都是想布局全通路，擁有超商、超市、量販及線上電商，有助於掌握不同的消費行為與數據。

　　零售業者整併後所面臨的挑戰是，要面對量販業態與過去經營商品類型與型態的差異，量販除了擁有超商、超市銷售的快速消費品外，還包括不少大型

商品、大家電、服飾和 3C。但零售業者的整併將可帶來實體店無可取代的體驗價值，並有利業者成本優化、提升對供應商的議價能力，我們可以預期，店鋪大型化已是零售巨擘帶動的新趨勢。

四 零售巨擘跨入行動支付體系，將使零售產業更進化

資策會產業情報研究所（MIC）於今年年初發布 2021 年行動支付消費者調查，調查結果顯示消費者首選行動支付的偏好度明顯提升，從 2020 年占比 37% 成長至 2021 年的 50%，至於首選實體卡的比例從 2020 年占比 35% 降至去年的 26%。同一個調查發現常用現金比例大幅降低至 38%，是所有支付工具降幅最大者，最常用的是實體卡（56.2%）與行動支付（55.7%），其中行動支付幾乎追上實體卡。

上述調查報告也指出，疫情期間消費者高度重視「無接觸」需求，甚至進而吸引非用戶開始使用行動支付，由於六都與非六都通路布局仍存在差距，整體而言，六都行動支付發展仍較成熟；疫情也加速各地商家導入行動支付，縮小六都與非六都的通路落差。在消費者支付方式調整的此時，支付的生態系也有翻天覆地的大轉變。由全家便利商店、玉山銀行，以及 PChome 集團旗下拍付國際公司共同打造的電子支付「全盈 +PAY」，於 2022 年 4 月 25 日正式上線，「全盈 +PAY」以全家為首，串連屈臣氏、神腦國際等通路業者，及清心福全、伯朗咖啡館、可不可紅茶、拉亞漢堡、鼎王集團、怡客咖啡等連鎖餐飲。只要升級全家 App、進行實名制身分認證，並綁定信用卡，不需要額外下載 App，就可以用同一電子支付方式，在全臺逾萬間門市據點消費；接下來，預計還有更多電商、運輸業陸續上線，截至 2022 年 6 月底，「全盈 +PAY」會員數累計已達 60 萬，預計年底可超過 100 萬。

另外，零售龍頭全聯的電子支付品牌「全支付」，上線 10 天會員數便衝破 100 萬、預計第四季可達 200 萬。除了全聯，還可在屈臣氏、路易莎咖啡等使用，共超過 10 萬個據點，涵蓋連鎖餐飲、百貨、遊樂園、電影院、手搖飲店、夜市、商圈等，還將持續擴展支付通路，因應旅遊需求納入旅宿據點。「全支付」「、全盈 +PAY」2021 年 12 月大動作宣布「共享生態圈」，雖然不在 8 月下旬全支付的記者會上亮相，但兩者合作持續進行中，等待適當時機進行串接；一旦完成，未來用「全盈 +PAY」可在全聯消費、用「全支付」也可在全家便

利商店使用。屆時全聯超市加上全家超商合計約 5,000 個實體門市、逾 2,200 萬會員數，可預期支付市場即將因爲零售龍頭進入而重新洗牌。

全家與全聯有機會把合作層面從支付擴大到零售，多半還是看好達到一定的市占率後，爲自身帶來的效益。不管是串連外部通路的行銷資源、會員數據整合，或是藉由數據獲得全面的市場分析與商品開發策略，對消費者服務與未來我國零售產業的發展，都充滿了華麗的想像空間。

五 為了達到淨零碳排的目標，服務業在積極投入 ESG 外，別忘記節能是最重要的起手式

國際能源署（IEA）在 2021 年發表了第一份全球能源系統達到淨零排放的預測路徑分析報告《2050 淨零：全球能源部門路徑圖》（Net Zero by 2050: A Roadmap for the Global Energy Sector），盼有助各國制定能源相關政策。爲減緩氣候變遷，並控制全球升溫在 1.5℃之內，自 2019 年英國第一個立法承諾淨零排放目標後，便敲響淨零排放之倡議活動，目前約 139 個國家宣示或立法 2050 年淨零排放。我國去年起便開始關注此議題，並啟動溫室氣體減量及管理法修法作業，將 2050 年淨零排放目標入法，規定得分階段對直接或間接排放溫室氣體之排放源徵收碳費。

我國溫室氣體排放以工業爲大宗，其次爲運輸，而服務業則位居第五位，其排放情況主要是以使用照明、空調、冷凍冷藏等設備所需之電力消費爲主，約占服務業總排放量 86.8%，其餘則爲使用燃料油、柴油等鍋爐、發電機及爐具等設備，所產生的非電力排放，約占服務業總排放量 13.2%。因國內廠商持續擴增產能，以及後疫情時代民眾生活型態與消費習慣改變，使得 2021 年國內整體電力消費相較 2020 年成長 4.3%。

爲因應淨零排碳的趨勢，我國業者紛紛投入 ESG，ESG 分別是環境保護（E, Environmental）、社會責任（S, Social）以及公司治理（G, Governance）的縮寫，由 2004 年聯合國全球契約組織（UN Global Compact）的《Who Cares Wins》報告首次提出，強調「企業應重視 ESG 對其長期財務表現的影響，並將該指標涵蓋進企業經營的評量標準中。」，期望企業不再只以財務報表評斷優劣，而是能兼顧環境與社會發展。

而多數投資人也認為重視 ESG 的企業能兼顧經營成長與環境社會面之平衡，長期而言，能有較好的獲利並改善社會，同時改善投資成果，因此越來越多企業從人培課程、取得國際證照、接受診斷輔導、進行碳盤查，再提交永續報告書等以自發性揭露相關資訊，產業龍頭更是帶頭宣誓淨零排放，並要求供應鏈共同減碳。不過，除了企業自發性落實 ESG 外，我國政府為強化企業永續經營及市場競爭力，金管會於今（2022）年 3 月亦啟動「上市櫃公司永續發展路徑圖」，從上市櫃公司開始著手，要求部分公司[1]應參考 GRI 準則編列永續報告書，主動向大眾揭露 ESG 資訊，並由政府單位、ESG 評分機構評估執行成果。

製造業者因為過去溫室氣體盤查、減量的經驗，對於 ESG 的推動較有概念，而服務業者的接受程度較緩慢；且因服務業的業態與業種差異很大，進行碳盤查與進行診斷輔導，就必須透過個案輔導，很難透過一套既定、通盤的方式獲得解決。

我們當然鼓勵服務業者積極投入 ESG 的相關作為，不過在此要提醒的是，在積極投入 ESG 作為時，服務業者仍必須積極進行節能的相關工作。如前所述，服務業主要的能源消費來自於電力，業者積極進行節能不但可以減少電能使用、節約電費，也可以減少碳的排放。若整體服務產業的電能需求量減少，也可直接降低電力排碳係數，讓服務業的排碳量更大幅降低。

考慮我國大部分服務業者都屬於中小企業，對於節能的相關作為，可運用資源及減碳能力相對不足，亟需政府協助引導產業，加速落實減碳並系統性調整，經濟部業已透過舉辦各產業的產業溝通會議，了解業者在節能方面的缺口與面臨的問題，後續經濟部將會透過輔導資源的導入、更換高效率節能設備的補貼等資源，協助服務業者做好節能工作。

第五節　結論與建議

不論從服務業生產已占實質 GDP 的 60.07%，或是從我國服務就業人口數為 685.3 萬人，占總就業人數的 59.9%，都可以發現服務業在我國經濟成長與就業所扮演的角色相當重要。

註 1　依照金管會規定，應提出永續告書之上市櫃公司為：股本達新臺幣 20 億元以上者、餐飲收入占其全部營業收入之比率達 50% 以上者、食品工業、化學工業及金融保險業。

2021 年我國服務業對外貿易總額達 915.62 億美元，較 2020 年增加 16.39%。由於服務業出口增加的幅度較進口更大，因此 2021 年服務業貿易出超持續增加至 124.28 億美元，較前一年增加的 231.15%。

　　2021 年全體產業產值勞動生產力指數為 124.96，是自 2016 年起逐年上升之最高點。而 2021 年服務業產值勞動生產力指數為 119.22，亦是近六年新高。在每工時產出方面，2021 年全體產業的每工時產出為 834.39 元，亦較上年度之 759.46 元大幅增加；至於服務業部分，2021 年為 753.73 元，較上年度之 706.43 元增加。若以次產業觀之，「批發零售業」、「資訊與通訊傳播業」、「金融及保險業」、「不動產業」、「專業、科學及技術服務業」、「支援服務業」、「醫療保健服務業」及「其他服務業」的每工時產出相較於 2020 年均呈現成長趨勢。以平均每位就業者產出來看，服務業部分，2021 年為 124,068 元，亦較 2020 年之 119,436 元增加，不過因為近年全球受到 COVID-19 疫情的影響，「藝術、娛樂及休閒服務業」、「運輸及倉儲業」、「住宿及餐飲業」與「其他服務業」，平均每位就業者產出均有一定幅度的減少。

　　在研發經費方面，雖歷年來比例皆不到製造業的一半，但每年皆有成長；加上近幾年政府大力推展服務業的科技化，復以近年來智慧型手機日趨普遍，行動 App 興起，數位支付應用更加普及，O2O（On-line To Off-line）營運模式受到重視，因此服務業各行業業者在研發方面相當重視，投入也相當積極，此將有利於我國服務業的創新及持續發展。

　　目前研究發現，在 COVID-19 爆發之前，消費者每周到實體店家消費的比率逐步提升，顯示消費者又開始重視實體通路購物。不過，在 COVID-19 爆發之後，消費的比率又下降，之後雖然到實體店消費購物的比率略有回升，甚至接近疫情爆發前的水準，但是很多的消費者還是偏好透過不同的裝置在線上購物，而且比率持續提升，從疫情爆發前的 24%，快速提升至 41%。

　　在此同時，實體店的經營業者開始求新求變，以面對電商的挑戰。除了提供線上購物與運送商品等方式之外，實體店的經營業者也開始透過社群經營對消費者溝通與行銷，提高消費者購買傾向。此外，實體店經營業者也開始提供手作服務、百貨公司增加特色餐飲服務比例、引進休閒設施等方式，強化消費者體驗。

　　由於近二年 COVID-19 疫情的影響，造成經濟受到很大衝擊。雖然我國疫情控制相對較好，對很多商業服務業而言，在近三年疫情較為嚴重期間，因消費減緩，連帶造成相關產業的就業民眾收入銳減，整體經濟成長力道減弱，

也使得大部分民眾收入受到影響。再加上全球因疫情爆發導致供應鏈斷鏈、物流塞港，今年初俄烏戰爭開打所導致全球經濟的波動，造成物價上漲，也影響消費者購物的考量與行為，更加考慮價格，也會考慮商品是否能及時送到消費者手上。因此，不論在線上購物或實體零售店購物，消費者勢必會多方比較與比價，且會多選購在地商品，這樣的消費趨勢變化，業者也必須及早因應。

COVID-19 疫情期間消費者高度重視「無接觸」需求，甚至進而吸引非用戶開始使用行動支付。調查顯示消費者首選為行動支付的偏好度明顯提升，從 2020 年占比 37% 成長至 2021 年的 50%，至於首選實體卡的比例從 2020 年占比 35% 降至去年的 26%；同一個調查發現常用現金比例大幅降低至 38%。

在消費者支付方式調整的此時，支付的生態系也有翻天覆地的大轉變，由全家便利商店、玉山銀行，以及 PChome 集團旗下拍付國際公司共同打造的電子支付「全盈+PAY」，預計年底可超過 100 萬戶；零售龍頭全聯的電支品牌「全支付」，上線 10 天會員數便衝破 100 萬戶、預計第四季可達 200 萬戶。「全支付」、「全盈+PAY」也宣布「共享生態圈」，可預期的是未來用全盈可在全聯消費、用全支付也可在全家便利商店使用。屆時兩強合計約 5,000 個實體門市、逾 2,200 萬戶會員數的氣勢。看來，支付市場即將因零售龍頭進入而重新洗牌；再加上零售業整併會導致不同零售的界線會逐漸模糊，店鋪也往大型化發展，對消費者服務與未來我國零售產業發展，都充滿了華麗的想像空間。

為因應淨零排碳的趨勢，我國服務業者紛紛投入 ESG，不過因為服務業的業態與業種差異很大，進行碳盤查與診斷輔導，就必須透過個案輔導，很難透過一套既定、通盤的方式獲得解決。我們當然鼓勵服務業者積極投入 ESG 的相關作為，不過在積極投入 ESG 作為時，服務業者仍必須積極進行節能相關工作。由於服務業的能源消費主要來自於電力，業者積極進行節能不但可以減少電能使用、節約電費，也可以減少碳排放。若整體服務產業的電能需求量減少，也可直接降低電力排碳係數，讓服務業的排碳量大幅降低。

由於我國大部分服務業者都屬於中小企業，對於節能的相關作為，沒有太多的資源與能力可以投入。政府將會透過輔導資源的導入、更換高效率節能設備的補貼等資源，協助服務業者做好節能工作。

上述均是我國服務業需要留意的發展趨勢，雖然部分趨勢目前還不甚明顯，但相信在後續幾年效果將會逐漸發酵，我國商業服務業者除了持續關注之外，還要擬定相關策略以妥善及早因應。

基礎資訊篇
Basic Information

CHAPTER 03 批發業現況分析與發展趨勢

商研院商業發展與策略研究所　陳世憲研究員

第一節　前言

　　批發業主要是從事批售轉運或分類處理商品，為商品供應鏈中在生產者與零售者之間從事銷售的行業。批發業在現今商業活動中扮演許多重要角色，除降低生產端與消費端間的交易成本、搜尋成本及媒合成本外，同時也擔任提供貨物集散、調節市場供需、商品重製加工、融通生產端與消費端資金需求，並且提供市場商品資訊等多元功能，可稱為串聯生產端與消費端不可或缺的中介者。

　　批發業與零售業最大的不同在於銷售對象。若為供貨給下游生產或配銷業者，則屬於批發商（Business to Business, B2B）；若是直接銷售給消費者，則歸於零售商（Business to Consumer, B2C）。

　　2020 年因 COVID-19 疫情肆虐，各國政府的防疫措施不但造成貿易限制，也導致消費動能的衰退，也對於批發業形成巨大的衝擊。不過進入 2021 年後，隨著疫苗施打普及率的提高，各國政府逐步放寬防疫管制措施，全球經濟也逐步回復穩定成長的態勢，全球批發市場也因而受益。根據 Research And Markets 研究報告顯示，2021 年全球批發市場規模推估為 49.37 兆美元，較 2020 年成長 9.7%，而且未來在新興市場經濟持續成長，帶動對於各項大宗物資的需求下，全球批發市場規模在 2025 年將突破 60 兆美元，年複合成長率達 7%。

　　根據 Sonata Software 彙整批發服務業發展趨勢，包含經營成本提高，成本控管成為批發業的重要問題；批發業的技術滲透率將進一步提高，機器人、物聯網、區塊鏈等技術將會有越來越多批發業者採用；智慧供應鏈成為批發業預測需求與優化庫存的重要技術等。本文將針對上述趨勢盡量蒐集國際標竿案例，以瞭解實務上推動做法，作為國內批發服務業者轉型升級的參考依據。

　　本章內容安排如下：前言之後，第二節為我國批發業整體發展現況分析，透過統計數據的呈現，瞭解我國批發業經營現況，並發掘我國批發產業的經營問題；第三節為國際批發業發展情勢與展望，除介紹美國、日本與中國大陸之批發業現況，並針對新興批發業經營案例進行介紹；第四節為結論與建議，針對企業未來發展提供相關建議。

第二節　我國批發業發展現況分析

　　依據行政院主計總處於 2021 年 1 月所頒佈之「行業統計分類（第 11 次修訂版）」，批發業之定義為「從事有形商品批發、經紀及代理之行業均屬之。批發業係以銷售大宗商品為主，其銷售對象多為機構或產業（如中盤批發商、零售商、工廠、公司行號等）；非消費性耐久財（如農業機械、重型卡車等）之銷售，即使僅少量交易亦歸入本類。」

一　批發業發展現況

（一）銷售額

　　根據財政部統計，我國 2021 年批發業營利事業銷售額為 122,342 億元，較 2020 年增加 16,611 億元，成長 15.71%，主因是疫苗施打普及，全球與國內經濟逐漸復甦，帶動批發業經營動能提升所致。

（二）營利事業家數

　　同樣根據財政部統計，我國批發業近 5 年的營利事業家數持續成長，2021

年批發業整體家數為 322,440 家，較 2020 年增加 6,626 家，年增率為 2.10%，顯示批發產業仍具發展潛力，持續吸引新的業者投入。

資料來源：整理自財政部財政統計資料庫，第 7、8 次修訂（6 碼），2017-2021 年。

▲ 圖 3-1　批發業銷售額與營利事業家數趨勢（2017-2021 年）

（三）受僱人數與薪資

在批發業受僱人數部分，根據行政院主計總處薪資及生產力統計資料顯示，我國批發業近 5 年受僱人數基本上呈現逐年增加的趨勢，2021 年批發業受僱人數為 1,069,086 人，較 2017 年增加 18,577 人，不過增加趨勢有逐年縮減的情況，年增率從 2017 年的 1.03% 下滑至 2021 年的 0.05%，整體就業人數趨於穩定，不易受廠商進出與銷售額增減而產生大幅度變動。

整體批發業的平均總月薪近 5 年大致呈現逐年上升的趨勢，2021 年為 55,263 元，較 2017 年的 51,413 元增加 3,850 元，不過卻較 2020 年減少 2.19%，主要是因 2021 年 5 月本土疫情爆發，批發業之非經常性薪資減少，導致總薪資下滑。若再從男女性員工的薪資來看，過去幾年批發業男性員工的薪資年增率都高於女性員工，即使在 2021 年批發業男女性員工薪資都下滑時，男性員工的減幅也小於女性。因此，批發業的男女性員工薪資差距呈現日益擴大的情況。

▼ 表 3-1　我國批發業家數、銷售額、受僱人數及每人每月總薪資統計（2017-2021 年）

[單位：家數、新臺幣億元、人、%、元]

項目	年度	2017 年	2018 年	2019 年	2020 年	2021 年
銷售額	總計（億元）	100,495	105,454	104,013	105,731	122,342
	年增率（%）	7.49	4.93	-1.37	1.65	15.71
家數	總計（家）	304,352	308,347	311,690	315,814	322,440
	年增率（%）	1.74	1.31	1.08	1.32	2.10
受僱員工人數	總計（人）	1,050,509	1,061,609	1,067,680	1,068,579	1,069,086
	年增率（%）	1.03	1.06	0.57	0.08	0.05
	男性（人）	472,097	475,470	481,285	484,041	482,594
	年增率（%）	1.24	0.71	1.22	0.57	-0.3
	女性（人）	578,412	586,139	586,395	584,538	586,492
	年增率（%）	0.86	1.34	0.04	-0.32	0.33
每人每月總薪資	平均（元）	51,413	53,648	55,681	56,502	55,263
	年增率（%）	4.75	4.35	3.79	1.47	-2.19
	男性（元）	56,939	59,922	62,665	64,209	62,903
	年增率（%）	4.77	5.24	4.58	2.46	-2.03
	女性（元）	46,902	48,558	49,950	50,121	48,976
	年增率（%）	4.7	3.53	2.87	0.34	-2.28

資料來源：家數及銷售額整理自財政部財政統計資料庫；受僱員工人數及每人每月薪資整理自行政院主計總處《薪情平臺》資料庫，2017-2021 年。

説　　明：（1）2017 年採用「營利事業家數及銷售額第 7 次修訂」，2018 至 2021 年則採用「營利事業家數及銷售額第 8 次修訂」。

（2）上述表格數據會產生部分計算偏誤係因四捨五入與資料長度取捨所致，但並不影響分析結果。

二　批發業之細業別發展現況

（一）銷售額

　　為進一步瞭解批發業銷售額變化情況，將批發業依據主計總處行業統計分類的定義區分為民生用品批發業與產業用品批發業[1]。其中，民生用品批發業

註 1　民生用品批發業包含 451 商品經紀業、452 綜合商品批發業、453 農產原料及活動物批發業、454 食品、飲料及菸草製品批發業、455 布疋及服飾品批發業、456 家庭器具及用品批發業、457 藥品、醫療用品及化妝品批發業以及 458 文教、育樂用品批發業；產業用品批發業則包含 461 建材批發業、462 化學材料及其製品批發業、463 燃料及相關產品批發業、464 機械器具批發業、465 汽機車及其零配件、用品批發業以及 469 其他專賣批發業。

主要以國內業者與消費者為銷售對象,而產業用品批發業則多以製造商為其主要銷售對象。

根據財政部統計,民生用品批發業 2021 年總銷售額為 50,356.76 億元,較 2020 年成長 11.67%;產業用品批發業 2021 年總銷售額則為 71,985.25 億元,年增率為 18.71%。若再從民生用品批發業與產業用品批發業 2021 年的銷售額占比來看,民生用品批發業為 41.16%,產業用品批發業則為 58.84%,在過去 5 年並無太大變動,顯示我國批發業主要以製造業供應鏈為對象的產業型態(表3-2)。

▼ 表 3-2 批發業細業別銷售額與年增率(2017-2021 年)

[單位:新臺幣億元、%]

業別 \ 年度		2017 年	2018 年	2019 年	2020 年	2021 年
民生用品批發業	銷售額(億元)	42,262.83	42,740.07	43,685.29	45,094.31	50,356.76
	年增率(%)	1.05	1.13	2.21	3.23	11.67
	銷售額占比(%)	42.00	40.53	42.00	42.65	41.16
產業用品批發業	銷售額(億元)	58,232.78	62,713.94	60,328.69	60,637.47	71,985.25
	年增率(%)	10.33	7.70	-3.80	0.51	18.71
	銷售額占比(%)	58.00	59.47	58.00	57.35	58.84

資料來源:整理自財政部財政統計資料庫,2017-2021 年。
說　　明:(1)2017 年採用「營利事業家數及銷售額第 7 次修訂」,2018 至 2021 年則採用「營利事業家數及銷售額第 8 次修訂」。
　　　　　(2)上述表格數據會產生部分計算偏誤,係因四捨五入與資料長度取捨所致,但並不影響分析結果。

再從批發業的細業別來看,2021 年銷售額規模最大的細業別為機械器具批發業,銷售額為 31,945.11 億元,占總體批發業銷售額的 26.11%,年增率為 16.67%。其次依序為建材批發業與食品、飲料及菸草製品批發業,銷售額分別為 17,181.59 億元與 14,964.09 億元,各占總體批發業銷售額的 14.04% 與 12.23%,年增率分別為 21.59% 與 7.16%。上述三項業別之銷售額合計占我國整體批發業銷售額之 52.38%,顯示此三項產業興衰與我國批發業整體發展息息相關。至於批發業其他細業別部分,銷售規模都未達兆元,且占整體批發業銷售額比重也都未達 10%。整體而言,2021 年批發業細業別銷售額均呈現正成長之態勢,主要受惠全球經濟穩健復甦,帶動終端需求擴增,加上新興科技

應用需求持續擴展、新品備貨效應、原物料上漲等因素，使得國際和國內需求均告增加，也帶動批發業各細業別之成長（表 3-3）。

▼ 表 3-3　批發業細業別之銷售額、年增率與銷售額占比（2021 年）

[單位：新臺幣億元、%]

項目 / 細業別	銷售額（億元）	年增率（%）	銷售額占比（%）
批發業總計	122,342.02	15.71	100.00
機械器具批發業	31,945.11	16.67	26.11
建材批發業	17,181.59	21.59	14.04
食品、飲料及菸草製品批發業	14,964.09	7.16	12.23
商品批發經紀業	9,342.45	22.58	7.64
家用器具及用品批發業	8,122.53	10.44	6.64
化學原材料及其製品批發業	8,022.85	26.50	6.56
汽機車及其零配件、用品批發業	7,928.69	5.53	6.48
藥品、醫療用品及化妝品批發業	4,943.52	8.97	4.04
布疋及服飾品批發業	4,401.88	4.55	3.60
綜合商品批發業	4,321.60	18.80	3.53
其他專賣批發業	4,388.42	35.49	3.59
文教育樂用品批發業	2,426.13	12.74	1.98
燃料及相關產品批發業	2,518.60	23.90	2.06
農產原料及活動物批發業	1,834.56	13.44	1.50

資料來源：整理自財政部財政統計資料庫，2017-2021 年。

說　　明：（1）2017 年採用「營利事業家數及銷售額第 7 次修訂」，2018 至 2021 年則採用「營利事業家數及銷售額第 8 次修訂」。
　　　　　（2）上述表格數據會產生部分計算偏誤，係因四捨五入與資料長度取捨所致，但並不影響分析結果。

（二）營利事業家數

　　根據財政部統計（表 3-4），民生用品批發業 2021 年營利事業家數為 156,060 家，產業用品批發業則有 166,420 家，分別較 2020 年成長 2.31% 與 1.92%。從近 5 年數據來看，不論民生用品或產業用品批發業，營利事業家數都呈現逐年遞增趨勢，顯示我國批發業市場有利可圖，因而持續吸引新的廠商加入經營。

　　若再從家數占比角度來看，2021 年我國產業用品批發業占比為 51.61%，

民生用品批發業則爲 48.39%，產業用品批發業的占比略高，但兩者差距不大。另外，從近 5 年占比變化趨勢來看，民生用品批發業家數成長率高於產業用品批發業，使其占比逐漸提高，與產業用品批發業的家數差距正在縮小中。

▼ 表 3-4 批發業細業別營利事業家數與年增率（2017-2021 年）

[單位：家、%]

業別	年度	2017 年	2018 年	2019 年	2020 年	2021 年
民生用品批發業	家數（家）	146,272	148,072	149,863	152,537	156,060
	年增率（%）	2.16	1.23	1.21	1.78	2.31
	家數占比（%）	48.06	48.02	48.08	48.30	48.39
產業用品批發業	家數（家）	158,080	160,275	161,827	163,277	166,420
	年增率（%）	1.36	1.39	0.97	0.90	1.92
	家數占比（%）	51.94	51.98	51.92	51.70	51.61

資料來源：整理自財政部財政統計資料庫，2017-2021 年。
說　　明：（1）2017 年採用「營利事業家數及銷售額第 7 次修訂」，2018 至 2021 年則採用「營利事業家數及銷售額第 8 次修訂」。
　　　　　（2）上述表格數據會產生部分計算偏誤，係因四捨五入與資料長度取捨所致，但並不影響分析結果。

若再從細業別來看（表 3-5），2021 年批發業中營利事業家數以機械器具批發業的 69,978 家爲最多，占整體批發業家數的 21.70%；其次爲建材批發業與食品、飲料及菸草製品批發業的 54,497 家與 53,327 家，占比各爲 16.90% 與 16.54%；而家用器具及用品批發業的占比也達 1 成以上，有 34,817 家。其餘細業別則都未達 2 萬家，占比也都在 1 成以下。

至於在批發業各細業別的家數變化方面，家數成長幅度高於整體批發業的細業別包括「食品、飲料及菸草製品批發業」、「家用器具及用品批發業」、「藥品、醫療用品及化妝品批發業」、「汽機車及其零配件、用品批發業」等，主要是受到國內外經濟復甦帶動需求，吸引新業者投入經營相關業務。

▼ 表 3-5 批發業細業別之營利事業家數、年增率與占比（2021 年）

[單位：家、%]

細業別	項目 家數（家）	年增率（%）	家數占比（%）
批發業總計	322,440	2.10	100.00
機械器具批發業	69,978	2.00	21.70

項目 細業別	家數（家）	年增率（%）	家數占比（%）
建材批發業	54,497	1.86	16.90
食品、飲料及菸草製品批發業	53,327	4.12	16.54
家用器具及用品批發業	34,817	2.76	10.80
布疋及服飾品批發業	19,935	0.14	6.18
藥品、醫療用品及化妝品批發業	15,499	3.73	4.81
汽機車及其零配件、用品批發業	14,988	3.18	4.65
其他專賣批發業	12,872	1.92	3.99
化學原材料及其製品批發業	12,269	0.57	3.81
商品批發經紀業	10,986	-1.81	3.41
文教育樂用品批發業	10,808	1.57	3.35
綜合商品批發業	5,648	1.97	1.75
農產原料及活動物批發業	5,000	-4.23	1.55
燃料及相關產品批發業	1,816	0.00	0.56

資料來源：整理自財政部財政統計資料庫，2021 年。

說　　明：（1）2017 年採用「營利事業家數及銷售額第 7 次修訂」，2018 至 2021 年則採用「營利事業家數及銷售額第 8 次修訂」。

（2）上述表格數據會產生部分計算偏誤，係因四捨五入與資料長度取捨所致，但並不影響分析結果。

三　批發業政策與趨勢

根據經濟部統計處公布的 2021 年《批發、零售及餐飲經營實況調查》[2]（以下簡稱《實況調查》）結果顯示（表 3-6），我國批發業發展趨勢及經營障礙主要依序為「競爭激烈，利潤縮小」（64.2%）、其次為「經營成本提高」（40.4%）、「新市場開拓不易」（39.6%）、「匯率波動風險」（38.2%）與「消費需求多變」（27.5%）。其中，調查廠商認為「經營成本提高」造成經營障礙的比重較 2020 年上升 5.6% 為最多，顯示批發業者面臨進貨與人事成本增加的問題越趨嚴重。

從《實況調查》的結果顯示，「競爭激烈，利潤縮小」是批發業的主要經營困境，反映出國內市場規模有限，以內需市場為主要銷售對象的批發業者面臨同業間價格競爭的壓力。此外，批發業不只滿足國內市場需求，國內產品出

註 2　《批發、零售及餐飲經營實況調查》係由經濟部統計處每年 4 月完成調查，而相關報告書於當年度 10 月出版。調查對象為從事商業交易活動之公司行號且設有固定營業場所之企業單位，調查家數為 3,400 家。截至本研究完成前，取得之資料為 2021 年 5 月所辦理《批發、零售及餐飲業經營實況調查》的統計結果，而其調查年為 2020 年資料。

口配銷也是重要的業務項目，由於我國為一小型經濟開放體，對外貿易高度開放，加上外匯市場屬淺碟型，匯率波動程度大時，將直接侵蝕批發業者利潤，影響企業獲利狀況。

▼表 3-6　我國批發業經營障礙來源（2021 年）

[單位：%]

項目 細業別	競爭激烈	關稅障礙	人員招募不易	匯率波動風險	消費需求多變	產品生命週期短	新市場開拓不易	資金融通困難	代理權不易掌握	企業規模小	經營成本提高
批發業	64.2	9.5	16.6	38.2	27.5	10.0	39.6	5.8	9.5	7.2	40.4
商品批發經紀業	43.3	3.3	10.0	36.7	16.7	3.3	46.7	3.3	3.3	20.0	43.3
綜合商品批發業	73.2	4.9	19.5	29.3	46.3	14.6	61.0	4.9	9.8	0.0	39.0
農產原料及活動物批發業	66.0	9.4	18.9	41.5	26.4	9.4	34.0	9.4	1.9	13.2	34.0
食品飲料及菸草製品批發業	64.1	12.3	19.6	27.3	41.4	19.0	39.6	5.8	5.8	4.3	46.6
布疋及服飾品批發業	65.5	11.2	13.8	42.2	38.8	9.5	31.0	4.3	6.9	9.5	40.5
家庭器具及用品批發業	70.0	11.8	15.3	38.2	45.9	14.7	40.0	6.5	10.6	9.4	47.1
藥品醫療用品及化妝品批發業	66.0	3.9	14.6	21.4	28.2	6.8	35.9	1.9	20.4	4.9	27.2
文教、育樂用品批發業	66.3	10.5	15.1	55.8	41.9	16.3	32.6	3.5	7.0	10.5	43.0
建材批發業	64.6	9.5	19.1	34.7	12.9	1.7	39.8	9.9	4.8	6.5	52.4
化學材料及其製品批發業	68.9	11.9	13.3	53.6	16.6	8.0	53.6	2.7	17.9	6.6	35.1
燃料及相關產品批發業	52.1	6.3	2.1	22.9	20.8	4.2	39.6	10.4	6.3	25.0	29.2
機械器具批發業	60.2	6.5	18.4	45.7	18.4	10.1	39.3	4.7	13.2	4.7	30.5
汽機車及其零配件用品批發業	69.9	11.2	16.1	36.4	33.6	8.4	37.1	2.8	11.2	8.4	38.5
其他專賣批發業	52.5	10.0	13.8	42.5	6.3	2.5	31.3	11.3	5.0	7.5	43.8

資料來源：整理自經濟部統計處《批發、零售及餐飲經營實況調查》，2021 年。

四　COVID-19 對我國批發業之影響與因應

（一）COVID-19 對批發業之影響

　　2022 年 3 月 24 日開始，臺灣發生大規模、多點的 COVID-19 Omicron 變異株群變異株群聚感染事件。4 月 1 日本土單日確診再次破百例，4 月 28 日本

土單日確診首次破萬例，全臺進入大規模流行階段。不過我國 COVID-19 疫苗施打普及率相當高，根據衛生福利部疾病管制署的統計，截至 2022 年 7 月 26 日，我國完成第 1 劑疫苗接種率爲 91.7%，完成兩劑疫苗接種率爲 85.7%，因此中央流行疫情指揮中心爲兼顧防疫、經濟及社會運作，維持國內防疫量能與有效控管風險，宣布於 2022 年 7 月 19 日起適度放寬戴口罩等防疫措施。

從 3 月底 COVID-19 疫情開始流行，5 月中確診人數達到高峰後逐漸下滑，根據經濟部統計處公布數據，2022 年第二季批發業營業額爲 32,395 億元，較 2021 年同期成長 8.10%，顯示我國批發業並未受到此波疫情之影響，持續呈現成長態勢。若再從細業別來看，「藥品、醫療用品及化妝品批發業」與「燃料及相關產品批發業」2022 年第二季營業額的成長率高達 30% 以上，而「商品經紀業」、「布疋及服飾品批發業」、「家用器具及用品批發業」、「農產原料及活動物批發業」、「文教育樂用品批發業」與「機械器具批發業」第二季的營業額成長率也都高於整體批發業營業額的成長率。其他細項業別的營業額成長率則是低於整體批發業營業額的成長率，尤其以「汽機車及其零配件、用品批發業」衰退 6.16% 爲最多，主要是因爲車用晶片短缺，導致車輛供應緊縮。

▼ 表 3-7　2022 年第二季批發業主要行業營業額變動

[單位：新臺幣億元、%]

行業別	2022 年第二季營業額（億元）	較 2021 年同期成長率（%）
批發業	32,395	8.10
商品經紀業	130	11.08
綜合商品批發業	762	1.75
農產原料及活動物批發業	209	8.66
食品、飲料及菸草製品批發業	3,061	6.25
布疋及服飾品批發業	878	11.41
家用器具及用品批發業	1,944	11.32
藥品、醫療用品及化妝品批發業	2,282	32.23
文教育樂用品批發業	549	9.76
建材批發業	3,887	5.87
化學原材料及其製品批發業	1,695	-0.69
燃料及相關產品批發業	233	35.67
機械器具批發業	13,736	9.37
汽機車及其零配件、用品批發業	2,027	-6.16
其他專賣批發業	1,003	0.31

資料來源：經濟部統計處「批發、零售及餐飲業營業額統計」。

（二）產業／政府之因應做法

雖然 2022 年全臺進入 COVID-19 疫情大規模流行，但因高疫苗施打普及率，以及民眾高度自主防疫，整體而言，此波疫情並未對我國經濟造成嚴重影響。不過經濟部透過延長因應 COVID-19 疫情相關金融紓困協助措施，對於企業有繼續經營意願且繳息正常者，在 2023 年 6 月 30 日以前到期需展延之貸款本金，金融機構得依該借款企業之申請，同意予以展延六個月，藉此降低企業的資金周轉負擔，提升對於經營不確定的因應彈性。

第三節　國際批發業發展情勢與展望

一　主要國家批發業發展現況

（一）美國

1. 銷售額

受惠於疫苗施打普及率提高，以及新的財政激勵法案推出，加上 2020 年的基期較低，美國 2021 年的經濟成長率創下 1984 年以來的高點。隨著疫情降溫、就業快速增加，加上發放現金支票與失業補貼的財政激勵措施，使得民間消費成為推升經濟成長的最大動力，也帶動了批發產業的成長。根據美國普查局的統計數據顯示（表 3-8），2021 年美國商品批發業的銷售額為 7,103,559 百萬美元，較 2020 年增加 22.58%。

若從細業別來看，以石油及相關製成品業為美國批發業中占比最大的業別，2021 年銷售額為 877,113 百萬美元，年增率為 73.45%，占美國整體批發業 12.34%；藥品與其相關產品業銷售額 831,662 百萬美元居次，年增率 8.87%，占比為 11.71%；第三大產業則是食品雜貨用品業，銷售額為 767,189 百萬美元，年增率為 13.53%，占比為 10.80%；第四大產業則是電子產品業，銷售額與年增率分別為 721,142 百萬美元與 20.18%，占美國整體批發業 10.15%。

▼ 表 3-8　美國商品批發業細業別之銷售額與年增率（2017-2021 年）

[單位：百萬美元、%]

細業別 \ 年度		2017 年	2018 年	2019 年	2020 年	2021 年
批發業	銷售額（百萬美元）	5,700,968	6,098,697	6,071,354	5,795,028	7,103,559
	年增率（%）	6.77	6.98	-0.45	-4.55	22.58
石油及相關製成品業	銷售額（百萬美元）	627,026	758,464	718,744	505,676	877,113
	年增率（%）	22.60	20.96	-5.24	-29.64	73.45
藥品與其相關產品業	銷售額（百萬美元）	662,492	693,588	721,803	763,898	831,662
	年增率（%）	2.78	4.69	4.07	5.83	8.87
食品雜貨用品業	銷售額（百萬美元）	660,609	676,357	685,095	675,770	767,189
	年增率（%）	3.97	2.38	1.29	-1.36	13.53
電子產品業	銷售額（百萬美元）	585,203	615,514	590,442	600,060	721,142
	年增率（%）	8.52	5.18	-4.07	1.63	20.18
專業及商業設備及用品業	銷售額（百萬美元）	472,839	503,204	515,903	508,580	574,756
	年增率（%）	3.66	6.42	2.52	-1.42	13.01
機械設備用品業	銷售額（百萬美元）	424,792	463,648	464,421	451,011	524,491
	年增率（%）	7.12	9.15	0.17	-2.89	16.29
機動車輛及其零配件用品業	銷售額（百萬美元）	449,987	469,273	483,014	439,713	500,999
	年增率（%）	4.93	4.29	2.93	-8.96	13.94
其他耐久財用品業	銷售額（百萬美元）	241,079	261,041	243,559	261,870	347,382
	年增率（%）	10.06	8.28	-6.70	7.52	32.65
其他非耐久性批發業	銷售額（百萬美元）	280,857	294,873	299,828	302,809	338,795
	年增率（%）	3.48	4.99	1.68	0.99	11.88
農產品與其相關產品業	銷售額（百萬美元）	212,390	212,188	200,153	200,710	268,678
	年增率（%）	-2.08	-0.10	-5.67	0.28	33.86
金屬和礦物用品業	銷售額（百萬美元）	168,726	193,787	181,766	146,202	233,245
	年增率（%）	15.90	14.85	-6.20	-19.57	59.54
木材及其他建築材料業	銷售額（百萬美元）	148,167	160,773	161,399	169,719	221,424
	年增率（%）	9.12	8.51	0.39	5.15	30.47
五金、水管及暖氣設備及相關用品業	銷售額（百萬美元）	149,912	160,509	168,609	173,362	194,733
	年增率（%）	6.24	7.07	5.05	2.82	12.33
啤酒、葡萄酒和蒸餾酒精飲料業	銷售額（百萬美元）	145,362	151,571	159,624	171,495	186,144
	年增率（%）	2.88	4.27	5.31	7.44	8.54
服飾與其相關產品業	銷售額（百萬美元）	166,970	165,234	164,149	129,536	165,836
	年增率（%）	0.00	-1.04	-0.66	-21.09	28.02
化學與其相關製成品業	銷售額（百萬美元）	120,761	131,556	126,117	114,873	142,446
	年增率（%）	8.44	8.94	-4.13	-8.92	24.00
家具用品業	銷售額（百萬美元）	91,838	94,819	97,201	96,872	112,945
	年增率（%）	6.97	3.25	2.51	-0.34	16.59
紙類相關品業	銷售額（百萬美元）	91,958	92,298	89,527	82,872	94,579
	年增率（%）	-0.26	0.37	-3.00	-7.43	14.13

資料來源：整理自美國普查局《Monthly Wholesale Trade Report》，2017-2021 年。

説　　明：上述表格數據會產生部分計算偏誤係因四捨五入與資料長度取捨所致，但並不影響數據分析結果。

2. 受僱人數與薪資

在受僱人數部分（表 3-9），美國批發業 2020 年受僱人數為 3.84 百萬人，較 2019 年減少 1.54%。另外，在薪資方面，2020 年美國批發業每人每月薪資為 5,536 美元，年成長率為 0.24%。

▼ 表 3-9　美國批發業受僱人員數與薪資（2016-2019 年）

[單位：百萬人、美元、%]

項目＼年度	2016 年	2017 年	2018 年	2019 年	2020 年
受僱員工人數總計（百萬人）	3.87	3.84	3.75	3.89	3.84
受僱員工人數變動（%）	-2.27	-0.78	-2.34	3.73	-1.54
每人每月薪資（美元）	5,070	5,226	5,275	5,523	5,536
每人每月薪資變動（%）	2.28	3.09	0.94	4.70	0.24

資料來源：整理自 DATA USA。

說　　明：上述表格數據會產生部分計算偏誤係因四捨五入與資料長度取捨所致，但並不影響數據分析結果。

（二）日本

1. 銷售額

根據日本經濟產業省《商業動態統計書》數據顯示（表 3-10），2021 年日本批發業的銷售總額為 401 兆 4,480 億日元，較 2020 年成長 12.56%。若以批發業細業別來看，機械產品批發業為日本批發業之大宗，其 2021 年產值為 106 兆 4,140 億日元，相較於 2020 年大幅成長 17.53%；礦物與金屬材料產品批發業則從 2020 年的第三位躍昇為第二位，其產值為 61 兆 5,100 億日元，成長幅度達 33.23%。食品飲料產品批發業產值為 53 兆 4,330 億日元，較 2020 年成長 1.02%，從批發業細業別的第二位滑落至第三位。

▼ 表 3-10　日本批發業細業別之銷售額與年增率（2017-2021 年）

[單位：十億日元、%]

細業別	＼年度	2017 年	2018 年	2019 年	2020 年	2021 年
批發業	銷售額（十億日元）	313,439	326,585	314,928	356,658	401,448
	年增率（%）	3.65	4.19	-3.57	13.25	12.56
機械產品批發業	銷售額（十億日元）	66,183	68,010	68,415	90,541	106,414
	年增率（%）	4.48	2.76	0.60	32.34	17.53
礦物與金屬材料產品批發業	銷售額（十億日元）	43,631	47,709	43,616	46,167	61,510
	年增率（%）	8.85	9.35	-8.58	5.85	33.23

細業別 \ 年度		2017 年	2018 年	2019 年	2020 年	2021 年
食品飲料產品批發業	銷售額（十億日元）	48,008	50,561	49,275	52,895	53,433
	年增率（％）	3.51	5.32	-2.54	7.35	1.02
其他批發業	銷售額（十億日元）	28,644	30,388	28,537	31,384	35,658
	年增率（％）	-0.23	6.09	-6.09	9.98	13.62
農漁產品相關產品批發業	銷售額（十億日元）	22,751	23,654	23,663	33,386	34,773
	年增率（％）	2.78	3.97	0.04	41.09	4.15
醫藥品與化妝品批發業	銷售額（十億日元）	25,206	24,877	25,626	28,193	30,698
	年增率（％）	0.89	-1.31	3.01	10.02	8.89
化學製成產品批發業	銷售額（十億日元）	15,911	16,547	15,676	21,176	24,654
	年增率（％）	5.66	4.00	-5.26	35.09	16.42
綜合商品批發業	銷售額（十億日元）	36,989	38,100	33,037	21,790	22,324
	年增率（％）	4.57	3.00	-13.29	-34.04	2.45
建築材料產品批發業	銷售額（十億日元）	16,304	17,307	18,200	20,902	21,465
	年增率（％）	1.51	6.15	5.16	14.85	2.69
家具用品批發業	銷售額（十億日元）	2,365	2,259	2,172	4,122	4,460
	年增率（％）	-4.10	-4.48	-3.85	89.78	8.20
服飾及相關配件產品批發業	銷售額（十億日元）	4,494	4,147	3,803	3,985	3,990
	年增率（％）	-6.88	-7.72	-8.30	4.79	0.13
紡織品批發業	銷售額（十億日元）	2,955	3,027	2,909	2,117	2,069
	年增率（％）	-1.10	2.44	-3.90	-27.23	-2.27

資料來源：整理自日本經濟產業省《商業動態統計書》，2017-2021 年。
説　　明：上述表格數據會產生部分計算偏誤係因四捨五入與資料長度取捨所致，但並不影響數據分析結果。

2. 受僱人數與薪資

日本經濟產業省《勞動力調查》數據顯示（表 3-11），日本批發業 2021 年受僱人數為 328 萬人，較 2020 年略增 5 萬人，年增率為 1.55%。至於薪資部分，2021 年日本批發業每人每月薪資為 361.7 千日元，較 2020 年略減 0.06%。

▼ 表 3-11　日本批發業受僱人數與薪資（2017-2021 年）

[萬人、千日元、%]

項目 \ 年度	2017 年	2018 年	2019 年	2020 年	2021 年
受僱員工人數總計（萬人）	331	326	323	323	328
受僱員工人數變動（％）	1.85	-1.51	-0.92	0.00	1.55
每人每月薪資（千日元）	359.3	361.7	372.7	361.9	361.7
每人每月薪資變動（％）	-0.99	0.67	3.04	-2.90	-0.06

資料來源：整理自日本經產省《勞動力調查》與厚生勞動省《基本工資結構統計調查》2017-2021 年。
説　　明：（1）表格中的每人每月薪資項目最低計算基準值為企業聘僱人數達 10 人以上之企業。
　　　　　（2）上述表格數據會產生部分計算偏誤，係因四捨五入與資料長度取捨所致，但並不影響數據分析結果。

（三）中國大陸

1. 銷售額

根據中國大陸國家統計局的數據顯示（表 3-12），2020 年中國大陸整體批發業銷售額為 118 兆 8,637.41 億元人民幣，較 2019 年成長 12.21%。從細業別來看，以礦產品、建材及化工產品批發產業之占比 35.35% 最高，銷售額達 42 兆 168.12 億元人民幣，較前一年度成長 13.69%。而金屬及金屬礦的銷售額 20 兆 9,836.34 億元人民幣居次，年增率為 22.26%，占比為 17.65%。

而「農、林、牧產品」、「食品、飲料製品」、「煙草製品」、「米、麵製品及食用油」、「紡織、服裝及日用品」、「文化、體育用品及器材」、「醫藥及醫療器材」、「機械設備、五金交電及電子產品」與「汽車、摩托車及零配件」等批發細項產業，其銷售額在過去幾年間多呈現持續成長趨勢，主要是受到中國大陸內需的帶動，推動相關產業之穩健成長。

▼ 表 3-12　中國大陸批發業細業別之銷售額與年增率（2016-2020 年）

[單位：億元人民幣、%]

細業別	年度	2016 年	2017 年	2018 年	2019 年	2020 年
批發業	銷售額（億元人民幣）	695,818.53	825,012.05	922,225.90	1,059,289.68	1,188,637.41
	年增率（%）	6.96	18.57	11.78	14.86	12.21
礦產品、建材及化工產品	銷售額（億元人民幣）	226,843.37	282,417.27	318,151.00	369,584.10	420,168.12
	年增率（%）	5.89	24.50	12.65	16.17	13.69
金屬及金屬礦	銷售額（億元人民幣）	91,419.52	118,490.99	135,370.60	171,634.35	209,836.34
	年增率（%）	9.88	29.61	14.25	26.79	22.26
機械設備、五金交電及電子產品	銷售額（億元人民幣）	68,869.30	77,802.79	87,623.40	95,811.78	106,329.86
	年增率（%）	17.49	12.97	12.62	9.34	10.98
石油及製品	銷售額（億元人民幣）	56,406.38	69,832.65	76,655.60	72,056.42	66,143.78
	年增率（%）	0.66	23.80	9.77	-6.00	-8.21
食品、飲料製品	銷售額（億元人民幣）	44,720.62	45,356.87	47,801.40	54,371.41	60,797.61
	年增率（%）	4.82	1.42	5.39	13.74	11.82
紡織、服裝及日用品	銷售額（億元人民幣）	36,578.99	40,821.42	46,947.80	53,637.87	56,340.70
	年增率（%）	3.94	11.60	15.01	14.25	5.04
煤炭及製品	銷售額（億元人民幣）	25,622.76	29,855.16	33,368.30	40,453.64	44,479.65
	年增率（%）	0.05	16.52	11.77	21.23	9.95
汽車、摩托車及零配件	銷售額（億元人民幣）	25,619.15	28,503.89	34,684.50	36,122.98	37,647.94
	年增率（%）	21.71	11.26	21.68	4.15	4.22
醫藥及醫療器材	銷售額（億元人民幣）	23,204.45	27,133.32	29,856.40	35,431.39	37,287.87
	年增率（%）	14.57	16.93	10.04	18.67	5.24
建材	銷售額（億元人民幣）	12,713.28	14,347.46	17,653.10	23,095.36	27,243.53
	年增率（%）	6.38	12.85	23.04	30.83	17.96

細業別	年度	2016 年	2017 年	2018 年	2019 年	2020 年
煙草製品	銷售額（億元人民幣）	17,111.48	17,530.10	18,363.90	18,957.86	19,756.97
	年增率（%）	-2.23	2.45	4.76	3.23	4.22
農、林、牧產品	銷售額（億元人民幣）	8,947.15	9,372.52	10,754.90	13,905.88	18,854.34
	年增率（%）	5.12	4.75	14.75	29.30	35.59
其他批發商品	銷售額（億元人民幣）	8,336.83	8,443.82	8,789.00	11,425.08	14,320.55
	年增率（%）	-0.17	1.28	4.09	29.99	25.34
家用電器	銷售額（億元人民幣）	10,862.07	13,617.22	11,737.20	13,327.95	13,960.56
	年增率（%）	14.85	25.36	-13.81	13.55	4.75
文化、體育用品及器材	銷售額（億元人民幣）	8,709.17	9,958.13	11,431.40	12,540.31	13,489.56
	年增率（%）	9.85	14.34	14.79	9.70	7.57
電腦、軟體及輔助設備	銷售額（億元人民幣）	5,357.59	6,345.36	7,611.80	7,934.18	11,446.20
	年增率（%）	17.99	18.44	19.96	4.24	44.26
米、麵製品及食用油	銷售額（億元人民幣）	6,118.66	6,702.03	7,035.20	8,483.43	9,895.66
	年增率（%）	9.94	9.53	4.97	20.59	16.65
服裝	銷售額（億元人民幣）	7,850.93	8,086.13	8,747.20	9,458.11	9,153.43
	年增率（%）	-10.38	3.00	8.18	8.13	-3.22
化肥	銷售額（億元人民幣）	4,471.38	4,605.08	4,824.20	5,601.26	5,800.57
	年增率（%）	-19.26	2.99	4.76	16.11	3.56
貿易經紀與代理商品	銷售額（億元人民幣）	6,055.45	5,789.84	4,819.00	5,456.32	5,684.17
	年增率（%）	8.69	-4.39	-16.77	13.23	4.18

資料來源：整理自中國大陸國家統計局，2016-2020 年。

說　　明：（1）上述表格數據會產生部分計算偏誤，係因四捨五入與資料長度取捨所致，但並不影響數據分析結果。

（2）截至 2022 年 7 月底，中國大陸公布的批發業最新資料僅到 2020 年，請參閱以下網站：中國大陸國家統計局 https://data.stats.gov.cn/easyquery.htm?cn=C01。

2. 受僱人數與薪資

中國大陸批發業 2020 年受僱人數為 595.7 萬人，較 2019 年成長 4.78%；在受僱人員薪資上，批發業 2020 年每人每年薪資約為 96,521 元人民幣，相對於 2019 年增加 8.39%（表 3-13）。

▼表 3-13　中國大陸批發業受僱人員數與薪資（2016-2020 年）

[單位：萬人、元人民幣、%]

項目	年度	2016 年	2017 年	2018 年	2019 年	2020 年
受僱員工人數總計（萬人）		495.9	506.3	526.9	568.5	595.7
受僱員工人數變動（%）		1.06	2.10	4.07	7.90	4.78
每人每年薪資（元人民幣）		65,061	71,201	80,551	89,047	96,521
每人每年薪資變動（%）		7.85	9.44	13.13	10.55	8.39

資料來源：整理自中國大陸國家統計局，2016-2020 年。

說　　明：（1）表格中的每人每年薪資為批發業與零售業合計數。

（2）上述表格數據會產生部分計算偏誤，係因四捨五入與資料長度取捨所致，但並不影響數據分析結果。

二 國外批發業發展案例：JOOR

JOOR 為全球時裝批發商龍頭，總部設在美國紐約市，並在全球主要城市（包括洛杉磯、費城、巴黎、倫敦、米蘭、馬德里、柏林、墨爾本和東京等地）都設有辦事處，其主要營業項目為奢侈品、時尚產品和家居用品的線上批發，其數位批發平台擁有超過 1.33 萬個品牌與 38 萬家的時裝零售商。過去兩年隨著 COVID-19 疫情蔓延，對時裝需求也造成嚴重衝擊；由於各國防疫實施邊境封鎖、封城與維持社交距離等措施，不但使零售商採購團隊人數減少，也由於禁止跨境移動而無法出差洽談業務，必須轉向線上進行採購交易。作為全球時裝批發商龍頭的 JOOR，透過大量數位科技提升客戶體驗，進而吸引更多品牌與零售商使用其平台。2021 年在 JOOR 銷售平台銷售超過 1.5 億件產品，批發交易量比上一年增長了 54%，顯示在數位科技應用加持下，帶動 JOOR 業績高速成長。

虛擬展廳是 JOOR 數位銷售平台的重要功能，品牌商能夠將其產品陳列在展廳當中，不像實體攤位會受到規模限制；零售商可以隨時隨地登入展廳，採購所需商品。JOOR 透過人工智慧（AI）演算法、3D 與擴增實境（AR）等科技，優化虛擬展廳功能，讓品牌商更完美的呈現產品，也讓零售商更快速精確的找到所需產品，更有效率地完成採購交易。首先，JOOR 與電子商務科技公司 VNTANA 合作，將 3D 和 AR 技術運用到 JOOR 平台上，使 JOOR 品牌商的產品以 3D 立體化方式展示，零售商也能運用 AR 查看產品。透過 3D 和 AR 技術，不但提升零售商的採購體驗，品牌商也不用像過去必須透過大量樣品提供給零售商，可以降低成本增加獲利。

此外，由於 JOOR 平台擁有超過 1.33 萬個品牌，產品數量難以計數，如何能讓零售商快速找到所需品項，成為 JOOR 銷售平台能否致勝的關鍵。因此，JOOR 與人工智慧平台 Lily AI 合作，利用人工智慧依據產品屬性創建產品分類，協助零售商在大量相似產品中，快速準確的找尋到所需產品。Lily AI 的技術能從不同品牌的產品目錄之圖像和文本中，提取出更精細的特徵、特性，而零售商利用這些更詳細的產品資訊找到合適產品，更快速的完成採購決策。

第四節 結論與建議

一 批發業轉型契機與挑戰

隨著疫苗施打普及率提高，COVID-19 疫情逐漸趨緩，雖然還有變種病毒威脅，但各國已逐步放寬防疫管制措施，全球經濟也慢慢回復穩定成長態勢；全球批發業也因而受益，不過疫情對經營環境造成的影響仍在持續，也對批發業造成不小的挑戰。首先，有來越多製造商跳脫傳統批發分銷模式，透過直接面對消費者（Direct to Consumer, D2C）的銷售模式，直接向消費者銷售，使得批發業者面臨與自己客戶競爭的情況。再者，COVID-19 疫情加速改變消費者偏好與習慣，包括消費品項與管道，加上地緣政治等因素影響也讓全球供應鏈趨於不穩定，使得批發業者面臨上下游同時劇烈變動的風險，增添經營難度。對此，如何運用科技降低經營不確定風險，提供加值服務與創造差異，成為批發業重要的課題。

二 對企業的建議

針對前述批發業面臨之契機與挑戰，提出以下建議作為企業優化經營模式及提高競爭力之參考，分述如下：

1. 強化數位科技應用，提供更為精確、快速與有效率的服務

面對越來越高的不確定性，庫存管理成為批發業必須面對的複雜課題，而運用數位科技可以簡化並更為快速、精確的解決問題，進而提高員工效率與客戶體驗。例如透過使用供應商管理庫存（Vendor management inventory, VMI）控制顧客的庫存水準，使用感測器與人工智慧等技術，監測客戶之存貨，以自動化方式觸發補貨，不但降低服務成本，同時也提升客戶體驗。

此外，根據研究和諮詢公司 Gartner 數據預測，到 2025 年，將有超過 80% 企業對企業（B2B）交易將透過數位通路來進行。因此，批發業者必須盡快投入數位銷售平台之建立，以及相關金流、物流與資訊流體系之整合，才有可能掌握未來商機。

2. 加速數位人力資源的提升與導入

數位轉型已經成為批發業因應經營環境快速變化的重要策略之一，不過主計總處的工商普查數據顯示，批發業使用電腦或網路有 9 成以上僅用於基礎作業，透過網路銷售的業者不到 2 成，顯示我國批發業者的數位化程度有待提升。由於數位轉型需具備跨域能力的人力資源，而非傳統特定領域專才，因此批發業者有必要加速提升數位人力資源，除了外部人才導入，也可以透過在職訓練與回流教育等方式，針對企業現有人力資源進行能力開發、升級與重塑。

附　表　批發業定義與行業範疇

根據行政院主計總處「行業統計分類」第 11 次修訂版本所定義之批發業，凡從事有形商品批發、仲介批發買賣或代理批發拍賣之行業，其銷售對象為機構或產業（如中盤批發商、零售商、工廠、公司行號、進出口商等）。批發業各細類定義及範疇如下表所示：

▼表　行政院主計總處「行業統計分類」第 11 次修訂版本所定義之批發業

批發業小類別	定義	涵蓋範疇（細類）
商品批發經紀業	以按次計費或依合約計酬方式，從事有形商品之仲介批發買賣或代理批發拍賣之行業，如商品批發掮客及代理毛豬、魚貨、花卉、蔬果等批發拍賣活動。	商品批發經紀業
綜合商品批發業	以非特定專賣形式從事多種系列商品批發之行業。	綜合商品批發業
農產原料及活動物批發業	從事未經加工處理之農業初級產品及活動物批發之行業，如穀類、種子、含油子實、花卉、植物、菸葉、生皮、生毛皮、農產原料之廢料、殘渣與副產品等農業初級產品，以及禽、畜、寵物、魚苗、貝介苗及觀賞水生動物等活動物批發。	穀類及豆類批發業 花卉批發業 活動物批發業 其他農產原料批發業
食品、飲料及菸草製品批發業	從事食品、飲料及菸草製品批發之行業，如蔬果、肉品、水產品等不須加工處理即可販售給零售商轉賣之農產品及冷凍調理食品、食用油脂、菸酒、非酒精飲料、茶葉等加工食品批發；動物飼品批發亦歸入本類。	蔬果批發業 肉品批發業 水產品批發業 冷凍調理食品批發業 乳製品、蛋及食用油脂批發業 菸酒批發業 非酒精飲料批發業 咖啡、茶葉及辛香料批發業 其他食品批發業

批發業小類別	定義	涵蓋範疇（細類）
布疋及服飾品批發業	從事布疋及服飾品批發之行業，如成衣、鞋類、服飾配件等批發；行李箱（袋）及縫紉用品批發亦歸入本類。	布疋批發業 服裝及其配件批發業 鞋類批發業 其他服飾品批發業
家用器具及用品批發業	從事家用器具及用品批發之行業，如家用電器、家具、家飾品、家用攝影器材與光學產品、鐘錶、眼鏡、珠寶、清潔用品等批發。	家用電器批發業 家具批發業 家飾品批發業 家用攝影器材及光學產品批發業 鐘錶及眼鏡批發業 珠寶及貴金屬製品批發業 清潔用品批發業
藥品、醫療用品及化妝品批發業	從事藥品、醫療用品及化妝品批發之行業。	藥品及醫療用品批發業 化妝品批發業
文教育樂用品批發業	從事文教、育樂用品批發之行業，如書籍、文具、運動用品、玩具及娛樂用品等批發。	書籍及文具批發業 運動用品及器材批發業 玩具及娛樂用品批發業
建材批發業	從事建材批發之行業。	木製建材批發業 磚瓦、砂石、水泥及其製品批發業 瓷磚、貼面石材及衛浴設備批發業 漆料及塗料批發業 金屬建材批發業 其他建材批發業
化學原材料及其製品批發業	從事藥品、化妝品、清潔用品、漆料、塗料以外之化學原材料及其製品批發之行業，如化學原材料、肥料、塑膠及合成橡膠原料、人造纖維、農藥、顏料、染料、著色劑、化學溶劑、界面活性劑、工業添加劑、油墨、非食用動植物油脂等批發。	化學原材料及其製品批發
燃料及相關產品批發業	從事燃料及相關產品批發之行業。	液體、氣體燃料及相關產品批發業 其他燃料批發業
機械器具批發業	從事電腦、電子、通訊與電力設備、產業與辦公用機械及其零配件、用品批發之行業。	電腦及其週邊設備、軟體批發業 電子、通訊設備及其零組件批發業 農用及工業用機械設備批發業 辦公用機械器具批發業 其他機械器具批發業
汽機車及其零配件、用品批發業	從事汽機車及其零件、配備、用品批發之行業。	汽車批發業 機車批發業 汽機車零配件及用品批發業
其他專賣批發業	從事 453 至 465 小類以外單一系列商品專賣批發之行業。	回收物料批發業 未分類其他專賣批發業

資料來源：行政院主計總處，2021，《行業統計分類第 11 次修訂（110 年 1 月）》。

CHAPTER 04 零售業現況分析與發展趨勢

商研院經營模式創新研究所　李世珍副所長

第一節　前言

　　根據財政部的統計資料，我國零售業 2021 年的銷售額為新臺幣 53,138.21 億元，約占所有產業銷售額之 11.32%，較 2020 年產業銷售額占比略為降低。2021 年受前一年 COVID-19 疫情擴散、基期較低所影響，零售業銷售額成長率為 7.36%，然主計總處公布 2021 年全年消費者物價指數（Consumer Price Index，簡稱 CPI）年增率 1.96%，因此，銷售額的成長幅度也會受到影響。進一步分析，綜合商品零售業銷售額達新臺幣 13,115.36 億元，占整體零售業比例約 24.68%，較前一年增加 3.58%；而代表電子商務的無店面零售業銷售額為新臺幣 2,084.89 億元，占整體零售業約 3.92%，年成長率達 36.23%。

　　自 2020 年全球 COVID-19 疫情爆發以來，隨著染疫人數增加及各國防疫政策與措施影響，或多或少都造成各產業的衝擊，各國也紛紛提出相對應振興措施，而民眾為了減少外出降低染疫風險，也產生消費行為的改變。根據 Deloitte《2021 零售產業展望》指出，疫情後產生的新常態已改變民眾消費習慣及整體零售生態，2021 年零售業面臨防疫政策、員工染疫，造成供應鏈中斷、塞港缺櫃等問題，即便 COVID-19 疫苗覆蓋率提升，全球確診人數仍不斷增加，降低了民眾回歸線下消費的意願，全球零售業者陸續在健康與安全上也持續進行投資布局，並拓展新的收入來源[1]。

註 1　資料來源：Deloitte(2021)，https://www2.deloitte.com/tw/tc/pages/about-deloitte/articles/pr20211123-cnsr.html

　　Deloitte 進一步提出，零售業者若要面對疫後的新常態，首要投資布局面向，包括：（1）開拓線上零售管道，如直播電商、社群團購與線上商城等；（2）整合供應鏈、倉儲管理及數位用戶體驗；（3）實體門店提供消費者健康、安全與信任措施；（4）重新調整成本結構，發展新型態零售模式。

　　在零售電子商務的發展方面，根據國際市場研究機構 eMarket（2022）發布的《Global Ecommerce Forecast 2022》報告中提到，2021 年全球零售電子商務銷售額達到 4.938 兆美元，預計 2022 年將突破 5.542 兆美元，占整體零售業銷售額的五分之一以上。由於 2020 年受到全球 COVID-19 疫情影響，零售業被迫或選擇關門，民眾也減少出門購物的頻率，以降低與病毒接觸的機率，使得線上購物成為一種實用的選擇，全球電子商務從 2020 年占零售總額的 17.9% 上升到 2021 年的 19.0%，2022 年預估將占 20.3%[2]。

第二節　我國零售業發展現況分析

　　根據 2021 年 1 月行政院主計總處公布《行業統計分類（第 11 次修訂正）》[3]，零售業的行業定義為「從事透過商店、攤販及其他非店面如網際網路等向家庭或民眾銷售全新及中古有形商品之行業。分類編號中類為 47 及 48，分類編號小類包括：471 綜合商品零售業、472 食品、飲料及菸草製品零售業、472 食品、飲料及菸草製品零售業、473 布疋及服飾品零售業、474 家用器具及用品零售業、475 藥品、醫療用品及化妝品零售業、476 文教育樂用品零售業、481 建材零售業、482 燃料及相關產品零售業、483 資訊及通訊設備零售業、484 汽機車及其零配件、用品零售業、485 其他專賣零售業、486 零售攤販、487 其他非店面零售業等 13 項。

一　零售業發展現況

　　有關我國零售業發展現況，以下分別針對我國零售業全年銷售總額、營利事業家數及受僱人數與薪資進行分析。

註 2　資料來源：https://www.insiderintelligence.com/content/global-ecommerce-forecast-2022
註 3　資料來源：https://www.stat.gov.tw/public/Attachment/012221854690WG0X9l.pdf

（一）銷售額

2021 年受 COVID-19 疫情肆虐已將近 2 年，行政院參照 2020 年「振興三倍券」措施，考量經濟受影響的程度後，推出「振興五倍券」，於 2021 年 11 月起帶動實體通路人潮回流，民眾消費力道逐漸回穩。根據政治大學臺灣研究中心主任連賢明探討「振興三倍券」發放後的經濟效益發現，三倍券實施後綜合零售業及餐飲業每周平均銷售額顯著增加 4.6% 與 9.9%[4]，說明振興措施於短期內具備促進消費之效果。此外，疫情期間零售業者仍積極展店與布局線上銷售通路，我國零售業全年的銷售總額達到新臺幣 53,139.29 億元，年增率 7.36%，為近 5 年來最高。

（二）營利事業家數

在營利事業家數方面，我國零售業於 2021 年來到 385,396 家，年增率 3.22%，達到近 5 年的最高峰；其次為前一年（2020 年）的 1.81%，2017 年為 363,980 家，5 年來家數共增加 21,416 家，平均年增率為 1.44%。雖然臺灣經濟受到疫情影響，但整體零售業的家數仍然是穩定成長。

（三）受僱人數與薪資

在整體零售業的受僱人數方面，我國零售業於 2021 年受僱人數來到 635,780 人，年增率為 -0.28%，創下近 5 年的最低紀錄。年增率最高的為 2018 年的 1.97%，2017 年為 615,087 人，近 5 年來數共增加 20,693 人，平均年增率為 0.83%，每家平均僱用人數為 1.7 人。在受僱人員的性別方面，如表 4-1 所示，零售業受僱人員中，近 5 年男性較女性人數多 10.05%，2021 年男性受僱人數為 335,025 人，女性受僱人數為 300,755 人。

在薪資方面，整體零售業受僱人員薪資表現，由 2017 年平均的總月薪 40,166 元上升至 2021 年的 45,033 元，上升幅度為 12.12%；近 5 年的平均薪資則為 43,545 元，平均年增率為 2.90%。從薪資與性別方面來看，近 5 年男性的平均薪資為 44,358 元，較女性的 42,645 元略高一些。值得注意的是，2021 年每人每月非經常性薪資相較 2017 年上升幅度達 26.86%，也就是工作獎金、三節或年終獎金、員工紅利、不休假獎金或差旅費等，較 4 年前為高。

註 4　經濟日報（2021），五倍券對 GDP 貢獻多少？學者：重點在救兩種產業，網址：https://money.udn.com/money/story/10869/5771272，上網日期：2022 年 8 月 1 日。

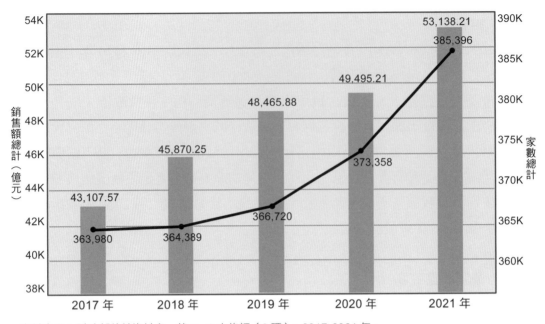

資料來源：財政部統計資料庫，第 7、8 次修訂（6 碼），2017-2021 年。

▲ 圖 4-1　我國零售業家數、銷售額（2017-2021 年）

▼ 表 4-1　我國零售業家數、銷售額、受僱人數及每人每月總薪資統計（2017-2021 年）

[單位：新臺幣億元、家數、人、元、%]

項目	年度	2017 年	2018 年	2019 年	2020 年	2021 年
銷售額	總計（億元）	43,107.57	45,870.25	48,465.88	49,495.21	53,138.21
	年增率（%）	1.85	6.41	5.66	2.12	7.36
家數	總計（家）	363,980	364,389	366,720	373,358	385,396
	年增率（%）	0.44	0.11	0.64	1.81	3.22
受僱員工人數	總計（人）	615,087	627,187	637,316	637,566	635,780
	年增率（%）	2.08	1.97	1.61	0.04	-0.28
	男性（人）	319,195	326,815	333,612	337,312	335,025
	年增率（%）	2.27	2.39	2.08	1.11	-0.68
	女性（人）	295,892	300,372	303,704	300,254	300,755
	年增率（%）	1.86	1.51	1.11	-1.14	0.17
平均僱用人數	總計（人）	1.72	1.74	1.71	1.65	1.69
每人每月總薪資	平均（元）	40,166	43,283	44,035	45,206	45,033
	年增率（%）	3.26	7.76	1.74	2.66	-0.38
	男性（元）	40,440	44,126	44,955	46,281	45,989
	年增率（%）	3.70	9.11	1.88	2.95	-0.63
	女性（元）	39,871	42,366	43,023	43,997	43,969
	年增率（%）	2.78	6.26	1.55	2.26	-0.06

項目 \ 年度		2017 年	2018 年	2019 年	2020 年	2021 年
每人每月經常性薪資	平均（元）	34,607	36,334	37,105	37,910	37,981
	年增率（%）	3.57	4.99	2.12	2.17	0.19
	男性（元）	34,291	36,342	36,993	37,472	37,352
	年增率（%）	3.94	5.98	1.79	1.29	-0.32
	女性（元）	34,948	36,325	37,227	38,400	38,682
	年增率（%）	3.20	3.94	2.48	3.15	0.73
每人每月非經常性薪資	平均（元）	5,559	6,949	6,930	7,296	7,052
	年增率（%）	1.33	25.00	-0.27	5.28	-3.34
	男性（元）	6,149	7,784	7,962	8,809	8,637
	年增率（%）	2.36	26.59	2.29	10.64	-1.95
	女性（元）	4,923	6,041	5,796	5,597	5,287
	年增率（%）	-0.10	22.71	-4.06	-3.43	-5.54

資料來源：家數及銷售額整理自財政部財政統計資料庫[5]；受僱員工人數整理自中華民國統計資訊網，2017-2021 年[6]；薪資資料整理自行政院主計總處 - 薪情平台[7]。

二 零售業之細業別發展現況

（一）綜合商品零售業發展現況

1. 銷售額

　　由表 4-2 所示，2021 年依綜合商品零售業各細業別的銷售額占比由大至小，分別為：連鎖式便利商店業[8]（30.72%）、百貨公司業（26.63%）、超級市場業（23.92%）、其他綜合商品零售業[9]（9.61%），及零售式量販業（9.12%），顯示我國連鎖式便利商店業已成為綜合商品零售業的領頭羊，並與百貨公司業於綜合商品零售業中，創造超過半數以上的產值。

註 5 財政部（2022），財政統計資料庫，網址：https://web02.mof.gov.tw/njswww/WebMain.aspx?sys=100&funid=defjspf2。

註 6 中華民國統計資訊網，網址：https://www.stat.gov.tw/np.asp?ctNode=522。

註 7 行政院主計總處（2022），薪情平臺，網址：https://earnings.dgbas.gov.tw/。

註 8 本研究所統計之連鎖式便利商店業包含 4711-12 直營連鎖式便利商店、4711-13 加盟連鎖式便利商店、4711-14 加盟連鎖式便利商店（無商品進、銷貨行為）。

註 9 本研究所統計之其他綜合商品零售包含 4719-13 雜貨店、4719-14 消費合作社、4719-15 綜合商品拍賣、4719-99 未分類其他綜合商品零售。

▼表 4- 2　零售業暨綜合商品零售業銷售額與年增率（2017-2021 年）

[單元：新臺幣億元、%]

細業別	年度	2017 年	2018 年	2019 年	2020 年	2021 年
零售業總計	銷售額（億元）	43,107.57	45,870.25	48,465.88	49,495.21	53,138.21
	年增率（%）	1.85	6.41	5.66	2.12	7.36
綜合商品零售業	銷售額（億元）	10,816.18	11,373.73	11,818.50	12,662.31	13,115.36
	年增率（%）	0.39	5.15	3.91	7.14	3.58
連鎖式便利商店業	銷售額（億元）	3,343.20	3,605.79	3,646.67	3,984.55	4,029.30
	年增率（%）	4.20	7.85	1.13	9.27	1.12
	銷售額占比（%）	30.91	31.70	30.86	31.47	30.72
百貨公司業	銷售額（億元）	3,099.70	3,255.16	3,419.88	3,478.64	3,492.67
	年增率（%）	-0.33	5.02	5.06	1.72	0.40
	銷售額占比（%）	28.66	28.62	28.94	27.47	26.63
超級市場業	銷售額（億元）	2,274.29	2,399.35	2,549.66	2,830.12	3,136.79
	年增率（%）	-1.28	5.50	6.26	11.00	10.84
	銷售額占比（%）	21.03	21.10	21.57	22.35	23.92
其他綜合商品零售	銷售額（億元）	1,044.35	1,046.89	1,113.77	1,206.77	1,260.51
	年增率（%）	-6.19	0.24	6.39	8.35	4.45
	銷售額占比（%）	9.66	9.20	9.42	9.53	9.61
零售式量販店業	銷售額（億元）	1,054.64	1,066.54	1,088.52	1,162.23	1,196.09
	年增率（%）	1.48	1.13	2.06	6.77	2.91
	銷售額占比（%）	9.75	9.38	9.21	9.18	9.12

資料來源：整理 2016 年及 2017 年營業額係按稅務行業標準分類第 7 次修訂，2018 年至 2021 年營業額係按稅務行業標準分類第 8 次修訂。

說　　明：（1）連鎖式便利商店業包含 4711-12 直營連鎖式便利商店、4711-13 加盟連鎖式便利商店、4711-14 加盟連鎖式便利商店（無商品進、銷貨行為）。

（2）上述表格數據會產生部分計算偏誤係因四捨五入與資料長度取捨所致，但並不影響分析結果；此外，財政部 7 次與第 8 次修訂後之業別差異亦會影響統計之數據。

2. 營利事業家數

　　我國綜合商品零售業的家數從 2017 年的 30,514 家，2021 年增加到 34,926 家，如表 4-3 所示。家數最多的業別依序為：連鎖式便利商店業 20,779 家，其次為其他綜合商品零售業 6,812 家，第三為雜貨店 3,153 家，第四為超級市場的 2,263 家，第五為零售式量販業 739 家，最少的是消費合作社 495 家。

　　在家數年增率方面，2021 年增率最高業別分別為其他綜合商品零售業 9.92%，其次為零售式量販業 7.10%，第三為連鎖式便利商店業 4.85%，第四為超級市場業 1.62%，負成長的業別分別為消費合作社 -3.88% 及百貨公司業 -3.11%。

[單位：家、%]

業別		2017	2018	2019	2020	2021
綜合商品零售業總計	家數（家）	30,514	31,268	32,233	33,297	34,926
	年增率（%）	2.92	2.47	3.09	3.30	4.89
百貨公司業	家數（家）	822	794	744	707	685
	年增率（%）	-3.18	-3.41	-6.30	-4.97	-3.11
超級市場業	家數（家）	2,160	2,199	2,214	2,227	2,263
	年增率（%）	0.93	1.81	0.68	0.59	1.62
連鎖式便利商店業	家數（家）	17,595	18,175	19,024	19,817	20,779
	年增率（%）	3.12	3.30	4.67	4.17	4.85
零售式量販業	家數（家）	639	661	673	690	739
	年增率（%）	3.90	3.44	1.82	2.53	7.10
雜貨店	家數（家）	3,142	3,151	3,124	3,144	3,153
	年增率（%）	1.62	0.29	-0.86	0.64	0.29
消費合作社	家數（家）	598	577	560	515	495
	年增率（%）	-8.28	-3.51	-2.95	-8.04	-3.88
其他綜合商品零售業	家數（家）	5,558	5,711	5,894	6,197	6,812
	年增率（%）	6.15	2.75	3.20	5.14	9.92

資料來源：整理 2016 年及 2017 年營業額係按稅務行業標準分類第 7 次修訂，2018 年至 2021 年營業額係按稅務行業標準分類第 8 次修訂。

說　　明：（1）連鎖式便利商店業包含 4711-12 直營連鎖式便利商店、4711-13 加盟連鎖式便利商店、4711-14 加盟連鎖式便利商店（無商品進、銷貨行為）。

　　　　　（2）上述表格數據會產生部分計算偏誤係因四捨五入與資料長度取捨所致，但並不影響分析結果；此外，財政部 7 次與第 8 次修訂後之業別差異亦會影響統計之數據。

（二）無店面零售業發展現況

依據行政院主計總處公布《行業統計分類（第 11 次修訂正）》，無店面零售業歸類在分類編號小類 487 的其他非店面零售業，細類包括：4871 電子購物及郵購業、4872 直銷業及 4879 未分類其他非店面零售業等 3 項。

1. 銷售額

2021 年我國無店面零售業銷售額為 2,084.89 億元，占整體零售業比例約為 3.92%，較 2020 年比較年增率 36.23%。近 5 年來，我國無店面零售業銷售額年增率皆呈現成長趨勢，從 2017 年至 2021 年，年增率分別為 5.23%、8.81%、17.85%、17.07% 及 36.23%。

▼ 表 4-4　其他無店面零售業銷售額統計（2017-2021 年）

[單位：億元新臺幣、%]

業別		2017 年	2018 年	2019 年	2020 年	2021 年
零售業總計	銷售額（億元）	43,107.57	45,870.25	48,465.88	49,495.21	53,138.21
	年增率（%）	1.85	6.41	5.66	2.12	7.36
其他無店面 零售業總計	銷售額（億元）	1,019.51	1,109.31	1,307.27	1,530.38	2,084.89
	年增率（%）	5.23	8.81	17.85	17.07	36.23
經營郵購 （原郵購）	銷售額（億元）	0.52	0.60	0.48	0.28	0.60
	年增率（%）	-52.02	15.38	-20.00	-41.67	114.29
	銷售額占比（%）	0.05	0.05	0.04	0.02	0.03
經營電視購物、電 台購物（原電視購 物、網路購物）	銷售額（億元）	622.10	455.59	550.65	533.92	741.41
	年增率（%）	-1.32	-26.77	20.87	-3.04	38.86
	銷售額占比（%）	61.02	41.07	42.12	34.89	35.56
經營網路購物（原 網際網路拍賣）	銷售額（億元）	182.77	427.33	523.48	756.82	1,072.46
	年增率（%）	31.36	133.81	22.50	44.57	41.71
	銷售額占比（%）	17.93	38.52	40.04	49.45	51.44
單層直銷 （有形商品）	銷售額（億元）	9.09	9.58	8.24	12.89	17.39
	年增率（%）	42.28	5.39	-13.99	56.43	34.91
	銷售額占比（%）	0.89	0.86	0.63	0.84	0.83
多層次傳銷 （商品銷貨收入）	銷售額（億元）	83.96	83.81	88.19	90.28	99.96
	年增率（%）	2.99	-0.18	5.23	2.37	10.72
	銷售額占比（%）	8.24	7.56	6.75	5.90	4.79
多層次傳銷 （佣金收入）	銷售額（億元）	15.06	18.51	18.29	18.40	23.05
	年增率（%）	-3.84	22.91	-1.19	0.60	25.27
	銷售額占比（%）	1.48	1.67	1.40	1.20	1.11
以自動販賣機 零售商品	銷售額（億元）	4.80	5.58	4.90	5.06	5.80
	年增率（%）	15.68	16.25	-12.19	3.27	14.62
	銷售額占比（%）	0.47	0.50	0.38	0.33	0.28
無店面零售代理	銷售額（億元）	101.21	108.32	113.04	112.72	124.22
	年增率（%）	11.83	7.02	4.36	-0.28	10.20
	銷售額占比（%）	9.93	9.77	8.65	7.37	5.96

資料來源：整理 2016 年及 2017 年營業額係按稅務行業標準分類第 7 次修訂，2018 年至 2021 年營業
　　　　　額係按稅務行業標準分類第 8 次修訂。

說　　明：上述表格數據會產生部分計算偏誤係因四捨五入與資料長度取捨所致，但並不影響分析結
　　　　　果；此外，財政部 7 次與第 8 次修訂後之業別差異亦會影響統計之數據。

2. 營利事業家數

　　在無店面零售業的銷售額與家數方面，我國 2021 年無店面零售業共計
36,806 家，占整體零售業比例約為 9.55%，如表 4-5 所示。無店面零售業近 5
年的家數持續增加，從 2017 年的 17,640 家，成長至 2021 年的 36,806 家。其中，
以網路購物家數達 32,435 家為最多，其次為非店面零售代理的 1,309 家；而電

視購物、電台購物、非店面零售代理與單層直銷（有形商品）於 2021 年的家數年增率呈現負成長，至於經營郵購的家數減少 1 家，其餘包括網路購物、多層次傳銷（商品銷貨收入）、多層次傳銷（佣金收入）業與以自動販賣機零售商品的家數在 2021 年皆有所增加。

▼ 表 4-5　其他無店面零售業家數統計（2017-2021 年）

[單位：家、%]

業別		2017 年	2018 年	2019 年	2020 年	2021 年
零售業總計	家數（家）	363,980	364,389	366,720	373,358	385,396
	年增率（%）	0.44	0.11	0.64	1.81	3.22
其他無店面零售業總計	家數（家）	17,640	20,819	23,488	29,216	36,806
	年增率（%）	23.89	18.02	12.82	24.39	25.98
	家數占比（%）	4.85	5.71	6.40	7.83	9.55
經營郵購（原郵購）	家數（家）	15	16	14	14	13
	年增率（%）	0.00	6.67	-12.50	0.00	-7.14
經營電視購物、電台購物（原電視購物、網路購物）	家數（家）	3,705	960	853	752	690
	年增率（%）	6.96	-74.09	-11.15	-11.84	-8.24
經營網路購物（原網際網路拍賣）	家數（家）	10,640	16,470	19,338	24,990	32,435
	年增率（%）	36.15	54.79	17.41	29.23	29.79
單層直銷（有形商品）	家數（家）	233	225	249	255	245
	年增率（%）	1.75	-3.43	10.67	2.41	-3.92
多層次傳銷（商品銷貨收入）	家數（家）	761	766	797	861	907
	年增率（%）	7.18	0.66	4.05	8.03	5.34
多層次傳銷（佣金收入）	家數（家）	434	487	530	643	731
	年增率（%）	25.80	12.21	8.83	21.32	13.69
以自動販賣機零售商品	家數（家）	485	542	392	425	476
	年增率（%）	15.75	11.75	-27.68	8.42	12.00
無店面零售代理	家數（家）	1,366	1,353	1,315	1,275	1,309
	年增率（%）	10.07	-0.95	-2.81	-3.04	2.67

資料來源：整理 2016 年及 2017 年營業額係按稅務行業標準分類第 7 次修訂，2018 年至 2021 年營業額係按稅務行業標準分類第 8 次修訂。

說　　明：上述表格數據會產生部分計算偏誤係因四捨五入與資料長度取捨所致，但並不影響分析結果。

三　零售業政策與趨勢

　　近年來，在人工智慧、大數據、雲端運算等重點新興技術驅動，以及疫情

加速數位轉型的步調下，使得數位經濟市場快速成長，零售業已逐漸導入智慧零售多元應用服務，邁向數位轉型契機，因此，經濟部列為我國未來產業升級轉型的重點方向之一。

（一）國內發展政策

2021 年經濟部為協助中小型零售服務業數位轉型及商業模式創新，優化營運體質及產業競爭力與拓展國際市場，辦理「零售暨服務業數據共享創新服務計畫」（簡稱數據共享計畫），受理「數位轉型補助」及「雲端解決方案」之兩種補助案件。其中，「數位轉型補助」是業者透過導入雲端服務所產生之數據回饋，驅動進行數位轉型及商業模式創新；此外，「雲端解決方案」為強化中小企業數位應用能力，帶動零售業者使用雲服務，提升其數位營運力與推動企業數位轉型。

數位經濟目前是國家整體產業與商業環境發展的重大方向與機會，也是企業轉型升級的驅動力，以及國家競爭力提升的關鍵，世界各國無不重視。經濟部也逐步輔導中小企業，善用數位科技並運用「數據驅動」、「創新經濟」，規劃辦理「推動中小企業創新經濟開拓市場計畫」，以群聚聯盟與輔導的方式，創造如「訂閱」、「分眾」、「智慧」、「循環」、「共享」等數位經濟市場商機。

（二）趨勢與案例

2021 年受到 COVID-19 疫情的影響下，百貨公司業、專櫃銷售、免稅商店等業別受到不小的影響。而當民眾減少上街購物時，反應快的零售業者立即轉型，推動電子商務的業務。以下針對綜合零售業與無店面零售的發展趨勢進一步分析。

1. 綜合商品零售業發展趨勢

（1）百貨公司業

2021 年 5 月受到 COVID-19 疫情延燒之影響，行政院發布全國三級警戒，百貨公司因民眾或專櫃人員染疫，而被迫歇業進行清消，民眾也避免進入人多的場域，百貨公司同步縮短營業時間，員工也分流上班並加強防疫措施。2020 年當百貨公司人潮減少時，業者把線下營運模式轉到線上，專櫃人員、樓管變身為直播主，開始做起直播電商的生意，不論是家具、日用品、美妝、袋包都

能賣；百貨公司的美食街業者，也從內用改做外送生意。

根據經濟部統計處資料顯示，2011 年起我國百貨業營業額成長已略顯疲態，年增率甚至一度僅達 0.4%。2021 年開始，百貨業營業額 3,492.67 億元的規模，被便利商店業 4,029.30 億元超越，並持續拉大距離。而百貨公司業也不斷力拼轉型，從原本的百貨公司，轉為購物中心以及暢貨中心（Outlet）的經營模式，營造「聚客力」、「體驗力」，提供消費者一站式的休閒與購物體驗。2021 年至 2022 年正式營運的業者，包括義享時尚廣場、MITSUI（三井）OUTLET PARK 台南及 SKM Park（前身為大魯閣草衙道）。

（2）超級市場業

依據經濟部公司行號營業項目之定義，超級市場業是指凡在同一場所從事多種商品分部門、公開標價、零售，其生鮮食品以冷凍冷藏方式陳列、貯存，並以食品為主、日常用品為輔之行業。2020 年 10 月 22 日，全聯福利中心宣布收購大潤發，包含大潤發自有土地及建物、門市經營權及大潤發自有品牌，公平會於 2022 年 7 月 15 日審核後附帶條件通過。

2021 年 12 月，家樂福併購 199 家頂好超市（Wellcome）、25 家頂級超市（Jasons Market Place），2021 年 2 月，頂好超市換上家樂福超市的招牌，因此，臺灣家樂福擁有 66 家量販店、262 家家樂福超市，以及 25 家 Jasons Market Place。2021 年 7 月 19 日，統一企業與統一超商宣布，分別以新臺幣 239 億元及 51 億元，共計 290 億元買下法商手上 60% 的臺灣家樂福股權，然全案需送交公平會審查，若順利通過，統一集團將持有家樂福 100% 的股權。

2022 年 7 月繼統一集團宣布以 290 億元買下法商家樂福 60% 股權後，美國第一大連鎖零售好市多（Costco Wholesale Corporation）也宣布，以約 313 億新臺幣（10.5 億美元），買下合資夥伴大統集團 45% 股權，臺灣好市多將成為 100% 美商持股的公司，由美國母公司拿回全球採購主導權。這兩個事件雖然無必然之關係，但也在臺灣零售龍頭爭霸戰中，讓統一集團成為零售版圖的霸主，其餘各大零售企業也紛紛抓緊腳步，穩固各自地盤，爭取最大的營收與獲利。

（3）連鎖式便利商店業

2021 年我國連鎖式便利商店業銷售額年增率 1.12%，成為 5 年來最低，僅次於 2019 年的 1.13%。主要原因也是在全國三級警戒下，公司行業開始採用

分流上班，學校採用遠距教學，衝擊到連鎖式便利商店業的銷售額。即便如此，統一超商 2021 年合併營收達 2,627.26 億元，創歷史新高紀錄；全家便利商店營收則為 836.59 億元，寫下歷史次高水準。整體營運上雖然受到疫情干擾影響，便利商店業紛紛推出鮮食產品、App 電商服務，搶攻宅經濟及防疫商機。

由於便利商店業主打的是滿足「個人」需求的消費型態，受疫情影響下，也開啟民眾居家「自煮」的比例提高，讓便利商店業增加鮮蔬菜及冷凍調理食品的販售，帶動新一波的業績成長。2022 年初，統一超商（7-ELEVEN）宣布推出便利快超市「OPEN NOW」概念店，緊接著全家便利商店則推出旗下新品牌選品超市店「FamiSuper」，彼此競爭的意味非常濃厚。

（4）零售式量販業

依據經濟部公司行號營業項目之定義，零售式量販店業是指凡從事大宗綜合商品零售、結合倉儲與賣場一體之行業均屬之，如服裝、家具、電器、五金、化妝品、珠寶、玩具、運動用品等。2021 年我國零售式量販業銷售額年增率 2.91%，同樣受到疫情所影響，逛街人潮銳減，業者轉向線上經營。此外，在防疫周邊商品銷售方面，讓量販店生意受惠，其中以生鮮、冷凍調理食品、防疫用品以及家電類銷售表現最好。

2. 無店面零售業發展趨勢

無店面零售業是指透過網際網路、郵購、逐戶拜訪及自動販賣機等方式進行銷售者屬之。根據財政部資料統計，經營網路購物銷售額占整體零售業銷業額比重持續攀升，2021 年達 1,072.46 億元，創歷年來新高，年增 41.71%，明顯優於全體零售業營業額的年增 7.36%。受到疫情影響實體門店人流驟減，民眾消費行為轉為線上。此外，隨著智慧型手機的普及，消費者越來越習慣網路購物，也帶動電子商務的發展。

3. 案例分析
（1）全聯福利中心

全聯福利中心發展沿革，最早是 1974 年行政院為改善軍公教人員的生活，由國防部福利總處兼辦公教人員福利品供應業務，而成立「軍公教福利中心」。由於軍公教福利中心不用繳交營業稅，且有政府補助，商品價格僅為一般通路

的 7、8 折，僅限申請持有「軍公教購物證」的民眾才能進入。

1989 年，行政院因國防部福利總處之福利站須專營國軍福利品供應業務，改由公教人員組織消費合作社接辦公教福利品供應業務，並委託「中華民國合作社聯合社」（簡稱全聯社）辦理公教人員生活必需品之統一議價及供貨事宜。1998 年全聯社轉民營化，由元利建設創辦人林敏雄接手成立「全聯實業股份有限公司」，接收全聯社軍公教福利中心的 66 家店面，並改為全聯福利中心[10]。

經過 10 年的營運與整併，期間收購味全集團旗下的「松青超市」，景岳生物科技旗下蛋糕烘焙連鎖店白木屋食品，以及歐尚集團及潤泰集團所持有大潤發量販股權。在數位轉型方面，2019 年全聯推出 PXPay App，提供多家信用卡綁定支付，解決收銀機前大排長龍的結帳人潮，並同步推出數位福利卡，將家庭消費紀錄改變為個人消費紀錄，更精準掌握消費屬性，使得全聯福利中心營業額不斷攀升，其中，2021 年營業據點數達 1,078 家，全年營收達到 1,590 億元。

（2）全家便利商店

1988 年 8 月臺灣全家便利商店正式成立，為日本 FamilyMart 擴展海外市場的第一個據點，當時是由禾豐集團、日本西武集團和伊藤忠商事合資成立，1998 年再由中華開發公司買下股權。2002 年全家股票公開發行，掛牌上櫃，經過 30 多年在臺經營，全家便利商店家數共計 3,343 家，其中縣市第一名是新北市占 813 家，第二名是臺北市占 538 家，第三名是臺中市占 476 家。

2020 年全家便利商店為因應社群電商、網紅直播經濟當道，為了提供自帶流量的個人賣家建立分眾化平台，設立「好開店」、「好店＋」，主打 LINE 好友圈、Facebook 社團及直播頻道者，依據不同運營階段的開店需求，提供從前台交易介面到後台支援系統，一條龍服務的「賣家生態圈」。

2022 年進入 COVID-19 的後疫情時代，消費者對手機與電商交易越來越熟悉，全家便利商店也順勢推出「零售金融服務」，全家與玉山銀行、拍付國際公司等合資成立全盈支付金融科技股份有限公司[11]，專營電子支付機構，針對消費者對各種「生活場景」的剛性需求，提供支付、儲值、轉帳、多元金流整合等金融科技服務，打造便利商店暨金融支付生態圈，帶領臺灣進入電支市

註 10　https://zh.wikipedia.org/zh-tw/%E5%85%A8%E8%81%AF%E7%A6%8F%E5%88%A9%E4%B8%AD%E5%BF%83

註 11　張漢綺（2022），全家全盈 +PAY 推新服務 打造無「現」生活圈，中時新聞網，2022 年 10 月 18 日，網址：https://www.chinatimes.com/realtimenews/20221018001938-260410?chdtv

場新境界[12]。

四 COVID-19 對我國零售業之影響與因應

2021 年 5 月，政府為因應政府為因應 COVID-19 疫情擴散，公告全國疫情第三級警戒管制措施（簡稱全國三級警戒），各地同步加嚴、加大防疫限制，嚴守社區防線。依據經濟部統計處資料，對比前年 4 月我國內需消費市場表現熱絡，零售業來客數快速下滑，部分業者縮短營業時間或自主停業，使得營業額從 4 月的 3,286 億元縮減至 5 月的 3,096 億元，營業額月減 5.8%[13]。

（一）COVID-19 對零售業之影響

因應疫情而隨時調整的防疫措施，民眾對民生物資需求大增，或因減少外出接觸感染機率，推升「宅經濟」需求，居家辦公及遠距教學防疫措施，帶動筆電、平板、視訊設備銷量攀升，皆使超級市場、電子購物及郵購業、資通訊及家電設備業等成為疫情下受益之主要業別，2021 年 5 月營業額分別年增 35.7%、27.1%、19.6%；而百貨公司、布疋及服飾品業、家用器具及用品業等則因門市來客數減少，業績急轉直下，成為主要受損業別，營業額分別年減 28.3%、27.2%、13.0%。

（二）產業 / 政府之因應做法

2020 年開始疫情影響全球產業與經濟，亦對民眾生活及消費型態產生衝擊，面對國際經濟環境變化，零售業短期思考如何做好危機處理、分散風險、快速應變與降低衝擊，長期則思考提升數位與流程自動化、制定企業風險管理規範，及建立靈活彈性的全球供應鏈等，以強化企業營運韌性。

而政府的施政方針近年來以數位轉型為主要推動工作，一方面輔導零售業者自建虛擬通路，或加入雲端平台，迅速接軌各項業務工作；另一方面為了

註 12 全盈支付（2022），全盈支付金融科技股份有限公司介紹，2022 年 10 月 18 日，網址：https://www.104.com.tw/company/1a2x6bliob

註 13 經濟部統計處（2021），網路銷售持續成長，助零售業減緩疫情衝擊，2021 年 7 月 15 日，網址：https://www.moea.gov.tw/MNS/populace/news/News.aspx?kind=1&menu_id=40&news_id=96105

協助受影響企業能快速恢復，第一階段推出因應 COVID-19 疫情資金紓困與輔導，零售業者可申請上架外送服務推動計畫補助；第二階段則發行「振興券」及「加碼券」，提升民眾的消費信心，進而振興產業生機。

第三節 國際零售業發展情勢與展望

2022 年全球零售業銷售額，可望比同期增長 5%，超過 27.33 兆美元，電子商務成長幅度雖然趨緩，銷售額占整體零售業仍占 20% 以上。當疫情趨緩或各國放寬防疫政策後，民眾逐漸回到實體門店進行消費。比較特別的是，因為疫情的關係，民眾消費轉向網購外送服務，促使生鮮外送市場蓬勃發展，零售業者開始嘗試或擴大與外送平台建立合作關係。

一 全球零售業發展現況

依據勤業眾信報告指出，2021 年度全球 Top 250 零售業總營收 5.1 兆美元、零售淨利率 3.1%，較 2020 年度總營收 4.83 兆美元、零售淨利率 3.3%，年成長率為 5.2%。其中，美國零售巨頭沃爾瑪（Walmart）依舊蟬聯全球最大零售業者龍頭寶座。此外，全球十大零售業在疫情期間，重新回到核心市場經營，並逐漸退出部分跨國市場，前 250 大零售商的營收成長為 5.2%，上升 0.8%，其中營收成長百分比達兩位數，包含 Amazon（34.8%）、Schwarz Group（10.0%）、The Home Depot（19.9%）、京東（27.6%）、Target Corporation（19.8%）[14]。

美國零售巨頭沃爾瑪（Walmart）於 2019 年推出 InHome 生鮮雜貨外送服務，該服務讓消費者可使用手機 App 產生智慧門鎖，即便民眾不在家，配戴攝影機的送貨員也能透過一次性代碼開啟大門或車庫門鎖，將商品送進家中，或甚至直接放入冰箱。接著 2022 年 1 月，沃爾瑪計劃在美國增聘 3 千名送貨司機，並打造一支電動貨車車隊，以支持其生鮮雜貨外送到府服務「InHome」

註 14　資料來源：https://www2.deloitte.com/tw/tc/pages/about-deloitte/articles/pr20220308-cnsr.html

擴張版圖，這是該公司對其最後一哩物流網路的最新投資[15]。

全美零售聯合會（National Retail Federation；簡稱 NRF）依據 Kantar Retail 編制的 NRF 年度排行榜，以 2021 年的營運情況評選出最具影響力的 50 家國際零售商。2021 年與 2020 年仍然受到 COVID-19 疫情影響，造成全球零售業營運上的挑戰，包括防疫封鎖、暫停營業、供貨不穩等。防疫政策鬆綁之後，出現民眾重啟消費，短暫性報復式消費的反彈現象等。

2021 年全球十大零售業者排名，包括沃爾瑪（Walmart）、亞馬遜（Amazon.com）、施沃茨（Schwarz）、奧樂齊（ALDI）、好市多（Costco）、皇家阿霍德德爾海茲集團（Ahold Delhaize）、家樂福（Carrefour）、宜家家居（IKEA）、7&I 控股（Seven & I）、The Home Depot（家得寶）。其中，以電子商務為主的 Amazon，排名較 2020 年再躍升 1 名，來到全球第 2。

二 國外零售業發展案例

（一）法商家樂福（Carrefour）

家樂福成立於 1958 年 1 月 1 日，總部設於法國馬西（Massy），「Carrefour」的企業標誌第一次出現是在 1966 年，當時命名在法語中意為十字路口，主要是第一家家樂福量販店，就在法國某地的十字路口旁；目前是法國最大的零售集團。1987 年，家樂福與統一集團合資進入臺灣，由法國家樂福總公司持股 60%、統一企業持股 20.5%、統一超商持股 19.5%，為第一家在亞洲建立業務的國際零售商，並利用在臺灣累積的經驗擴展到其他亞洲市場。2020 年，臺灣家樂福宣布從 Dairy Farm International 收購 199 家頂好（Welcome）和 25 家頂級超市（Jasons Market Place）。2022 年 7 月 19 日，統一企業及統一超商宣布，分別出資 239 億元和 51 億元、總計 290 億元的價格，買下臺灣家樂福 60% 的股權，使得臺灣家樂福成為百分之百的臺資企業。

1. 全球布局

2019 年，家樂福在退出中國大陸市場後，於西班牙、巴西及阿根廷的

註 15 資料來源：https://udn.com/news/story/6811/6012533

發展超乎預期。以巴西為例，家樂福於 2021 年買下巴西第三大零售商 Grupo BIG，使得零售市場占有率達 6 成以上。反觀，在歐洲市場，幾乎所有收入成長來源都是線上通路帶來的效益。

2. 創新應用

2021 年 11 月家樂福集團於數位日正式宣布，未來將以「數據為中心，數位化優先」為基礎的方式，目標 2026 年將電商交易總額成長翻倍，內容包括加快電子商務之發展、增加數據應用、強化數位化金融服務與線下數位化轉型等。對消費者的最後一哩路方面，提供 3 小時快速到貨及 15 分鐘快速交易等服務，期許家樂福集團從傳統零售商的角色，轉型成一家數位零售公司。

（二）好市多（COSTCO）

美商好市多成立於 1983 年，主要以倉儲型態銷售為主要特色，商業模式是提供消費者高品質低價格的商品，由於大量進貨而壓低成本，截至目前為止仍維持招收會員，收取會費的方式經營，一方面滿足家庭客群及中小企業採買所需，如蔬果、肉類、乳製品、海鮮、保健食品、健身用品、烘焙食物、花、服飾、書籍、軟體、家用電器、珠寶、藝術、酒類和家具，同時對於複雜的電子產品提供專門的協助客服人員、以及大型設備的安裝服務。許多分店還設置輪胎維修服務、藥局、眼科診所、照片沖洗服務和加油站 [16]。

1. 全球布局

截至 2022 年 5 月為止，好市多在全球總共有 833 家分店；其中，以美國有 574 家為最多，亞洲地區臺灣有 14 家，僅次於日本的 31 家及韓國的 16 家。2022 年 6 月 30 日好市多宣布收購由大統集團持有的臺灣好市多 45% 股權，這是 1997 年好市多與大統集團以合資形式進駐臺灣後，股權首次重大變化；未來好市多也將掌握亞太市場主導權，提升決策效率。臺灣好市多的營收表現方面，在疫情最嚴重的 2020 年、2021 年營收分別突破 1,000 億及近 1,200 億元，年獲利逾 50 億元，業績相當亮眼。

註 16　資料來源：https://zh.wikipedia.org/zh-tw/%E5%A5%BD%E5%B8%82%E5%A4%9A。

2. 創新應用

零售業的銷售表現要好，選品一定要精準。好市多的採購團隊規模相當大，每一樣商品的選擇，都必須經過審核通過後，才能引進及上架。每次採購利用大數據，分析出新商品或新廠商可能帶來的預期業績、建議採購數量及價差。在營運模式中特別規範，商品毛利「不得超過 14%」，這讓好市多在價格上的競爭力比一般同業來得高。而在會員的經營方面，一樣透過會員的分析，了解消費者的偏好，建立消費會員對好市多的信任，進而增加顧客的黏著度。

第四節 結論與建議

一 零售業轉型契機與挑戰

自 2020 年 COVID-19 疫情爆發以來，對各產業營業額產生連鎖效應。最初各國因執行邊境管制、機場航班減少、入境檢疫政策等措施，受到影響的第一波是觀光產業以及機場免稅店、景區購物店、禮品店、暢貨中心（Outlet Mall）。接著，因民眾對防疫商品需求的增加，開始搶購口罩、防護衣、酒精、感冒藥、快篩試劑等；當政府將其列為管制商品時，造成民眾排隊搶購，各個藥局通路營業額大增。

政府加強疫情管制，如全國三級警戒，民眾、入境旅客或因居家隔離、居家辦公、遠距教學等，使得民眾對筆記型電腦、鏡頭、麥克風、民生用品、生鮮食材的需求增加，讓 3C 賣場、超市、量販業者的營業額大增。而民眾無法出門採購時，零售業者開始增加外送服務，消費者則透過外送平台或業者官網下單，外送員便將商品送貨到府。最後，為了滿足民眾減少外出購物的需求，線上購物的需求大增，零售業者紛紛透過電商平台、自建 App、直播等方式來販售各項商品。

零售業者面臨各階段疫情變化的挑戰，必須適時調整營運策略，一刻都不能懈怠。例如當民眾減少外出購物時，逛街或到實體店消費的人潮減少，業者必須重新連接與消費者接觸的管道，包括盤點各項顧客資料、重新建立數位會員機制、架構線上購物平台將商品上架。而當民眾對食品消費從熟食轉變為半

熟食或生食，業者也必須立即盤整商品策略，例如提高生鮮食品的比例，便利超商則調整現有空間，將到店取貨的商品從後台倉庫轉至前台，倉庫則挪用空間擺放冷藏櫃或冰櫃，以利冷凍食商品的取貨。因此，零售業經營業態，必須因應疫情所造成消費型態變化，使得綜合零售業的經營業態越來越模糊，零售業者需要重新思考與定位，以鞏固於消費者心中的地位。

二 對企業的建議

在商業服務業中，以零售業接觸消費者機率最為頻繁，而在疫情期間，我們看到零售產業對提供民眾日常生活用品、生鮮食品的重要性，缺少零售產業，民眾將很難購買到生活必需品；因此，在業態的發展上，包括提供方便購物的便利商店、提供經常消費品項的超市，以及提供一站式購足的量販店。在此，零售業者針對不同的業態，需要更加強調差異化的商品與服務內容。此外，當消費者於疫情後回到線下消費時，許多人已經具備了線上與線下的消費經驗，實體門店則要提供具吸引力的消費體驗，如快速尋找所需商品以加快購物速度，投資快速結帳與庫存管理系統，提供順暢無礙的購物體驗。

附 表 零售業定義與行業範疇

根據行政院主計總處「行業統計分類」第 11 次修訂版本所定義之零售業，從事透過商店、攤販及其他非店面如網際網路等向家庭或民眾銷售全新及中古有形商品之行業。零售業各細類定義及範疇如下表所示：

▼表 行政院主計總處「行業統計分類」第 11 次修訂版本所定義之零售業

零售業小類別	定義	涵蓋範疇（細類）
綜合商品零售業	從事以非特定專賣形式銷售多種系列商品之零售店，如連鎖便利商店、百貨公司及超級市場等。	連鎖便利商店 百貨公司 其他綜合商品零售業

零售業小類別	定義	涵蓋範疇（細類）
食品、飲料及菸草製品零售業	從事食品、飲料、菸草製品專賣之零售店，如蔬果、肉品、水產品、米糧、蛋類、飲料、酒類、麵包、糖果、茶葉等零售店。	蔬果零售業 肉品零售業 水產品零售業 其他食品、飲料及菸草製品零售業
布疋及服飾品零售業	從事布疋及服飾品專賣之零售店，如成衣、鞋類、服飾配件等零售店；行李箱（袋）及縫紉用品零售店亦歸入本類。	布疋零售業 服裝及其配件零售業 鞋類零售業 其他服飾品零售業
家用器具及用品零售業	從事家用器具及用品專賣之零售店，如家用電器、家具、家飾品、鐘錶、眼鏡、珠寶、家用攝影器材與光學產品、清潔用品等零售店。	家用電器零售業 家具零售業 家飾品零售業 鐘錶及眼鏡零售業 珠寶及貴金屬製品零售業 其他家用器具及用品零售業
藥品、醫療用品及化妝品零售業	從事藥品、醫療用品及化妝品專賣之零售店。	藥品及醫療用品零售業 化妝品零售業
文教育樂用品零售業	從事文教、育樂用品專賣之零售店，如書籍、文具、運動用品、玩具及娛樂用品、樂器等零售店。	書籍及文具零售業 運動用品及器材零售業 玩具及娛樂用品零售業 影音光碟零售業
建材零售業	從事漆料、塗料及居家修繕等建材、工具、用品專賣之零售店。	
燃料及相關產品零售業	從事汽油、柴油、液化石油氣、木炭、桶裝瓦斯、機油等燃料及相關產品專賣之零售店。	加油及加氣站 其他燃料及相關產品零售業
資訊及通訊設備零售業	從事資訊及通訊設備專賣之零售店，如電腦及其週邊設備、通訊設備、視聽設備等零售店。	電腦及其週邊設備、軟體零售業 通訊設備零售業 視聽設備零售業
汽機車及其零配件、用品零售業	從事全新與中古汽機車及其零件、配備、用品專賣之零售店。	汽車零售業 機車零售業 汽機車零配件及用品零售業
其他專賣零售業	從事 472 至 484 小類以外單一系列商品專賣之零售店。	花卉零售業 其他全新商品零售業 中古商品零售業
零售攤販	從事商品零售之固定或流動攤販。	食品、飲料及菸草製品之零售攤販 紡織品、服裝及鞋類之零售攤販 其他零售攤販
其他非店面零售業	從事 486 小類以外非店面零售之行業，如透過網際網路、郵購、逐戶拜訪及自動販賣機等方式零售商品。	電子購物及郵購業 直銷業 未分類其他非店面零售業

資料來源：行政院主計總處，2021，《中華民國行業標準分類第 11 次修訂（110 年 1 月）》。

CHAPTER 05 餐飲業現況分析與發展趨勢

商研院中部辦公室　程麗弘主任

第一節　前言

　　餐飲業為人民基本需求中最重要的傳統產業之一，發展至今已有上千年的歷史；隨著經濟結構與生活型態轉變，我國外食人口逐年增加。根據行政院主計總處「109 年家庭收支調查報告」統計，我國餐廳及旅館之家庭消費支出占比從 2020 年的 10.16%，逐年上漲至 2021 年的 13.07%，提升 2.91%，帶動我國餐飲業發展，營業家數亦逐年成長。雖然我國餐飲業進入門檻低，然而在市場競爭激烈下，也造就我國餐飲業多變的樣貌。

　　COVID-19 疫情除了改變我們原有的社交方式外，也影響著餐飲業。消費者飲食習慣的改變，讓餐飲業需調整既有的營運模式以適應此新常態。根據財政部統計資料，2020 年餐飲業銷售額雖受疫情影響，全年仍微增 0.63%，來到新臺幣 5,747 億元；但 2021 年餐飲業即使營利事業家數持續增加，廠商持續進入市場開業，整體銷售額卻減少，來到新臺幣 5,690 億元，降幅為 0.99%。在 2021 年 5 月萬華群聚爆發的疫情後，全臺進入三級警戒，民眾大幅降低外出消費意願，餐飲業的消費降幅更是創下歷史新低。且消費者減少聚餐或聚會，吃飯選擇外送或外帶取餐，可能已經成為新常態。根據 2021 年 12 月《德勤》（Deloitte）的研究報導指出，外送或外帶已成消費者回不去的消費型態，61% 的消費者每週至少訂購一次外送或外帶，高於一年前的 29% 和疫情大流

行前的 18%，顯示未來所有餐飲品牌都必須具備應變大量「外送、外帶」的能力。

疫情同樣促使餐館業及飯店業者加速開發冷凍與調理食品，搶攻冷凍調理包「剪刀經濟」商機；消費者只需剪開調理包，再依烹飪步驟操作，就能輕鬆完成上菜。知名餐館業更透過異業跨通路合作，包括與團購、電商、便利超商、大型超市、量販店等零售通路等合作，讓消費者在家也可享受知名的美食，亦為公司尋找到新的營收動能。此外，連鎖速食等業者趁此機會加速數位轉型，在疫情期間仍屢創營收佳績。更有業者逆勢擴大版圖，選擇展店或創立新品牌。目前，隨著國內外逐漸與疫情共存的思維，各國迎來解封之開放政策，國內許多連鎖餐飲業也磨刀霍霍，重啟海外拓點。餐飲業如何洞悉消費者的轉變和市場需求的變化，並調整經營方向，更是業者今（2022）年重要的課題。

為洞悉餐飲業發展現況與趨勢，本文第二節將介紹我國餐飲業發展現況，依餐飲業（中業別、細業別）近年來銷售額、營利事業家數、受僱人數之變化趨勢進行分析，並闡述我國餐飲業發展政策與趨勢，輔以實際案例說明，也針對衝擊民眾生活的 COVID-19 對餐飲業的影響與改變進行簡要說明，第三節說明主要國家餐飲業發展情勢與展望，第四節將彙整上述國內外餐飲業發展趨勢之研析結果，並歸納可能影響餐飲業的關鍵議題，據此提出對於我國餐飲業之建議，以供餐飲業者參考。

第二節 我國餐飲業發展現況分析

行政院主計總處於 2021 年 1 月完成我國行業統計分類第 11 次修訂，將服務業範圍劃分為 13 大類。餐飲業屬於 I 類「住宿及餐飲業」中之細項，係指從事調理餐食或飲料供立即食用或飲用之行業，另餐飲外帶外送、餐飲承包等亦歸入本類；其涵蓋類別包含餐食業（餐館、餐食攤販）、外燴及團膳承包業、飲料店業（飲料店、飲料攤販）。其中，餐食業係指從事調理餐食，並供立即食用之商店及攤販。外燴及團膳承包業係指從事承包客戶於指定地點舉辦運動會、會議及婚宴等類似活動之外燴餐飲服務，或是專為學校、醫院、工廠、公司企業等團體提供餐飲服務之行業，而承包飛機或火車等運輸工具上之餐飲

服務亦歸入本類。

一 餐飲業發展現況

（一）銷售額

　　依據財政部公布之資料顯示（圖5-1），2021年餐飲業銷售額約5,690億元，受疫情影響，年成長率驟減0.99%，遠低於2017年的7.43%。觀察2017年至2021年的銷售額變化，從5,160億元逐年攀升至5,690億元，銷售額年成長率介於-0.99%至7.43%之間，年平均成長率為3.50%；但若排除疫情爆發的2020年，則2017年至2019年之年平均成長率上升至5.95%。由此可知，受到我國民眾飲食習慣的改變，外食人口逐年成長，確實帶動了我國餐飲業營收增長，然而2020年年初開始的COVID-19，對於民眾餐飲消費支出產生的衝擊力亦十分顯著。

　　相較於2019年的餐飲業銷售額年成長率為5.18%，2020年因COVID-19疫情急遽升溫，各國政府相繼實施封城，國際觀光來客人數驟減，民眾外出用餐和旅遊意願明顯下降，銷售額年增率較2019年僅略為增加0.63%。2021年則受疫情持續影響，全臺5月到7月三級警戒長達74天，重創餐飲業；後隨疫情逐漸控制，商家業績也緩慢恢復，直到10月五倍券正式發放後，才大幅刺激民眾消費，然全年度銷售額成長率仍略為衰退，為-0.99%（圖5-1、表5-1）。

（二）營利事業家數

　　在營利事業家數方面，2021年底共計160,138家，比2020年增加了6,449家，年增率達4.20%，低於2020年的5.26%，但仍高於2018、2019年的家數成長率。自5月起的三級警戒長達74天，管制措施相較去年嚴格，餐飲業表現更顯疲弱；但隨著7月中旬後疫情趨緩、內用禁令鬆綁，民眾逐漸恢復消費信心，加上10月五倍券上路，餐飲營運得以逐步回歸正常，惟因大型餐宴聚餐仍較去年低，抵銷部分增幅。觀察2017至2021年家數的變化，從2017年的136,906家逐年成長；每年成長率落在2.95%至5.26%之間，以2020年增幅最大，達5.26%（圖5-1、表5-1）。

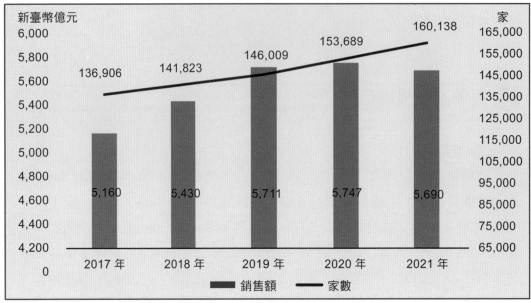

資料來源：整理自財政部統計資料庫，第 7、8 次修訂（6 碼），2017-2021 年。

▲ **圖 5-1　餐飲業銷售額與營利事業家數趨勢（2017-2021 年）**

▼ **表 5-1　餐飲業銷售額、營利事業家數、受僱員工數與每人每月總薪資統計（2017-2021 年）**

[單位：家、人、新臺幣億元、%、新臺幣元]

項目	年度	2017 年	2018 年	2019 年	2020 年	2021 年
銷售額	總計（億元）	5,160	5,430	5,711	5,747	5,690
	年增率（%）	7.43	5.24	5.18	0.63	-0.99
家數	總計（家）	136,906	141,823	146,009	153,689	160,138
	年增率（%）	4.79	3.59	2.95	5.26	4.20
受僱員工人數	總計（人）	391,654	403,605	412,725	393,515	397,842
	年增率（%）	5.30	3.05	2.26	-4.65	1.10
	男性（人）	169,006	173,163	180,111	170,503	173,065
	年增率（%）	4.62	2.46	4.01	-5.33	1.50
	女性（人）	222,648	230,442	232,614	223,012	224,777
	年增率（%）	5.82	3.50	0.94	-4.13	0.79
每人每月總薪資	平均（元）	35,274	36,282	36,974	36,311	36,572
	年增率（%）	2.98	2.86	1.91	-1.79	0.72
	男性（元）	37,114	37,954	38,785	39,088	39,511
	年增率（%）	1.68	2.26	2.19	0.78	1.08
	女性（元）	34,038	35,163	35,801	34,701	34,885
	年增率（%）	3.89	3.30	1.81	-3.07	0.53

資料來源：家數及銷售額整理自財政部財政統計資料庫；受僱員工人數及每人每月薪資整理自行政院主
　　　　　計總處《薪情平臺》資料庫，2017-2021 年。

說　　明：（1）2017 年採用財政部「營利事業家數及銷售額第 7 次修訂」資料，2018 至 2020 年則
　　　　　採用「營利事業家數及銷售額第 8 次修訂」資料。

　　　　　（2）上述統計數值可能會與過去年度數字有些許差異，係因主管機關進行數據校正所致；
　　　　　表格數據會產生部分計算偏誤，係因四捨五入與資料長度取捨所致，但並不影響分析結果。

（三）受僱人數與薪資

　　2021 年餐飲業之受僱員工為 397,842 人，較 2020 年成長 1.1%。近 5 年中，以 2017 年的年增率 5.30% 為最高，之後逐年遞減至 2019 年的 2.26%；受連續兩年疫情衝擊，2020 年銳減 4.65%，2021 年則略升 1.10%，但整體而言受僱人數仍未回到疫情前的水準。在性別方面，女性受僱員工人數多於男性，男性在 2017 年時年增率為 4.62%，達近 5 年新高，然而 2017 年至 2018 年成長率持續下滑至 2.46%，惟 2019 年反彈至 4.01%，2020 年則遇到疫情，衰退 5.33%；女性自 2017 年的 5.82% 開始逐年下降，尤其是 2019 年年增率僅有 0.94%，2020 年甚至下滑 4.13%，2021 年略回升至 0.79%。

　　在薪資方面，2021 年平均薪資為新臺幣 36,572 元，比 2020 年略升 0.72%，與 2017 年的 35,274 元相比，5 年來成長幅度僅 3.68%，顯示餐飲業規模擴增已趨緩；在歷年成長率方面，2017 年至 2019 年皆有正成長，2020 年受疫情衝擊下降 1.79%，2021 年則略升。從薪資與性別方面來看，男性的薪資皆高於女性，差異幅度以 2021 年的 4,626 元最高，顯示就餐飲業而言，男性離職者似乎以低於平均薪資者為主，故就男性每人每月總薪資來看，仍呈現成長狀態，為 1.08%，取而代之，則是由較平均薪資低的受僱員工代替其工作。且從近 5 年（2017-2021）餐飲業男女薪資成長幅度來看，男性薪資成長率為 6.5%，女性則為 2.5%，顯示餐飲業因疫情表現疲弱，導致女性薪資成長更為受限（表 5-1）。

二　餐飲業之細業別發展現況

（一）銷售額

　　由表 5-2 可看出，2021 年餐飲業中的細業別——餐館業、飲料店業、餐飲攤販業以及其他餐飲業，「餐館業」的銷售額占比明顯高於其他業別，約占 8 成左右。受到疫情影響，民眾外出用餐意願降低，導致餐館業之銷售額衰退 1.91%。「飲料店業」之銷售額成長率明顯趨緩，由 2017 年之 9.12% 下降至 2018 年之 3.88%，2019 年略為上升至 4.91%。值得注意的是，2020 年在 COVID-19 影響下，「飲料店業」仍維持 3.27% 的成長率，2021 年更成長了 4.10%，是此次疫情中，成長幅度最高的餐飲業細業別，其銷售額從 2017 年的 706.84 億元，成長到 2021 年的 828.13 億元，成長幅度為 17.16%。「餐飲攤

販業」近年來皆處於負成長狀態，直至 2018 年才翻轉爲正成長，2019 年銷售額成長率爲 0.22%，2020 年受惠於疫情改變民眾消費習慣，餐點轉變成外帶方式，「餐飲攤販業」逆勢成長爲 1.29%，2021 年銷售額更持續成長，成長率來到 1.56%，是餐飲業中唯一近 5 年年增率不減反增的細業別。「其他餐飲業類」，主要是外燴及團膳承包業，銷售額 2021 年則是 216.71 億元，近 2 年受疫情影響銷售額年增率持續下降，分別是 -5.61% 及 -0.88%。

▼表 5-2　餐飲業銷售額與年增率（2017-2021 年）

[單位：新臺幣億元、%]

細業別	年度	2017 年	2018 年	2019 年	2020 年	2021 年
餐飲業總計	銷售額（億元）	5,160	5,430	5,711	5,747	5,690
	年增率（%）	7.43	5.24	5.18	0.63	-0.99
餐館業	銷售額（億元）	4,146.21	4,380.09	4,620.00	4,642.69	4553.99
	年增率（%）	7.11	5.64	5.48	0.49	-1.91
	銷售額占比（%）	80.36	80.67	80.90	80.79	80.03
飲料店業	銷售額（億元）	706.84	734.25	770.31	795.51	828.13
	年增率（%）	9.12	3.88	4.91	3.27	4.10
	銷售額占比（%）	13.70	13.52	13.49	13.84	14.55
餐飲攤販業	銷售額（億元）	88.3	88.79	88.98	90.14	91.54
	年增率（%）	-0.47	0.55	0.22	1.29	1.56
	銷售額占比（%）	1.71	1.64	1.56	1.57	1.61
其他餐飲業	銷售額（億元）	218.40	226.78	231.61	218.63	216.71
	年增率（%）	11.91	3.84	2.13	-5.61	-0.88
	銷售額占比（%）	4.23	4.18	4.06	3.80	3.81

資料來源：整理自財政部統計資料庫，《銷售額及營利事業家數第 7 次、第 8 次修訂（6 碼）及地區別》，2017-2021 年。

説　　明：上述表格數據會產生部分計算偏誤，係因四捨五入與資料長度取捨所致，但並不影響分析結果。

（二）營利事業家數

　　在營利事業家數方面，整體餐飲業 2017 年至 2021 年呈現逐年遞增趨勢。其中，「餐館業」的家數明顯高於其他類型，近 5 年來餐館類家數呈現逐年增加趨勢，增幅爲 16.95%。2020 年疫情期間的「餐館業」家數增長幅度 4.89%，竟較非疫情期間 2018 年的 3.87% 和 2019 年的 3.37% 高；即使在 2021 年的疫情期間，餐館家數仍呈現成長，來到 3.85%，疫情促使「餐館業」轉型，也促使新型態餐廳出現，如虛擬餐廳、雲端廚房。

　　「飲料店業」家數也是逐年成長，2021 年達 26,689 家，比起 2017 年的 21,346 家，成長幅度高達 25.03%，與「餐館業」相似，2021 年之家數年增率達 7.11%，較非疫情期間 2017 年至 2019 年高，爲餐飲業細業別當中，家數年增率最高的，雖然 2021 年三級警戒期間，消費者消費頻率減少，但由於飲料

店本來就以外帶或外送居多，因此疫情對於飲料店影響較小；再加上 2021 年下半年，國內疫情趨緩，夏季天氣較去年同期炎熱，以及民眾已逐漸養成正餐搭配手搖飲、上班飲用咖啡等習慣，使得「飲料店業」為我國餐飲業 2021 年表現最佳的細業別。

至於「餐飲攤販業」原本家數逐年減少，於 2019 年已低於 9,000 家，但受惠於民眾消費習慣改變，店面多處於室外且以外帶為主的餐飲攤販業，2020 年家數逆勢增加，年增率達 5.60%，店家數重回 9,410 家，2021 年持續增加為 9,601 家。

「其他餐飲業類」，主要是外燴及團膳承包業，家數在 2021 年是 2,255 家，在 2017 年仍有 2,450 家；但之後隨外燴及團膳承包業因受邊境管制影響空廚營運外，學校停課、尾牙、婚宴等大型餐宴活動取消，成長率持續下降（表 5-3）。

▼表 5-3　餐飲業營利事業家數與年增率（2017-2021 年）

[單位：家、%]

細業別 \ 項目 \ 年度	2017 年	2018 年	2019 年	2020 年	2021 年
餐館業總計　家數	103,969	107,991	111,630	117,089	121,593
年增率（%）	5.10	3.87	3.37	4.89	3.85
飲料店業　家數	21,346	22,464	23,169	24,917	26,689
年增率（%）	6.09	5.24	3.14	7.54	7.11
餐飲攤販業　家數	9,141	9,020	8,911	9,410	9,601
年增率（%）	-1.35	-1.32	-1.21	5.60	2.03
其他餐飲業　家數	2,450	2,348	2,299	2273	2,255
年增率（%）	4.84	-4.16	-2.09	-1.13	-0.79

資料來源：整理自財政部統計資料庫，《銷售額及營利事業家數第 7 次、第 8 次修訂（6 碼）及地區別》，2017-2021 年。

說　　明：上述表格數據會產生部分計算偏誤，係因四捨五入與資料長度取捨所致，但並不影響分析結果。

三　餐飲業政策與趨勢

（一）國內發展政策

全球疫情持續影響民眾日常生活，2021 年 5 月 15 日開始疫情轉為三級警戒，直到 7 月 26 日，民眾外出用餐及消費意願急速降低，造成餐飲業營收大幅下滑。之後，隨著疫情逐漸控制，國人接種疫苗比例提高、三級警戒鬆綁，商家業績也緩慢恢復；政府也加碼趁勢發出五倍券、好食券，並全額由政府買單，由於發放正逢雙十連假前，因此 10 月業績明顯好轉，民眾消費呈現爆炸式增長。

2021-2022 年期間為了協助餐飲業發展，增強國內消費動能、擴大業者展店能量，經濟部持續推出餐飲業振興相關政策，對於餐飲業投入相關資源，包括科技化、國際化、市場拓銷等面向的主題活動，以協助我國餐飲業轉型升級。

1. 科技化

爲提升臺灣餐飲業競爭力，推動服務業創新研發，政府以部分補助方式鼓勵服務業業者投入新服務商品、新經營模式或新商業應用技術之創新研發。透過多媒體創意行銷，協助強化網路、社群及數位行銷廣宣，提高獲補助業者知名度。包括（1）整合 POS 與會員系統資訊流：利於業者進行消費數據分析，並藉以進行會員分級與精準行銷，提升會員黏著度和強化消費者加入會員誘因；（2）整合集團內品牌會員綜效：洞察品牌顧客的營運關聯性及會員的消費數據，提供集團品牌間多元交叉服務及各品牌經營顧客的營運模式，即時透過品牌間之消費關聯性資源運用，有效整合會員資源和產生集團綜效；（3）客製化報表精準行銷：藉由 POS 與會員系統串接，掌握消費數據之趨勢變化，集團品牌可藉報表深入洞察數據，並就消費金額、消費紀錄進行分級、分類，以利後續進行行銷規劃或就營運方針進行檢討。

2. 國際化

2021~2022 年持續透過辦理國際媒合交流活動、參與國內外多元展會行銷及餐飲環境優化、科技輔導導入與開發特色產品等，協助臺灣餐飲業者開拓國際知名度、加速國際展店、提升營運效能並行銷臺灣美食國際品牌。例如於 3 月至 4 月舉辦 3 場餐飲科技趨勢及應用說明會，協助加強輔導業者數位行銷，以因應目前疫情影響，於 6 月初辦理在地特色美食系列線上行銷活動（防疫美食情報站），並結合線上直播或國外媒體（KOL、網紅、Youtuber）進行推廣，讓民眾宅在家安心吃，持續帶動餐飲產業營業額以減緩產業之衝擊。

此外，2021 及 2022 年陸續辦理「2021 臺越餐飲商機線上媒合會」、「2021 越南線上臺灣形象展」及「2022 馬來西亞餐飲業商機媒合考察活動」，邀集臺灣品牌與當地企業媒合，並辦理異業商機媒合擴展國際通路活動，針對海外營運經驗、商機擴展、通路擴展、品牌經營、媒體行銷及數位行銷等主題進行分享。

3. 市場拓銷之主題活動

（1）臺菜餐廳徵選活動

爲推動臺菜文化，經濟部繼辦理「經典臺菜宴」、「傳承臺菜宴」，2022 年再接續辦理「山海臺菜宴」活動，從百家業者中選出 10 家最具代表性餐廳，在 10 月 26 日廚師節當天端出 10 道山海臺菜佳餚，藉此呈現在地臺菜精神，

翻新經典名菜，提升餐廳曝光度。並邀國內外媒體及餐飲公協會出席品嚐，讓臺菜滋味登上國際舞臺。現場匯集本年度十大臺菜餐廳主廚，以臺灣在地食材，親自於臺菜宴現場烹調展現區域在地臺菜，並結合多媒體影音形式，呈現三年度臺菜飲食風貌，展現「越在地、越國際」的臺灣飲食文化。藉此更提升臺菜商機，落實在地飲食文化精神。

（2）臺灣美食行動 GO

與數位平台辦理「臺灣美食行動 GO」，集結全臺特色美食，於全臺辦理一系列主題性美食活動，除實體活動外，政府亦與平台業者 GOMAJI 夠麻吉公司合作，舉辦線上週週抽獎活動，推廣民眾透過 App 購買「臺灣美食行動 GO」活動網站產品，從線上線下全面協助餐飲業者，提升臺灣美食知名度。另分別與 Pi 錢包及台灣 Pay 合作辦理手搖茶飲活動，鼓勵民眾使用行動支付，並結合五倍券議題進行活動宣傳，帶動餐飲業者營業額。

（3）米食盒餐徵選活動

有鑑於疫情改變了消費者飲食習慣與消費樣態，外帶與外送餐食成為日常的消費需求，2022 年首次辦理「盒餐徵選活動」，鼓勵業者以臺灣米食為主題開發優質盒餐，共選出精選 20 項以及優選 78 項盒餐，從 7 月到 11 月展開北、中、南的巡迴展售活動及線上活動，共同推廣臺灣米食好滋味。

（4）2022 餐飲行銷補助

因應疫情及消費習慣改變，鼓勵業者調整行銷策略，增加民眾消費之誘因，經濟部於 2022 年 5 月 16 日推出餐飲業者行銷補助，依業者行銷方案所需經費提供 50% 補助，最高 10 萬元。

（二）競爭態勢與發展趨勢分析

1. 餐飲業零售化

2 年的 COVID-19 疫情，影響了我們的生活；全世界不可避免都出現在家工作、分流上班、遠距溝通和網路購物等行為，也造成許多消費習慣的改變。當疫情成為新常態，與我們日常生活習習相關的民生經濟，特別是飲食習慣方面，宅食經濟夯，加上團購、網購等加持，許多小吃、餐館或飯店持續開發知

名餐點的冷凍即食食品，聯名鮮食及跨通路合作推新品。

疫情期間餐廳、飯店等陸續將知名菜餚轉型代工冷凍食品等模式，推出聯名鮮食搶攻冷凍調理包商機；除了傳統通路超市、量販店販售外，因疫情異軍突起的新通路更包括團購、直播、社群電商、超商和電商等，使得產品更多元化。例如漢來美食的「來拌麵」在自營的網路商店和各家電商平台販售；王品集團打造「王品瘋美食購物網」線上購物平台，將集團各個品牌餐廳的明星菜色推上架；饗賓集團經營美食電商平台，也推出旗下各品牌的冷凍即食商品。又如與通路商推出聯名商品，如全聯開賣藍象廷、石二鍋、一風堂等人氣火鍋湯底；統一超商（7-ELEVEN）超商販售「阜杭豆漿」經典飯糰、台北喜來登請客樓「玫瑰油雞飯」；全家便利商店，將馬祖在地食材入料，製作「馬祖老酒香腸」等。

2. 餐飲外帶外送暨電商化，經營會員

資廚 iCHEF 公司於 2022 年 3 月底公布的《2021 年臺灣餐飲景氣白皮書》指出，受到疫情影響，餐飲業者的線上交易占比提升了四倍，從疫情前的 2.5%（2019 年第四季）成長至疫情穩定後的 10%（2021 第四季）。在疫情三級警戒結束，消費者養成的線上交易頻率並沒有降回疫前水平，顯見對電商的依賴程度只會越來越高。疫情改變了民眾的消費習慣，也改變了餐飲業的營運模式，外帶外送成為了餐飲業者必須具備的服務項目。未來「隨時隨地下單」的餐飲電商模式，將吸引消費者持續上門，店家更宜善用新科技來建立自身專屬的會員機制，擴大消費商機。

3. 餐飲業經營數位轉型

安心（摩斯漢堡）在疫情衝擊下仍持續展店，去年全臺總店數突破 300 家門檻，截至 2022 年 5 月，全臺門市拓增至 302 家。在數位轉型方面，為了加快從數位優化進到數位轉型階段，摩斯不只成立新 IT 公司，在 2021 年新 POS 導入完成以後，更將幫助它加速內部轉型與數位運用，朝向智慧店舖發展，推出包括智慧點餐、廚房智慧製造、IoT 智慧應用、智慧行銷、智慧外送等應用。

揚秦（麥味登）擁有「麥味登」、「炸雞大獅」、「REAL 真 · 烘焙坊」等品牌。隨著旗下品牌「麥味登」及「炸雞大獅」的門市數量提升，雙品牌營收再創佳績。再加上 850 多家店面的數據分析與客製化優勢，麥味登得以持續開發顧客專屬商品與組合優惠餐。2022 年透過點餐 App、全面雲端化、大規模客製化商品與精準行銷等數位轉型，持續提升早（午）餐市場的創新能量與優勢。

美食 KY（85 度 C）打造結合虛擬與實體通路的 O2O 創新服務，從手機 85 Cafe App 會員累積消費點數兌換優惠券，到電子錢包結帳，線上點餐外送、外帶，App 功能不斷擴大，除了線上購買咖啡、蛋糕兌換券，在門市現場兌換，透過電子錢包線上付款成功後，還能將蛋糕券以 LINE 轉贈給朋友，於全臺門市皆可兌換蛋糕，創「蛋糕跨店取」先例。

4. 社會責任，友善包裝

隨著餐飲業者紛紛以外送外帶擴大服務範疇，疫情期間免洗餐具用量增加，因應而生的丟棄式包材用量也隨之增加。根據環保署統計，2021 年 1 至 9 月紙餐具回收量為 11 萬 7,969 公噸，較 2019 年疫情發生前 5 萬 1,171 公噸，大幅增加 1.3 倍；而臺灣一年一次性飲料杯用量更達 20 億個。業者該如何兼顧已成趨勢的外送外帶服務，以及對環境友善的社會責任，成為餐飲業的重要課題。外送平台「foodpanda」自 2019 年增設「不索取一次性餐具」選項，鼓勵消費者響應環保，並與新創環保團體「RE-THINK」及國立成功大學環境工程系合作推動「環境友善店家」評選計畫，鼓勵源頭減廢；更再度與推廣容器租借服務的「好盒器」聯手推動「循環容器外送」計畫，在主要城市如臺南、臺北試點推動。

5. 米其林摘星活動

2021 年是《米其林指南》加入臺北的第 4 年，且自 2020 年起米其林又加入臺中，成為「雙城版臺灣米其林指南」。2021 年《臺北臺中米其林指南 2021》首次以線上發布會的形式宣布獲得星等殊榮的餐廳，臺北有 29 家、臺中 5 家，有老品牌、新面孔。2020 年起米其林指南亦開始頒發綠星，讚許那些堅持道德與環保、在永續作為上領先的餐廳；綠星餐廳不只提供美食和卓越的廚藝，同時將善待環境的承諾看的和料理本身一樣重要。於 2022 年《米其林指南》將再往南拓展，前進臺南與高雄。

6. 持續拓點與投資，維持競爭優勢
（1）八方雲集

八方雲集集團持續多品牌經營及跨國投資，旗下「八方雲集」鍋貼及「梁社漢排骨」外帶外送占比高，約有七成，去年受疫情三級警戒影響相對較低。不過「丹堤咖啡」仍在調整營運模式，因受三級警戒影響較大，原物料價格

上漲亦侵蝕毛利，導致獲利表現下滑。所幸臺灣第 4 個品牌「芳珍蔬食」已於 2021 年 12 月開幕，搶攻年產值 600 億元的無肉經濟商機。

（2）六角

六角（日出茶太）2021 年底全球總店數已達 1,200 家，旗下「段純貞牛肉麵」亦於 2021 年 12 月中插旗美西加州的庫比蒂諾市，是「段純貞牛肉麵」繼香港後第二個進軍的國家，同時也是全美第一家。

隨著疫情爆發，六角更積極將店內產品延伸至常溫和冷凍商品（FMCG, Fast Moving Consumer Goods：快銷品），投資效益有成，集團 2021 年電商業績年增高達 500%。澳洲子公司於當地超市導入沖泡飲品，加拿大代理商也考慮擴大新產品線，未來在完成 FMCG 產品的供應鏈布局後，將逐步達一定的規模經濟。

（3）聯發國際

聯發國際（歇腳亭）在 2021 年 1 月登錄興櫃，旗下擁有「歇腳亭 Sharetea」、「MAMAK 檔星馬料理」及「甘榜馳名海南雞飯」3 個品牌。其中歇腳亭門市遍布北美、香港、東南亞、杜拜等 13 個國家，在全球有 377 家分店。成立初期即看準客單價較高的海外市場，以單店加盟的方式展店。在美國、香港兩大市場，除收取單店加盟金、品牌維護費外，每月還向加盟主抽取一定比例的營業額。並積極將品牌推廣至歐洲及其他發展中國家，尤其是與臺灣飲食相近的東南亞國家，如印尼、菲律賓及越南。除了穩定經營產品線外，聯發國際餐飲並建立會員系統，增加品牌與消費族群更直覺、更暢通的溝通管道，擴大客層與新門市開發。繼「歇腳亭」全球發展並成功上櫃後，為搶攻疫情帶來的外帶外送「懶人經濟」與「宅食經濟」，2022 年更推出茶飲新品牌「好一點」（HOWEDAY），產品主攻「純茶」，出茶速度快且不設座、純外帶。

第三節　國際餐飲業發展情勢與展望

本節針對全球餐飲產業概況進行分析，第一部分探討主要國家餐飲業現況，第二部分探討主要國家餐飲業發展趨勢與案例，聚焦餐飲外送平台。

一 全球餐飲業發展現況

（一）美國

美國為世界強國之首，然而卻也是 COVID-19 疫情中累計確診案例最多的國家，而餐飲業則是本次疫情受創最嚴重的產業之一。2021 年比起 2020 年嚴格防疫管制逐步鬆綁後，隨經濟活動重啟，2021 年底失業率已降至接近疫情前水準。加上政府經濟刺激資金，服務業中首當其衝的餐飲業，其復甦也最為明顯。根據美國普查局（United States Census Bureau）資料（表 5-4），美國餐飲業銷售額 2021 年突破 8,000 億美元大關，達 8,763.37 億美元，成長率較 2020 年成長了 34.98%。但是，高傳染力病毒株 Omicron 的冒出，打亂全球經濟復甦，美國國內通貨膨脹也蠢蠢欲動。據全美餐飲業協會（The National Restaurant Association）《2022 年餐飲業狀況報告》，有超過一半的受訪餐廳經營者表示，要恢復正常商業狀況還需要一年或更長的時間。

餐飲服務業為美國第二大勞動產業，然而根據美國勞動部（United States Department of Labor）2022 年 7 月公布的數據，2021 年餐飲業就業人數已回升至 1,128.82 萬人成長率為 16.11%。依美國勞動部資料（表 5-5），餐飲業受僱員工人數自 2020 年跌至 1,000 萬人以下，到 972.24 萬人，成長率為 -20.34%，所幸 2021 年已逐漸回升。

▼表 5-4 美國餐飲業銷售額與年增率（2017-2021 年）

[單位：億美元、%]

項目＼年度	2017 年	2018 年	2019 年	2020 年	2021 年
銷售額（億美元）	6,926.49	7,320.20	7,727.48	6,492.20	8,763.37
年增率（%）	5.28	5.68	5.56	-15.99	34.98

資料來源：United States Census Bureau，2017-2021 年。
說　明：上述表格數據會產生部分計算偏誤，係因四捨五入與資料長度取捨所致，但並不影響分析結果。

▼表 5-5 美國餐飲業員工僱用人數與年增率（2017-2021 年）

[單位：千人、%]

項目＼年度	2017 年	2018 年	2019 年	2020 年	2021 年
受僱員工人數總計（千人）	11,816.40	11,963.00	12,205.40	9,722.40	11,288.20
受僱員工人數變動（%）	2.05	1.24	2.03	-20.34	16.11

資料來源：Bureau of Labor Statistics，2017-2021 年。
說　明：上述表格數據會產生部分計算偏誤，係因四捨五入與資料長度取捨所致，但並不影響分析結果。

（二）中國大陸

　　中國大陸為全球第二大經濟體，據中華人民共和國國家統計局 2021 年 5 月發布的第七次人口普查數據，人口總數已達 14.3 億人。隨著生活型態改變，中國大陸餐飲業成長迅速，但同樣地，受到全球 COVID-19 疫情影響，2020 年呈現負成長，這也是中國大陸自開放以來餐飲業首次呈現負成長的年度。

　　根據中國飯店協會與新華網於 2021 年 8 月聯合發布的《2021 中國餐飲業年度報告》顯示，2021 年全國餐飲收入，較 2020 年、2019 年分別增加了 7,368 億元人民幣、174 億元人民幣，已恢復至疫情前 2019 年的水平。餐飲業成長率也大幅上升，較前年成長了 18.60%。營業收入也恢復至 2019 年的水準，高達 46,895 億人民幣（圖 5-2）。

　　但疫情期間，在全球大宗商品普遍漲價的背景下，蔬菜肉類價格普遍上漲，餐飲商家的原材料成本不降反升，成為商家經營困難的另一大痛點。根據《2021 年疫情背景下餐飲企業調研》的數據顯示，約有 81.7% 的受訪餐飲企業認為原材料成本對比疫情前普遍較貴。加上人工、原料和租金這些固定成本，及變動成本，比如產品折舊、獲客成本、營銷成本等多重壓力下，餐飲業在 2021 年有超過 100 萬家餐飲門店關閉，比起 2020 年的 30 萬家高出許多。

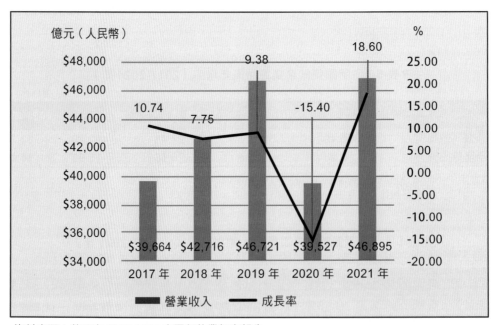

資料來源：整理自 2017-2021 中國餐飲業年度報告。

▲圖 5-2　中國大陸餐飲業營業收入及年增率（2017-2021 年）

（三）日本

　　由於少子化及高齡化，再加上 2020 年 COVID-19 疫情影響，日本餐飲業近年來的經營可說十分嚴峻。隨經濟發展與市場變化，2018 年日本餐飲業銷售額已有些微衰退，在疫情較嚴峻期間，2020 年飲食店銷售額衰退了 27.17%，2021 年再衰退了 16.45%，銷售額為 1 兆 2,142 億日圓（表 5-6）；2019 年則有逾 53% 的日本餐飲業者計畫漲價，略為改善餐飲業經營困境。從新餐廳設立家數來看，日本調研機構東京商工（Tokyo Shoko Research）2022 年公布的調查結果指出，2020 年 COVID-19 疫情蔓延時，新餐廳有 6,825 家，受到疫情影響，較疫情前的 2019 年大幅減少 10.5%；儘管許多餐廳因 COVID-19 疫情受到衝擊，但因 2021 年隨著疫苗普及率提高且國際疫情逐漸趨緩，致使業者也期望市場儘速恢復疫情前的榮景，進而帶動 2021 年新開的餐廳達到 7,810 家，顯示新進入者也希望能即早布局搶佔先機。且由於疫情期間的融資措施，2021 年餐廳的破產數量為 609 家，比起前一年下降 21.8%，降幅超過 20%。

　　根據日本總務省統計局資料顯示，飲食店從業人員截至 2021 年，約為 367.75 萬人，比 2020 年減少了 5.80%，也是近 5 年來的新低點，但是餐飲業的外賣 / 外送從業人員在 2020、2021 年則是持續增加，2021 年來到 59.14 萬人（表 5-7）。

▼表 5-6　日本餐飲業銷售額與年增率（**2017-2021 年**）

[單位：億日圓、%]

項目＼年度	2017 年	2018 年	2019 年	2020 年	2021 年
飲食店銷售額（億日圓）	20,376.73	20,332.98	19,954.61	14,532.59	12,142.30
年增率（%）	0.75	-0.21	-1.86	-27.17	-16.45
外賣 / 外送銷售額（億日圓）	2,529.71	2,516.77	2,607.14	2,315.93	2,380.29
年增率（%）	0.90	-0.51	3.59	-11.17	2.78

資料來源：日本總務省統計局「サービス産業動向調査」，2022 年 8 月。
說　　明：上述表格數據會產生部分計算偏誤，係因四捨五入與資料長度取捨所致，但並不影響分析結果。

▼表 5-7　日本餐飲業員工僱用人數與年增率（**2017-2021 年**）

[單位：萬人、%]

項目＼年度	2017 年	2018 年	2019 年	2020 年	2021 年
飲食店從業人員（萬人）	423.17	421.94	416.79	390.39	367.75
成長率變動（%）	1.15	-0.29	-1.22	-6.33	-5.80
外賣/外送從業人員（萬人）	59.01	58.60	57.15	58.39	59.14
成長率變動（%）	-1.70	-0.69	-2.47	2.17	1.28

資料來源：日本總務省統計局「サービス産業動向調査年報 2021 年結果概要」。
說　　明：上述表格數據會產生部分計算偏誤，係因四捨五入與資料長度取捨所致，但並不影響分析結果。

二 國外餐飲業發展趨勢與案例

（一）線上餐飲外送已成為新常態

依據 Statista（2022）資料顯示（圖 5-3），全球線上餐飲外送市場（Global online food delivery market）總營收金額於 2022 年預估為 1,302 億美元，預計 2027 年市場規模將可達 2,237 億美元。從線上餐飲外送市場預估之總營收金額逐年增高，便可知道外送已為全球不可逆的發展趨勢，餐飲業者除了要從 COVID-19 的影響中恢復營運外，還必須體認到民眾消費習慣已養成，線上訂餐與外送已經成為新常態。

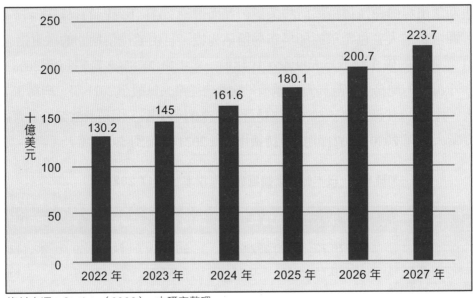

資料來源：Statista（2022），本研究整理。

▲圖 5-3 全球線上餐飲外送市場總營收金額預估（**2022-2027 年**）

在疫情推波助瀾之下，Statista（2022）統計數據預測，2022 年餐廳外送顧客為 1,164.4 百萬人、平台外送顧客為 1,119.1 百萬人，到 2026 年時餐廳外送顧客為 1,639.2 百萬人、平台外送顧客為 1,513.1 百萬人，平台外送顧客人數將超越餐廳外送顧客人數，顯示出平台外送服務成長迅速（圖 5-4）。

惟外送平台要長久經營，不能僅專注在外送服務的抽成作為主要收入，未來發展，需以經濟規模、顧客忠誠、周邊服務等三大要素持續前進。包括壓低餐廳抽成，吸引更多中小微型商家與餐廳加入平台；透過集點回饋、會員優惠，

優質的客服服務與外送品質，提升顧客黏著度；儘速發展周邊業務，其產品開發，從過去的外送送餐，拓展到生鮮雜貨配送、日用品外送、雲端餐廳等。

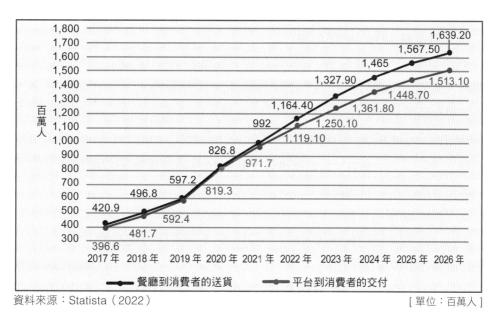

資料來源：Statista（2022）　　　　　　　　　　　　　　　　[單位：百萬人]

▲圖 5-4　全球線上餐飲外送之用戶數量預測（2017-2026 年）

（二）國際主要外送平台

　　全球主要的外送平台，包括 Just Eat Takeaway.com、DoorDash、Deliveroo、Uber eats、Zomato、Swiggy、Domino's pizza、Grubhub，以及 Foodpanda 等，以下將針對 DoorDash、Just Eat Takeaway.com、Uber Eats、美團、Zomato 進行說明：

1.DoorDash

　　成立於 2013 年的 DoorDash 在 2019 年成為美國外送市場中市占率最高的線上餐飲外送公司，2021 年則已占 45% 的外送訂單，名列第一，其次依序是 Uber Eats、Postmates、Grubhub（GrubHub 於 2020 年被歐洲第一大外送平台 Just Eat Takeaway 併購）。2021 年 DoorDash 首次公開發行，市場估值已達 720 億美元。

　　除了外送平台外，DoorDash Kitchen 目前也經營 6 家虛擬餐廳，並推出酒精配送安全功能，在 2021 年第四季美國 Dashers 配送酒精飲料的收入平均比未含酒精飲料收入高出將近 30%。

DoorDash 持續擴張，於 2021 年底首次落點德國，並與在德國受歡迎的企業，如肯德基、漢堡王、Back Werk 和 L'Osteria 等企業合作。

2.Just Eat Takeaway.com

截至 2021 年 12 月 31 日，歐洲外送巨頭 Just Eat Takeway 已有 634,000 個合作夥伴。全年訂單總交易價值為 28.2 億歐元，訂單量為 1,086.4 百萬單，並預期未來的總交易價值增加超過 300 億歐元。此外，根據 Just Eat Takeaway 官網消息，Just Eat Takeaway 和 Amazon 簽訂商業協定，美國的 Amazon Prime 會員可以免費註冊一年的 Grubhub+，一年免運費福利以及其他會員專享的福利和獎勵。

3. Uber eats

Uber eats 是 Uber Technologies 公司推出的一項餐飲外送服務，2014 年成立，公司持續精進提供創新服務，以讓外送服務更具效益。2022 年 Uber Eats 在美國洛杉磯地區試點機器人送餐，由 Serve Robotics 人行道機器人提供短距離配送，也與 Motional 公司打造的全電動自動駕駛車隊進行遠距配送。2022 年更宣布在美國推出全國範圍訂餐服務，讓使用者能從紐約、邁阿密、洛杉磯等美國境內 15 個主要城市跨區訂購特色餐點，並且由 FedEx（聯邦快遞）負責遞送。雖然不同地區包裝方式會有差異，但基本上會透過快速冷藏方式包裝，確保在遞送過程以保冰方式維持鮮度。而遞送時間基本上會在 5 到 7 天左右，同時使用者也能透過掃描 QR Code 方式查詢解凍加熱方式。推出此項服務的用意，Uber 表示希望讓使用者更方便透過 Uber Eats 服務，訂購位於其他城市的網紅餐點，或是再次品嚐過去曾在某個城市旅行所吃過的特色餐點，同時也能打破過去 Uber Eats 僅能針對特定送餐範圍提供服務的限制，並且讓 Uber Eats 創造全新服務模式。

4. 美團（Meituan）

美團外賣創立於 2013 年，是目前中國大陸最大的線上訂餐外賣平台，根據研究機構 Trustdata 的數據顯示，美團外賣業務在中國大陸的市占率達到近 70%。

美團除了餐飲外送外，事業版圖還擴及生鮮日用品外送、飯店旅行預約、共享單車、線上叫車等，經營範疇十分多角化。但是競爭也是相對激烈，如抖音（TikTok）宣布在 2022 年將會著重於本地生活、電子商務和知識部門，從

團購開始，以直播、演算法和流量優勢占據該領域。為防止抖音的攻勢，美團在外賣的基本盤下，開始加碼到店團購業務，並推出主打本地美食特惠平台的「美團圈圈」，另外則是在美團 App 推出直播帶貨功能，創造新的銷售場景。

5. Zomato

印度人口數目前已突破 14 億，近年來在政府積極致力數位基礎建設下，網路普及率提升，其在 2021 年底活躍手機號碼已大舉突破 10 億大關。數字固然驚人，不過仍有數千萬人用老舊 2G 網路，且智慧手機普及率仍過低。即使如此，從商業角度來看，智慧手機之使用逐漸普及，帶來消費新型態，仍是各方看好極具潛力的新興市場。

餐飲外送 App 與智慧手機的使用息息相關，印度目前以 Zomato、Swiggy 和 foodpanda 三家為主流，月均訂單數量總和已超過 1 億筆，雖每個外送平台都尚在虧損階段，但外送平台在印度仍是頗有潛力。

印度最大餐飲外送平台 Zomato 於 2008 年成立，早期專注餐廳發掘和評價平台，直到 2015 年創始人 Goyal 下定決心推出配送業務，之後逐漸靠以外送平台為主的業務。Zomato 更在 2021 年進行 IPO，成功上市。其股東包括中國的螞蟻集團與美國的 Uber 子公司，雖美國 Uber Technologies 公司今年 8 月傳出透過印度當地交易所以 3.92 億美元出售其持有之 Zomato 約 7.8% 股份。但市場仍搶手，約有 20 家國際和印度本地基金接手 Uber 出脫的 Zomato 股份。

Zomato 已在印度 4,000 個城市及 525 個市鎮村開展業務，擁有 389,932 家活躍餐廳。截至 2022 年 4 月止，其餐飲外送業務每月活躍使用者更已達 8,000 萬。

第四節　結論與建議

一　餐飲業轉型契機與挑戰

綜上所言，疫情對餐飲業者帶來了量變甚至質變。受到疫情影響，2021 年 5 月管制升級，餐廳全面禁止內用，也促成餐飲業者的線上交易占比從疫情前的 2.5%，成長至疫情穩定後的 10%，提升了四倍。即使疫情三級警戒結束，疫苗施打率提高，民眾已恢復信心到實體餐廳消費及體驗，但消費者養成的線上交易

習慣並沒有降回疫前水平，顯見對「隨時隨地下單」的依賴程度只會越來越高。疫情改變了民眾的消費習慣，也改變了餐飲業的營運模式，外帶外送成為餐飲業者必須具備的服務項目，加上原物料上漲等經營成本提升，要能持續在品質及好吃的前提下，兼顧數位轉型升級提供加值服務，成為餐飲業不得不面對的課題。

對政府而言，除了持續協助餐飲業者智慧化及國際化拓銷外，未來需協助餐飲業實踐 ESG（環境、社會以及治理）永續化經營，日益重要。蔡總統在 2022 年 4 月宣告「臺灣 2050 淨零排放路徑及策略」，在餐飲業部分，政府可提出誘因，鼓勵餐廳使用更多在地食材和智慧科技運用，從源頭減少食物浪費做起；更可運用循環經濟的商業模式、永續材質的食品包裝產品、減少丟棄式包材用量、外送包材簡化、餐廳投資節能的綠色設備等等。更甚者，讓消費者看到餐廳或飲料店對永續與環保所付出的努力，並養成淨零生活的飲食習慣，包含更謹慎的採買習慣等等，以逐步實現 2050 淨零排放之國家整體策略目標。

二 對企業的建議

針對前述餐飲業面臨之機會與挑戰，以下提出三點建議給餐飲從業者參酌：

（一）運用外送平台增加曝光，調整店面配置方式

去（2021）年 5 月三級警戒後，餐飲業者提供外送或宅配服務之家數占比已提升到 64.8%，其中餐館業由 65% 提高至 68.5%，飲料店業由 57.5% 提高至 69.2%，外燴及團膳承包業由 20.4% 提高至 37.3%。就營業額表現觀察，有提供外送或宅配服務之業者，營業額減幅明顯低於無外送或宅配服務者，顯示透過外送或宅配服務，有助於減緩衝擊。

鑑於外送平台帶來直接的單量，建議餐廳營運人力也要搭配，以及時接單及出餐；此外，門店配置可減少內用，增加外送外賣等候區；更甚者，哪些菜色可加入外送，或烹煮方式略加調整，以確保送餐品質的維持，也要留意。

（二）進一步開發知名單品的冷凍即食食品

疫情期間眾多知名餐廳、飯店等陸續將熱賣菜餚轉型代工冷凍食品等模式，推出聯名鮮食搶攻冷凍調理包商機，除了傳統通路超市、量販店販售外，

因疫情異軍突起的新通路更包括團購、直播、社群電商、超商和電商等,且產品更多元化。未來的餐飲零售化模式成為新趨勢,更可擴大消費商機。

(三) 經營會員與大數據分析

　　許多中小微型商家與餐廳加入知名外送平台,但抽成相對高昂,對許多店家來說是不小的負擔。此外,使用外送平台無法追蹤顧客數據,對於品牌商家後續再行銷、會員經營及培養死忠顧客較為不利。建議未來仍宜持續跟外送平台合作爭取曝光,將外送平台抽成當作導入新客的行銷成本,更重要的是建立起自己的線上點餐、外送外帶服務,讓喜歡商家的顧客有機會透過不同管道訂購喜歡的餐點,搭配集點優惠等會員經營活動,留下顧客的心,養成消費習慣,轉化成品牌的死忠粉絲。

　　接連二年多受疫情洗禮下,消費者已逐漸養成線上購物、線上點餐及使用外送平台的習慣。疫情後,更凸顯餐飲業必須更熟用 O2O(Online to Offline)將線上客源導流至線下的行銷方式,利用數位資訊發展新銷售模式,例如以 LINE 好友、禮物、商品券的運用。未來,業者勢必要熟悉運用數位平台主導訂單交易、經營顧客關係,做大數據分析與優化消費體驗。

附　表　餐飲業定義與行業範疇

　　根據行政院主計總處所頒訂之「行業統計分類」第 11 次修訂版,「餐飲業」定義為從事調理餐食或飲料供立即食用或飲用之行業,餐飲外帶外送、餐飲承包等亦歸入本類。餐飲業依其營運項目不同,範圍可細分如下:

▼表　行政院主計總處「行業統計分類」第 11 次修訂版本所定義之餐飲業

餐飲業小類別	定義	涵蓋範疇(細類)
餐食業	從事調理餐食供立即食用之商店及攤販。	餐館、餐食攤販
外燴及團膳承包業	從事承包客戶於指定地點辦理運動會、會議及婚宴等類似活動之外燴餐飲服務;或專為學校、醫院、工廠、公司企業等團體提供餐飲服務之行業;承包飛機或火車等運輸工具上之餐飲服務亦歸入本類。	外燴及團膳承包業
飲料業	從事調理飲料供立即飲用之商店及攤販。	飲料店、飲料攤販

資料來源:行政院主計總處,2021,《行業統計分類第 11 次修訂(110 年 1 月)》。

CHAPTER 06 物流業現況分析與發展趨勢

龍華科技大學工業管理系副教授、中華民國物流協會顧問　梅明德

第一節　前言

　　2020 年 COVID-19 疫情延燒全球，為避免疫情擴散，多國政府紛紛祭出停工、封城與維持社交距離等措施，導致民生與產業經濟衝擊。2022 年初至今各國已陸續開放邊境，在疫苗保護下逐漸採取與病毒共存的模式，卻又面臨烏俄戰爭、國際金融升息導致全球高通膨與經濟成長放緩等大環境風險考驗，使得無接觸經濟、自動化與智慧化技術、數位轉型、淨零碳排、供應鏈韌性與重建等議題持續發酵，對於物流產業充滿機會與挑戰，疫情導致的供需起伏變動，就 2021 年的結果來看，大致上對於多數物流業者是有利發展，但是疫情之後，如何繼續創造新高紀錄，而非隨著疫情紅利結束而回歸平淡，勢必為全體物流業者必須面臨的最大挑戰。

　　現代物流產業特性為高度競爭與高風險環境，卻有著不可取代的必要性，物流所包含的貨物運輸與倉儲兩大支柱，因具備公共服務與衍生性需求的特性，幾乎與各行各業及民生基本需求息息相關，因此掌握物流基礎資訊，也是洞悉整體經濟與社會趨勢的必然依據。

　　爰此，本文將從疫情變化與整體供應鏈的角度，彙整各項公、私部門主計與統計報告，提供總體數據分析，包含陸、海、空貨運運輸與倉儲營運業者家數、營業額與國內外之發展現況與趨勢進行分析，並針對物流產業在後疫情時代發展提出相關建言。內容安排如下：第二節為針對物流業經營現況進行分

析，分析內容包含銷售額、營利事業家數、受僱人員與薪資、政策與趨勢案例等，以瞭解我國物流業目前產業經營現況；第三節爲國外物流業發展情勢與展望，透過各國物流風險指標的比較，提供企業營運決策的參考，並介紹國外物流業案例以瞭解主要國家之物流業如何因應疫情帶來的商機與挑戰，提供我國物流業者經營創新之啓發與思考；第四節結論與建議歸納今年度物流行業現況與趨勢，並針對我國物流業該如何因應疫情後之挑戰提出建言。

第二節　我國物流業發展現況分析

　　依據我國行政院主計總處行業統計分類第 11 次修訂版本，歷年歷次修訂並無單獨區分物流業，而是就實際提供服務的行業分類而言，H 大類的運輸及倉儲業最爲符合，詳見本章附錄之說明。中華民國物流協會依據物流實務，將提供專業物流服務的第三方業者通稱爲物流業，並將提供物流服務的主要構成企業，區分爲（1）物流基礎服務業：包含貨物運輸業、倉儲業、基礎設施服務業（空海港碼頭貨棧、物流園區等）、貨物裝卸業、快遞與宅配遞送服務業、及租賃服務業等；（2）物流中介服務業：包含貨運承攬業、船務代理業、及報關業等。因此，本報告依據上述行業統計分類，並參考中華民國物流協會對於物流業的定義，依照物流業實務特性歸納爲兩大部分整理各項細類統計資料。

一　物流業發展現況

（一）銷售額

　　根據財政部與交通部的統計，我國近 5 年物流業營利事業銷售額受部分細類產業景氣波動影響，故銷售額呈現較大之波動（圖 6-1）。2021 年我國物流業之銷售額爲 1 兆 4,012 億元，較 2020 年的 9,688 億元，不但重新站上兆元以上，更大幅成長 44.63%，可說是出現 10 年難見的榮景，主要是因爲受到 COVID-19 疫情變化影響市場供需，導致國際海運塞港與運價飆升，使得海運相關行業營收大幅成長所致。整體而言，相較於 2020 年因各國採取禁航及封

城等防疫措施，導致較 2019 年衰退 6.78% 的情況，2021 年不但逆勢成長，相較於疫情之前的 2017-2019 年度銷售額平均變化趨勢，也是達到 3 成以上成長，可以說整個物流產業在面臨疫情衝擊下，繳出了令人驚豔的亮眼成績。

（二）營利事業家數

我國物流業近 5 年的營利事業家數持續成長，根據財政部統計資料，雖然受疫情衝擊整體經濟環境，但隨著宅經濟及疫後需求升溫使配送需求大增，2021 年整體物流產業家數為 15,748 家，較 2020 年增加 349 家，年增率為 2.27%，呈現逐年持續成長的趨勢。

（三）受僱人數與薪資

在物流業受僱人數部分，根據行政院主計總處薪資及生產力統計資料顯示，整體受僱人數約在 23 萬人以上，穩定微幅增加，但是增幅遞減至 2020 年受到疫情影響而出現人數減少的情況。2021 年初受 5 至 7 月間全國疫情警戒升至第三級，部分工作場所業務緊縮或歇業影響，全年失業率 3.95%，升至 2015 年來新高。相對而言，2021 年物流相關行業平均每月受僱總員工 23 萬 3,182 人，仍較 2020 年減少 1,467 人，減少幅度 0.63%；但是比起前一年度，減幅已較為縮小。

物流業受僱員工平均每人每月總薪資為 5 萬 7,996 元，較 2020 年增加 3,193 元（5.83%），居各大業別第六高，為整體工業及服務業受僱員工平均每人每月總薪資（55,792 元）的 1.03 倍。依據交通部統計處於 2022 年 4 月公布的「運輸及倉儲業之生產與受僱員工概況」資料，2021 年度平均每人每月非經常性薪資 12,220 元，創歷年新高，居各大業別第七高，顯示非經常性薪資是 2021 年物流業受僱員工平均薪資上升的主要原因，亦顯示受到國內外疫情變化，物流業者營收增加的同時，物流業受僱人員亦獲得更多額外的收入，進而提升總薪資。

整體而言，2021 年度物流業的營收與業者家數皆有增加，但是從業人員人數則仍呈微幅下降，面對疫情逐漸鬆綁與後疫情時代各行業逐漸復甦的需求帶動，2022-2023 年的物流需求成長可期，但是也受到國內少子化與缺工問題影響，勢必難以大幅增加人力，除了增加業務獎金與加班費用以滿足市場需求之外，加強人才培訓及加速智慧物流自動化發展，亦是日益迫切的課題。

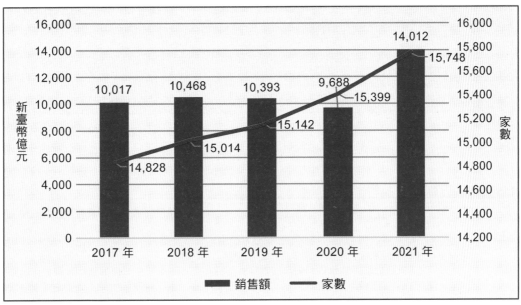

資料來源：整理自財政部統計資料庫，第 7、8 次修訂（6 碼），2017-2021 年

▲圖 6-1　我國物流業家數、銷售額（2017-2021 年）

▼表 6-1　我國物流業家數、銷售額、受僱人數及每人每月總薪資統計（2017-2021 年）

[單位：家數、新臺幣億元、人、%、元]

		2017 年	2018 年	2019 年	2020 年	2021 年
銷售額	總計（億元）	10,017	10,468	10,393	9,688	14,012
	年增率（%）	7.19	4.50	-0.72	-6.78	44.63
家數	總計（家）	14,828	15,014	15,142	15,399	15,748
	年增率（%）	1.08	1.25	0.85	1.70	2.27
受僱員工人數	總計（人）	236,643	238,180	238,858	234,649	233,182
	年增率（%）	1.06	0.65	0.28	-1.76	-0.63
	男性（人）	148,208	149,581	149,437	146,863	144,983
	年增率（%）	0.47	0.93	-0.10	-1.72	-1.28
	女性（人）	88,435	88,599	89,421	87,786	88,199
	年增率（%）	2.06	0.19	0.93	-1.83	0.47

		2017 年	2018 年	2019 年	2020 年	2021 年
每人每月薪資	平均（元）	53,700	55,032	55,648	54,803	57,996
	年增率（％）	2.02	2.48	1.12	-1.52	5.83
	男性（元）	56,422	57,692	58,231	58,101	61,762
	年增率（％）	1.17	2.25	0.94	-0.22	6.30
	女性（元）	49,138	50,543	51,329	49,285	51,805
	年增率（％）	3.89	2.86	1.56	-3.98	5.11

資料來源：家數及銷售額整理自財政部財政統計資料庫；受僱員工人數及每人每月薪資整理自行政院主計總處《薪情平臺》資料庫，2017-2021 年。

說　　明：（1）2017 年採用財政部「營利事業家數及銷售額第 7 次修訂」資料，2018 至 2021 年則採用「營利事業家數及銷售額第 8 次修訂」資料。

（2）上述統計數值可能會與過去年度數字有些許差異，除係因主管機關進行數據校正所致外，並排除與物流較無關聯的運輸行業，詳細分類範圍請參閱本章節附錄；表格數據會產生部分計算偏誤，係因四捨五入與資料長度取捨所致，但並不影響分析結果。

二　物流業之細業別發展現況

（一）銷售額

　　表 6-2 以物流行業特性分類，依據中華民國物流協會之物流業分類方式，分為物流基礎服務業與物流中介服務業兩大類。物流基礎服務業者具備實體物流產能，直接提供物流服務，其整體營收可反映我國物流產業的整體量能與獲利能力。由統計結果可見，2021 年擺脫連續兩年的衰退，年增率達到 28.47%，營收亦達到 8,912.88 億元。相對的，物流中介服務業，以專業管理能力促進貨運業與託運企業之間的順利運作，第一線面對廣大的企業物流需求，協助排除供應鏈各環節阻礙，完成訂單達交流程，亦反映出我國整體商業交易的消長；因此隨著 2021 年的高度經濟成長與國際物流運費高漲效益，整個物流中介服務業營收年增率更高達 85.40%，占比亦同步提升至 36.40%，出現 10 年難見的產業榮景。

[單位：新臺幣億元、%]

業別	年度	2017 年	2018 年	2019 年	2020 年	2021 年
物流基礎服務	貨物運輸業	5,967.35	6,180.72	5,951.93	4,934.29	6,605.34
	倉儲業	912.83	963.84	978.68	1,040.42	1,192.63
	宅配快遞	193.66	202.05	196.83	201.78	208.01
	租賃業	37.35	37.45	39.61	43.47	75.54
	基礎設施服務業	480.35	507.04	521.25	590.00	686.83
	貨物裝卸業	116.52	121.49	128.95	127.99	144.54
	小計	7,708.06	8,012.59	7,817.25	6,937.95	8,912.88
	年增率 %	7.1	3.95	-2.44	-11.25	28.47
	銷售額占比 %	76.9	76.5	75.2	71.6	63.6
物流中介服務	貨運承攬	1,286.00	1,356.92	1,349.48	1,551.95	2,731.67
	船務代理	618.23	656.18	708.30	728.40	1,681.44
	報關服務	404.97	441.94	518.16	469.91	685.94
	小計	2,309.20	2,455.03	2,575.94	2,750.26	5,099.05
	年增率 %	7.5	6.3	4.9	6.8	85.4
	銷售額占比 %	23.1	23.5	24.8	28.4	36.4
物流業	總計	10,017.26	10,467.63	10,393.19	9,688.21	14,011.94

資料來源：銷售額整理自財政部財政統計資料庫，2017 年採用財政部「營利事業家數及銷售額第 7 次修訂」資料，2018 至 2021 年則採用「營利事業家數及銷售額第 8 次修訂」資料。

　　在表 6-3 物流業的各細項產業銷售額方面，產業特性占比最大的為貨物運輸業，2021 年的銷售額為 6,605.34 億元，約占整體物流業的 47.1%，年增率為 33.9%，較之歷年有顯著成長；其中年度成長最大的細業別是海洋水運業，高達 180.6%，主因是各國為防止疫情擴散，實施城市封鎖與社交距離限制等措施，造成國際航港運能降低，但是貨運需求減少有限，使得貨櫃船隊在港口排隊等候，惡性循環之下，空櫃與艙位調度出現嚴重不足，使得國際航運價格暴漲至歷史天價，相關之船務代理（130.8%）、海洋貨運承攬（100.3%）、及貨櫃出租業（73.8%）營收年增率亦同步大幅上揚。而倉儲業及宅配遞送服務業 2021 年的銷售額分別為新臺幣 1,192.63 億元及 29.89 億元，宅配遞送服務業更較 2020 年成長 35.1%。疫情所帶動的宅經濟需求使電子商務持續蓬勃發展，商品配送需求大增，因此銷售額數量最大的細項 - 其他汽車貨運業 2021 年亦達到 2,749.78 億元，持續增加 16.5%。若參照交通部統計處 2022 年 8 月出版之汽車貨運調查報告，汽車貨運業營業貨車總收入為 1,830 億元，較 2020 年增加 88 億元，年增率 5.0%。

▼表 6-3　物流細業別銷售額、年增率與銷售額占比（2021 年）

[單位：新臺幣億元、%]

分類	子類編號	銷售額（億元）	年增率（%）	占比（%）
貨物運輸業	4910-00 鐵路運輸	408.35	-20.2	2.9
	4940-11 汽車貨櫃貨運	466.94	16.1	3.3
	4940-12 搬家運送服務	21.73	26.2	0.2
	4940-99 其他汽車貨運	2,749.78	16.5	19.6
	5010-11 海洋水運	1,623.34	180.6	11.6
	5100-00 航空運輸	1,335.19	25.5	9.5
	小計	6,605.34	33.9	47.1
倉儲業	5301-00 普通倉儲經營	733.69	26.6	5.2
	5302-00 冷凍冷藏倉儲經營	458.94	-0.4	3.3
	小計	1,192.63	14.6	8.5
宅配快遞	5410-00 郵政業務服務	152.43	-0.8	1.1
	5420-11 宅配遞送服務	29.89	35.1	0.2
	5420-99 其他快遞服務業	25.70	-1.2	0.2
	小計	208.01	3.1	1.5
租賃業	7719-11 貨櫃出租	75.54	73.8	0.5
	小計	75.54	73.8	0.5
基礎設施服務業	5290-11 運輸公證服務	18.47	2.4	0.1
	5290-12 貨櫃及貨物集散站經營	511.17	18.4	3.6
	5290-13 代計噸位	0.80	2.6	0.0
	5290-99 未分類其他運輸輔助	156.40	12.1	1.1
	小計	686.83	16.4	4.9
貨物裝卸業	5259-12 船上貨物裝卸	115.24	12.5	0.8
	5259-13 船舶理貨	29.30	14.9	0.2
	小計	144.54	12.9	1.0
貨運承攬業	5231-11 鐵路、陸路貨運承攬	68.98	12.3	0.5
	5231-12 陸上行李包裹託運	17.07	10.6	0.1
	5232-00 海洋貨運承攬	1,408.95	100.3	10.1
	5233-00 航空貨運承攬	1,236.66	60.3	8.8
	小計	2,731.67	76.0	19.5
船務代理業	5220-00 船務代理	1,681.44	130.8	12.0
	小計	1,681.44	130.8	12.0
報關服務業	5210-00 報關服務	685.94	46.0	4.9
	小計	685.94	46.0	4.9

資料來源：整理自財政部財政統計資料庫，2021 年「營利事業家數及銷售額第 8 次修訂」。

説　　明：上述表格數據會產生部分計算偏誤係因四捨五入與資料長度取捨所致，但並不影響分析結果。

（二）營利事業家數

如前所述，2021 年整體物流產業家數為 15,748 家，參考表 6-4 物流業行業特性類別營利事業家數統計，物流基礎服務業者家數占比穩定接近 8 成，達到 79.6%，其中以貨物運輸業家數最多，達到 7,970 家，占比超過一半，若再比對表 6-5 則可以發現占比最高的子類別為「其他汽車貨運業」，達到 6,563 家，相較於同年度交通部汽車貨運調查報告中登記的總營業貨車 86,240 輛，顯示我國貨運業的組成型態仍以小型業者居多。其次則為基礎設施服務業的 2,145 家，其中「未分類其他運輸輔助」包含貨物集散站經營、貨櫃集散站經營、貨物運輸打包服務、船舶除外之貨物運輸理貨服務等為最大宗，達到 1,799 家，占比 11.4%，為家數占比第二高的細業別。

▼表 6-4　物流業行業特性類別營利事業家數、年增率與家數占比（2017-2021 年）

[單位：家、%]

類別	年度	2017 年	2018 年	2019 年	2020 年	2021 年
物流基礎服務	貨物運輸業	7,526	7,644	7,713	7,827	7,970
	倉儲業	900	929	939	976	1,020
	宅配快遞	843	823	822	835	849
	租賃業	50	55	56	60	64
	基礎設施服務業	1,808	1,873	1,913	2,008	2,145
	貨物裝卸業	458	461	473	490	483
	小計	11,585	11,785	11,916	12,196	12,531
	年增率 %	1.6	1.7	1.1	2.3	2.7
	家數占比 %	78.1	78.5	78.7	79.2	79.6
物流中介服務	貨運承攬	1,679	1,686	1,688	1,677	1,703
	船務代理	346	338	339	335	334
	報關服務	1,218	1,205	1,199	1,191	1,180
	小計	3,243	3,229	3,226	3,203	3,217
	年增率 %	-0.6	-0.4	-0.1	-0.7	0.4
	家數占比 %	21.9	21.5	21.3	20.8	20.4
總計		14,828	15,014	15,142	15,399	15,748

資料來源：整理自財政部財政統計資料庫，2021 年「營利事業家數及銷售額第 8 次修訂」。
説　　明：上述表格數據會產生部分計算偏誤係因四捨五入與資料長度取捨所致，但並不影響分析結果。

▼表 6-5　物流細業別營業家數、年增率與占比（2021 年）

[單位：家、%]

細業別	子類編號	家數（家）	年增率（%）	占比（%）
貨物運輸業	4910-00 鐵路運輸	67	-1.5	0.4
	4940-11 汽車貨櫃貨運	734	4.7	4.7
	4940-12 搬家運送服務	180	5.9	1.1
	4940-99 其他汽車貨運	6,563	2.3	41.7
	5010-11 海洋水運	279	-12.8	1.8
	5100-00 航空運輸	147	-3.3	0.9
	小計	7,970	1.8	50.6
倉儲業	5301-00 普通倉儲經營	809	5.5	5.1
	5302-00 冷凍冷藏倉儲經營	211	1.0	1.3
	小計	1,020	4.5	6.5
宅配快遞	5410-00 郵政業務服務	563	0.0	3.6
	5420-11 宅配遞送服務	89	21.9	0.6
	5420-99 其他快遞服務業	197	-1.0	1.3
	小計	849	1.7	5.4
租賃業	7719-11 貨櫃出租	64	6.7	0.4
	小計	64	6.7	0.4
基礎設施服務業	5290-11 運輸公證服務	155	0.0	1.0
	5290-12 貨櫃及貨物集散站經營	109	0.9	0.7
	5290-13 代計噸位	82	0.0	0.5
	5290-99 未分類其他運輸輔助	1,799	8.2	11.4
	小計	2,145	6.8	13.6
貨物裝卸業	5259-12 船上貨物裝卸	274	-1.8	1.7
	5259-13 船舶理貨	209	-0.9	1.3
	小計	483	-1.4	3.1
報關服務	5210-00 報關服務	1,180	-0.9	7.5
	小計	1,180	-0.9	7.5
船務代理	5220-00 船務代理	334	-0.3	2.1
	小計	334	-0.3	2.1
貨運承攬	5231-11 鐵路、陸路貨運承攬	272	3.0	1.7
	5231-12 陸上行李包裹託運	212	-3.6	1.3
	5232-00 海洋貨運承攬	620	4.2	3.9
	5233-00 航空貨運承攬	599	0.2	3.8
	小計	1,703	1.6	10.8

資料來源：整理自財政部財政統計資料庫，2021 年「營利事業家數及銷售額第 8 次修訂」。
說　　明：上述表格數據會產生部分計算偏誤係因四捨五入與資料長度取捨所致，但並不影響分析結果。

三 物流業政策與趨勢

（一）國內發展政策

由於物流業之營運特性包含貨物運輸與倉儲兩大範疇，其中貨物運輸因為具有高度民生、國防及社會影響性，故長期受到行政與立法的高度管制與規範，行政管理部分主要隸屬交通部的權限；另一方面，物流與商業發展密不可分，兩者相輔相成，缺一不可。

1. 物流配送單據數位化與語音輔助

過往物流人員進行物流作業時，多以紙本表單進行來溝通與簽收憑證，需耗費大量人力將相關紙本建檔成電腦數據，透過 AI OCR 快速將紙本作業單據自動產生數位資料，協助物流業者發展無紙化作業，並可結合業者後端數據平台。此項「物流配送紙本單據數位化整合系統」已與新竹物流合作實證，協助減少 40% 人工輸入時間。今年度所開發「物流士語音輔助系統」可以減少物流士 35% 手動操作時間，提升行車安全，改變原本出車前需手動排單，依經驗確認配送順序之作業，每日出車排單時間減少 30 分鐘。

2. 輔導電商通路之物流服務商機發展

目標是協助物流業者應用人工智慧和物聯網的結合（AIoT）、自動化等技術優化電商倉儲作業流程，透過運能共享強化物流配送服務，推動跨境電商集貨服務降低物流成本，支援國內外電商銷售以帶動物流服務商機。

3. 促進溫控物流服務拓展市場

為打造智慧溫控物流支援產業多元供銷，立基臺灣拓展連結東南亞等國際市場，輔導臺灣冷鏈協會共同組織與運作南向發展聯盟，促進推動溫控物流服務、技術或設備輸出海外。

4. 改善物流業物聯網資訊安全

因應目前國際政經情勢與資安事件頻傳，企業資訊安全防禦程度與資訊安全意識強弱，攸關跨國供應鏈安全，為避免物流資訊被竊取或竄改，而造成企業信譽和財務受損，亟需推動資安改善措施並輔導國際物流業者提升資安防護能力。

（二）趨勢與案例

1. 國際物流業者營收大增，海空運量創新高

如前表 6-3 物流細業別銷售額、年增率與銷售額占比統計資料及相關企業財報所示，因 2021 年全球海空貨運景氣熱絡，其中漲幅最驚人的海洋水運業，營業額年增 180.6%，相關的服務業別，如船務代理業、海空貨運承攬業、報關服務業、普通倉儲經營業營收亦同步上漲。依據工商時報與經濟日報於 2022 年初的報導彙整，指標業者如長榮海運 2021 全年營收年增 136.1%、陽明海運年增 120.2%、萬海航運年增 178.5%，三家主要貨櫃運輸業者全年營收合計就高達 1 兆 518.86 億元。報關承攬等業者，台驊投控營收年增 137.9%、中菲行年增 71.9%、及捷迅年增 36.9%。華航去年營收新臺幣 1,388.54 億元，年增逾 2 成，其中貨運收入以 1,245 億元，創成立 62 年以來最佳表現。長榮航去年營收達 1,038.72 億元，其中貨運營收達 852 億元，年增 70.3%。

依據華航官網及交通部新聞稿說明，華航全球貨運部門僅約 8 百人的團隊，全貨機包含 18 架 747-400F 貨機與 3 架 777F 貨機，擁有全球最大 747F 機隊，貨機總運能居全球第五大，2022 年預計將再交付 2 架 777F 貨機。華航亦為臺灣首家獲得 CEIV 醫藥品冷鏈認證的航空公司，疫情間除載運臺灣自購 COVID-19 疫苗任務外，也成功爭取轉口疫苗商機，並順利完成運送至東南亞及大洋洲等多個國家，載運超過 7,500 萬劑 COVID-19 疫苗，重量超過 350 噸，因而冷鏈運輸快速成長，溫控櫃的使用量也大幅增加，2021 年華航載運千個以上溫控櫃，較疫情前增長超過 100%。隨著航空貨運量成長，2021 年桃園機場航空貨運量創 281 萬噸歷史新高，貨機（含客機純載貨）起降架次較 2019 年同期增加近三倍，達約 1900 架次，貨運吞吐量位居亞洲前四大。國際航空運輸協會（IATA）預估，2022 年全球空運貨量將持續成長，年增幅將可達 4.9%。

2. 物流設施投資持續擴大，支援電商與後疫情時代需求成長

（1）萬坪郵政物流中心與新資訊中心最快年底啟用

中華郵政林口智慧物流園區共占地 17.14 公頃，總投資 283.5 億元，規劃興建郵政物流中心、北臺灣郵件作業中心、郵政資訊中心、郵政訓練中心及工商服務中心等 5 棟建物。其中，郵政物流中心預計 2022 年第四季完工啟用。郵政公司規劃藉此積極轉型，進行郵政作業之垂直整合並發展智慧物流、推動跨部會協同作業機制以提升通關效率、建構物流生態圈營造產業環境。除了規

劃導入倉儲管理系統、AGV 無人搬運車，並結合 AI 影像識別，追蹤和管理所有郵件或貨物進出。在貨物運輸方面，持續優化車隊管理，及評估無人載具用於郵政物流的可行性，規劃配送機器人、自駕車等測試場域，未來將於園區內展開測試。

（2）建置桃園農業物流園區，解決出口冷鏈斷鏈問題

為解決臺灣農產業出口冷鏈斷鏈問題，農委會之「桃園農業物流園區建設計畫」，擬興建國際冷鏈物流中心、廠房及防疫檢疫相關設施，園區緊臨桃園國際機場亦鄰近台北港，具海空聯運的區位優勢，並於 2021 年獲行政院核定，將投注新臺幣 32 億餘元進行園區開發，設置冷藏與冷凍進出口暫存空間、符合食品安全規範之加工包裝空間，預計 2024 年底完成。屆時將串聯全臺各地冷鏈倉儲與物流網絡，打造成為農產品進出口平台。

3. 智慧物流與商業多元結合，建構新商業模式
（1）生態圈模式

momo 富邦媒體已是臺灣最大電商，在內部投入資金完成自有運輸車隊與物流短鏈布局點、線、面，以強化物流中心、衛星倉、客戶與供應商間之運能串連後，2021 年起轉為向外擴展服務打造生態系，其中 momo 與臺灣大哥大的合作，讓線上會員可到全臺 800 家 myfone 門市取貨。

相對於線上零售的集團化與生態系發展，全球快遞是臺灣首家導入 App 行動派遣的快遞物流業者，近年投入科技物流與智能派遣系統的技術開發，專攻 B2B 服務，合作企業約 4 萬家，包含全聯、家樂福、7-11、屈臣氏等，合作的街邊門店數也超過上萬家。另一方面藉由輸配送物流聯盟體系之構建，協助數十家地方型運輸派送企業，提升整體運務運作效能，建構共力、共好的物流聯盟服務體系，推展社區即時物流（On Demand Delivery）業務，並致力應用各項智慧科技，獲得多項自動化派遣技術的發明專利。全球快遞背後的大股東為臺灣大車隊，根據《數位時代》2022 年 2 月份報導，目前臺灣市占規模最大的臺灣大車隊在 2021 年 12 月的法說會上，拋出要發展「超級 App」的轉型策略，計畫透過 55688 App 與資訊後台，打造圍繞人們在食、衣、住、行、育、樂各方面需求的超級 App，意思是打造一個平台，串接自己以及外部的多元服務，做分配流量的工作，成為使用者一站購足所有相關需求的單一窗口，

主要關鍵就在臺灣大車隊的「650萬會員、每月1,800萬流量」！因此，全球快遞計畫藉由臺灣大車隊超級App的生態系導購模式，擴大使用者流量與社區即時物流的需求來源，以及應用行動化物流派遣系統於其他生活應用的系統綜效。

永聯物流開發屬於物流地產開發與租賃類別，2014年成立「物流共和國」，目前在全臺有6個物流園區和14棟倉庫，超過57萬平方公尺（相當於17萬坪），依據《數位時代》於2022年6月的採訪報導，其客戶包括迪卡儂、H&M、DHL、寶雅、Bosch等品牌，是國內最大智慧物流基礎設施開發商，涵蓋土地、建物、設備、系統、倉儲與運輸營運等物流業務。成立後即強調結合物流管理和IT技術，以智慧物流為特色，領先導入「以物就人（Goods to Person, G2P）」的AGV（或Autonomous Mobile Robot, AMR）與智慧倉儲設備，並在瑞芳物流園區設置紅酒、電商、家電、冷鏈、美妝、醫藥、鞋服共7個產業專倉，並預計於2023年在桃園楊梅興建「OMega智慧倉儲設施」。Mega是希臘語巨大的意思，該倉儲有高達8萬個棧板儲位，將是臺灣單一量最大的倉儲設施。但是永聯OMega的最大特色是導入「共享倉庫」的概念，儲位完全採取一個大型的AS/RS自動倉庫系統，所有承租的企業用戶則是配合作業資訊系統（KryptOS）及實際使用的儲位數量計費、共享電子商務中心、加工及退貨處理中心、理貨區、與進貨區等資源，在所保留的廠辦空間中，可以提供同一供應鏈上下游企業在同一個園區處理全部的物流運作需求，發揮產業群聚與經濟外溢效果；相對而言，倉儲的功能就不僅是提升物流作業效率，而有可能進一步強化供應鏈的彈性與商流功能。

（2）快商務模式

依據《未來流通研究所》的統計，2021年臺灣實體零售網路銷售（即所謂傳統零售虛實整合型電商模式）金額首度突破1千億元，年增36.5%至新臺幣1,219億元，成長幅度高於同期間電子商務產業18.3%的成長表現。支撐實體零售業線上銷售高速成長的關鍵基礎之一，在於近兩年快速普及的「快商務」模式。

臺灣具備人均可支配所得較高、高度都市化、單人家庭比例持續攀升、以及擁有全球最高機車持有率等特徵，適合快商務模式發展，因此以外送平台與即時快遞物流業者為核心的快商務市場今年仍高速成長。

4. 淨零碳排

波士頓顧問公司（Boston Consulting Group, BCG）與世界經濟論壇（World Economy Forum）於 2021 年聯合發布「Net Zero Challenge：The Supply Chain Opportunity」，也就是「淨零挑戰:供應鏈機遇」報告書，其中食品、建築營造、時尚、快速消費品（Fast Moving Consumer Goods, FMCG）、電子產品、汽車、專業服務和貨運等八大供應鏈之碳排放量占全球總排放量 50% 以上，顯示這些產業在全球供應鏈的減碳上必須負起最大的責任。貨運物流部分，雖然占比最少，但是報告中卻顯示貨運與其他供應鏈都有關聯；因為除專業服務屬於非實體的服務，其他全球供應鏈都需要貨運物流服務才能完成交易。

屬於海洋水運業的長榮海運於 2022 年 8 月宣布已完成全球營運船隊、臺灣辦公大樓及貨櫃集散場的溫室氣體盤查，並通過英國標準協會（BSI）查驗；依據國際海事組織（IMO）2018 年簽署的海運減排協議，要求航商相較於 2008 年，到 2030 年之前，每一運輸單位的二氧化碳排放量須減少 40%，到 2050 年進一步減少至 70%。同時，與 2008 年相比，2050 年總排放量須減少 50%，並逐步朝零碳目標邁進。相較之下，長榮以 2008 年船隊碳排數據為基準，規劃 2030 年平均每只 20 呎（TEU）貨櫃，每運送 1 公里的碳排放要減少 50%，將優於 IMO 要求的標準。亦提前符合金管會今年 3 月啟動「上市櫃公司永續發展路徑圖」，要求資本額新臺幣 100 億元以上的上市櫃企業須於 2027 年之前階段揭露溫室氣體盤查資訊之要求。另外，為符合 IMO 新船能效設計指數（Energy Efficiency Design Index, EEDI）規範，長榮持續進行船隊汰舊換新，平均船齡低於 10 年，並投資高雄港第 7 貨櫃中心，預計明（2023）年中啟用，可逐步取代現行第 4 及第 5 貨櫃中心分隔兩地的作業模式，有效降低碼頭之間轉運櫃的拖運需求及排碳量。

5. 智慧物流與運輸科技發展與應用
（1）臺灣首輛自駕物流車上路，新竹物流加速物流創新

疫情及後疫情時代，宅經濟爆發促使物流業運送需求成長，國內外物流業皆積極投入 5G、物聯網等技術發展，亦帶動各國自駕技術成長，許多物流業者開始積極搶進自駕及智慧物流服務，包括 Waymo、Otto、Walmart 與 Gatilk 在內，皆投入無人自駕物流技術開發。在臺灣，新竹物流首創自駕物流與工研院合作於新竹道路實測，2021 年 7 月獲經濟部審核通過，向交通部取得自駕車試車牌，

成為全國首輛物流自駕車在城市實證運行的例子，並以產業實際需求協助物流營運業者投入自駕物流服務可行性驗證。2021 年底，新竹物流與工研院共同執行自駕物流服務實驗，由工研院將 Chrysler Pacific 改裝的自駕物流車，每天往返新竹市內兩個營業所，進行全長約 1.9 公里的路程實測；工研院機械所負責自駕物流平台技術，而新竹物流則是提供物流服務營運模式，由最基礎「區域內營業所間自駕直送」先行測試。新竹物流估計，目前第一階段點對點的運輸，自駕技術導入新竹物流後，新竹市區域內 20% 貨物將不進轉運中心，變成營業所間直送，可減緩每月進轉運中心的貨量。若自駕物流服務能複製到全臺的營業所與轉運中心，預估能減少新臺幣 1.2 億元運輸成本，人力成本則可省下約 1,800 萬元。

（2）運輸物流最佳化的 AI 軟體新創服務

奇點無限（Singularity & Infinity）於 2015 年創立，定位於智慧移動主題的軟體即服務（SaaS）供應商，專注於發展運輸物流最佳化的 AI 軟體新創服務，最大的特色是以「數學最佳化」與「資料科學」為核心技術。因應產業物流高度需求，如何透過 AI 提升運送效率將是關鍵議題，2021 年奇點無限與新竹物流合作，導入「GDP[1] 櫃班次規劃」，採用 Simulated Annealing（SA）演算法，根據站所間醫材貨件的預估量，進行貨櫃車班的班表規劃，並考慮站所大小、碼頭卸貨效率、貨櫃型態（低溫、常溫、GDP）轉運班次抵站時之時間分布等限制條件，以在拖車頭使用數量、總里程、積載率等目標取得平衡，藉以銜接已完成路線優化的收配貨路線，形成完整的軸幅式網路的輸配送網路優化方案。

四 COVID-19 對我國物流業之影響與因應

（一）COVID-19 對物流業之影響

根據交通部統計處「運輸及倉儲業之生產與受僱員工概況」（2022）報告，對於 COVID-19 疫情對運輸及倉儲業之影響說明，2021 年在疫情持續影響下，國內運輸及倉儲各業表現多有不同，「海洋水運業」、「快遞業」及「汽車貨運業」因應國際及國內貨運需求爆量，營運表現亮眼，每人每月總薪資皆創歷年新高。

註 1　Good Distribution Practice，藥品優良運銷規範。

2022 上半年，由於烏克蘭戰爭、上海大規模封城、通膨飆升和利率提高等因素減緩全球產出和消費，航空貨運量則呈現上下起伏狀態。根據 2022 年 8 月相關統計，1-7 月華航營收為 870.19 億元，年增率 29.1%。7 月主因為各國邊境管制鬆綁，運能逐步恢復且市場需求轉強，致使整體客運收入較去年同期增加；以貨運收入為主達到 100.45 億元，仍較去年同期增加 6.16 億元，增幅 6.53%。至於長榮航空 7 月合併營收 118.6 億元，年增 42.65%，累計前 7 月合併營收 752.8 億元，年增 44.34%，但是 7 月貨運營收 78.8 億元，已較上月減少 6.68%，主因受到全球材料短缺及庫存過剩等因素影響，貨量和運價皆小幅下滑。

海洋水運業部分，雖然 2022 年的市場變化很大，長榮海運受惠於整體運價仍維持高檔，且有 2.4 萬 TEU 的超大型貨櫃輪新船投入營運，7 月合併營收再創歷史新高，來到 627.99 億元，年增幅度為 36.88%，月增率 4.08%。累計前七個月的營收為 4086.23 億元，年增率 73.29%，全球貨櫃輪排名今年已擠進第六名。

整體而言，2022 上半年海運塞港、缺櫃缺工狀況未有緩解，運價雖有略減但是對於海運業者營收影響仍不大，顯示全球供應鏈瓶頸短期內難以緩解，航空業的「貨物由海轉空」轉單效應持續。但是隨著疫情管控持續鬆綁之下，海運塞港情況已漸改善，加上短期企業庫存壓力走高疑慮，航空貨運業者需要持續運用貨機機隊優勢，妥善規劃並強化運載效能，並關注重點貨源產業發展，以彈性調配運力，提高整體貨運營收。

疫情於 2020 年初開始，到 2021 年的疫情延續發展期間，暴增的電子商務及個人家戶運輸需求，使得物流及運輸行業在短時間內必須因應各類型商品及物資大幅提高的物流及運輸需求，同時卻面臨因社交距離及隔離造成的勞動力短缺，供需的失衡使得國內外的物流與貨物運輸價格與產業營收水漲船高，海空貨運相關行業迎來 10 年甚或歷史新高營收紀錄，電子商務與外送雙引擎帶動宅配快遞與冷鏈物流同樣高度成長。然而，2022 年的疫情情況，卻出現兩種不同的極端，相對於歐美早已鬆綁防疫政策，亞洲的新加坡、日本、韓國才陸續跟進鬆綁，但是國內直到 2022 年 4 月之後隨著染疫人數增加，轉為經濟防疫新模式，雖不再強調嚴格的防疫模式，但是受到染疫人數一度逼近每日 10 萬人的高峰，多數民眾仍採取自我防疫的策略，直到暑假開始，各地才逐漸感受到疫情之前的商業活絡程度，整體經濟活動受到疫情短期單一因素的影響，正在逐漸降低，取而代之的則是國際情勢、地緣政治、與通貨膨脹及升

息等多重因素之影響。因此我國整體物流產業上、下半年採取的因應重點應有所不同,將從上半年以疫情為主的策略,調整為下半年須因應多重因素影響之下,市場供需的可能變化,才能持續保持成長。

(二)產業之因應做法

1. 零接觸與無人化

2021 年全臺三級警戒,許多民眾為了降低外出感染風險,透過在家網購的方式採買日常用品、生鮮食品,導致近期貨運物流配送的作業量暴增,而黑貓宅急便、新竹物流、宅配通等各大物流公司也提出相應科技防疫「零接觸」措施。包含 QR Code、或是簡訊簽收以減少接觸時間,或快遞員將包裹放在指定區域,以拍照留存模式取代簽名,避免面對面接觸。代收代付費用須使用夾鏈袋或信封袋封裝,或暫停貨到付款模式。國外物流業者,如 DHL 快遞,依據 TechOrange 報導,在疫情期間之服務方式調整為將物品放置在收件者家門口、線上購物店內取貨、以及智慧儲物櫃取貨等方式;而 FedEX 則是在美國啟動送貨機器人測試,由工作人員將機器人載到集中地點,由機器人完成最後一哩運送;另外,美國跨國包裹運送公司 UPS,與德國無人機製造商 Wingcopter GmbH 合作,採用空中無人機進行非接觸式運送。

根據網路媒體 INSIDE 報導,2022 智慧城市展「無人機國際論壇」,工研院首度公開無人機與冷鏈物流、倉儲系統整合的研究成果。透過一個面積約 1 平方公尺、高約 2 公尺的智取站平台供無人機起降,可達到送、取件時人機分離的效果。此外,無人機送貨時,若取件者時間無法配合,智取站本身就可作為一個小型倉儲。只要在平台上自行掃系統發送到手機的 QR Code,就可以領取貨件,人機不用互相等待。目前該物流無人機與智取站的整合系統可承載約 10 公斤的貨件、運送距離約 10 公里,物流箱可支援至負 26 度 C、持續 12 小時的低溫冷鏈系統。因此包含生鮮、醫藥品等,系統均可配合運送。

2. 短距離、快速到貨的「短鏈物流」

不難發現,自疫情以來,不只是餐廳,連超商、便利商店也都陸續上架外送平台,形成「前店後倉」的型態。舉例來說,便利商店上架 Uber Eats 後,直接由門市出貨,交給機車物流配送,意味著該超商遍布全臺的實體門市,變成物流倉儲發貨點,可同時滿足消費者線上電商與線下實體門市的消費需求。

引用自《未來商務》的報導，臺灣大車隊旗下的全球快遞，近年來將把重心轉向社區即時物流，成立愛鄰 iLINK 騎士車隊。愛鄰騎士透過全球快遞的 App 來接單，服務超過 1 萬家的街邊店，都會區可在 30 分鐘至 3 小時內快速到貨。近期他們也與光陽機車聯手，往電動機車物流布局。未來電商的物流卡車將變成「衛星倉庫」。從總倉庫開至指定區域的定點後，由短鏈物流的機車，前往該定點分貨，接著同時間出發送貨，加強整體送貨效能。

第三節　國際物流業發展情勢與展望

一　全球物流業發展現況

疫情改變了全球供應鏈，企業改從多個地方採購商品，以儘量減少運輸和生產中斷，供應鏈的風險與韌性成為優先考慮。當企業有更多供應商，可能需要更多倉庫以及更多跨國的運輸能量。因此過去兩年，全球物流供需出現劇烈變化，世界各地的港口營運陷入混亂，貨櫃在碼頭堆積，相對需求不見減少，裝貨工人和卡車司機卻不足，航運費率在 2021 年飆升至創紀錄天價，疫情導致全球供應鏈變得非常脆弱，任何規模的事件，無論是大還是小，都會影響貨物流動。本節參考世界三大信貸評級機構之一惠譽（Fitch Group）旗下子公司惠譽解決方案（Fitch Solutions）最新國家風險與產業研究，以及物流與貨運報告所顯示各國的物流風險指數，以了解各國物流業營運風險現況，同時觀察我國的排名與相關鄰近國家的比較。物流風險指數以交通運輸網路（Transport Network）、貿易程序及治理（Trade Procedures and Governance），以及公用事業網路（Utilities Network）各分項得分的平均值計算。

交通運輸網路：該指標評估一個國家的公路、鐵路、航空和水路等交通運輸網路的覆蓋範圍和品質，反映在全國各地運輸原材料和製成品的容量和能力。

貿易程序及治理：該指標評估採用貨櫃進口及出口貨物在一個國家所需的時間和成本，評估特定市場進出口貨物的難易程度。此外，該國的空運量以及與航運網路的連接，也用於衡量其作為航運或貨運樞紐的潛力；一個理想的市場應擁有強大的貨運聯繫和低程度的貿易官僚架構。

公用事業網路：該指標評估電力和燃料的品質、供應及其成本，並考慮工業用水的供應，評估行動通訊的品質和覆蓋範圍，以及網際網路普及率，發達的公用事業有助供應鏈順利運作。

▼表 6-6　物流風險指標全球分區排序

分區名稱	風險最低國家	風險最高國家
已開發市場	美國（1）	馬爾他（58）
中歐和東歐	波蘭（31）	摩爾多瓦（98）
東亞和東南亞	新加坡（2）	東帝汶（172）
東南歐	土耳其（37）	阿爾巴尼亞（129）
中東和北非	卡達（18）	約旦河西岸及加薩地區（193）
高加索和中亞	亞塞拜然（54）	塔吉克（127）
加勒比海	多明尼加（85）	海地（200）
中美洲和南美洲	巴拿馬（38）	委內瑞拉（166）
南亞	印度（49）	阿富汗（197）
南部非洲	南非（44）	賴索托（192）
西非	象牙海岸（97）	茅利塔尼亞（199）
太平洋島嶼	斐濟（153）	吐瓦魯（191）
東非	肯亞（79）	厄利垂亞（196）
中部非洲	剛果（145）	中非（201）

資料來源：Fitch Solutions Country Risk & Industry Research，Operational Risk Index-Global Business Environment Report，括號內為 2021 物流風險排名，來自全球 201 個國家和地區。

▼表 6-7　各國物流風險比較

	2021 物流風險指數	2021 物流風險全球排名	2022 Q2 物流風險分項指標與總指數			
			公用事業網路	交通運輸網路	貿易程序及治理	指數
美國	88.2	1	76.2	91.5	94.7	87.5
新加坡	86.8	2	61.2	98.1	97.4	85.6
日本	85.7	4	68.3	94.6	93.1	85.3
香港	83.3	7	56.7	96.8	96	83.2
韓國	83	9	69.7	91.1	87.4	82.7
臺灣	81.7	12	76.8	78.8	88	81.2
馬來西亞	79.2	17	72.6	82.4	82.8	79.3
中國（大陸）	76.1	27	63.8	75	87.5	75.4
泰國	70.2	36	63.5	67.4	78.8	69.9
越南	66.6	48	69	56.1	73.8	66.3
印尼	65.2	51	57.4	67	70	64.8
菲律賓	52.3	81	48.8	48.6	58.6	52

資料來源：Fitch Solutions Country Risk & Industry Research，Operational Risk Index-Global Business Environment Report, 2021，2022 Q2 資料係整理自 Fitch Solutions 所出版 Logistics & Freight Transport Report 系列之各國報告。排名來自全球 201 個國家和地區，指數 100 = 風險最低；0 = 風險最高。

二 國外物流業發展案例

面對疫情之後多變而高風險的全球物流環境，國外企業如何進行創新與發展之案例，值得做為主管機關及我國眾多物流業者參考，今年度除了持續因應疫情的影響之外，綠色運輸與數位轉型商業模式亦受到矚目，茲列舉 Volta Trucks、亞航超級 App 及日本社區友善物流中心三個案例加以說明。

（一）Volta Trucks 電動商用卡車於倫敦市區展開門市配送營運測試

Volta Trucks 是一家全電動商用車新創公司，也是 2019 年在倫敦成立的「卡車即服務」（Truck as a Service, TaaS）公司。其首款商用電動汽車 Volta Zero 是世界上第一款專為城市物流而設計的專用全電動 16 噸車輛。它的續航里程為 150-200 公里，可以攜帶 8,600Kg 的有效載重，Volta Zero 的初始 16 噸版本於 2020 年推出之後，透過不斷募資進行工程測試與道路營運測試後，將於 2022 年底在奧地利的一家前卡車工廠投入生產，另有三種尺寸版本，18 噸 Volta Zero 卡車將於 2023 年推出，7.5 噸和 12 噸車款將於 2025 年推出。

營運測試計畫將於今年（2022）夏季由皇冠地產（Crown Estate）的物流供應商 Clipper Logistics 進行。Crown Estate 是倫敦西區最大的地產業主之一，Clipper Logistics 為其提供商品集配送貨服務，以交付給攝政街地區的 John Lewis 和 H&M 等零售門市。Clipper Logistics 利用位於倫敦郊外的一個倉庫暫存貨物，並將商品匯集後再配送到攝政街零售商的門市，以減少卡車車次；目前已經將該地區的壅堵減少了 92%，今年夏天的測試可以更進一步讓城市的區民感受更清淨的電動卡車物流服務。目前 Volta Trucks 訂單已達到 4500 輛，其中包括德國鐵路（DB）物流部門訂購的 1,500 輛，預期 2025 年初時，最先推出的 16 及 18 噸車型，能夠達到每年 27,000 輛的銷售目標。

（二）亞航超級 App（AirAsia SuperApp）飛行、外送、美容、生活大平台

疫情影響以來，馬來西亞的亞航在數位業務上投入了許多心力，力求擺脫疫情下全球旅遊業低迷的負面影響。除了叫車和送餐外，亞航還跨足電商、

金融科技和物流產業，以旅遊和休閒為核心，力求讓自家 App 成為消費者日常中不可分割的一部分。無論是日常生活還是出國旅遊，只要一出門就想到亞航，進而與 Grab、GoTo 等同質性平台競爭。亞航善用其自家會員制度及5,000 萬 App 用戶，運用此一優勢，橫向及垂直擴展各國在地業務，目前，亞航提供的送餐和叫車服務範圍已覆蓋馬來西亞全國及新加坡北部，持續收購檳城當地的外送平台 Delivereat，及接管叫車平台 Gojek 在泰國的業務，擴展叫車、貨物外送和美容等服務，已成為一個全方位生活平台，完整的一站式體驗串接了許多服務，因此依據 Skift.com 報導，今年第二季 SuperApp 的每月經常用戶數（Monthly Active Users, MAU）已達到 1,060 萬，相較去年同期增加了236%，外送業務也大幅成長了 630%，達到 115 萬趟次。

（三）日本社區友善型物流園區

根據日經產業新聞（Nikkei）與物流新聞（Lnews）介紹，日本大型房地產業者 GLP 於 2021 年 9 月在日本千葉縣流山市舉行了「GLP ALFALINK 流山 8 號」的竣工儀式，此為該園區 8 棟設施的第四棟，該物流設施占地 15.5萬平方公尺（約 46,900 坪），地上 4 層，其中佐川快遞（Sagawa Express）在一樓開設了銷售辦事處，為此 GLP ALFALINK 流山園區的承租企業提供物流轉運場站功能，山九（Yamakyu）利用 4 樓的 18,000 平方公尺，作為電子元件製造商的物流倉庫。GBtechnology 主要屬於支援電商的運輸業務，將利用13,000 平方公尺的空間作為中小型電商業者的共用物流設施。其他公司也將使用 GLP ALFALINK 流山 8 號作為物流基地或公司的營運總部。

ALFALINK 以「創新物流平台」為理念，旨在創造超越傳統物流設施的效率和優化，創造新價值和業務的基礎設施，關鍵詞包含 Open Hub（使物流更開放）、Integrated Chain（以連接供應鏈）、Shared Solution（以支持業務演進），作為此物流園區各種設施和服務的主要理念。所謂「Open Hub 開放設施」，即努力成為「向當地社區開放的物流設施」，戶外設有公園廣場，民眾可以在此舉辦活動，廠區一樓的麵包店、咖啡廳、餐廳和自助餐廳，亦開放居民消費與休憩，並開闢貨運專用道路，讓居民不用跟大型車搶道。在環保方面，屋頂太陽能發電創造可再生能源，實施綠色電力和碳中和等措施，並獲得美國綠色建築協會的 LEED 金牌認證。業者同時與市府達成共識，廠房對外開放的區域，除做為教育、娛樂活動場地之外，天災急難時，物流倉庫得成為臨

時避難所。透過開放的園區，敦親睦鄰以避免成爲社區的嫌惡設施，更可以吸引居民就近就業，有助於解決物流業缺工的問題。「Integrated Chain 整合供應鏈」部分，GLP ALFALINK 流山 8 號爲運輸場站功能和工廠營運提供空間，使承租企業的整個供應鏈整合到同一個區域，形成一個生產與物流聚落，減少企業間橫向運輸需求，從而有助於提高物流效率，降低物流成本。在「Shared Solution 共用解決方案」中，除了提供集團旗下的人力資源、運輸交付和自動倉儲等解決方案外，並開設第二個日托中心，藉由共用資源，提高進駐廠商的效率與效益。

第四節　結論與建議

一　物流業轉型契機與挑戰

2022 年對於物流產業是充滿機會與挑戰的關鍵時刻，COVID-19 導致的供需劇烈起伏變動，就結果來看，大致上對於多數物流業者是豐收的有利發展，但是疫情之後，不論是進入與病毒共存的新常態，或者有機會回到疫情之前的舊常態，如何維持目前的獲利，甚或繼續創造新高紀錄，而非隨著疫情紅利結束而回歸平淡，對於國內各類別的物流業者，都會是極爲迫切的課題。

現代物流產業特性爲高度競爭與高風險環境，卻有著不可取代的必要性，幾乎與各行各業及民生基本需求息息相關，若仍以傳統政策管制下特許行業的後勤支援思維來營運，實難以面對來自全世界的競爭者。另一方面，物流所包含的貨物運輸與倉儲兩大支柱，因具備公共服務與衍生性需求的特性，因此各種新創商業模式，也不斷衝撞著這個傳統的行業，各種獨角獸新創企業如雨後春筍般的加入市場，對於已經微薄的獲利更是雪上加霜。但是，機會常是來自危機之後，COVID-19 讓物流業從原本的衰退突然變成獲利新高，同樣的，疫情後的轉變雖然也充滿危機，卻是對於物流業者回歸物流服務專業及規劃長期策略的最佳時機。

二 對企業的建議

（一）智慧化科技導入無止境，致力無人化與淨零排碳新境界

面對全球缺工與環保議題趨勢，物流業者有著無法迴避的責任，卻也是企業升級轉型的最佳動力。目前在貨物運輸與倉儲兩方面都已有許多創新技術與案例可以參考，建議國內物流業者提早布局，越早起步越有機會建立差異化優勢，並有機會配合政府計畫資源的挹注。此外，資訊安全規範在物流產業相對未受重視，但卻可能導致影響自身企業與客戶端聲譽的重大事件，勢必會成為後續的重點趨勢。

（二）精準資產投入，創造規模化與生態圈優勢

物流產業本身就有一定的投入成本，尤其是物流基礎服務業，資產投入幾乎是必要條件，不論是運輸工具設備或是場站設施都屬於一定規模的進入門檻。2022 年度有許多政府或民間的重大投資著重在物流資產，尤其是大型物流園區或是冷鏈設施，個別企業則投入自動化或是智慧化的設備，這些趨勢一方面顯示物流業受到重視與肯定，同時也呈現物流產業的競爭情勢已有所改變，集團化與垂直整合之外，水平式跨產業的整合、或創新生態圈整合，則是現在進行式，不論對於輕、重資產類型的物流業者而言，均需要更精準的配置資產。例如，疫情之前普遍認為臺灣的物流配送是相對完善的，快遞與 24 小時到貨都可以順利運作，但是疫情期間出現的尖峰需求貨量與低溫冷鏈要求，卻還是讓整個物流業的問題浮出水面，就物流業者的營運角度，不可能完全滿足少數的尖峰需求，但是對於電商或是一般民眾而言，則同時感受到物流的脆弱性與必要性。因此，在生活逐漸恢復常態之際，物流業者應該善加利用疫情期間累積的資金與經驗，重新加以配置，為未來十年的競爭預做準備。

（三）創新商業模式，創造物流新價值

物流雖是傳統行業，卻也是目前全球眾多新創事業競相投入的產業，因為仍有許多無效率、可以「去中間化」或是「再中間化」的機會點，因此與其坐等新的競爭者壯大，或許更應該思考如何自我創新、轉型升級。物流的基本價值來自於創造空間與時間效益，創新的商業模式或以更有效率的方式來創造出

價值，則是加值的過程，因此，建議可以參考本文所列舉的近期國內外案例，思考如何融入自身的企業特性，並創造屬於自己的價值。

附 表　物流業定義與行業範疇

　　根據行政院主計處所頒訂之「中華民國行業統計分類」第11次修訂的定義，H大類「運輸及倉儲業」稱凡從事以運輸工具提供客、貨運輸及其運輸輔助、倉儲、郵政及遞送服務之行業屬之，目前國內物流產學界亦以此為物流相關的行業分類。然而須注意：在H大類的行業分類中，運輸相關的行業可能完全以貨運為主要業務，例如汽車貨運業（小類編號494）或貨運承攬業（523）皆與物流行業明顯相關；但是也可能僅有客運業務，例如捷運運輸業（492）或汽車客運業（493），須排除在物流行業統計之外；比較不易區別的是同時提供客運或貨運服務的運輸行業，例如，鐵路運輸業（491）、海洋水運業（501）及航空運輸業（510），這三類的統計資料並未再區分為客貨運的細類，因此配合其他調查數據加以說明。

▼表　行政院主計總處「行業統計分類」第11次修訂版本所定義之物流業

中分類	小分類	定義	參考物流經濟活動
H.49 陸上運輸業	4910-00 鐵路運輸業	從事鐵路客貨運輸之行業。	鐵路貨運
	4940-00 汽車貨運業業	從事以汽車或聯結車運送貨物或貨櫃之行業；搬家運送服務亦歸入本類。	汽車貨運、汽車貨櫃貨運、汽車路線貨運、搬家運送服務
	4940-11 汽車貨櫃貨運業		
	4940-12 搬家運送服務業		
	4940-99 其他汽車貨運業		
H.50 水上運輸業	5010-11 海洋水運業	從事海洋、內陸河川、及湖泊等船舶客貨運輸之行業。	海洋船舶貨運、內河船舶貨運、湖泊船舶貨運
	5010-99 其他海洋水運業		
	5020-00 內河及湖泊水運業		
H.51 航空運輸業	5100-00 航空運輸業	從事航空運輸服務之行業，如民用航空客貨運輸、附駕駛商務專機租賃等運輸服務；以熱氣球載客飛行服務亦歸入本類。	定期貨運班機經營、貨運包機經營

中分類	小分類	定義	參考物流經濟活動
H.52 運輸輔助業	5210-00 報關服務業	受貨主委託，從事貨物進出口報關相關服務之行業。	報關服務
	5220-00 船務代理業	從事以委託人名義，在約定授權範圍內代為處理船舶客貨運送及其相關業務之行業，如代辦商港、航政、船舶檢修手續等服務。	船務代理、代辦航政手續、代辦商港手續、代辦船舶檢修手續
	5231-11 鐵路、陸路貨運承攬業	從事鐵路、陸路貨運承攬服務之行業。	陸路貨運承攬、鐵路貨運承攬
	5232-00 海洋貨運承攬業	從事以自己名義，為委託人處理船舶貨運業務之行業。	海洋貨運承攬
	5233-00 航空貨運承攬業	從事以自己名義，為委託人處理航空貨運業務之行業。	航空貨運承攬
	5259 其他水上運輸輔助業 5259-12 船上貨物裝卸業 5259-13 船舶理貨業	從事港埠業以外水上運輸輔助之行業。	船上貨物裝卸、船舶理貨
	5290 其他運輸輔助業 5290-11 運輸公證服務業 5290-12 貨櫃及貨物集散站經營業 5290-13 代計嘲位業 5290-99 未分類其他運輸輔助業	從事 521 至 526 小類以外運輸輔助之行業，如貨櫃及貨物集散站經營、與運輸有關之公證服務等。	貨物集散站經營、貨櫃集散站經營、貨物運輸打包服務、船舶除外之貨物運輸理貨服務
H.53 倉儲業	5301-00 普通倉儲業	從事提供倉儲設備，經營堆棧、倉庫、保稅倉庫等之行業。	倉庫經營、堆棧經營、保稅倉庫經營
	5302-00 冷凍冷藏倉儲業	從事提供低溫裝置，經營冷凍冷藏倉庫之行業。	冷凍冷藏倉庫經營
H.54 郵政及遞送服務業	5410-00 郵政業	從事文件或物品等收取及遞送服務之郵政公司。	郵政業務服務
	5420 遞送服務業	郵政公司以外從事文件或物品等收取及遞送服務之行業；到宅遞送及餐飲遞送服務亦歸入本類。	到宅遞送服務、餐飲遞送服務
	5420-11 宅配遞送服務		
	5420-99 其他快遞服務業		航空快遞服務

資料來源：整理自行政院主計總處「行業統計分類」第 11 次修訂版本之分類定義與參考經濟活動，並配合財政部修訂之「中華民國稅務行業標準分類」（第 8 次修訂）之子類編號，藉以分類彙整財政統計資料庫「營利事業家數及銷售額第 8 次修訂」資料之子類項目統計數據。

CHAPTER 07 連鎖加盟業現況分析與發展趨勢

商研院商業發展與策略研究所　李曉雲、彭驛迪、李佳蔚研究員

第一節　前言

　　連鎖加盟是全球大型零售企業主要的經營型態。根據勤業眾信（Deloitte）2022 年 3 月所發布的「2022 全球零售力量調查」（Global Powers of Retailing 2022）報告指出，全球前 250 大零售企業，除了亞馬遜（Amazon）為電商外，其他幾乎皆為連鎖加盟企業。這些大型零售企業 2021 年總營收為 4.85 兆美元，較 2020 年成長了 4.4%，平均一家企業營收為 194 億美元。

　　連鎖加盟亦為創業成功率相對較高的經營型態。根據美國勞工統計局（BLS）之 2020 年統計數據，美國 22% 的企業於開業第一年就倒閉，50% 則於開業前五年倒閉，然而據國際連鎖加盟協會（IFA）調查，採加盟方式的企業第一年失敗率不到 5%，且 92% 的連鎖加盟企業於五年後仍在營運。由於連鎖加盟的經營管理方式是已經在市場實際操作過的，相較一切從頭開始，自己摸索的新創企業而言，連鎖加盟確實可以幫助創業者減少犯錯機率，提高創業成功率。因此，連鎖加盟也為我國新創企業創業時常採用的商業模式，同時它亦是我國重要的經營業態，不論是早餐店、便利商店、美髮沙龍、汽機車美容，皆可看到連鎖加盟的蹤跡。

　　2020 年至 2021 年，我國經濟深受 COVID-19 疫情影響，特別是 2021 年 5 月疫情在臺灣加劇蔓延，促使全國進入第三級防疫警戒，雖然 7 月 27 日以後降為第二級警戒，但緊接著，2021 年聖誕節前夕，Omicron 變種病毒侵襲全

球，我國雖然控制得當，當時 Omicron 也並未眞正襲擊我國，還是對實體店家造成甚大衝擊，但卻也意外地加速多個連鎖品牌擴張。

依據臺灣連鎖暨加盟協會（TCFA）「2022 臺灣連鎖店年鑑」統計，2021年我國登錄的連鎖總部爲 2,872 家，與 2020 年的 2,888 家相比，微幅下降約 0.6%，總店家數則增加 2.9%，達 116,415 家。從 TCFA 的調查結果發現，2021 年品牌數減少，但總店家數卻顯著增加，此現象可能與疫情加速汰弱換強相關，疫情使得品牌存續門檻提高，中大型連鎖加盟品牌則朝向經濟效益較高的店面投資，並強化虛實整合。

而臺灣連鎖加盟促進協會（ACFPT）統計其於 2021 年 9 月舉辦的「2021台北國際連鎖加盟大展」，亦發現雖然受到疫情影響，參觀人數減少 15%，但展覽締約率卻提升將近 10%，代表進場參觀的民眾大多是眞的想要創業的準加盟主；而創業的年齡層也有下降的趨勢，從原本平均年齡層以 40~45 歲居多，下降到以 35~40 歲居多。從上述數據不難得知，疫情雖然對我國連鎖加盟業產生衝擊，但卻也迫使業者們往不同方向思考，甚至發展出新的銷售模式。

至於政策方面，COVID-19 疫情之下，我國政府爲了給予連鎖加盟業者更全面、更多元的協助，推出了新商業模式輔導計畫，鼓勵連鎖加盟以大帶小和品牌合作，運用數位工具以及與通路合作，提升連鎖加盟品牌聲量，協助連鎖加盟數位轉型並拓展通路。此外，以「強化連鎖企業能量、發展品牌形象、擴張國際布局」爲宗旨，協助連鎖加盟業者前進海外市場，並透過雙語示範輔導計畫，提升連鎖加盟業者英語口說能力，優化連鎖品牌雙語行銷資源。

爲洞悉連鎖加盟業發展現況與趨勢，本文第二節將根據「2021 年連鎖加盟調查」介紹我國連鎖加盟業發展現況，依連鎖加盟業（中業別、細業別）分析主要收入來源、品牌成立時間、連鎖總部數與總店數、薪資和就業等，並闡述我國連鎖加盟業發展政策與趨勢，輔以實際案例說明；也針對衝擊民眾生活的 COVID-19 對連鎖加盟業的影響進行簡要說明，並指出業者因應疫情之調整作法。第三節說明主要國家連鎖加盟業發展情勢與展望；第四節將彙整上述國內外連鎖加盟業發展趨勢之研析結果，並歸納可能影響連鎖加盟業的關鍵議題，據此提出對於我國連鎖加盟業之建議，以供我國連鎖加盟業者參考。

第二節 我國連鎖加盟業發展現況分析

　　本文於 2022 年 3~6 月進行連鎖加盟調查，調查前一年度資料，即以 2021 年度全年情況爲準，透過電話或通信（E-mail）方式聯繫，再以網路問卷調查爲主，傳眞調查爲輔。本調查以臺灣連鎖暨加盟協會「2021 臺灣連鎖店年鑑」及臺灣連鎖加盟促進協會「2021 年臺灣連鎖加盟產業特輯」之產業名錄爲抽樣母體資料；調查對象以「臺灣連鎖店年鑑」和「連鎖加盟產業特輯」中之連鎖加盟業者爲調查對象，凡合法登記且符合連鎖加盟定義之連鎖加盟總部皆屬之，並以**調查品牌**狀況爲主；訪問對象以受訪企業之管理（財務）部門、業務部門、行銷部門，負責經營、業務或投資等工作之主管人員。

　　根據行政院主計總處定義[1]，並參考日本政府連鎖加盟調查、臺灣連鎖暨加盟協會和臺灣連鎖加盟促進協會及專家學者意見，將受訪企業之行業別主要分成四大類：零售業、餐飲業、生活服務、其他。細項類別則是參考協會行之有年的區分方式，如下列所示，以便於未來調查結果能同時符合主計總處及協會之數據，並有利於調查結果之統計比對與分析。

　　（一）零售業：包括綜合零售的購物中心、百貨公司、量販店、超級市場、便利商店，以及一般零售的食品零售、流行時尚、服飾專賣、藥妝精品、家居修繕、數位科技，共計 11 類。

　　（二）餐飲業：包括速食店（含早餐店）、咖啡簡餐（含純咖啡店）、餐廳、休閒飲品等 4 類。

　　（三）生活服務：包括休閒娛樂、家居服務、美髮美容、補習教育、汽機車服務，共計 5 類。

　　（四）其他：非包括在零售業、餐飲業、生活服務之連鎖加盟業者，包括旅行社、飯店、醫學診所、寵物、花店、新興產業等。

　　本調查之抽樣方法係採用分業分層隨機抽樣法，於 2022 年 3 至 6 月調查期間共發送 1,236 份問卷，回收問卷數爲 402 份，爲符合連鎖加盟的定義，本

註 1　根據經濟部商業司之「105 年度連鎖加盟業能量厚植暨發展計畫 - 連鎖加盟產業區域店長人才需求調查報告」指出，依行政院主計總處 105 年第 10 次修訂「行業標準分類」，連鎖加盟含括「連鎖便利商店」（4711）、「其他綜合商品零售業」（4719）、「其他食品、飲料及菸草製品零售業」（4729）、「服裝及其配件零售業」（4732）、「化妝品零售業」（4752）、「餐館」（5611）、「飲料店」（5631）、「美容美體業」（9622）、「其他個人服務業」（9690）。

調查刪除僅有一家店、重覆填寫、2 個以上品牌等等的問卷，最後有效問卷有 330 份，有效回收率為 82.09%。

一 連鎖加盟業發展現況

（一）主要收入來源

根據本調查統計，連鎖加盟業者 2021 年主要收入來源大多表示以直營店營收、原物料銷售及加盟金為主，比例分別為 48.50%、20.11% 及 13.23%（圖 7-1），有趣的是其他項中，越來越多業者反映主要收入來自網站、電商平台的銷售，此與經濟部統計處 2022 年 2 月公布的調查結果不謀而合，統計處指出我國零售業網路銷售額於 2021 年成長幅度高達 24.5%，金額來到新臺幣 4,303 億元，創下該統計發布以來的新高。

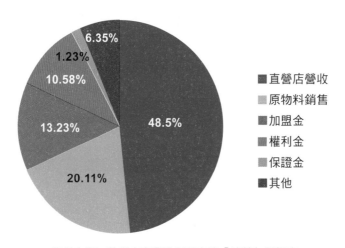

資料來源：整理自商業發展研究院「連鎖加盟調查」。

▲圖 7-1　連鎖加盟業主要收入來源（**2021** 年）

（二）品牌成立時間

以 2021 年來看，連鎖加盟品牌成立時間在 10 年以內的品牌最多，占比為 34.85%，超過三分之一的品牌業者，其次為 11~20 年的，占比為 26.67%（圖 7-2）。若進一步分析，則可發現 1~3 年的新創品牌在受訪品牌中占比為 10.61%，而這些新創品牌屬餐飲業的高達 68.57%，即 100 個新創品牌中，有

將近 69 家爲餐飲業。臺灣連鎖暨加盟協會於 2018 年統計亦顯示，2012 年至 2017 年餐飲連鎖品牌數增加了 346 個，其中又以餐廳品牌數增加 201 個最多，這也與「104 玩數據」2021 年 9 月公布的調查結果有相似之處，其根據 104 站內約 2 萬筆創業資料顯示，第一次創業最多人投入的行業之一，即爲餐飲餐館。

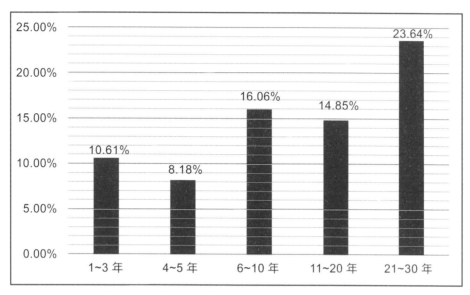

資料來源：整理自商業發展研究院「連鎖加盟調查」。

▲圖 7-2　連鎖加盟業品牌成立時間（**2021** 年）

（三）連鎖總部數與總店數

　　在連鎖總部數與總店數方面，本文參考臺灣連鎖暨加盟協會之《臺灣連鎖店年鑑》資料，2021 年我國登錄的連鎖總部爲 2,872 家，相較於 2020 年 2,888 家，微幅減少了 16 家，變動幅度僅有 -0.55%；然而總店數由 2020 年 113,158 店增至 2021 年 116,415 店，增加了 3,257 店，增幅爲 2.88%；該情況已持續 2 年，連鎖總部減少，但總店數增加的情況；這爲十多年來的首見，疫情爆發的這 2 年，似乎加速了連鎖加盟品牌汰弱換強，提高了品牌存續門檻，只是這樣的趨勢在 2021 年有較爲趨緩，應與總部從 2020 年即有所布局相關。

　　觀察 2017 至 2021 年連鎖總部數與總店數的整體變化，從 2017 年連鎖總部數 2,781 家成長至 2021 年的 2,872 家，每年成長率落在 -1.26%~3.56% 之間；2017 年總店數的 104,959 店成長至 2021 年的 116,415 店，每年成長率落在 -1.68%~4.81% 之間。整體看來，連鎖總部自 2019 年後呈現逐年遞減趨勢，

我國登錄的連鎖總部由 2019 年 2,925 家減少至 2021 年 2,872 家，減少了 53 家，然而總店家數卻由 2019 年 107,960 店增加到 2021 年 116,415 店，則增加了 8,455 店，導致平均總部店數規模（總店數 / 總家數）從 36.9 店上升至 40.5 店，如前述，連鎖加盟品牌近年有汰弱換強的現象（表 7-1）。

（四）薪資

2021 年連鎖加盟業之平均薪資[2] 為新臺幣 37,220 元，比 2020 年略增 0.73%，與 2017 年的 34,844 元相比，5 年來成長幅度僅 6.82%，薪資年複合成長率僅有 1.66%，低於我國工業及服務業整體 5 年薪資年複合成長率 2.53%；在歷年成長率方面，2017 年至 2021 年皆為正向成長，僅 2020 年後受疫情衝擊年增率下降，從 2019 年的 1.93% 下降至 2021 年的 0.73%。

就薪資與性別方面來看，男性的薪資各年皆高於女性，差異幅度以 2021 年的 4,008 元最高，與之前差距逐年縮小的狀況迥然不同。2018 年雖然男女每月總薪資皆是成長最高的一年，但卻也是近 5 年來男女薪資差異較少的一年，差異幅度僅有 2,586 元，似乎在說明連鎖加盟業者因 2018 年擴增連鎖總部數和總店數，大量聘請員工，因此對於員工需求增加，進而促使男女薪資差異下降（表 7-1）。

▼表 7-1　連鎖加盟業連鎖總部數、總店數與每人每月總薪資統計（2017-2021 年）

[單位：家、店、%]

項目	年度	2017 年	2018 年	2019 年	2020 年	2021 年
連鎖總部數	總計（家）	2,781	2,880	2,925	2,888	2,872
	年增率（%）	1.53	3.56	1.56	-1.26	-0.55
總店數	總計（店）	104,959	109,801	107,960	113,158	116,415
	年增率（%）	2.49	4.61	-1.68	4.81	2.88
每人每月總薪資	平均（元）	34,844	36,221	36,919	36,950	37,220
	年增率（%）	2.50	3.95	1.93	0.08	0.73
	男性（元）	36,877	38,349	39,393	39,730	40,403
	年增率（%）	1.70	3.99	2.72	0.85	1.69
	女性（元）	34,454	35,763	36,256	36,097	36,395
	年增率（%）	3.20	3.80	1.38	-0.44	0.82

資料來源：整理自臺灣連鎖暨加盟協會，《臺灣連鎖店年鑑》，2017-2021 年。行政院主計總處資料庫，《薪情平臺》，2017-2021 年。

說　　明：上述表格數據會產生部分偏誤，係因四捨五入與資料長度取捨所致，但並不影響分析結果。

註2　本文根據經濟部商業司之「105 年度連鎖加盟業能量厚植暨發展計畫 - 連鎖加盟產業區域店長人才需求調查報告」之產業調查範疇，查詢行政院主計總處資料庫《薪情平臺》之「零售業」、「餐館」、「其他餐飲業」、「美髮及美容美體業」及「其他個人服務業」之每人每月總薪資計算而得。

（五）品牌就業狀況

2021 年連鎖加盟業平均女性員工比重爲 62.19%；其中，全職女性員工比重爲 60.17%，兼職女性員工比重爲 66.10%，女性的比重皆高於一半，代表連鎖加盟業僱用女性員工比例較男性員工高，女性爲連鎖加盟業的勞動力之主力。這與行政院主計總處於 2022 年發布的「110 年人力運用調查性別專題分析（含國際比較）」之性別統計數據相符，主計總處指出，男性從事服務業的比重爲 50.04%，而女性從事服務業的比重則高達 71.90%。

至於兼職員工方面，整體來看，2021 年比例爲 34.10%，即連鎖加盟企業使用兼職員工比重約三分之一左右，符合我們對於一般服務業的兼職員工比例超過兩成的印象。最後在單店員工人數方面，連鎖加盟業平均單店員工人數爲 23 人（表 7-2）。

▼表 7-2　連鎖加盟業就業狀況（2021 年）

[單位：%、人]

女性員工比重 （%）	全職女性員工比重 （%）	兼職女性員工比重 （%）	兼職員工比重 （%）	平均單店員工人數 （人）
62.19	60.17	66.10	34.10	23

資料來源：整理自商業發展研究院「連鎖加盟調查」。

二　連鎖加盟業之細業別發展現況

（一）主要收入來源

分細業別來看的話，零售業主要收入來源大多以直營店營收爲主，比例爲 69.40%，且營業額在新臺幣 5 億元以上的業者，該比例更高達 79.41%，而表示其他收入的大多爲設備買賣、租賃，或是網路銷售。餐飲業則是直營店營收和原物料銷售之比重不相上下，分別爲 33.21% 和 31.68%，根據經濟部「106 年批發、零售及餐飲業經營實況調查報告」統計，我國整體餐飲業之原物料及食材供應來源，來自連鎖加盟公司的比例爲 5.7%，其中，以連鎖加盟爲重要經營型態的飲料店業，其比例竟高達 22.7%。由於一般連鎖加盟總部會透過商品、原物料或機器設備來控管加盟店的產品品質，因此對部分連鎖加盟零售業總部而言，設備買賣、租賃亦爲其主要收入來源，對餐飲業而言，原物料銷售更是大多總部選擇的主要收入來源。

至於生活服務主要收入來源大多以直營店營收爲主，比重爲 48.86%，而

原物料銷售、加盟金和權利金，對生活服務而言重要性差不多。其他連鎖加盟業，如旅行社、寵物店、花店及新興產業，主要收入來源亦大多以直營店營收為主，比例為 52.94%，至於 17.65% 的其他收入則來自設備買賣、設備維修、租賃、醫療服務等（表 7-3）。

▼表 7-3　連鎖加盟業細業別主要收入來源（2021 年）

[單位：%]

收入來源	整體	零售業	餐飲業	生活服務	其他連鎖加盟業
直營店營收	48.50	69.40	33.21	48.86	52.94
原物料銷售	20.11	9.84	31.68	11.36	8.82
加盟金	13.23	4.37	20.23	11.36	11.76
權利金	10.58	6.56	11.45	17.05	8.82
保證金	1.23	1.64	1.53	0.00	0.00
其他	6.35	8.20	1.91	11.36	17.65
總計	100	100	100	100	100

資料來源：整理自商業發展研究院「連鎖加盟調查」。

（二）品牌成立時間

　　除前述新創業者以餐飲業為主外，根據本調查統計，10 年以內的業者，亦以餐飲業居多，占比為 62.61%，即 100 家 10 年以內的年輕品牌，就有約 63 家為餐飲業；超過 30 年的老品牌，則是以零售業居多，占比高達 73.08%，也就是說 100 家 30 年以上的老品牌，有 73 家為零售業。

　　若是單就零售業來看，也有類似狀況，超過 30 年的品牌占零售業比重達 41.91%，遠高於餐飲業的 6.56%、生活服務業的 19.61% 及其他連鎖加盟業的 14.29%（表 7-4）。若進一步查看零售業超過 30 年的老品牌，竟有 84.21% 的業者採取純粹直營連鎖的經營模式，也就是除了我們熟知的便利商店外，大多零售業老品牌仍以直營連鎖為主。

　　若單就餐飲業本身來看，會發現 1~3 年的新創品牌有 19.67%，高於零售業的 5.15%、生活服務業的 5.88% 及其他連鎖加盟業的 4.76%，10 年以內的業者，也是餐飲業的 59.01% 最高，零售業和生活服務業則分別僅有 17.65% 和 19.60%。根據「104 玩數據」2021 年 9 月對微型創業進行的統計，發現餐飲類（手搖飲、早餐、咖啡店、輕食、餐車等）平均存續 3.3 年，餐廳餐館 3.49 年，鞋類布類服飾品的批發零售（含網拍）3.66 年，至於含括美容美體業（5.48 年）、美髮業（8.29 年）、汽機車維修業（9.18 年）的藍灰領技術創業，即屬於本調查的生活服務業，則平均皆能存續 5 年以上，與本調查結果不謀而合。

▼表 7-4　連鎖加盟業細業別品牌成立時間（2021 年）

[單位：%]

成立時間	整體	零售業	餐飲業	生活服務	其他連鎖加盟業
1~3 年	10.61	5.15	19.67	5.88	4.76
4~5 年	8.18	1.47	16.39	1.96	19.05
6~10 年	16.06	11.03	22.95	11.76	19.05
11~20 年	26.67	25.74	23.77	35.29	28.57
21~30 年	14.85	14.71	10.66	25.49	14.29
30 年以上	23.64	41.91	6.56	19.61	14.29
總計	100	100	100	100	100

資料來源：整理自商業發展研究院「連鎖加盟調查」。

（三）連鎖總部數與總店數

　　零售業的總部數與總店數明顯高於其他類型，2019 年受到景氣不明影響，四大便利商店業者放慢新店拓展速度，而加盟者也保守應對，因此 2019 年零售業不論總部數或總店數呈現負成長。2020 年至 2021 年，雖然受到疫情影響許多產業表現不佳，但因民眾減少外食用餐，就近購買需求上升，中大型零售連鎖加盟業者持續展店，以縮短消費者購買距離。

　　餐飲業總店數表現較其他細業別樂觀，2017 年至 2021 年呈現逐年擴增，然 2020 年因 COVID-19 疫情急遽升溫，全球疫情相繼爆發，各國陸續實施封城，國際觀光客驟減，民眾外出用餐和旅遊意願下降，餐飲業受到嚴重衝擊，因此汰弱換強的現象特別明顯，2020 年連鎖總部數下降 6.13%，然而總店數家數卻成長 2.28%。

　　至於生活服務，受少子化影響，補習教育產業總部數自 2017 年至 2019 年逐年縮減，旗下的總店數亦呈現減少趨勢；但 2018 年因汽車服務業市場需求熱絡，體質好、競爭力強的業者紛紛提出展店計畫，例如臺灣橫濱輪胎、SUBARU 售後服務中心等，故總店數家數有所提升，但 2019 年受景氣影響又下滑。有趣的是 2020 年至 2021 年，受惠於疫情，家居服務、美容美髮和汽機車服務等業別總店數都有所成長，僅有補習教育業仍受少子化影響，總店數減少。

　　其他連鎖加盟業，如旅行社、寵物店、花店及新興產業，受到連鎖加盟業種多元化發展影響，新型態業者陸續出現，因此 2017 年至 2018 年連鎖總部數持續增加。然而新型態產業也較容易受到景氣和疫情等衝擊，2019 年至 2021 年總部數連續下滑，特別是疫情影響較為嚴重的 2020 年和 2021 年，下滑幅度皆高達 3% 以上（表 7-5）。

▼表 7-5　連鎖加盟業細業別連鎖總部數與總店數及其年增率（2017-2021 年）

[單位：家、店、%]

細業別 項目	年度	2017 年	2018 年	2019 年	2020 年	2021 年
連鎖加盟業總計	連鎖總部數（家）	2,781	2,880	2,925	2,888	2,872
	年增率（%）	1.53	3.56	1.56	-1.26	-0.55
	總店數（店）	104,959	109,801	107,960	113,158	116,415
	年增率（%）	2.49	4.61	-1.68	4.81	2.88
零售業	連鎖總部數（家）	1,155	1,230	1,229	1,254	1,245
	年增率（%）	4.15	6.49	-0.08	2.03	-0.72
	總店數（店）	43,621	45,931	45,171	48,880	49,922
	年增率（%）	2.00	5.30	-1.65	8.21	2.13
餐飲業	連鎖總部數（家）	970	998	1,044	980	980
	年增率（%）	-0.31	2.89	4.61	-6.13	0.00
	總店數（店）	32,810	34,158	34,552	35,340	36,324
	年增率（%）	6.46	4.11	1.15	2.28	2.78
生活服務	連鎖總部數（家）	432	426	425	437	439
	年增率（%）	-2.92	-1.39	-0.23	2.82	0.46
	總店數（店）	20,947	21,861	20,462	21,334	22,531
	年增率（%）	-0.73	4.36	-6.40	4.26	5.61
其他連鎖加盟業	連鎖總部數（家）	224	226	225	217	208
	年增率（%）	5.66	0.89	-0.44	-3.56	-4.15
	總店數（店）	7,581	7,851	7,775	7,604	7,638
	年增率（%）	-1.83	3.56	-0.97	-2.20	0.45

資料來源：整理自臺灣連鎖暨加盟協會，《臺灣連鎖店年鑑》，2017-2021 年。
說　　明：上述表格數據會產生部分計算偏誤，係因四捨五入與資料長度取捨所致，但並不影響分析結果。

（四）品牌就業狀況

　　零售業僱用女性員工比重為 63.06%，略高於餐飲業的 62.36%、生活服務的 58.32% 和其他連鎖加盟業的 56.15%。由此看來，零售業的連鎖加盟業者又更加偏好使用女性員工，可能是女性銷售員通常給予人較為親近之感，容易激起民眾購買慾望。行政院主計總處之「110 年人力運用調查性別專題分析（含國際比較）」即指出，女性就業者從事服務及銷售工作人員居多，占比為 24.29%，其次為事務支援人員，占比為 20.04%，與本調查結果有異曲同工之妙。

　　至於兼職員工比重，我們發現零售業和餐飲業兼職員工比例分別為 36.62% 和 37.49%，遠高於生活服務的 21.13% 和其他連鎖加盟業的 11.99%，零售業在平日和特賣會時，餐飲業在尖峰和離峰時，不同時間點所需人力差別甚大，故確實較其他業別更需要兼職員工的彈性協助。

最後在單店員工人數方面，整體平均單店員工人數為 23 人，然而就業別來看，零售業所需人力較其他業別高，平均單店員工人數為 45 人，應是受購物中心、百貨公司、量販店需要大量人力所致，至於餐飲業、生活服務，大約都 10 人以下（表 7-6）。

▼表 7-6　連鎖加盟業細業別就業狀況（2021 年）

[單位：%、人]

項目 細業別	女性員工 比重（%）	全職女性 員工比重（%）	兼職女性 員工比重（%）	兼職員工 比重（%）	平均單店 員工人數（人）
連鎖加盟業總計	62.19	60.17	66.10	34.10	23
零售業	63.06	60.35	67.76	36.62	45
餐飲業	62.36	64.18	59.33	37.49	8
生活服務	58.32	57.97	59.65	21.13	8
其他連鎖加盟業	56.15	53.43	76.11	11.99	13

資料來源：整理自商業發展研究院「連鎖加盟調查」。

三　連鎖加盟業政策與趨勢

（一）國內發展政策

為維護連鎖加盟交易秩序、確保加盟事業自由與公平競爭，並有效處理加盟業主經營加盟業務行為違反公平交易法，政府於 2003 年公布實施「公平交易委員會對於加盟業主經營行為案件之處理原則」，但此原則僅規範交易秩序應揭露之資訊，連鎖加盟發展至今，關於其行政管理與發展政策尚無法規依據。

COVID-19 於 2020 年初迅速擴散至全球，臺灣也不例外，疫情持續延燒逾兩年，使得國內產業受到重大衝擊；加上國際情勢與環境的變化，皆深刻影響到臺灣連鎖加盟業之發展。經濟部於 2022 年針對連鎖加盟投入資源、推出相關政策，包括產業調查分析、品牌國際化、媒合平台建構、市場拓銷活動等面向，藉此協助臺灣連鎖加盟產業之發展。

1. 產業調查分析

連鎖加盟發展數十年之久，經濟部為瞭解連鎖加盟發展全貌、掌握經營動態與發展現況，針對國內連鎖加盟業進行調查分析，以探求我國連鎖加盟之特性和相關問題，且規劃未來每年加入不同之特定議題進行調查，如因應疫情調

整的作為有哪些、加盟金以及權利金等，作為未來制定與執行相關法規時重要的參酌資料，以減少實務上之爭議。

2. 品牌國際化

新南向政策之推行，連鎖加盟業者積極擴展東南亞國際市場，除了強健我國連鎖加盟產業體質外，加上為優化連鎖加盟企業營運能力、整合資源拓展海外，經濟部推動 111 年度「連鎖加盟鏈結國際發展計畫」，協助臺灣連鎖加盟企業推展品牌國際化、布局國際市場。除了提升、優化臺灣連鎖加盟總部，亦透過專業顧問到場輔導，給予業者市場國際化建議，並協助其進行海外市場評估、調查與策略規劃。藉由上述輔導資源，企業的經營方向更明確，可加速品牌成長茁壯，同時達到永續經營目標。

3. 媒合平台建構

2021 年經濟部持續透過辦理國際媒合交流活動、參與國內外多元展會行銷及經營環境優化等，協助臺灣連鎖加盟業者開拓國際知名度、加速國際展店、提升營運效能，避免企業單打獨鬥前往海外市場的損失，甚至縮短了發展國際市場的歷程。例如辦理臺印連鎖商機線上媒合會、線上國際企業交流會議、臺越連鎖商機線上媒合會，以及臺泰連鎖商機線上媒合會，其中線上國際企業交流會議即舉辦了 34 場次，而臺越連鎖商機線上媒合會即有 20 家臺灣知名品牌連鎖企業參加，在線上與越南買主對接媒合。此外，針對具有海外發展意願之業者，主動提供媒合會與展覽之相關訊息，提供一對一媒合洽談機會。例如辦理 2021 連鎖加盟馬泰越線上拓銷團，即藉由線上一對一媒合洽談會，提升媒合機率。

4. 市場拓銷活動

經濟部與台灣連鎖品牌暨加盟協會（TCFA）合作，集結 32 家知名品牌於 2021 年第四季集體推出優惠，即「Chill Go 購物節聯合行銷活動」。為了提振國內消費市場，再加上「雙 11」和「雙 12」購物節拉抬，以及民眾於 COVID-19 疫後微解封之補償性消費心態，參與的連鎖品牌業者皆對於 Chill Go 購物節信心十足，希望捉住五倍券最後商機。主辦單位保守估算，本次參與聯合行銷的 32 家企業應可創造 100 億以上的經濟效益。

（二）趨勢與案例

1. 我國連鎖加盟業競爭態勢分析

1980 年代臺灣連鎖加盟企業逐漸重視經營管理與資訊系統，如 7-ELEVEN 由統一企業公司趁勢與美國南方公司技術合作，造就臺灣便利商店蓬勃之發展。另外，開放外資投資後臺灣也重視與國外企業合作，如德昌公司與麥當勞總公司合資在臺開設麥當勞及其分店，全新的餐飲經營模式在臺引起轟動。來到 1990 年代，已有許多知名連鎖品牌誕生，臺灣連鎖加盟進入整合期，相繼成立臺灣連鎖暨加盟協會、臺灣連鎖加盟促進協會，協助臺灣發展連鎖加盟產業。

以臺灣連鎖加盟業各細業別近五年整體發展情形來看，零售業中的綜合零售包含購物中心、百貨公司、量販店、超級市場及便利商店，大多採取加盟型態經營，其總店數及加盟店呈現上升趨勢，綜合零售在臺灣有穩定之市場與客源，而直營店部分 2021 年來首度呈現負成長，顯示部分店家因疫情關係、成本提高，加上體質不好即被淘汰。零售業中的一般零售以直營方式經營居多，其總店數、加盟店於 2019 年至 2021 年明顯增加，然而連鎖總部數和直營店於 2021 年卻減少，顯然宅經濟風潮的來襲，加上部分品牌雖退出市場，但存續之品牌則以加盟方式擴展經營規模（圖 7-3）。

資料來源：整理自臺灣連鎖暨加盟協會，《臺灣連鎖店年鑑》，2017-2021 年。

▲圖 7-3　零售業之直營店與加盟店數（2017-2021 年）

　　餐飲業以加盟經營型態為主，總店數、直營店及加盟店呈現逐年穩定增加之趨勢。2020 年疫情爆發後，改變顧客的喜好與習慣，外食族群明顯地降低許多、實體店面受到衝擊，同時為餐飲業帶來轉機，除了店家趁勢林立外，在營運模式中加入餐飲外送服務，甚至帶動串聯品牌的雲端廚房之發展（圖 7-4）。

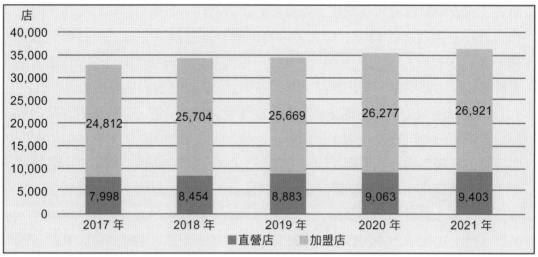

資料來源：整理自臺灣連鎖暨加盟協會，《臺灣連鎖店年鑑》，2017-2021 年。

▲圖 7-4　餐飲業之直營店與加盟店數（**2017-2021** 年）

　　生活服務近 5 年經營型態由加盟店占 6 成左右，轉變為直營店、加盟店店數比例不相上下；其品牌總家數在 430 家左右，呈現穩定之情形。值得注意的是，直營店家數呈現逐年增加之趨勢，且疫情期間總店數仍突破重圍呈現上升情形（圖 7-5）。

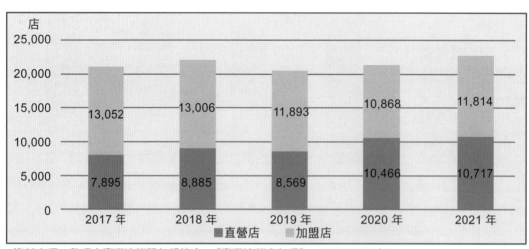

資料來源：整理自臺灣連鎖暨加盟協會，《臺灣連鎖店年鑑》，2017-2021 年。

▲圖 7-5　生活服務之直營店與加盟店數（**2017-2021** 年）

其他連鎖加盟業以加盟經營型態為主，加盟店占比將近八成左右，品牌總家數在 220 家左右；然而近 2 年的疫情衝擊，使得整體規模有縮減，特別是疫情開始爆發的 2020 年，幸於 2021 年略有回升（圖 7-6）。

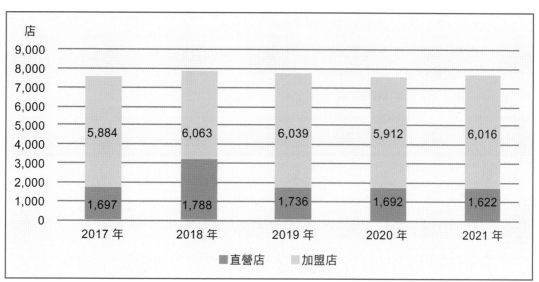

資料來源：整理自臺灣連鎖暨加盟協會，《臺灣連鎖店年鑑》，2017-2021 年。

▲圖 7-6　其他連鎖加盟業之直營店與加盟店數（2017-2021 年）

　　連鎖加盟總部數、總店數於 2017 年至 2019 年呈現逐年增加之趨勢，而 2020 年疫情攪局後，總部數雖減少，不過總店數增加；而總店數中，直營店家數近 5 年呈現 M 型化發展，加盟店數卻穩定增加，顯然除了體質穩定之連鎖加盟品牌，在逆境中把握良（商）機，趁勢展店擴大營運規模外，受到疫情影響促使有創業規劃之創業者，因資金與成本考量後更願意投入到創業市場。

2. 我國連鎖加盟業因應 COVID-19 疫情之調整作法

　　根據本調查統計，各連鎖加盟品牌受疫情影響多有從事營運上調整，根據目前受訪業者來看，「開發或擴大網路銷售」是最多業者採取的方式，有 57.88% 的業者會選擇此方式，其次為「加強衛生管控」，有 52.12% 的品牌會選擇此，以及「增設行動 / 多元支付工具」則有 40.00% 的品牌選擇（圖 7-7）。

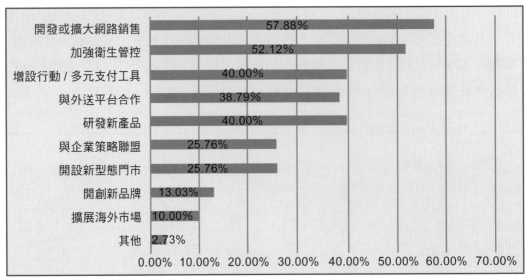

資料來源：整理自商業發展研究院「連鎖加盟調查」。

說　　明：該分布比例為占受訪業者比例。由於每位業者並非僅採用 1 種調整作法，因此百分比加總並非 100%。

▲圖 7-7　連鎖加盟業之因應疫情調整作法（2021 年）

　　就各細業別而言，我們發現各業別依照業別特性，所採取的因應方式皆略有差異。零售業與整體狀況略為不同，有 70.59% 的品牌業者會選擇「開發或擴大網路銷售」方式來因應疫情，其次為「加強衛生管控」和「增設行動 / 多元支付工具」。至於餐飲業則有 77.05% 業者採取「與外送平台合作」，其次為「加強衛生管控」和「研發新產品」，這與零售業和生活服務十分不同，「研發新產品」分別是零售業和生活服務的第 4 項和第 6 項選擇。

　　至於生活服務的業者，主要採取「加強衛生管控」和「開發或擴大網路銷售」的方式來因應疫情，其次才是「增設行動 / 多元支付工具」。其他連鎖加盟業，如旅行社、寵物、醫療診所、新興產業等業者，則「加強衛生管控」才是其因應疫情最主要的方式，其次則為「開發或擴大網路銷售」。

3. 我國連鎖加盟業發展趨勢

　　受到疫情之影響，使得民眾重建生活樣貌，同時促使連鎖加盟市場數位轉型推升快速，加上顧客消費習慣轉變快速，致新型態商業模式誕生，如數位科技帶來的宅經濟、低接觸的消費方式；外送市場崛起，連鎖加盟業者達到時效性、地域性以及坪效的優勢，使得成本降低、大幅提升品牌方展店之意願。

　　對於連鎖加盟業者而言，2022~2023 年之主要三大產業趨勢為何，根據本

調查統計，發現「精準行銷」和「數位轉型」對於連鎖加盟業各細業別而言，皆是最主要的趨勢，分別有 56.67% 和 55.76% 的品牌業者選擇這二大趨勢，第三大則為「虛實整合」，有 39.70% 的業者選擇（圖 7-8）。

其中，對零售業者而言，「數位轉型」最為重要，其次為「虛實整合」。根據麥肯錫管理顧問公司 2020 年的調查，疫情之下，企業數位轉型的速度加快了 3 至 7 年，麥肯錫全球董事合夥人譚宏表示：「COVID-19 就是最快的轉型加速器。」至於餐飲業者除了「精準行銷」和「數位轉型」外，亦看好「社群網紅商機」趨勢，AisaKOL 亞洲達人通盤點 AIE 網紅數據資料庫，發現 2021 年美食網紅社群的 5 大話題，分別為防疫自煮、料理包、宅配、外送外帶及網紅聯名，在疫情之下與社群網紅的合作，確實讓餐飲業的品牌行銷手法更加多元化。

生活服務認為「異業合作」較「虛實整合」重要，例如，e-go 臺灣租車旅遊集團即與台中市東勢農會「梨之鄉休閒農業區」合作，於 2022 年 7 月推出「搭餐車、送水梨」的活動。另外，其他連鎖加盟業者除了整體連鎖加盟業的前二大趨勢外，也看好「體驗商機」和「異業合作」。亞洲最大旅遊體驗平台 KKday 的營銷長黃昭瑛表示，從 KKday 平台用戶的搜尋行為中發現，疫情之後，有五成的消費者先搜尋旅遊體驗，再決定旅遊目的地，因此透過深度體驗的旅遊行程，製造不同的旅行經驗，將是未來的消費趨勢。

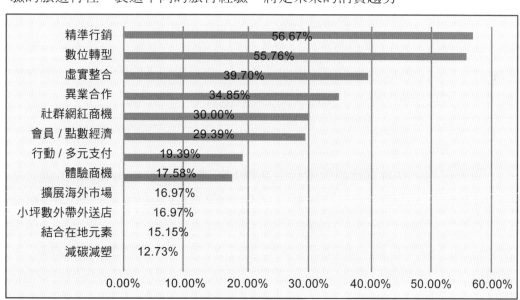

資料來源：整理自商業發展研究院「連鎖加盟調查」。
説　明：該分布比例為占受訪業者比例。由於每位業者並非僅選擇 1 項產業趨勢，因此百分比加總並非 100%。

▲圖 7-8　連鎖加盟業之產業趨勢（2022-2023 年）

因應疫情之影響，我國連鎖加盟調適出不同以往之商業模式，以下本文依照調查結果與市場現況，整理出三大連鎖加盟之發展趨勢。

（1）宅經濟與零接觸

疫情改變民眾消費行為，同時減少許多外出需求以降低感染風險，造就新興商業模式誕生「零接觸經濟」。依勤業眾信《通訊》指出，雲端平台、人工智慧、5G 等新興技術提供供給能量，同時在疫情之下創造出非接觸服務，如電商平台販售、外送服務、無人商店、自助式旅館及虛擬廚房。以 Just Kitchen 為例，其為全臺首家雲端廚房，即與知名連鎖品牌四川吳抄手、TGI Fridays Go（美式連鎖餐飲外送品牌）等合作，除了因應疫情減少接觸外，Just Kitchen 亦以多元化美食、行銷策略吸引消費者目光以提升商機。

（2）異業結盟，精準行銷

疫情後，如何進入或適應連鎖加盟市場，是所有創業者最關心的議題。全家便利商店（以下簡稱全家）將 App 升級推出「全 +1 商城」，打造會員專屬電商平台，布局線上線下消費型態與需求，達成全通路虛實合一。此外，全家與玉山銀行、PChome 集團合資成立電子支付服務「全盈 +PAY」，與全家 App 綁定，同時也可與其他消費通路串聯。另外，除了虛實融合與數位轉型外，根據工研院預估，2030 年臺灣數位經濟比重將占 GDP 近 6 成，此時異業結盟、跨界合作與創新將成為連鎖加盟重要趨勢，因此掌握顧客消費樣貌，搭配分析數據快速調整行銷策略，才能有效提升品牌市占率。

（3）ESG 當道

環境保護、社會責任以及公司治理為 ESG 核心層面。近年全球永續與環境的意識提升，連鎖加盟品牌應重視 ESG 永續經營之發展，並將 ESG 作為品牌核心經營原則，許多連鎖加盟企業早已開始投入，如全家大規模推出「循環杯」、7-ELEVEN 自建「OPEN iECO 循環杯還杯機」、全聯推動「惜食計畫」、家樂福推動「食物轉型計畫」等，試圖減少資源浪費、養成消費者習慣與觀念，同時提升消費者對於品牌之黏著度，並達到永續經營之目標。

4. 案例分析

（1）跨領域異業合作到 D2C[3] 全新商業模式

　　有別於傳統電商，臺灣最大連鎖自助飲集團饗賓餐旅，推出自家外送平台「饗帶走」、「饗在家」，並隨著每年出現不同的熱潮以調整營運商機，如近年臺灣湧現露營野餐之風潮，饗賓即推出露營晚餐組以及早餐組，搶佔露營過夜的商機、發展體驗型餐飲。此外，咖啡連鎖品牌路易莎與臺灣高鐵、台北捷運聯名合作推出全新店型，有別於普遍的街邊店，路易莎直接將聯名店設置於大廳中央，並提供充電插座、短暫停留的辦公座位，同時利用軌道經濟促進更多異業投資與貿易活動；甚至開發精品烘豆，針對不同顧客對於咖啡豆之需求推出訂閱制並提供咖啡顧問專屬服務。

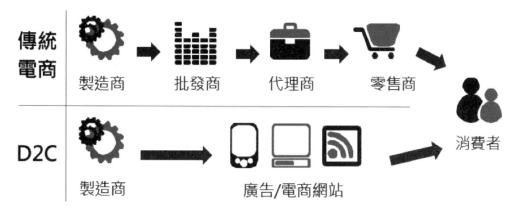

資料來源：整理自「2022 D2C 品牌商務白皮書」。

▲圖 7-9　傳統電商與 D2C 發展差異

（2）品牌數位化到快商務

　　隨著疫情發展，許多品牌由線下轉往線上行銷，加速品牌數位化的速度，同時瞭解顧客消費需求、串聯會員資料達到精準行銷後，可更快速協助消費者搜尋資訊，以及縮短顧客決定購買之時間，進而推動「快商務」之發展。例如臺灣連鎖超級市場全聯與外送平台合作，同時在自家旗下電商平台「PXGo! 全聯線上購」推出「小時達」外送服務，甚至設置 24 小時到貨的小時達專門

註3　D2C（Direct to Consumer）即直接面對消費者，係指業者在自行研發產品後，不透過傳統的經銷商或中間平台，直接將自家產品由官方平台販售給消費者。

店，讓消費者隨時都可下單訂購商品。另外，統一超商推出便利快超市「OPEN NOW」，針對消費者採購之多元需求，提供入店就近購買、5 公里內 24 小時外送服務，運用雙平台營運策略，來因應快商務趨勢。

第三節 國際連鎖加盟業發展情勢與展望

本節針對全球國際連鎖加盟產業概況進行分析，第一部分探討主要國家國際連鎖加盟業現況，第二部分探討主要國家國際連鎖加盟業發展趨勢與案例。

一 全球連鎖加盟業發展現況

（一）全球產業現況

根據國際連鎖加盟協會（International Franchise Association）最新的報告，2021 年全球連鎖加盟業的總產值比 2020 年增加了 16.3%，達到近 7,880 億美元，就業人數則較 2020 年增加了 8.8%。綜觀世界主要連鎖加盟大國，2021 年美國零售總額爲 6.6 兆美元，爲迄今最高紀錄；日本受政府邊境開放措施及日幣貶值影響，國內市場快速復甦；中國大陸則爲全球發展最快速的連鎖加盟市場之一。

線上營收方面，因店內消費快速反彈，未來幾年電商營業額的增幅將放緩。由此可見消費者的偏好隨時在改變，企業因此必須面臨許多新的轉變和挑戰。除了新穎的技術、配備和解決方案，連鎖加盟商亦要時常關注趨勢，從消費者的角度出發，提供更加簡便貼心的服務，以多樣化的供應鏈、不同模式的產品服務、創新的體驗來增加品牌的價值和獨特性，持續突破零售產業的界線，吸引顧客目光。

（二）美國

美國連鎖加盟產業在過去十年間穩步成長，據 Statista 統計，到 2020 年爲

止美國約有 75 萬間連鎖店，營業額約 6,700 億美元，共有 750 萬名就業人口。其中，速食店占總產值的 2,410 億美元，其次是商業服務業，約為 1,210 億美元。零售業受疫情影響，營業額的增長有放緩的趨勢，2020 年第一季的零售總額下降了 1.6%，第二季持續下降 4.2%，為 2008 年金融危機以來最大的跌幅，其中服飾店及家具店受到的打擊最為嚴重。然而，隨著消費者儲蓄及財富的增長，消費者信心開始反彈。數據顯示，美國的私人消費預計在 2022 年成長 3.3%，並在 2023 年進一步成長 2.4%，預計美國的連鎖加盟業在未來將持續呈現成長趨勢。

（三）日本

據日本特許經營協會（Japan Franchise Association, JFA）2020 年的統計，日本近兩年受疫情影響，連鎖加盟店鋪數與營業額都有減少的趨勢，2020 年店鋪數為 25.4 萬家，相較去年減少 8,852 家，營業額較上年減少 4.6%，約為 1,840 億美元。

而零售產業在經濟、人口及購買力增長的助力之下，對國內 GDP 的貢獻保持在 10% 以上。隨著疫情趨緩，消費者的需求開始慢慢恢復，在服裝配件、百貨及日用品的支出，促使日本零售市場快速增長。2020 年第四季，零售支出恢復到疫情前的水平，商店的客流量仍在持續增加，政府的邊境開放措施也加快了零售產業的復甦。另一方面受日元貶值的影響，外資增加，日本公民傾向將錢花在國內，此一因素將刺激國內支出。總體而言，日本零售市場在未來將會持續向上成長。

（四）中國大陸

根據中國連鎖經營協會（China Chain-Store & Franchise Association, CCFA）所發布的「2021 年中國連鎖 Top100」，2021 年中國百大連鎖企業營業額近 3,409 億美元，同比下降 2.8%，店鋪數量則增加 8.9%，約有 19 萬間。線上營收則占總營收的 20.6%，將近 700 億美元，較去年度提升 1.3%。據統計，有八成以上的百大連鎖企業認為，其 2022 年的銷售額將成長超過 5%。零售業方面，Euromonitor International 的數據顯示 2016 年至 2020 年中國大陸零售市場的複合年增長率為 9.9%，為全球發展最快的零售市場之一。然而受疫情影響，物流系統的關閉和中斷，許多經濟活動暫停，2021 年至 2022 年上半年，中國大陸的零售額增長持續低迷，政府正透過降低企業成本、促進農村消費等

政策，來應對此波經濟放緩。由於政策因素，未來中國大陸零售市場將持續受消費品行業轉型、電子商務擴張的推動。

二　國外連鎖加盟業發展趨勢與案例

（一）擁有大量消費數據的連鎖加盟業者成為最大贏家

隨著全球抗疫政策逐漸走向「與病毒共存」，許多國家放寬了人民外出活動的限制。然而，根據聯合國貿易與發展會議（UNCTAD）的最新統計顯示，COVID-19 期間所帶動電子商務的銷售額，目前仍呈現顯著增長，網路購物人口大幅增加，從 2014 年的 13.2 億人攀升至 2021 年的 21.4 億人，顯然人們的消費習慣已產生改變。大環境的轉變促使商人們開始思考對策，據 Peer Research 調查，有將近一半的企業表示數據分析技術可以幫助組織做出更好的決策。在過去這兩年，擁有大量消費者足跡資料的連鎖加盟業者，利用數據分析，改善其庫存管理、店內設計，並且藉由了解客戶的購物習慣，制定出更加精準、個性化的行銷策略，提升了銷售利潤，成為網路購物時代最大的贏家。

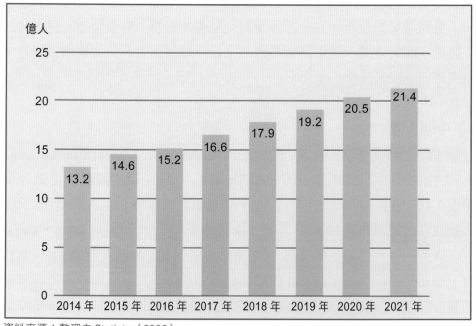

資料來源：整理自 Statista（2022）。

▲圖 7-10　全球網路購物者數量（2014-2021 年）

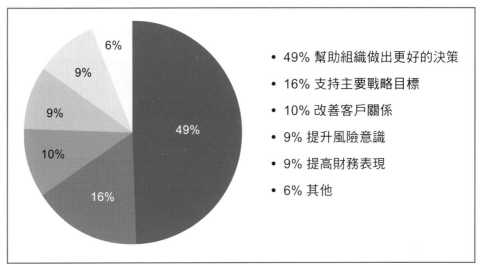

- 49% 幫助組織做出更好的決策
- 16% 支持主要戰略目標
- 10% 改善客戶關係
- 9% 提升風險意識
- 9% 提高財務表現
- 6% 其他

資料來源：整理自 Peer Research Big Data Analytics Survey（2021）。

▲圖 7-11　數據分析為產業帶來的優勢

（二）導入自動化技術，解決人力資源短缺

　　根據世界經濟論壇（World Economic Forum, WEF）的調查，43%的企業希望使用新技術來減少僱用勞工。為解決勞動力短缺，許多餐飲品牌都在嘗試導入自動化解決方案。以色列的 Hyper Robotics 是一家自動化廚房解決方案公司，他們依照客戶需求量身訂做自給自足的廚房空間，在無人的情況下，廚房可以達到儲存、備料、烹飪和清潔的功能。每間廚房內部都設有自動冰櫃、烤箱和清潔系統，冷凍食品可以存放在冰櫃中，直到機器人將其取出、解凍並為顧客烹飪；環境衛生方面，每 40 分鐘臭氧水系統便會自動清潔整個廚房。而在食品安全部分，廚房配有智能攝影機能拍下每一道食物的製作過程，金屬探測器則可以檢查食物在製作過程中，是否有任何疏漏及錯誤。

（三）創新及多元化是未來趨勢

　　除了數位化、人工智慧等新興科技的導入，因應疫情及大環境的迅速改變，連鎖加盟商也願意將更多資源投注在業務的創新及多元化，為消費者帶來更多不一樣選擇。根據抖音生活服務的數據顯示，今年 4 月北京開始禁止店內用餐後，註冊抖音的餐飲品牌帳號增加了 20%，越來越多的業者開始使用直播、短片或社群行銷等方式來吸引顧客。以北京的各大餐廳為例，胡大飯館在

COVID-19 疫情期間，以直播的方式遠程接觸消費者，加速客源開發；花家怡園餐飲則創建了社區微信群，拓展社群行銷，不定時在群組中推廣新菜色、優惠套餐等，顧客可以提前下單到店自取，在限定的距離內餐廳則會提供免費外送服務；旺順閣餐飲集團成立專門的電商公司，在供應鏈、銷售、物流等方面投入人力、物力，發展電商業務，認為這是餐飲業未來的趨勢。

美國全國零售聯合會（National Retail Federation, NRF）的調查顯示，有超過一半的手機購物用戶認為，科技及創新改善了他們的購物體驗。德國體育用品製造商 PUMA 與 Snapchat 聯合，在社群平台上推出專屬 AR 濾鏡，消費者能透過濾鏡看到自己試穿服飾、配件等的模樣，該功能推出的一年內便有超過 2.5 億的使用者，使用次數超過 50 億次。

（四）創意體驗概念店正在全球興起

雖然電子商務發展蓬勃，然而根據英國 Euromonitor International 的研究報告指出，在未來幾年，實體店或餐廳仍然會是消費的主要管道，消費者傾向於在門市中體驗和測試產品，因此，融合創意體驗的品牌概念店，正在全球興起。如美國的 DICK'S House of Sport 在店面設置戶外跑道、攀岩的牆面，以及高爾夫模擬道具等，營造真實情境，提供客戶測試產品的機會。而德國運動用品製造商愛迪達（Adidas）在全球多家旗艦店中結合數位科技，以智能試衣間和 Maker Lab 創作研究室等個性化的服務，提供顧客獨特的消費體驗。於實體店面的體驗中所獲得的情感及功能價值，對消費者而言是網路購物無法取代的，Customer Gauge 的調查指出，有 74% 的人認為良好的顧客體驗會影響其對品牌的忠誠度，40% 顧客願意支付更高的金額換取更好的消費體驗。此外，業者亦能藉由與顧客實際的接觸，蒐集到更多可用的消費資訊及數據。

大數據、智慧分析等科技能夠帶給企業諸多的優勢和便捷，然而，在不斷更新炫麗技術的同時，業者應該思考如何以開闊的視角來洞察數據，將其轉化為有感的策略或行動。英國時裝零售商 River Island 的 CIO，Adam Warne 於 2022 倫敦零售週的直播表示「企業應該透過觀察數據，使業務更加有趣和創新，為消費者建立一個可以自由玩樂的遊樂場，而非以數據規定消費者應該怎麼做。」再者，隨著疫情趨緩，消費者開始逐漸回流到實體店面，虛實店鋪整合成為必然。企業可以透過不斷優化各種消費管道的機動性，及顧客的購物體驗，在環境和需求變遷快速的時代保有隨機應變的能力，享受科技帶來利潤的

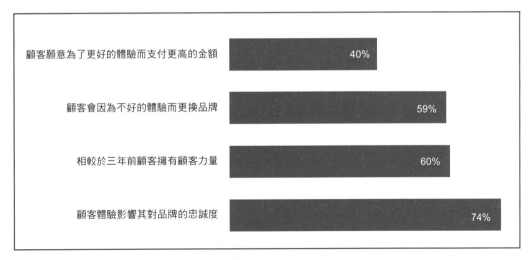

資料來源：整理自 Customer Gauge（2022）。

▲圖 7-12　顧客體驗與忠誠度

同時，持續爲消費者創造更多選擇和價值，如此一來大眾對品牌的信任度便會提升，連鎖加盟業在未來幾年才能持續擁有強勁表現。

第四節　結論與建議

一 連鎖加盟業轉型契機與挑戰

　　連鎖加盟含括了零售、餐飲、生活服務、觀光等民生產業，因此承載著大量的就業人口，並且與其他產業具有高度關聯性，故連鎖加盟業的發展不僅直接影響到我國在 GDP、物價、就業等經濟指標上的表現，亦直接呈現一般民眾對臺灣經濟與生活現況的感受，著實爲臺灣重要產業。過去二年多來，我國連鎖加盟業面臨 COVID-19 疫情的嚴峻挑戰，疫情帶給我們危機，也帶給我們轉機，面對疫情所帶來的「新常態」牽引著連鎖加盟業業者開創新的經營模式與人才培育方向。消費者已逐漸養成線上購物、網路點餐、外送服務等習慣，

促使連鎖加盟業者不得不學習如何使用相關數位工具，提供不同模式的產品服務，甚至以創新的體驗來增加品牌價值和獨特性、吸引顧客目光，因此朝向「數位化營運」可說是連鎖加盟業未來發展的基本工具。

為了擁有「數位化營運」這項基本工具，常被業者忽視的人才培育，就立顯重要了。面對國際經貿情勢詭譎多變、原物料價格波動劇烈、國際物流需求大增，以及臺灣萬物齊漲和升息壓力等衝擊接踵而至，再加上接二連三的疫情打擊，導致連鎖加盟業者出現為期不短的營運不佳期，然而這也給了連鎖加盟業者思考未來營運方向與培訓人才的機會，除了因應疫情採取前述「開發或擴大網路銷售」、「加強衛生管控」和「增設行動／多元支付工具」等等作法外，提升員工數位工具的操作、應用能力，甚至利用數位工具的創新能力，亦十分重要，因此建議在給予員工一般顧客溝通、門市管理、雙語訓練等課程外，不妨參與政府提供的社群媒體行銷、虛實通路整合、電商平台操作與應用等培訓課程；培訓員工的同時，也凝聚員工的向心力，讓企業上下一同為走向數位時代而努力。

二　對企業的建議

綜觀目前連鎖加盟業者面臨多變的市場環境，除了全球疫情影響外，消費模式也隨著科技進步產生改變；再加上原物料上漲和物流運輸成本增加等帶來的威脅，使得連鎖加盟業經營模式勢必隨之調整，才能在競爭激烈的市場中占有一席之地，茲列述以下建議供企業參酌：

（一）數位營運，數據為王

疫情快轉了民眾消費模式及生活習慣的轉變速度，使得與民眾生活息息相關的連鎖加盟市場產生跳躍式的變化；網路購物、線上點餐、平台外送等低接觸服務（Low-Touch Service）已不再只是趨勢，而是新常態。數位化營運成為企業必備工具，建議業者可以將數位化營運運用在整個經營過程中。以零售業為例，前端可透過 App 進行會員管理，不僅可搜集會員資料，還可在 App 中提供記帳本、小遊戲等，提高客戶黏著性；中端則可以自動化倉儲管理系統，得知商品到期期限、庫存、進貨、價格等，降低營運成本；後端可利用大數據

分析，挖掘客戶需求，開發產品和服務，以精準行銷方式滿足消費者所需。

雖然說數位化營運是業者提升管理和營運績效的最佳途徑，但並不代表實體面就不重要。根據日本零售市場的調查，隨著疫情趨緩，消費者需求開始慢慢恢復，2020 年第四季，零售支出已恢復到疫情前的水平，然而商店的客流量還在持續增加，如何使用系統來整合實體與雲端，是品牌總部應關注的要點，避免顧此失彼的狀況發生，消費者的偏好隨時在改變，業者應時常關注趨勢，從消費者的角度出發，提供更加簡便貼心的服務。

（二）多角化經營，跨業合作

勤業眾信（Deloitte）2022 年 3 月發布的「2022 年全球零售力量調查」（Global Powers of Retailing 2022）顯示，多角化類別的企業與前一年度相比，其總收入增加超過一成（10.1%）。多角化經營可以提高企業市場占有率，並滿足不同層次消費者的需求，同時提高企業抵抗市場風險的能力。以燒肉起家的乾杯集團即於 2020 年 7 月進軍線上零售市場，推出自有電商平台「乾杯超市」，進軍生鮮零售市場，開創營運新路，希望透過跨足線上零售通路，找尋新的消費者，開創營運新路徑。

然而並非所有企業都適合多角化經營，因為多角化經營必須面對有限資源的分配調度，以及較高的內部協調成本等問題，因此建議業者亦可採取跨業合作方式，同樣可以配合消費習慣轉變而變化。例如臺灣有機食材品牌 GREEN&SAFE 永豐餘生技繼 2020 年與林泉、陳嵐舒主廚聯名推出「名廚家常菜」冷凍調理包後，2021 年再繼續與彭天恩主廚、日籍知名 Youtuber MASA 山下勝，以及王培仁老師聯名，有機食材和名廚合力開發宅配商品，即為典型的跨業合作，滿足現代人兼顧美味與安全的需求，同時創造銷售佳績。

附 表　連鎖加盟業定義與行業範疇

「連鎖加盟調查」是根據各國連鎖加盟定義、我國實務做法、訪談與「連鎖加盟調查規劃專家座談會」專家學者意見，將我國連鎖加盟定義與範疇為：

「成立一年以上，具 2 家以上相同品牌之直營或加盟店面之企業，其營運

據點於商品、店面裝潢與布置，或是企業識別系統（CIS）、管理等方面，塑造共同、一致的特色，並進市場銷售。」

此外，根據行政院主計總處，並參考臺灣連鎖暨加盟協會、臺灣連鎖加盟促進協會以及專家學者意見，將受訪企業主要分為四大類行業別。

▼表　連鎖加盟業四大行業別之細項類別行業對照表

行業別	細項類別行業
零售業	購物中心
	百貨公司
	量販店
	超級市場
	便利商店
	食品零售
	流行時尚
	服飾專賣
零售業	藥妝精品
	家居修繕
	數位科技
餐飲業	速食店
	咖啡簡餐
	餐廳
	休閒飲品
生活服務	休閒娛樂
	家居服務
	美髮美容
	補習教育
	汽機車服務
其他包括旅行社、飯店、醫學診所、寵物、花店、新興產業等	

資料來源：整理自商業發展研究院「連鎖加盟調查」。

其中細項類別行業則是參考臺灣連鎖暨加盟協會對於行業別行之有年的區分方式，以便於未來調查結果能同時符合行政院主計總處以及協會之數據，並有利於調查結果之統計比對與分析，詳見上表。

專　題
Special Topics

CHAPTER 08 淨零排放與 ESG 對商業服務業價值重構的影響

勤業眾信風險管理諮詢股份有限公司副總經理李介文暨風險諮詢部門永續顧問團隊

第一節 前言

一 國外 ESG 趨勢

聯合國氣候變遷小組（Intergovernmental Panel on Climate Change, IPCC）於 2011 年 8 月發布第六次氣候變遷評估報告，指出 18 世紀工業革命以來地球升溫約攝氏 1.07 度，並嚴厲指出冰層融化、海平面變化，在數百年至數千年內皆不可逆轉。人為活動是造成高頻極端氣候的主因，必須將大氣中的溫室氣體濃度控制在工業革命之前的平均水準，控制地表升溫在攝氏 1.5 度內才能減少損失和傷害；另外，更指出需積極保護生物多樣性與生態系統，提升氣候韌性（Climate Resilience）以避免或降低氣候變遷之衝擊。

2021 年 11 月第 26 屆聯合國氣候變遷大會（UN Climate Change Conference, COP26）完成簽署《格拉斯哥協議》（Glasgow Climate Pact），帶領全球永續發展邁入新的里程碑。此次協議著重 2050 年淨零排放與能源轉型，要求各國重新提交國家自主貢獻（Nationally Determined Contributions, NDCs），加速減少排放，將全球升溫控制在攝氏 1.5 度以內，鄰近我國的日本與南韓亦完成淨零排放入法的承諾；另外，這也是首份明確計劃減少煤炭用量的氣候協議，近 200 個國家達成共識認定煤炭是產生溫室氣體的主要化石燃料，透過減少化石能源的補助，期望有效減少溫室氣體的排放。

隨後，世界經濟論壇（The World Economic Forum, WEF）在 2022 年 1 月公布最新「2022 年全球風險調查報告」（2022 Global Risks Report），「環境相關風險」被評為未來十年影響全球最大風險前三名，該三項最大風險分別為「氣候行動失敗、極端天氣與生物多樣性喪失」。在全球驅動與各方市場壓力下，企業已普遍意識到永續轉型及碳管理的重要性，但真正的關鍵在於實際付諸行動，如何重新凝聚社會並且制定有效的短、中、長期計畫，以應對可能形成威脅之風險，將會是當前各國的重點。

二 國內 ESG 趨勢

2020 年 8 月金管會提出公司治理藍圖 3.0，目標帶動企業公司治理與責任投資，營造健全的 ESG 生態體系，以利企業持續創新成長，共推動五大主軸，包含規範股東會運作方式以強化利害關係人溝通，強調董事會成員多元化及獨立性以強化職能，2022 年永續報告書接軌氣候相關財務揭露（Task Force on Climate-related Financial Disclosures, TCFD）及永續會計準則委員會（Sustainability Accounting Standards Board）國際準則以提高資訊透明度，設置相關外資溝通管道及盡職治理公開評比機制以接軌國際規範，另外也建置永續板、推動永續發展相關債券及指數商品深化公司永續治理文化。另一方面，為強化公司治理藍圖，辦理公司治理評鑑，希望透過對整體市場公司治理之比較結果，促使企業重視並強化公司治理水平。第九屆（2022 年）公司治理評鑑指標組成包含四大構面，包含維護股東權益及平等對待股東、強化董事會結構與運作、推動永續發展及提升資訊透明度，而推動永續發展之分數權重比例上升，針對新增之永續指標，如是否依 TCFD 架構揭露相關資訊亦加重給分。

在法規面向，環保署於 2021 年 10 月提出「氣候變遷因應法」修正草案，草案修正重點除將 2050 淨零排放目標入法，增訂碳費徵收專款專用之外，為因應國際趨勢實施碳邊境調整機制，進一步強化排放管制及誘因機制促進減量，增強碳足跡管理機制及產品標示、同時亦將二氧化碳捕捉、再利用及封存等納入規範，以利相關負碳技術發展。

三 淨零排放趨勢

自 COP26 後世界永續浪潮興起，國家、企業、民眾皆積極投入於節能減碳，目標將人類活動所產生的七大類溫室氣體排放量與移除量達成平衡，於 2050 年達到淨零排放目標，以達成控制地表升溫攝氏 1.5 度，減緩氣候變遷的影響。

為達成此目標，各國政府積極制定淨零排放目標，歐盟於 2020 年推出《歐洲綠色新政》（European Green Deal），目標在 2030 年前減碳 50% 至 55%，並於 2050 年成為全球首個「碳中和」大陸；美國則於 2021 年設定 2030 年減碳 50% 至 52%，2050 年達成淨零排放的目標；中國大陸在 2020 年聯合國大會上宣示將於 2030 年達碳排巔峰，並於 2060 年達成碳中和；日本、韓國、新加坡等國陸續承諾於 2050 年達成淨零排放目標，政府也在 2021 年 10 月，由蔡英文總統宣布 2050 年淨零轉型目標，積極響應全球永續目標。

除了發布淨零排放目標之外，各國也陸續推出碳管理政策，歐盟於 2005 年推出世界首個《排放交易機制》（EU Emissions Trading Scheme, EU ETS），並於 2021 年發布《碳邊境調整機制》（Carbon Border Adjustment Mechanism, CBAM），在 2022 年更進一步通過《Fit for 55》修正案，預計自 2023 年開始試行，自 2027 年開始針對七大類產品正式徵收碳關稅，且陸續擴大適用產品類別；美國也提出《清潔競爭法案》（Clean Competition Act）預計在 2024 年開始施行碳關稅政策，針對超過碳含量超過基準線的進口產品，課徵每噸 55 美元（約新臺幣 1,650 元）碳關稅；中國大陸則於 2021 年 7 月正式啟動碳交易市場，從電力業開始逐步擴張納管範圍；我國也在 2022 年陸續公布《臺灣 2050 淨零排放路徑》、《上市櫃企業永續發展路徑圖》等政策，並提出《氣候變遷因應法》修正草案，預估將於 2024 年實施碳費制度，針對每年超過 2.5 萬噸碳排放之企業徵收碳費用，產業涵蓋水泥、石化、鋼鐵及半導體等。

透過上述各種碳管理政策的推動，各國政府陸續將碳排放全面納入自身管理責任，逐步往 2050 年淨零排放的目標邁進。

第二節　商業服務業在 ESG 及淨零趨勢下的風險與機會

一　ESG 趨勢之風險概述

　　氣候變遷帶來的影響已不容忽視，日益嚴重的氣候危機已經造成無數生命、企業以及城市面臨威脅，現階段因氣候變遷造成的自然環境惡化汙染、資源枯竭、氣溫不斷升高等問題已近在咫尺，所有企業都應即刻採取行動。

　　為了因應氣候變遷帶來的全球性危機，2015 年聯合國氣候峰會通過巴黎協定，190 個會員國承諾減碳；隸屬於 G20 的金融穩定委員會（Financial Stability Board, FSB）成立氣候相關財務揭露（Task Force on Climate-related Financial Disclosures, TCFD）工作小組，針對企業決策者與投資者發布通用的氣候相關財務揭露建議與指引，全力推動世界各國企業低碳經濟轉型。商業服務業可以依循 TCFD 建議指引中提出的氣候變遷風險與機會的分析框架，進行自身面臨的氣候變遷風險與機會的評鑑與管理，有助於企業決策者掌握低碳經濟轉型的風險與機會，也有助於投資者評估長期風險與成本效益。

　　在 TCFD 所定義的氣候變遷相關風險中，大致被劃分為兩大類：與低碳經濟相關的轉型風險及與氣候變遷影響相關的實體風險。在氣候變遷的低碳經濟轉型風險中，商業服務業將面臨政策與法規風險、技術風險、市場風險與聲譽風險；而在與氣候變遷影響相關的實體風險中，商業服務業則是需要考量立即性的實體災害，以及氣候模式長期性變化所帶來的長期性風險。

（一）氣候變遷轉型風險

　　隨著各國政府低碳節能的相關法令陸續上路，未來碳費或碳稅的機制也將陸續啓動以降低企業的碳排放量。政策上的改變對於企業財務衝擊的風險取決於改變的性質和時機，而商業服務業對於政策與法規風險應高度關注。例如 2022 年 4 月公布的氣候變遷因應法草案中已經規劃開徵碳費，未來本國企業的碳排放均有可能必須繳納碳費，將會增加成本支出的負擔。

　　另外，支持商業服務業在商業模式上轉向低碳，服務、設備或操作的效率改良或創新，都將對企業造成重大影響，如使用再生能源、導入智慧化維運，如零

售業智能庫存管理、物流業的智能檢貨、貨運路線優化等；管理與汰換老舊設備，如汰換老舊空調與燈具、燃油鍋爐改用燃氣鍋爐或氫能鍋爐等，企業皆可能為此付出大量的成本，可能因此導致財務規劃上的衝擊。而在新技術取代舊技術的過程中，「破壞式創新」對產業的影響，亦可能審慎評估。此外，目前我國的再生能源資源有限且價格不斐，因此，新能源與新技術的開發與使用的時機，以及是否必須付出較高成本取得營運所需能源，也會是評估轉型風險的主要不確定因素。

如今企業所服務的客戶或消費者，對企業氣候變遷管理的重視度不斷提升，對於商業服務業而言，為了迎接這樣的轉變，在致力於低碳轉型，提出對環境友好的服務或產品設計時，內部可能發生成本結構變化、原物料成本上漲、資產重新訂價等風險，而外部也可能發生客戶偏好轉變、產業汙名化或因負面評價導致的可用資本減少等風險，以上都是商業服務業應審慎評估的市場風險與聲譽風險面向。

（二）氣候變遷實體風險

氣候變遷帶來的實體風險，會依照氣候變化的模式對商業服務業造成不同的影響，例如因氣候變遷導致越來越極端的颱風、暴雨、洪水、乾旱等災害，可能對企業造成直接的資產損害、服務或業務中斷，及供應鏈斷鏈等情況，如強烈颱風或暴雨可能導致店面或倉儲遭受破壞，無法營業且損失庫存；對於需要取用自然資源的商業服務業也會造成來源與品質的問題，如在地化食材的取用，可能因氣候變遷導致供應無法穩定或是品質下降，引發連鎖性的經營問題；而因氣候模式改變造成的長期變化，如溫度上升導致長期的熱浪，海平面上漲、高溫導致戶外工作情況遭受衝擊等現象，對企業的營運場所、供應鏈、運輸需求及員工安全皆會帶來負面影響。

（三）小結

氣候變遷對企業所造成的風險將隨著時間的推移越形顯著，商業服務業對於氣候相關議題應盡早進行系統化的識別、評估及管理活動，面對特定的氣候相關風險，商業服務業應由董事會、高階管理層等為首，帶領各部門訂定風險因應策略、從市場變化、現有服務設計與轉型、場址配置、人力規劃、財務配置審視並監督風險管理決策的實施狀況，致力將氣候變遷風險所導致的衝擊與傷害降到最低。

二 ESG 趨勢之機會概述

危機即是轉機，提早識別出產業在氣候變遷下的實體及轉型風險，企業即可提早討論出因應措施，並且更有機會發展出相對應的市場機會。在 TCFD 所定義的氣候變遷相關機會，主要可以從資源效率、產品和服務、能源來源與韌性等面向進行評估，底下將會就各面向分析商業服務業在氣候變遷下的機會。

（一）資源效率

物流運輸是商業服務業營運重要的一環，同時也是串起與其他產業間服務和商品來往的一個重要橋梁，若能提前採用更高效率的運輸方式及配銷流程，進行低碳運輸轉型，不論是對公司自身或是環境皆可達到雙贏的局面；可以透過導入低碳 / 電動車輛，推動運輸路徑優化，藉由系統智慧化提升運輸效率以減少運載趟數等策略，有效降低運輸過程中的碳排放量並減緩環境衝擊。

（二）產品和服務

我國低碳社會與綠色經濟的推廣，加上疫情的影響，各產業除了開始致力於開發低碳服務與產品之外，低接觸、數位化產品體驗也成為趨勢，許多企業開始透過數位轉型，推出各式各樣不同的商業創新模式；像是房仲業透過智能賞屋、VR 賞屋的方式，讓消費者在家就可以準確的掌握房屋狀況，省去看房來回的時間及交通成本等，同時也創造出房仲業潛能，提升企業經營效益；此外，歐系家具業也針對企業客戶推出家居租賃服務，透過以租代買，打破傳統用完就丟的線性經濟轉變成為循環經濟，達到同時減少廢棄物產生，且能延長產品生命週期的永續效益。這種不論是為了因應永續趨勢或是消費者行為改變所產生的商業創新模式，為提升競爭力，將來會有越來越多在商業服務業下以不同的面貌誕生。

（三）能源來源 / 韌性

商業服務業所使用的能源相較其他傳統製造業來講較為單純，用電為主要的能源消耗來源，因此，在邁向低碳營運的路上，提前規劃使用綠電則成為第一重點策略，除了可以因應政府的政策，更能達到能源轉型減少碳排的雙重效

益。此外，政府也陸續提倡企業汰換老舊耗能設備，提供相關的補助以及申請環保署碳抵換的機會，協助企業在氣候變遷下能夠找到對應的生存之道。

再者，商業服務業也能靠著新興科技不斷的更新，利用 5G、AIoT、物聯網、大數據等，協助帶動產業轉型、進行智慧城市、智慧建築物的節能改造，以及鼓勵智慧製造，這些新興業務不僅能優化原本產線的流程與效率，也能達成能源節約與再利用，並降低汙染和溫室氣體的排放，以協助整體市場邁向低碳經濟。

（四）小結

商業環境持續變化，若企業能提前識別出在氣候變遷下的機會，除了能將風險所導致的衝擊與傷害降到最低，更能從危機中創造出無限的商業機會，透過商業策略、商業模式的重新塑造，提升企業面對環境趨勢的競爭力和韌性，更能達到永續發展的目標。

第三節 國際案例

一 聯合利華

聯合利華於 1984 年進入我國，至今已營運超過三十年，在臺經營之品牌包含多芬、麗仕、Clear 淨、凡士林、蒂沐蝶、白蘭、熊寶貝、立頓以及康寶等家喻戶曉之日常用品，可視為大眾生活不可或缺的重要良伴。

聯合利華視永續生活為其核心企業價值，於 2010 年啟動「聯合利華永續生活計畫」（Unilever Sustainable Living Plan, USLP），目的是要打造全方位永續之消費者體驗，並將之作為自身企業永續經營的基礎。該計畫著重在「減緩對地球之環境衝擊」、「提升消費者之身心健康及福祉」與「打造多元共融的世界」，藉由該計畫以實踐聯合國 2030 永續發展目標（Sustainable Development Goals, SDGs）所描繪的未來世界，期待透過將永續思維與商業模式結合，以建構便利生活的同時，同步讓永續意識納入消費者行動之 DNA。

▼表 8-1　永續行動

改善超過 10 億人的健康和福祉	減少環境的衝擊	改善數百萬人的生計
• 通過洗手減少腹瀉和呼吸道疾病 • 提供安全的飲用水 • 改善獲得衛生設施的機會 • 改善口腔健康 • 提高自尊 • 幫助改善皮膚癒合 • 降低鹽含量 • 減少飽和脂肪 • 去除反式脂肪 • 減少糖分 • 減少卡路里 • 提供健康飲食訊息	• 以可再生方式獲取所有能源 • 向社區提供剩餘能源 • 減少運輸產生的溫室氣體 • 減少製冷產生的溫室氣體 • 減少辦公室的能源消耗 • 減少員工差旅 • 使用較少水的產品 • 減少農業用水 • 可重複使用、可回收或可堆肥的塑料包裝 • 減少包裝 • 減少紙張消耗 • 消除流程中的紙張 • 落實可持續性採購	• 實施聯合國商業與人權指導原則 • 建立公平補償框架 • 改善員工的健康、營養和福祉 • 減少工傷和事故 • 建立一個以管理為重點的性別平衡組織 • 促進我們經營所在社區的女性安全 • 增加獲得培訓和技能的機會 • 擴大我們零售價值鏈中的機會 • 改善小農的生計 • 提高小型零售商的收入

資料來源：作者整理。

　　針對上述指標，聯合利華定期公布達成進度與落實情形，並針對實際需求調整目標，以貼近外部永續發展之趨勢，綜觀聯合利華於 2021 年發布之《Unilever Sustainable Living Plan 2010 to 2020》報告中所揭露之 61 項指標，29 項達成，9 項接近達成，7 項執行中，16 項指標未達成，落實比例（含接近達成項目）超過 6 成，進一步檢視報告內容，聯合利華針對「如何將永續結合商業模式創新行動」提出四點重要觀點：

（一）降低永續行動門檻，提升消費者參與永續行動之便利性

　　永續元素對於消費者而言只是產生購買行為的一個參考因子，而非主要因子，聯合利華承認在初始階段，低估改變消費者行為這項挑戰的難度，應將如何讓消費者對於永續行為有更大的吸引力納入專案評估重點，同時要確保企業在與消費者溝通的過程中，能明確說明自身產品之於永續生活之關聯性。

（二）創新之商業模式應著重於系統性的變革

　　企業應把資源投注在能有最大限度發揮潛力之議題，如開發新的技術，投入再生能源等。

（三）使用適當之衡量社會影響之指標

　　企業衡量專案影響之指標應標準化，使用同樣的測量工具，維持數據統計之一致性，以利於進行追蹤及比較。

（四）保持靈敏的行動

企業設定短中長期的目標時，決策往往取決於當時的時空背景，隨著永續思維的快速擴散，企業應及時留意內外部利害關係人重視之議題，並以此基準調整自身永續行動，以實踐永續作為。

二　Nike

創立於 1964 年的 Nike，從幫助運動員發揮卓越表現起家，如今發展為全球居民日常生活常見的服飾與鞋類供應商；Nike 同時也是循環經濟的創新領導者，透過一年銷售約 8 億雙鞋子、45 個國家 700 家商店的影響力，將零廢棄物的商業模式帶到世界各個角落。

一雙 Nike 運動鞋會使用到人造皮革、橡膠、發泡材質與紡織品等材料，過去在被消費者廢棄時，因為缺乏材料分解與回收再生的誘因，往往造成數量龐大的垃圾。「Nike Grind」旨在解決上述問題，從 1993 年起的概念發展至 2018 年的成熟運作，如今在球鞋廢棄之後，運動鞋所使用的材料可以透過 Nike 循環的商業模式與分解回收技術，再運用於製造球鞋、跑道面層、健身房地墊、手機保護殼等處；Nike 世界總部的草坪亦運用了 120 公噸的 Nike Grind 再生橡膠來製成，而 2020 年初在我國重新整修開幕的尚智 Nike 西門紅樓店也將 Nike Grind 材料融入建材當中。

除了自家的鞋子，Nike 亦透過美國、加拿大、西班牙、義大利等數百家商店回收任何品牌的鞋子，並逐年擴大其循環影響力。Nike Grind 亦解決了鞋類與服飾品製造過程中廢料產生的問題，2021 年 Nike 已做到 55% 的製程廢料被回收再生。Nike Grind 為舊有的線性商業銷售模式，帶來循環的商業新機會，原先被視為廢棄物的舊鞋與材料，被 Nike 分解為各種材質後，進一步成為製程材料與新銷售商品，減少原物料使用並創造出新的收益流。

除了回收，翻新（Refurbishment）也是 Nike 努力的方向，2021 年公司啟動了 Nike Refurbished 企劃，跳脫「再製」的框架，將舊商品整修後以合理的價格賣出，將資源被利用的時間盡可能延長，並將回收再製視為最後手段。

根據官方資訊，Nike Refurbishment 將二手球鞋分為三個等級：很新（Like New）、輕微磨損（Gently Worn）、外觀明顯瑕疵（Cosmetically Flawed），並

接受消費者在購入商品後的 60 天內可退貨，若商品不適合再上架便會優先捐給社區機構，不堪使用者則進入 Nike Grind 打造再生材料。目前美國已有 15 間店參與此計畫，在推動地球永續的同時也讓更多消費者有機會用低價格入手夢寐以求的鞋款。

Nike 將 20 餘年的循環推動經驗寫入其循環設計指南（Circularity：Guiding the Future of Design），手冊中提出 10 大原則：

- 材料選擇（Material Choices）：選擇低衝擊的回收材料
- 可回收性（Cyclability）：設計時便考慮廢棄回收的階段
- 廢料減免（Waste Avoidance）：最小化製程階段的廢棄物
- 拆卸性（Disassembly）：產品容易拆解成零件
- 綠色化學（Green Chemistry）：減少危害物質使用
- 翻新（Refurbishment）：透過維修延長產品壽命
- 多功能性（Versatility）：具風格與活動適應性的產品
- 耐用性（Durability）：透過材料選用與製法讓產品更耐用
- 循環包裝（Circular Packaging）：具目的性且可回收再利用的包裝
- 新型號（New Models）：建立延長產品壽命的服務與商業模式

Nike 首席設計總監 John Hoke 發表這本指南時表示，包含 Nike 在內的時裝界有責任提出完整的設計解決方案，從產品的原物料採購、製造、使用到退貨等各環節，單靠個別品牌是不夠的，而是需要整個行業共同來推動永續轉型，以面對迫在眉睫的氣候危機。

三 Panasonic

Panasonic 集團訂立全球承諾「Panasonic Green Impact」，以四個概念（節能、創能、儲能、能源管理）不同的影響力為主軸，透過商業營運規劃實際行動，由內而外的擴散影響力，協助建構淨零排放社會。Panasonic 善用自身既有技術優勢，以人本需求為產品研發出發點，透過節能、創能、儲能三大類型產品，發揮事業的影響力協助客戶節能減碳，以下分別就三大類型產品說明：

（一）智慧節能

Panasonic 從產品規劃、研發到產銷面向，評估自身產品對環境影響，並將有助減緩地球暖化的產品歸為綠色產品（Green Products, GPs），並增加相關綠色產品的銷售量。其中 GPs 又分為三種：超級 GPs、策略 GPs 及一般 GPs，分別代表產品可以為永續社會帶來風潮、促進永續社會，及有助環境改善。

Panasonic 根據自身產品線，分別從家庭用及營業用兩大消費端，進行相關節能產品之研發，包含聚焦家庭使用的 HOME IoT，及營業店家使用的 Advanced X，根據不同型態之消費者，提供差異化產品，滿足不同消費者之需求。

▼表 8-2　節能產品

節能產品線	產品概念	節能效果
HOME IoT	Panasonic 提供給消費者 HOME IoT 的系統智能住宅改善方案，整合各項電器、電動車充電樁能源使用情形，並透過 AI 預測，最佳化住宅太陽能光電供電情況。	• AI ECONAVI 智慧節能科技 -ECONAVI 精準智慧節能感應器的空調，主動偵測室內人體的活動位置、感應日照變化程度、調節氣流及分流風量，能更有效調節溫度，達到節能省電的最佳效果。 • IAQ 空氣品質系統 - 通過 IAQ 空氣品質系統對於室內空氣的監控，智能控制供氣和排氣，促進空氣循環，提升室內空氣品質。
Advanced X	臺灣 Panasonic 開發了 Advanced X 的智能能源管理系統，通過設備控制、電力查詢、故障履歷、運轉查詢、資產管理、系統設定六大功能，讓業主能掌控店內的電力使用情形，進一步的去規劃節能減碳。	• 透過全方位智慧環控資訊系統與空氣品質商品整合，提供業主客製化服務，除了提高商品附加價值外，還可提供能源管理服務，將用電可視化、耗電資訊及用電試算統計等功能進行管理。

資料來源：作者整理。

（二）智慧創能

臺灣 Panasonic 除研發自有產品外，同時透過異業結盟，與中油及大台北瓦斯等在地能源公司合作，包含：

• 與中油公司合作完成二臺 700 瓦燃料電池的建置及燃料電池 EMS（宿舍熱水器系統）的建置。在新能源技術研發上，完成試做生產純氫燃料電池。
• 與大台北瓦斯公司合作，設置採用 GHP 型瓦斯空調，以提升能源效率與降低發電衝擊及輸電損失。並合作進行瓦斯空調系統的推廣及安裝，降低尖峰用電，並且在不受電力影響下持續提供空調運行。同時設立瓦斯空調研修教

室，讓民眾認識新型能源空調方案。

（三）智慧儲能

Panasonic 與量販店業者及電子製造大廠合作建立儲能合作計畫，採用 Panasonic 自有 21700 電芯，開發出高電壓大容量電池系統，整合再生能源與區域型用電，除節省電費，並達到優化緊急備援系統及提升太陽能發電的電力儲存與調節的效果。

（四）永續智慧社區

Panasonic 利用舊工廠址，打造藤澤永續智慧社區（Fujisawa SST），實現永續智慧的生活方式。其中包含增加能源使用效率、生產乾淨能源、並設置儲能設備等，降低社區對環境的衝擊，同時增加社區韌性。臺灣 Panasonic 引進藤澤永續發展城市的經驗，與臺南市政府合作推動智慧低碳宜居城市，透過設置太陽能板發電、鋰電池儲能及能源管理系統等能源設施，實證透過創能、節能、儲能的零排碳生活。並在沙崙科學城與工研院合作，設置智慧居家實證屋，實證藉由導入智慧家電及空氣品質管理系統，調節電力負荷需求，可有效節省電力耗用及排碳量。

第四節　國內案例

一　統一超商（7-ELEVEN）

身為國內四大超商之一的統一超商（7-ELEVEN），於 1987 年成立，第一間實體店面於 1980 年開幕，截至 2021 年已在臺擁有超過 6,400 家門市，並且持續展店擴大規模，全球門市總數高達 66,581 家，分布於 20 多個國家。以「我的永續，你的日常」為概念，讓消費者透過全臺門市，以簡易、便利的方式實踐永續於生活，連續三年入圍道瓊永續指數（Dow Jones Sustainability Index, DJSI）「世界指數」與「新興市場指數」成分股，並在多項 ESG 評比有相當優異的成績。在 2021 年定調為統一超商的永續元年，將持續致力於「永續地球」、「共好社會」及「幸福企業」三大目標。

（一）深化減塑行動 ── 替代材質使用

統一超商強化食品包材環保等級，以第三方認證之可分解塑膠材質 Cycle+ 作為鮮食包材。該包材為生物分解材料，不僅能正常加熱，且不會排放出有毒物質，更能在使用完畢後 2 年內自然分解，有效減少垃圾產生。

（二）綠色消費模式

因應疫情帶來的網購商機，衍生出許多包材的浪費，統一超商將自身「交貨便」服務包材進行減量並輕量化，2021 年也開始與社會企業配客嘉（PackAge+）合作，將包材轉換為可分解包材，並且循環利用，消費者收到貨物後，即可將盒內物品取出，並將外包裝返還至門市歸還以重複利用及避免浪費，且外包裝材質使用環保材質製成，使用期限耗盡時，仍不必擔心垃圾無法分解的問題。

（三）惜食管理

統一超商提供消費者便利的供應系統，根據聯合國糧食及農業組織（Food and Agriculture Organization of the United Nations, FAO）統計，全球生產的食物中有 3 分之 1 遭到丟棄，每年約有 13 億噸的食物浪費，為了珍惜食物，統一超商在食物的供應上，由「生產」、「訂貨配送」及「零售」三個階段著手，並且成立相關專責單位解決食物過剩的問題。

1. 生產

將原先的預估生產，轉變為以需求導向的接單生產並集中生產，避免相同原料在不同時間、空間的使用下產生差異與浪費。其次，在生產前再進行二次原料預估調整，更能精準評估備料的使用，避免因任何原因造成的訂單波動而造成浪費備料。而生產過程中產生的格外品，統一超商將其提供為員工餐，或讓員工認購以降低食物的浪費。

2. 訂貨配送

建置 AI 訂貨預測系統，精準掌握訂貨及報廢商品之數量，針對銷售數據較低、高報廢率之產品加以監測。此外，鮮食訂貨時間調整至送貨前 12 小時，讓鮮食廠能更早調節供需，將食材耗損降至最低。

3. 零售

推出「i 珍食專案」，控管食物保存期限，當食物賞味期進入末 8 小時，設計進入折扣優惠時段。消費者可於統一超商 App 中查詢，透過折扣吸引消費者響應惜食活動。根據相關報導，該活動於 2021 年共減少近 6,500 公噸的剩食，透過與消費者的共好來有效減少食物浪費。

統一超商透過長期的研究與觀察，以創新、整合的經營模式，將永續概念融入門市。該企業於 2022 年「永續行動年」，將與利害關係人展開「永續地球，你我日常」永續行動。

二　嘉里大榮

嘉里大榮物流公司，已成立超過 60 年，主要提供國內貨物路線運輸服務。服務對象包含國內各地客戶，並且提供冷鏈、偏鄉農特產配送、醫藥物流等服務。服務據點與車隊遍及全島，並延伸至澎湖、金門等離島地區，為我國主要運輸物流服務業者之一。而物流本身首重效率，因此嘉里大榮物流透過定時發車設計，規劃區域間長程班車，並以軸幅式網路（Hub-and-Spoke Network）架構貨物運輸的網路骨幹，並透過各地衛星營業站所的佈點完成貨物託運任務。

（一）營運綠色轉型

由於物流業存有顯著的環境影響，因此嘉里大榮自 2019 年開始，即陸續針對自身營運過程進行改善，包含：

1. 持續汰換老舊車輛成為歐盟五期環保法規車輛、2020 年起引進油電貨車試營運、2021 年開始導入歐盟六期環保法規車輛。營運據點使用的搬運機具亦評估逐步以電動堆高機取代柴油堆高機，相關冷凍機組及冷鏈設備皆採用 R452a 冷媒。

2. 於 2018 年起開始加入綠色電力建置，並陸續於 9 個營運據點於建物設置太陽能板蓄電。除此之外並將再生能源與節能減碳設計，規劃於未來新建的營運據點中，持續擴大綠色產業和促進可再生能源的運用。

3. 持續導入綠色採購，參與行政院環境保護署的「民間企業與團體綠色採購」

計畫，訂定年度採購金額目標，以驅動企業響應綠色採購活動。逐步檢視採購品項，導入符合綠色採購標章之產品。於 2020 年與 2021 年皆獲取臺北市綠色採購表揚獎狀。

（二）導入「電動三輪車」綠能智慧配送物流

在疫情下，消費習慣改變，宅經濟讓城市內大量電商物流運作成為議題。在此情況下，營運上會經常面對運輸車輛運轉、交通阻塞、停車困難、車輛拖吊等問題，而且過程中產生的碳排議題也成為焦點。因此，嘉里大榮於 2022 年第二季，導入電動三輪車，因屬於電動化運具，可配合 ESG 政策推動，符合國內外客戶期待。此外，同時可以解決都會區駕駛員短缺問題，有重型機車駕照即可使用；另高積載率與小體積的優勢，可於巷弄內穿梭，亦可減少停車困擾。除此之外，軟硬體整合的平台可以實現智能派遣車隊，透過控制車輛動態，提高車輛派遣效率。在此計畫下，將同時可以為物流的最後 1 哩配送，帶來效率提升以及環境永續的效益。

三 王道銀行

王道為國內首家獲得 B 型企業認證的上市公司與金融業者，憑藉首創的「影響力專案」榮獲 2021 年 GCSA 全球永續獎「最佳案例獎」世界組績優案例，除此之外還榮獲 TCSA 臺灣永續獎四大獎項，包括綜合績效類「臺灣永續企業績優獎」，單項績效類「性別平等領袖獎」與「創意溝通領袖獎」，以及永續報告類金融及保險業「金獎」，其案例值得參考。

社會弱勢往往因競爭力、適應力、生活能力或環境等因素遭受不平等的對待，以致社會地位較低且難以累積財富。然而弱勢群體在面臨緊急且立即的資金需求時，卻經常因種種限制較難取得銀行貸款或是沒有良好的貸款條件，反而造成更大的困境。王道銀行為了幫助弱勢群體度過一時的難關，於 2020 年底推出「影響力專案」，邀請客戶加入「影響力存款」，提供年利率較高的定儲，從一千元至兩億，並強調此資金專款專用，僅提供給經濟弱勢族群申貸，提供小額、無開辦費且較低利率的「影響力貸款」，幫助經濟弱勢群體用於生活緊急狀況，發揮自身金融本業的力量，結合客戶的支持，讓存款發揮不一樣的影響和改變。

　　國外也有類似的成功案例，在印度、孟加拉的格萊銀行（Grameen Bank）向窮人提供不需要抵押物的微型貸款，放款對象主要是動機單純、想創業的貧鄉婦女，借貸金額雖低，卻足以改善一家人的生活，且還款率高達 99.9%，創辦人尤努斯更因而獲得諾貝爾和平獎。王道銀行董事長駱怡君曾於受訪時表示：「影響力存款不只讓存款客戶存錢並累積利息，更能讓經濟弱勢族群有機會獲得資金協助，讓他們更有能力去翻轉生活；我們希望運用金融中介的力量，串連起需要幫助者與想要助人者雙方，發揮銀行正向的影響力。」。

　　王道銀行與多家輔導弱勢族群就業的非營利組織和社會企業合作，包含第一社會福利基金會、臺灣婦女展業協會、杉林大愛縫紉生產合作社、食藝餐飲公司及介惠基金會，藉由合作單位的評估與轉介，幫助其聘用之經濟弱勢的員工或輔導就業的個案獲得所需的資金，此外還有部分合作單位運用從薪資提撥還款的方式，使員工得以累積良好的信用紀錄。除此之外，王道銀行更擴大影響力貸款的適用群眾，提供持有政府核發之低收入戶、中低收入戶證明者申請，提供最高 10 萬元貸款，並享手續費全免、一般信貸年利率減降 2%、最長 3 年還款期限等優惠，讓弱勢群體得以度過經濟困境，甚至獲得改變人生的機會。對客戶而言，除了獲得存款利息和保障外，更多了一層存款的意義和用途：幫助弱勢群體度過生活緊急狀況重建生活。

第五節　提供國內商業服務業 ESG 的行動方案

　　宏觀環境的變化提供商業服務業價值重構與商業模式創新的機會，而惟有落實 ESG 者方能掌握相關契機，基此，勤業眾信永續發展團隊建議，企業應以前瞻性思維，針對環境（E）、社會（S）及治理（G）進行妥善管理，以下將商業服務業各面向應重點注意的方向提出相關建議。

　　在環境面向，減碳是重要之議題，商業服務業的碳排放以電力排放為主，可透過設備或操作行為改善、使用低碳能源、商業模式低碳轉型、綠建築等四大層面推動商業部門的產業轉型。

1. 設備或操作行為改善：

如更換 1 級能效的空調及冷凍冷藏設備、汰換老舊燈具改採節能 LED 燈、最佳化空調操作等，以提高設備能效來強化能源使用效率，除了能夠減低碳排放，更能減少電力消耗，大幅節省電費支出成本。

2. 使用低碳能源：

如使用電氣化運輸工具取代傳統內燃機車輛、以熱泵或燃氣（天然氣或氫能）鍋爐替換傳統燃油鍋爐、提高再生能源使用比例等，藉著新技術及永續能源資源的使用，主動減少化石能源的需求及依賴。

3. 商業模式低碳轉型：

如導入智慧管理、智能檢貨、智能運算等新技術提高工作與營運效率，並以 AI 智能優化物流及工作流程，餐飲業則可提高在地採購比例，優先選用在地食材，提供低碳菜單等方式，降低提供服務所產生的碳足跡。

4. 綠建築：

如藉由提升新建物的外殼隔熱效果及能源使用效率，降低建物空調使用需求及能源消耗，可大幅降低因電力使用所產生的碳排放。

在社會面向，企業營運需要受到不同內外群體的支持，因此企業需要妥善經營利害關係人關係，包含供應鏈上下游、員工、客戶及社區，才能確保經營的穩定和持續。除此之外，員工更是達成企業永續的關鍵因子，建議企業可採取以下行動提升社會面承諾：

1. 建立永續人才：

因應永續轉型，企業辨識永續人才的要求，並建立永續職能地圖。由於淨零議題的發酵，讓企業內各功能，包含產品研發、服務設計、營運、售後、財務、人資……等，對於氣候變遷對於市場、法規、技術等影響，皆必須存有相關知識，方得以因應。因此，透過建立永續職能地圖，根據企業在 ESG 的關鍵議題需求建立對應能力以及績效目標，除讓企業現有人員能更好的隨企業策略轉型外，搭配永續人才管理與實務執行，持續吸引能夠回應未來需求的綠領人才。

2. 將人權納入風險管理架構，並以盡職調查履行企業人權承諾：

企業對於建立多元包容的勞動關係，以及有利員工福祉的勞動條件及環境責無旁貸。人權議題廣泛多元，例如「勞工面」的強迫勞動、同工同酬、集體談判、健康安全風險辨識，到「社會面」的健康危害、多元族群就業、居住權……等。企業可以透過辨識企業營運過程相關人權風險、提出改善措施、追蹤、溝通與承諾。由於國際已逐漸用更高的標準檢視企業對於勞動方面的績效，因此除了基本合規需求外，企業應積極將人權與勞動治理納入風險管理架構，從源頭盤點、控管人權議題對企業營運造成的可能衝擊，並延展至下級供應商管理範疇，全面提升企業營運體質及韌性，以回應國內外人權治理浪潮。

3. 建立與企業核心相關的社會參與策略：

由於商業服務業與社會往來密集，透過選定有效的社會參與活動，除了能讓員工透過自身專業協助他人，提升自我價值感與深化企業認同感之外，亦可在幫助需要對象的同時，能夠達到提高企業聲譽、人才吸引與拓展市場之效果。因此，建議商業服務業應該建立社會參與策略，透過識別與企業文化、社會需求呼應，且與企業核心能力相關的領域，規劃一系列專案。並建立管理流程、指標與績效衡量方式，持續確認社會參與投入的有效性。

在治理面向，商業服務業仍應注重公司治理、風險管理與法令遵循層面等要求，並強化 ESG 的績效揭露：

1. 公司治理層面：

董事會與經營高層對於永續議題的涉入仍然相當關鍵。在推動永續議題過程中，涉及的並不僅限於是對現行產品、服務的調整，而是基於永續對企業在未來 5 年到 10 年經營策略的影響，董事會與經營高層必須充分理解相關議題產生的影響。

除此之外，確保企業經營本質秉持誠信，公司治理架構與績效制度上持續確保股東、投資人的權益，仍是基本。企業可以評估對標準 ISO 37001 反賄賂管理系統，來落實誠信經營管理。

2. 風險管理層面：

氣候變遷對於商業服務業本身，將帶來不同層面的機會及衝擊。氣候變遷、

ESG 的議題，隨著外部環境的改變，會存有動態的變化。因此商業服務業應將 ESG 納入企業風險管理過程中的一環，定期識別與重新評估對企業帶來的影響。

適逢證交所於 2022 年 8 月開始推動「上市上櫃公司風險管理實務守則」，搭配 TCFD 所提出的氣候風險管理方法，商業服務業可以透過整合性的風險管理架構，將氣候變遷與策略、營運、法遵、報導……等相關領域的風險進行系統性的管理。

另外，在風險管理上，資訊安全、個人資料保護與營業秘密保護等，亦為商業服務業可以展現企業對於保護顧客資產、對抗資訊風險與確保智慧財產權的能力。由於因永續而提出的新型態服務或營運模式，也相當可能是透過數位轉型而達成，因此相關資訊風險亦應考慮在內。

3. 法令遵循層面：

由於 ESG 議題已經從早期的自願性參與倡議的形式，逐步轉換成為法規要求，也從早期以揭露為主的管理方法，往前延伸到對於管理做法的規範。因此企業必須要建立能力，識別與 ESG 相關的法令法規。而且各國對於 ESG 的管理方法不見得一致，有些法令設計甚至是可延伸至域外公司（如歐盟邊境碳稅），跨境營運的公司更需要建立此機制以確保合規。

除了避險之外，由於減碳需要動機，因此各地也會陸續提出以「機會」為主要形式的法規，例如國內環保署為了促進減碳，因此推動「微型規模抵換專案」，讓再生能源、節電量、溫室氣體排放較低等的中小型排放源也能夠有機會獲取碳權。因此，法令遵循、管理，甚至是運用法規提供的優惠而獲取優勢的能力，亦是推動關鍵。

4.ESG 的績效揭露：

目前國內主管機關對於上市櫃公司推動的揭露準則，主要包含全球報告倡議組織（Global Reporting Initiative, GRI）的指引、永續會計準則委員會（Sustainability Accounting Standards Board, SASB）的指引及 TCFD 建議，未來將可能進一步受國際永續準則委員會（International Sustainability Standards Board, ISSB）所出具的永續揭露準則 S1 與 S2 影響。

不過除了以法令遵循的視角來考慮 ESG 績效揭露以外，商業服務業也應納入銀行、投資人目前對於 ESG 注意的績效指標，以確保在獲取市場資金與融資

上的優勢。而績效指標本身，也更應該以成果式的方式訂定，從未來要達成的目標拆解後，轉換成年度應達成的成果，以顯示企業在 ESG 層面投入的決心。

第六節　總結

全球疫情、極端氣候事件、變動的全球政經情勢持續對企業永續經營帶來莫大的衝擊，而在此多變且富有挑戰性的環境下，企業應積極落實 ESG 的推動、強化風險管理，及早因應永續轉型，為未來業務尋找新的機會。

企業除了自身的減碳行動外，須將範疇延伸至供應鏈夥伴，透過制定氣候變遷調適策略，設定淨零目標，規劃整體可行的減碳路徑，並提早進行能源的短中長期規劃，有助於企業掌握穩定的能源供給，進一步鎖定價格，以確保在法令法規、機構投資以及國際客戶的淨零排放要求下，能有效降低碳風險對企業獲利結構、資金運轉靈活度的影響，避免業務掉單危機甚至被時代淘汰。而大環境的轉變改變了市場的遊戲規則，也帶來無限的商機，未來更低碳的產品與服務，將擁有更高的市場溢價空間。企業應思考營運發展方向如何更好的結合低碳與能源趨勢，強化在全球低碳轉型所扮演的角色，增進市場競爭力，同時開創營運的全新藍海，實現企業永續發展的意義。

另一方面，在主管機關的大力推動下，上市櫃公司氣候相關非財務性揭露的「量」近年整齊提升，企業永續相關數據整合應用，假以時日便是作為促進產業發展的重要依據；更重要的是，從過往的 EPS 到現今的 ESG，不論是主管機關、投資人或是其他利害關係人，不再只關心企業財務資訊，更要求企業透明揭露非財務面向的 ESG 績效，以評估企業韌性及永續治理能力。未來如何真正將 ESG 融入管理實務與發展策略，以及企業個性化的呈現與溝通，則是下一步亟需努力的方向。

綜觀上述，永續將重新改寫企業營運與風險管理，成為市場全新的運行法則，企業在評估 ESG 風險的同時，可同步將其視為機會，尋求將 ESG 融入現有的商業模式、策略、產品和服務，專注於利用永續轉型提升企業價值。企業的經營不再是僅為了股東利益，而是為了所有利害關係人創造長期價值，朝向企業永續經營的大目標。

CHAPTER 09 決戰疫後新局 —— 以科技賦能加速數位轉型

iKala 共同創辦人暨執行長　程世嘉

第一節　前言

　　在 COVID-19、戰爭、通膨、升息等多元因素影響下，全球景氣呈現劇烈波動，民眾的消費模式亦加速改變，從零售業到餐飲業、休憩服務業、生活服務業，都必須迎接挑戰。在眾多產業中，又以泛零售產業的衝擊最大，不僅要因應整體經濟市場調整商務模式，如 COVID-19 帶來的低接觸經濟，還要因應政策法規、消費者行為等變化重塑或優化產品服務。但與此同時，這也成為推動數位轉型革新的關鍵契機，泛零售業者透過數位應用、智慧創新，逐步展現嶄新面貌、創造新商業價值。

　　泛零售等企業對數位轉型的迫切需求，可以從研究機構 IDC 釋出的《IDC 全球數位轉型支出指南》2022 年調查數據[1]窺知一二：全球企業花費在商業實踐、產品與組織的數位轉型支出較去（2021）年成長 17.6%，預估將於 2022 年底達到 1.8 兆美元，而且，未來五年（2022-2026 年）的數位轉型投資力道都將維持在同樣水準，年複合成長率（CAGR）達 16.6%。

　　iKala 淬鍊多年提供企業的服務經驗提出 DAA（Digitalization, Analytics, and Application flywheel）飛輪架構，在企業導入 AI 服務時有明確路徑可依循。簡單來說，DAA 飛輪架構的 Digitalization（數位化）就像是企業體

註1　International Data Corporation（IDC ）發布《全球數位轉型支出指南》2022 年 5 月。

質，Analytics（數據分析）就像是可以調理企業體質的中藥，而 AI 賦能的 Application（行銷科技應用）則像是可以看到立竿見影成效的西藥，DAA 飛輪架構沒有先後順序之別，企業客戶可依現況展開第一步，其後，再因應飛輪架構展開循環，一步一腳印的透過創新轉型提升企業韌性與競爭力，更好的獲取新客與留住舊客。

一 泛零售產業面臨的營運挑戰

　　泛零售等企業之所以會加速創新轉型步伐，除與商業活動深受 COVID-19 影響有關，也跟其面臨的營運挑戰有關：

　　第一：數位經濟崛起讓消費者行為變得越來越破碎且難以預測，COVID-19 反覆爆發讓消費者的食衣住行育樂都與數位服務產生連結，無論是數位原生族或者是數位移民族都越來越倚重數位通路處理日常生活與工作事務，以網路銷售為例，根據經濟部統計數據[2]，臺灣零售業網路銷售額年年攀升，在去（2021）年達新臺幣 4,303 億元的高峰，創下年成長率 24.5%，明顯優於全體零售業營業額（年增 3.3%），成為不可輕忽的疫後新常態，而這也意味著，消費者的注意力、時間與行為將被切割得更為破碎，如何在跨域、破碎的虛實環境中與消費者建立正向接觸點，同時，確保服務體驗與品質，是每一個零售品牌業者都不能輕忽的課題。

　　第二：Cookieless 世代來臨不僅會衝擊、翻轉品牌主與行銷人員的思維與手段，也提升了精準行銷的難度。沒有消費者的同意，行銷人員不能擅自透過 Cookie 追蹤消費者的數位軌跡以擬定行銷策略，需要累積第一手資料跟透過數位科技更精準地辨識消費者的數位身分與行為。例如，打造顧客數據平台（Customer Data Platform；CDP）並且透過人工智慧（AI）技術協助品牌主進行跨瀏覽器、跨網站、跨應用程式的自動辨識與勾勒消費者輪廓，建構高精準客戶模型，利用視覺化戰情報表進行決策分析，讓品牌主與行銷人員在沒有瀏覽器 Cookie、或行動 App 廣告識別 ID 的狀況下也可以鎖定目標客戶，投放其感興趣的廣告行銷內容方案以實踐精準行銷。

註2　經濟部統計處於 2022 年 2 月發布「網購市場順勢躍升新高，成長率優於整體零售業」產業經濟統計簡訊。

第三：高齡化與少子化趨勢將導致企業面臨勞動力不足、人才短缺等窘境。面對消費者行為改變、低接觸經濟（Low-Touch Economy），以及虛實融合（OMO）的 D2C（Direct to Consumer）商模崛起，零售品牌主將面臨極大的人力資源挑戰，包括現場服務人力不足、不熟悉跨世代消費者需求、欠缺熟悉數位科技的人才，以及持續演化的混合辦公型態等，面對多元人才挑戰，需要自動化系統與設備提升營運效能、優化流程體驗。

為因應上述挑戰，金融、遊戲、娛樂、餐飲、媒體、3C、快消品等泛零售業者在過去幾年積極擁抱轉型，嘗試以 DAA 飛輪架構提升營運韌性跟重塑商業模式，確保其可以在虛實融合的未來世界，更安全、高效且智慧的跟消費者溝通與互動。

二 DAA 飛輪架構成為企業轉型的最佳路徑

儘管每一家企業的商務模式、資訊化程度，以及對數位轉型的認知、目標與行為都不同，但從業務營運層面考量，都是為了跟客戶建立更好的互動與提升營運績效，因此，如何因應企業營運挑戰，從小處著手、取得巨大成效，而後循序建立專屬 DAA 飛輪架構變得十分關鍵。

第一：DAA 飛輪架構的 D 是指數位化（Digitalization），這邊提到的數位化有兩個層次，首先是透過雲端架構打造可彈性、敏捷因應業務需求做調整的現代化資訊基礎架構，其次是透過數位科技打破系統藩籬、數據孤島等挑戰，將企業內部的企業資源規劃（ERP）、客戶關係管理（CRM）、供應鏈管理（SCM）、端點銷售系統（POS）等系統資料串聯在一起，同時，將外部社群媒體公開數據收集、彙整在一起，藉此真正掌握消費者資料，進入數據分析（Analytics）階段，推動以數據驅動的創新轉型旅程。

第二：DAA 飛輪架構的第一個 A 指的是數據分析（Analytics），透過機器學習（ML）、人工智慧（AI）等數位科技強化分析能力，以提升企業應變力，具體做法是透過建立數據中台與因應業務（或場景）需求進行人工智慧分析、萃取可行動的洞見，進而擬定與優化決策。舉例來說，為解決流量紅利消失、廣告成本飆升、新客只逛不買以及客戶體驗不佳等問題，泛零售業者透過顧客數據平台（CDP）與人工智慧（AI）技術進行個人化商品推薦、分眾行銷自動

化、喚醒沉睡用戶、多品項銷量預測、商品以圖搜圖等服務，幫助零售電商逆境突圍，挖掘全新市場；至於在金融服務領域，則是透過顧客數據平台（CDP）與人工智慧（AI）技術持續不斷優化 KYC（Know Your Customers）流程，然後，透過先進分析技術找出符合客戶需求的金融、保險商品等。

第三：DAA 飛輪架構的第二個 A 則是指行銷應用（Application），透過人工智慧技術驅動的行銷科技（MarTech）協助企業進行成效型精準廣告投放，藉此提升既有客戶的終身價值，同時，透過當下最夯的網紅行銷與社群行銷，加快獲取新客戶的腳步，在疫後新零售世界，數位原生族（X 世代、Y 世代、Z 世代）漸漸成為消費主力，對其來說，產品功能服務固然重要，更關鍵的是認同與體驗，因此，透過其熟悉的管道、熟悉的代言人進行精準行銷的成功率較高，這也衍生出產業新需求，企業更加需要能協助其判斷網紅行銷成效、展開社群銷售的行銷科技方案。

對企業來說，人工智慧驅動的行銷科技是最容易切入的領域，理由有二：其一，行銷科技可以直接解決企業面臨的挑戰，如精準掌握網紅行銷，或是像 COVID-19 期間必須即時解決「獲客」等較急迫性的問題，同時，能較快體驗到數位轉型帶來的效益；其二，行銷科技的進入門檻相對低且系統介面易於使用，因此，企業無須擔憂人才技能問題，可以快速體驗 DAA 飛輪架構帶來的轉型效益。

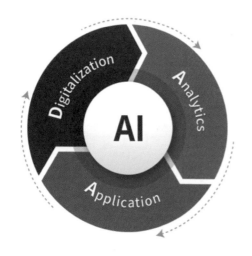

iKala 萃取多年服務經驗，提出 DAA 飛輪 (Digitalization, Analytics, and Application flywheel) 架構，透過數位化、分析能力、以及行銷應用組成的框架，讓企業在導入 AI 應用時，有明確的策略、規劃、及發展藍圖。

數位化
打造商用雲端建設及雲端全通路顧客數據平台（CDP）

分析能力
協助企業運用創新商用智慧機器學習服務，強化企業數據分析能力以及數據驅動的決策文化

行銷科技應用
運用 AI 技術的行銷科技產品，協助企業進行成效導向的精準廣告行銷與投放

▲**圖 9-1　以 DAA 飛輪架構打造 AI 賦能轉型旅程**

隨著行銷科技的啓用，企業對數位轉型的認同度將越來越高，在這樣的氛圍下，不僅高階主管願意啓動較長遠的數位轉型旅程，逐漸投入組織、流程、人才、資金與資源等，一線員工也會樂於跟公司一起成長，透過數位工具平台優化營運流程與生產效率。

第二節　從「AI 基礎建設」邁向「資料基礎建設」世代，AI 賦能服務成形

從 DAA 飛輪架構，可以清楚看到，雲端（Cloud）、數據（Data）、人工智慧（AI）與行銷科技（MarTech）是企業推動數位轉型的關鍵基礎。

過去二年餘，在遠距辦公、數位學習、低接觸經濟等需求的帶動下，企業對基礎架構即服務（Infrastructure as a Service, IaaS）、平台即服務（Platform as a Service, PaaS）、軟體即服務（Software as a Service, SaaS）、私有雲（Private Cloud）、混合雲（Hybrid Cloud）等雲端服務的接受度與採用率來到一個新高點，接下來的發展關鍵是，企業對數據跟人工智慧技術的應用成熟度。

而根據觀察，在產官學各界的努力下，過去 3 到 4 年，臺灣企業對於人工智慧技術可以解決哪些問題、應用到哪些場域已有一定的認知，市場已經從教育期正式進入實作期、甚至是優化期。

一　AI 基礎建設發展完備

在數據方面，根據研究機構 IDC 釋出的《Rethink Data》調查報告[3]，未來兩年，企業數據資料會以 42.2% 的速度向上增長，平均每兩年企業數據就會翻倍成長，不過，同份調查報告亦指出，全球僅 32% 的數據資料發揮實際功效，其餘 68% 尚未被利用，至於臺灣，僅 30% 企業數據被發揮功用，高達 70% 的數據資料未被使用、發揮價值。

註3　《Rethink Data》調查報告中的資料和分析取自 Seagate 委託研究機構 International Data Corporation（IDC）執行的全球網路調查。2020 年。

工欲善其事，必先利其器。企業也一樣，為發揮數據資料的最大價值，光是以人工作業模式還不夠，必需進一步透過機器學習、人工智慧等數位工具提升數據分析與應用的效率與效能。

值得令人開心的是，在全球產官學界的努力下，AI基礎建設發展已經相對完備：（1）不僅人工智慧技術的精準度超過人工作業，（2）人工智慧技術的使用與營運成本也低至人人可用的狀態，以及（3）人工智慧技術的易用性大幅提升，不是資料科學家或者是數據分析師也可以透過人工智慧賦能的應用服務發揮數據價值。

二 搶進資料基礎建設完備世代

隨著人工智慧技術從基礎建設完備走向普及，接下來的關鍵是，打破系統藩籬與數據孤島，建立軟體定義的數據中台（Software Defined Data Platform）以發揮企業數據的最大價值，而非空有一座數據金山卻無所作為。

相較於以往的數據應用模式是業務單位提出需求後，由資訊部門從ERP與CRM等系統撈取相關數據資料做報表，不僅耗時耗力，在即時性與透明度的表現仍有很大改善空間，而這，正是軟體定義的數據中台可以提供協助的地方。軟體定義數據平台的運作邏輯是，打破異質系統隔閡、將數據資料集中在同一平台，依照員工職位開放權限，讓其可以透過應用程式介面（Application Program Interface, API）、模組化選擇或者是拖拉自定義等方式輕鬆且即時取得分析報告、可行動的洞見，加快擬定決策與行動的速度。

隨著企業對於數據中台的重視度與採用率提升，資料基礎建設將邁入相對完善世代。

值得特別注意的是，在資料基礎完備世代，無論產業類型、企業規模，每一間企業都會開始構思專屬的數據中台，但是，這不代表企業必須一步到位的建立數據中台，相反的，可以依照業務需求逐步完善，例如，泛零售業者因應業務需求建立顧客數據平台（CDP），透過鏈結內部、外部、多元客戶數據的方式，提升廣告行銷方案的投放精準度，以及優化與客戶的互動關係。

顧客數據平台（CDP）是軟體定義數據中台在行銷面向的應用，隨著企業的資料基礎建設日趨完備，應用領域可以進一步擴展到研發、財務、行政、員

工或夥伴等不同領域，讓使用者可以依權限、安全的在數據平台上存取、分析、再利用數據，而非被動地等待其他部門或者是團隊提供數據進行分析，從而提升數據驅動的決策、溝通成效，極大化數位轉型帶來的效益。

三　泛零售業的第一步：從 CDP 掌握客戶旅程，而後擴展數據中台應用

為什麼進入資料基礎建設世代這麼重要？先一起來回顧企業商業模式：

過去幾十年，無論是零售、電子還是傳統製造業，只要在全球供應鏈站穩一個位置，即能安穩地做生意，不用費心經營品牌，也不用面對第一線的消費者，直到貿易戰跟 COVID-19 帶來了斷鏈、短鏈挑戰，無論企業規模與產業型態，都必須開始經營品牌、面對直客，簡言之，無論是 B2B（Business to Business）或者是 B2C（Business to Customer）商模，都必須正視 D2C（Direct to Customer）商模的重要性並且往 D2C 靠攏。

至於該如何實作？先一起來看一個可能就發生在你我身旁的經典案例：某一位消費者在誠品翻閱一本書，返家後，搜尋 Amazon.com 發現該名作者出版一系列的書籍，最後，決定透過 eBay 下單，面對這種虛實融合（OMO）的購物旅程，零售品牌主該如何在 Cookieless 的狀態下了解客戶、進行精準行銷？

最直接且可行的方式是掌握客戶的所有足跡與旅程資訊，如跟客戶相關的交易營運數據（Operational Data, O Data），以及跟該客戶有關的站內與站外體驗數據（Experience Data, X Data），並將之收攏在顧客數據平台（CDP）以利後續加值分析。事實上，這也是各大品牌企業會在近幾年選擇自行收集第一手資料，而非倚靠 Google、Facebook 等外部平台與消費者互動的原因。

也因如此，許多新崛起的零售、餐飲、電商業者會選擇在一開始就建置顧客數據平台（CDP）並透過虛實融合（OMO）通路布局優化行銷成效，因為，現在不做，（隨著系統的疊床架屋）以後會更難做，例如許多大型企業必須花費極大功夫才有辦法彙整與分析來自端點銷售系統（POS）、CRM、行銷與業務的營運數據（O Data），無法同時考量體驗數據（X Data）資料分析工作。

根據 iKala 的實際輔導經驗，目前仍有 90% 臺灣企業處於 AI 基礎建設階

段，尚未打破資料孤島、因應業務需求將數據資料整合在數據中台，之所以如此，與無法確認轉型目標及對數位轉型的效益存有疑問兩個因素有關，面對這樣的局勢，建議從三個面向著手改變：釐清現況，盤點企業面臨的挑戰與需求；而後，小步快跑地展開專案、採取行動、設定階段性目標；最後，透過小型專案的成效（Small Wins），向高階主管證明以 DAA 飛輪架構推動數位轉型確有其效。

從實務經驗來看，從「人工智慧賦能的行銷科技」著手的成效極高且立即可見，例如：iKala 有許多客戶是先採用 KOL Radar 或 Shoplus 商店家等服務，體驗到具體成效後，再因應業務需求進展到數位化（Digitalization）或數據分析（Analytics）飛輪。

第三節 疫後新常態，善用行銷科技極大化營運績效

前一小節提到，很多零售品牌業者會從人工智慧賦能的行銷科技著手，藉此解決目前面臨的挑戰，同時並了解並體驗數位化跟數據分析帶來的效益。在眾多行銷科技中，又以哪些值得特別注意呢？可以聚焦在因應 COVID-19 而生的新通路 – 社群平台之上。

因應社群平台而生的服務種類極多元，包括社群電商、社群網紅行銷，以及虛實融合通路銷售等，根據研究機構 Grand View Research 2022 年的一份調查[4]，全球社群電商市場規模預計將在 2030 年達到 6.2 兆美元，預估 2022 年到 2030 年的年複合成長率（CAGR）為 30.8%，成長力道強勁。除了社群電商，透過網紅在社群平台等虛實通路行銷也逐漸被市場接受與採用，Influencer Marketing Hub 便於日前預測[5]：2022 年全球網紅行銷市場規模將較去年成長 19%、達到約 4,592 億臺幣的規模，調查結果亦指出，高達 9 成企業相信網紅

註4 研究機構 Grand View Research 發布《Social Commerce Market Size, Share & Trends Analysis Report By Business Model（B2C, B2B, C2C）, By Product Type（Personal & Beauty Care）, By Platform/Sales Channel, By Region, And Segment Forecasts, 2022 -2030》2022 年 4 月。
註5 Influencer Marketing Hub 發布《The State of Influencer Marketing 2022: Benchmark Report》2022 年 3 月。

行銷帶來的成效，而且有 77% 企業傾向於今年規劃網紅行銷相關預算。

至於臺灣，根據 2022 年 2 月發布的《Digital 2022: TAIWAN》報告 [6]，在 2,172 萬的網路使用者中，高達 2,135 萬人皆為社群平台用戶，較去年成長 8.4%，占全國人口 89.4%，顯見社群媒體平台已經成為消費購物新通路，不僅如此，社群媒體內容也成為消費者決定是否購買的決策依據。根據調查機構尼爾森 2020 年底釋出的調查報告 [7] 顯示，高達 74.9% 的臺灣民眾表示消費決策會受到網紅廣告影響。

簡言之，從研究機構釋出的調查報告可以清楚看到，社群電商跟網紅行銷是新崛起的疫後新常態，對泛零售業者來說，該如何評估網紅行銷的成效，以及將社群電商的金流、物流串連起來，掌握新通路，以利產品服務銷售，也很關鍵。

一 人工智慧賦能，網紅行銷效益評估更加科學化

網紅行銷不是新概念，早在 COVID-19 爆發前就有相關服務，不過，因為網紅行銷的成效不易評估且無法跟業務目標做鏈結，只能從瀏覽量、觸及率了解產品服務的曝光量，因此，零售品牌主嘗鮮後，導入意願逐漸降低。但受到 COVID-19 影響，數位銷售需求大增，促發市場對網紅行銷的關注度提升。

為解決網紅行銷與商業目標不易扣連的問題，iKala 透過機器學習與人工智慧等技術，分析網紅在跨平台的表現，例如分析當前流行的網紅帶貨、導購等影片被分享的次數以及最後成交跟轉換表現等，即可將網紅行銷轉變為成效型行銷科技，跟零售品牌主的業務目標緊密扣連。除此之外，還可以透過人工智慧技術分析網紅貼文、留言數，進而掌握網紅適合代言的產品服務。

（一）蝦皮購物透過 AI 網紅行銷策略成功拉升雙 11 購物節買氣

舉例來說，看好疫情帶動的電商購物熱潮，蝦皮購物在 2020 年首度與中小型網紅（單一平台粉絲數落在 5 到 10 萬的網紅）合作，在雙 11 購物節活動

註 6　由 We are social 與 KEPIOS 於 2022 年 2 月合作發布的《Digital 2022: TAIWAN》報告。

註 7　尼爾森媒體研究 2020 年 11 月刊。

檔期前（2020 年 1 月到 10 月），由合作網紅協助宣傳食品、生活日用品、寵物用品、3C 產品、美妝用品、兒童讀物等多元產品，藉此提升平台買氣，為發揮網紅行銷與社群平台銷售的綜效，以及即時審查、追蹤與統整分析網紅貼文成效，蝦皮購物透過 KOL Radar 獨家 AI 網紅數據平台及「大型網紅創聲量，微型網紅拼口碑」數據策略，精準掌握網紅社群脈動、鎖定適合推廣各個產品的網紅，快速且精準找到最佳人選。

除透過 KOL Radar 快速找到適合各產品的網紅夥伴，蝦皮購物更進一步以 KOL Radar 的獨家 Deep Report 技術服務，即時且自動化抓取、每日更新合作網紅的貼文成效，省下大量結案成本，同時，透過留言文字雲功能，快速且精準判斷此次網紅行銷策略是否有效打中消費族群。

透過人工智慧技術賦能的網紅行銷服務—— KOL Radar，蝦皮購物成功以大量的小型網紅為品牌在社群創造超過 270 萬次觸及人數，其中，商品限時動態導購連結點擊次數也有破萬次的成績，Instagram 平均貼文互動率更高達 3.49%，高於一般 Instagram 貼文平均互動率。根據統計，網紅行銷策略不僅為蝦皮購物帶來良好的社群互動以及曝光效果，更創下超過 200 萬的媒體價值。

蝦皮購物不是特例，還有許多企業透過網紅行銷極大化營運績效，再春館製藥所跟 CLUB cosmetics 等日本美妝品牌也透過 AI 網紅行銷優化行銷與銷售成效。

（二）再春館製藥所以網紅行銷策略優化跨境電商成效

朵茉麗蔻（Domohorn Wrinkle）是由日本熊本縣的再春館製藥所製造的抗皺淨斑保養護膚品，目標客群是熟齡女性，因應疫後消費行為改變，目標客群也開始透過電商、社群、數位通路消費，再春館製藥所決定以人工智慧驅動的網紅行銷策略取代傳統的電話行銷，透過跟 KOL Radar 合作的方式，精準篩選出 33 位合適的小型：KOL 與中型 KOL 進行合作，以分享、貼文等方式在社群平台宣傳朵茉麗蔻、累積品牌聲量，並且鼓勵消費者至官網申請三日試用套組，最終轉換率成效佳，導購與聲量成長優於預期，臺灣市場的亮眼成績發酵期長達半年，加速再春館製藥所日本總部也以網紅行銷策略進行創新轉型，同時，更好的布局海外市場。

（三）CLUB cosmetics 以網紅行銷策略優化虛實融合銷售成績

看好臺灣美妝市場，日本知名美妝企業 CLUB cosmetics 旗下鎖定年輕女性世代的 Daisy Doll 品牌，於今（2022）年 3 月開始嘗試以更科學化、系統化的方式，將日本熱銷的重點商品推向臺灣市場，決定與 KOL Radar 合作，透過數據精準篩選出 50 位關鍵意見消費者（指單一平台粉絲追蹤數落在 1 千到 1 萬的消費者）進行 Instagram 貼文宣傳，藉此提升品牌與產品的社群聲量，以及進行實體通路–門市–導購，成功創下兩個亮眼成績；整體宣傳的平均互動率遠高於一般 Instagram 的平均互動率，以及成功將門市銷售成績往上拉升，之後，雙方有機會進一步針對不同產品線擴大合作範疇。

從蝦皮購物、再春館製藥所跟 CLUB cosmetics 的案例，可以清楚看到，透過人工智慧技術賦能，企業客戶不僅能輕鬆擬定數據驅動的網紅行銷策略、精準挑選適合合作的網紅，還可以透過系統自動追蹤網紅行銷的成效，藉此優化網紅行銷策略與活動，極大化行銷與銷售成績。

二　延伸網紅行銷成效，社群購物系統需求漸增

光透過網紅行銷科技協助品牌主提升行銷成效還不夠，為進一步協助網紅與品牌主將 Facebook 及 Instagram 的直播與貼文轉換與收單，社群購物系統需求蔚然成形。對品牌主、網紅等賣家來說，其需要一個可以一鍵串接 Facebook與 Instagram，完整串聯金流、物流，且易於上手的購物平台管理訂單與出貨，同時，還要讓買家（粉絲）可以即看即買、快速結帳，以及安心取貨。

為同時滿足社群平台賣家與買家的需求，社群購物平台必須具備四大功能：一、透過 AI 自然語言處理技術（Natural Language Processing, NLP）打造的消費者購買意圖偵測功能，讓賣家可以將 Facebook 及 Instagram 的直播與貼文留言轉換成訂單，同時，買家可以直接用社群帳號下單；二、透過 Messenger 快速結單，亦即，買家下單後，不用跳轉到其他網頁，Messenger 會自動跳出結帳訊息，藉此提高買家結帳率；三、支援 Facebook、Instagram、LINE 跟社團等多通路行銷，買家只要點選商品購買連結即可輕鬆+1 下單；四、提供賣家一站式後台管理系統，簡化賣家收單、管理訂單、管理顧客、管理商品並設定行銷活動，以及自動產生商家網站與商品網頁以極大

化銷售成效。

事實上，上述四點也是 iKala 社群電商軟體服務—— Shoplus 商店家——努力的方向，期望能藉此協助更多零售品牌主以網紅行銷等創新轉型手法搶進社群電商浪潮。

（一）從社群電商著手，餅舖老店更有信心創新轉型

臺灣的手工糕餅店各具特色與故事，深獲在地民眾喜愛，無奈的是，隨著產業與人口結構改變，訂單逐漸減少，再加上國內外旅客數量受到 COVID-19 衝擊，因此，一間近百年的餅舖老店決定將銷售通路從實體門市擴展到社群通路，進而展開與 iKala 的合作，透過 iKalaShoplus 商店家，首次嘗試以人工智慧技術直接在 Facebook 直播接單，讓傳統老店也可以輕鬆啟動數位行銷，透過虛實融合的銷售模式讓更多人看見，更創下亮眼銷售成績；直播 1 小時的觀看人次、留言、分享等次數都較以往的粉絲團貼文效果佳，而且，還有高達 31 筆客單價近千元的訂單，是一般貼文填單訂購量的 4 倍。

對店家來說，採用 Shoplus 商店家的效益不僅僅是提升知名度、擴大客戶觸及、提供便捷訂購模式，以及打造虛實融合的 D2C 商模，更關鍵的是體驗科技帶來的效益，並推動創新轉型。

（二）從市場地攤到成立品牌，女裝商家以社群電商工具搶佔疫後新商機

面對 COVID-19 帶來的衝擊，臺灣一間女裝賣家從菜市場女裝銷售轉型為品牌銷售，在 Facebook 成立粉絲專頁，以社群直播觸及更多消費者，以直播一問一答的互動機制建置 D2C 商模，同時，透過 Shoplus 商店家更效率地進行商品上架、對帳、出貨、訂單管理等事宜，省下 30% 以上的作業時間，在疫後快時尚趨勢中占得一席之地。

以上兩個商家並不是特例，不僅東南亞有超過 17 萬個品牌主與零售商採用 iKala 的社群電商軟體服務，在臺灣市場方面，自去（2021）年正式在臺推出，吸引許多品牌主與零售商青睞，期望能藉此串聯線上社群銷售與線下商店取貨機制以打造獨一無二的 D2C 商模。

除了透過 KOL Radar 跟 Shoplus 商店家等行銷科技協助泛零售業者解決疫後新通路、新客戶帶來的營運挑戰，更重要的是，讓企業客戶體驗到數位化（Digitalization）、數據分析（Analytics）帶來的綜效，而後展開數位轉型旅

程，一步一腳印地採用與擴大數位化與數據分析的應用範疇，形成正向循環的 DAA 飛輪。

第四節 善用數位化與數據分析，搶佔疫後新商機！

KOL Radar 跟 Shoplus 商店家等成效型行銷科技應用，不僅深化了泛零售產業對數位化跟數據分析的信心，也帶動其現代化基礎架構與提升數據分析能力的需求。為協助臺灣企業更好的透過數位化與數據分析機制優化競爭力，iKala 攜手研究機構 IDC 共同執行的《2022 產業雲端應用趨勢調查》，鎖定線上遊戲、零售／電子商務、媒體與娛樂、製造業與金融服務業進行調查，了解其他的數位投資、對雲端服務的規劃與布局。

一 臺灣企業以雲端環境深化大數據分析能力，藉此提升客戶服務與產品創新能量

根據《2022 產業雲端應用趨勢調查》結果，雲端服務架構是受訪企業現代化基礎架構的主流選擇，2023 年將有 94% 受訪企業部署雲端環境，在眾多雲端環境中，又以混合雲的需求最高，高達 69% 受訪企業將以混合雲為資訊基礎架構核心，之所以如此，與其期望透過雲端環境提升備份儲存（48%）、大數據分析（44%）與 IT 維運自動化（44%）等領域的能力有關，若從投資成長率的角度來看，相較於去（2021）年，今年受訪企業花費在大數據分析的成長幅度最高，進一步細究大數據分析的應用範疇，則是以獲取顧客與維繫顧客關係（49%）、產品與服務創新（45%）以及提升顧客服務與支援能量（44%）三個領域的需求最為強勁，換言之，對受訪企業來說，透過雲端服務優化資訊基礎架構將有助於提升數據分析能力，從而優化客戶服務體驗。

進一步細看不同產業的投資，可以發現，今（2022）年，零售、電子商務、遊戲與金融服務等產業對大數據分析的投資最高。對零售／電子商務產業來說，透過大數據分析「提升顧客關係管理」與「提升顧客服務及支援」表現

最為重要，其次是「優化行銷推廣成效」與「加速產品與服務創新」；對線上遊戲業者來說，則期望透過大數據分析掌握市場動向、消費者需求、競爭者動態，作為產品開發的養分，持續不斷的以創新遊戲內容與互動機制鞏固玩家忠誠度；至於製造業者，則期望透過數據的力量優化產品與服務的創新力，同時，找到更精準的供應鏈及物流管理辦法，透過預測需求降低庫存，同時消弭 COVID-19 所帶來的衝擊。

二 擁抱雲端服務，從數位化著手建構專屬的 DAA 飛輪

《2022 產業雲端應用趨勢調查》結果顯示，混合雲是臺灣企業未來的部署重點，當然，也是創新轉型的關鍵基石，為發揮雲端環境的最大綜效，建議從三個面向規劃、建置與完善雲端服務平台：首先是確認雲端環境架構可支援跨雲管理，讓企業能夠一次研發、快速部署到多個雲端環境，並且在單一介面進行系統與資料管理；其次是確認雲端環境的數據分析能力，誠如前面分享，受訪企業期望透過雲端環境進行大數據分析，因此，雲端平台的數據分析模組是否夠完整且彈性，將直接影響企業的採購與部署意願；最後，同時也是最關鍵的是，確保雲端環境的安全能力，包括系統端的安防能力，以及機敏資料的防護機制等。

（一）USPACE 以多雲環境打造亞洲最大共享車位平台

為持續加速解決市區車位不足、停車付款不便，以及找車位很耗時等都市停車問題，臺灣新創團隊悠勢科技過去以單一公有雲環境為基礎建立的「共享車位」平台：USPACE，搶先進入多雲布局策略時代，有效運用不同雲端平台的優勢，逐步優化三個面向的能量以拓展其商業模式，並更好地媒合私有車位主跟需要停車的駕駛。

首先是透過一雲端服務平台的功能模組與應用程式介面（API）加速車位預約服務的開發腳步與優化維運工作，為客戶打造更好的車位預約體驗；其次是透過該雲端平台的數據分析模組分析日誌資料（Log Data），找出客戶常常遭遇的問題，如忘記結單或車位違停佔用等，並以 USPACE 獨家超音波地磁感應系統與日誌紀錄作比對分析，讓客服團隊可以在第一時間為客戶排除各種

疑難雜症；最後是透過另一雲端服務平台的物聯網解決方案連動 USPACE App 跟入場捲門、閘門、車牌辨識與智慧地鎖等硬體裝置，讓駕駛只要透過 App 預約，就能在現場解除地鎖與停放愛車，大幅優化停車體驗。對 USPACE 來說，多雲環境不僅是保持產品服務創新的最佳後盾，也有助於優化服務體驗，創造車位主、駕駛、USPACE 的共贏。

不只 USPACE，還有許多企業透過數位化優化營運績效、從而展開 DAA 飛輪循環。

（二）美妝電商平台透過雲端服務與人工智慧技術優化服務能量

舉例來說，為拓展業務版圖，臺灣知名美妝電商平台透過在台設立門市據點的方式，以虛實通路服務更多客戶，同時，逐步將產品服務從彩妝保養品擴大到家庭日常用品，並透過人工智慧技術進行輿情分析，藉此掌握美妝趨勢以擬定最佳行銷策略。為保持市場競爭力、降低分散式阻斷服務（Distributed Denial-of-service Attack, DDoS）攻擊對電商平台穩定度與客戶機敏資料防護的影響，以及持續優化電商服務體驗，該美妝電商平台將資料庫從實體機房移到雲端服務平台，更全方位的保護客戶資料，與時俱進的提升服務能量。

從 USPACE 跟知名美妝電商平台的案例，可以清楚看到，想在疫後新零售生存、甚至是引領市場發展，雲端服務平台是關鍵引擎，不僅能提升服務彈性與敏捷度，更有助於企業提升數據分析能力，持續不斷的優化市場競爭力。

三　從數位化到數據分析，顧客數據平台（CDP）成企業勝出的關鍵利器

上述曾提及，在 COVID-19、Cookieless 等多元因素的促發下，行銷科技被視為提升營收獲利的關鍵手段，其中的關鍵，便是透過雲端服務等數位科技打通系統與資料隔閡，以數據中台架構打造新世代顧客關係平台（CDP），系統化蒐集跟客戶有關的營運數據（O Data）跟體驗數據（X Data），以 360 度掌握客戶輪廓、並以先進數據分析預測需求，搶佔市場先機。

臺灣線上教育品牌以顧客數據平台（CDP）優化 Facebook 廣告受眾

為優化 Facebook 廣告受眾，iKala 協助線上教育平台同時從資料管理平台（Data Management Platform, DMP）跟顧客數據平台（CDP）建立廣告受眾並比較廣告成效差異。在 CDP 這個部分，目標受眾是「過去曾購買過程式設計相關課程之會員」跟「近期有進站瀏覽過相關課程的會員」，確定方向後，iKala 團隊先協助線上教育平台業者建立廣告活動，再根據廣告活動內容篩選黃金受眾，並以 iKala CDP 顧客數據平台建立黃金受眾、透過用戶數據建立對應的受眾名單，將之送到 Facebook 廣告平台進行 Lookalike 分析，相較於 DMP 廣告活動，CDP 帶來的成效相對高，包括用戶參與度提升 23%、完整瀏覽率提高 60%、進站成本降低 25%，以及轉換成本降低 19%。

從該線上教育平台應用案例中，可以清楚看到，顧客數據平台（CDP）不僅有助於企業了解客戶輪廓、擬定行銷策略，還能夠進一步協助企業進行成效型精準廣告投放，計畫性提升客戶的終身價值。

第五節　總結

從 2020 年的 COVID-19 到 2022 年的猴痘，可見與疾病共存是必然的趨勢，而這不僅意味著你我生活的改變，企業的產品服務、經銷通路，甚至是目標客戶都會因此有所改變。

面對持續演變的未來世界，以雲端服務架構現代化資訊基礎架構還不夠，必須進一步掌握數據分析能力，目標是讓一線員工跟高階主管都可以透過數據互動、溝通、決策，即可加速企業的創新轉型步伐，更好地因應市場環境改變，以新產品、新商模滿足新客與舊客的多元需求，例如因應社群電商趨勢帶動網紅行銷熱潮等。根據 iKala 團隊成員的豐富實務經驗跟市場觀察，建議企業可以從下述三個方向持續優化產品服務能量以滿足客戶的多元需求。

一　超破碎世代來臨，打造體驗優先的 D2C 商模成為企業首要任務

在 COVID-19 帶動的數位新世界，注意力即商機，消費者的眼球、時間、行為將被各種數位服務切割的十分破碎，未來只會更加盛行，再加上數位疲勞議題，如何透過更智慧的方式，以虛實融合（OMO）模式建置 D2C 商模是每一個企業都要關注的議題，尤其是將產品服務販售給廣大消費者的泛零售產業。

值得特別注意的是，這邊提到的線上機制不單單是自家官網、電商平台、社群平台或線上展會等數位通路，包括外送平台、遊戲平台、Web 3.0 世界也都是業界持續關注的場域，面對持續劇變的市場，企業應透過整合新通路平台的方式，和消費者建立直接連結、聚焦利基市場，以耳目一新的服務體驗吸引目標客戶關注，逐步打造專屬的 D2C 模式。

二　以 DAA 飛輪架構啟動與持續優化數位轉型旅程

具體作法是以雲端服務為成長引擎，虛實融合（OMO）為手段，發展以客戶需求為核心的 D2C 商模與產品服務。從經濟部 2022 年釋出的網路與實體零售銷售額比例、消費者的碎片化行為，還是企業的商業模式，都可以清楚看到，經營虛實通路的重要性，想要極大化營運績效，企業除可以雲端服務環境優化資源效率，更重要的是依照消費者行為（客戶需求）打造虛實融合的通路策略與行動。

值得注意的是，企業轉型成果與原先目標不一致的理由往往不是因為數位工具，而是組織內部對轉型目標缺乏共識、策略無法聚焦，以及數位成熟度過低等因素。為改善這個問題、持續優化轉型成效，建議企業先盤點內部營運現況與挑戰，然後，因應營運策略、業務目標擬定短、中、長程轉型目標，而後，大膽的從迫切待解決的挑戰著手。挑選一個 Quick Start、小範圍的改善點驗證轉型成效，藉此紓緩企業營運挑戰，同時，讓企業各部門可以親身體驗數位科技帶來的效益，確認轉型目標可以商業策略、業務目標扣連在一起，從而規劃相應的資金與資源推動轉型並從中獲益。

三 鏈結夥伴生態圈，以共創共享機制搶進疫後新零售

COVID-19 爆發讓所有企業都意識到風險管理的重要性，同樣的概念，為保障轉型成效不受黑天鵝、灰犀牛等事件影響，以系統化的方式分擔數位轉型風險相當重要。具體實作方式很多元，包括確保採用的數位工具彈性、尋求專業夥伴提供協助，以長期合作關係取代單一次採購關係，才能一同在瞬息萬變的未來市場一同成長。

CHAPTER 10　通路發展與數位轉型三部曲

全聯實業股份有限公司副董事長　謝健南

第一節　前言

　　虛實整合（Online Merge Offline, OMO）是現有國內外零售業的趨勢，也就是融合線上、線下的數據，更清楚分析會員的消費習慣，進而做到精準的個人行銷，尤其在 COVID-19 疫情期間零接觸、減少接觸的情勢下，更加速零售業的數位轉型，讓實體通路和電商融為全新的生態體系。

　　當臺灣零售通路近年談到 OMO 時，需要先花時間摸索，深入了解和內化後，再變成商業行為和模式，且善用科技工具，把 OMO 做得很扎實才是關鍵。應用科技工具時要「落地」，也就是回到門市才能產生效益，每家門市是一個商圈，商圈就是生活圈，藉由 OMO 精準行銷就能帶來商機。

　　隨著顧客需求不斷改變，全聯在 2018 年歡慶 20 周年，提出「全聯數位轉型三部曲」計畫，2019 年 5 月從行動支付「PX Pay」出發，同年 11 月推出電商平台「PXGo! 全聯線上購」，整合線上與線下服務，2020 年發展「實體電商」，2021 年 1 月啟動外送服務，推出「PXGo! 小時達」並與「Uber Eats」合作，雙平台生鮮雜貨外送同步上線，2022 年再加入 foodpanda，逐步落實 OMO。

第二節　數位轉型三部曲從零開始

「全聯福利中心」於 1998 年成立，保留前身「軍公教福利中心」的「福利中心」四字，定位很清楚就是要讓消費者覺得「便宜」，所以順著這個主軸走下來，過去聚焦在展店，以及讓原有的服務品類再精進，在零售業中較為本土、傳統，主力族群鎖定中高齡的「婆婆媽媽」，跟一般通路較不相同。店數從一開始的 66 家，至 2022 年 6 月底已有 1,100 店，開車平均每 10 分鐘就會經過一家全聯。

為了數位轉型，2016 年全聯便開始進行「下水道工程」，前後花了 2、3 年時間更新設備，等「基礎建設」都建構好後，要再增加新設備就會很快。在追求規模經濟的過程，需要詳實的計畫和結構，才能產生效益。

過去透過 POS 機（Point of Sale，銷售時點信息系統）無法了解顧客的年紀、性別，只能猜測，隨著時序推移，廢掉 POS 機，進入 App 個人會員的時代，才能精準行銷。

在思考數位轉型之際，若能「掌握市場、利用科技」這二大因素，不需要演化的過程，而是直接跳躍。就因科技的特色是如此，全聯幾乎從零開始，過去很傳統、包袱很少，轉型的過程相對比較輕鬆，沒有便利商店從前一代晉升到下一代，有「雙軌並行」的過渡時期。雙軌並行需要很多人力做兩倍的事，對很多企業是很大的考驗，也是數位轉型不易成功的原因之一。

全聯從引進設備開始做基礎建設，逐步檢視、並且執行到位。包含每家店的賣場和倉庫架設無線的環境，布線、乃至於無線 AP（Wireless Access Point）的裝設位置，到最後的測試，確定頻寬夠大，不會當機、斷線，做到在店內隨時走動都可連線無死角，前後花了 1、2 年的時間。

接著很多工具也要改，像是驗收用的盤點機要改成無線的，設備開始換，前台收銀台也要換，掃描器要改成一維條碼 Bar Codes、二維條碼 QR Code 都能掃描，總部和門市的電腦也要換，機齡是阿公、阿嬤級的都要分批淘汰。

過去很多管理也受限於工具，區經理要到店輔導得先進辦公室看資料很浪費時間，每個外勤的電腦都要更新功能，有了「VPN（Virtual Private Network）虛擬私人網路」，資料可以隨時存取。所以當環境建立起來，行為開始改變，被綁死的實體通路變得可以移動。

一 請支援收銀的背後── PX Pay 應運而生

「請支援收銀」是全聯經典的行銷金句，卻曾是顧客對收銀台總是大排長龍的調侃，數位轉型首部曲「PX Pay」的出現就是為了解決顧客排隊的痛點，降低等待的時間，鎖定主力婆媽族群，和其他 App 主打年輕客層不同。

婆媽是「數位國民」的最後一哩路，如果婆媽不會操作，業者怎麼攻也攻不下來，要讓婆媽升級成為「網路原住民」，需要突破相當大的心理門檻，得先讓婆媽的店員學會，才能讓有共同語言的婆媽會員跟著學會。

根據資策會產業情報研究所（MIC）2020 年上半年行動支付調查顯示，在全年齡層用戶最常用的行動支付中，LINE Pay 排名第一，亞軍競爭很激烈，18~25 歲用戶青睞 Apple Pay；26~45 歲用戶常用街口支付；46~65 歲用戶則是偏好 PX Pay。從資料顯示，中高齡族群已經開始習慣使用行動支付。全聯能把一群 50 歲以上的銀髮族教會使用行動支付，讓很多銀行高層跌破眼鏡，覺得不可思議，不相信全聯竟然能做得到，更讓婆媽之間以使用 PX Pay 當作「潮」的象徵。

（一）福利卡──從共卡變身個人卡

全聯的福利卡早年是家庭共卡，主要功能用來集點為主，在 2019 年已發出約 1,200 萬張實體卡，當時報家裡的電話號碼就可以全家人一同使用，並非用於會員管理。PX Pay 以既有的會員當基礎，取代原來的實體卡，資料彙整在 App 裡面，且改為綁定手機門號，變身個人卡。

截至 2022 年 6 月底止，福利卡卡數約為 1,795 萬、歸戶數 1,327 萬；PX Pay 下載數達 1,221 萬、註冊會員數 830 萬，其中，以女性居多，占 66%。

▼表 10-1　PX Pay 相關數據（2020-2022 年）

[單位：萬、%]

年份	2020 年	2021 年	2022 年（6 月底）
下載數（萬）	7,66	1,097	1,221
註冊會員數（萬）	600	782	830
PX Pay 支付率（金額）	19	33	33
男性使用率（%）	33	34	34
女性使用率（%）	67	66	66

資料來源：全聯。

（二）鼓勵會員先儲值再消費

PX Pay 養成消費者先透過信用卡儲值再消費的消費習慣，其中，根據 2022 年 6 月統計，消費者一次儲值千元以上的總金額是 9.7 億元。

（三）地推部隊門市人員三階段推動

全臺全聯各店點經營模式皆為直營店，並非加盟店，且門市從業人員全職上班工作人員較便利商店比例高，顧客進店到結帳出來的時間比便利商店長，加上婆媽店員跟婆媽顧客會員關係好，有「店員跟會員很熟，讓會員比較信賴」、「店員年紀比較大，比較有耐心」這二大基礎，要說服熟客下載 PX Pay 相對容易。

為了推動 PX Pay，全聯分三階段進行，一開始是大量宣傳，門市布置、電視廣告都有 PX Pay 來型塑氛圍，門市人員穿的背心後面有 QR Code 讓顧客掃描，猶如銀行推廣信用卡，發揮實體通路的優勢，上線二周就已破百萬下載數。

再者，透過各店點「地推部隊」在門市內外大力推動，甚至馬拉松活動也不放過，民眾看到有人就會靠過來，善用群聚效應。當會員達到 3、400 萬人時，再祭出「Member Gets Member（MGM）」行銷手法，持續快速衝高會員數，半年內更突破 500 萬下載數。

其中，致勝關鍵在於全臺各區出動地面推廣的「婆媽部隊」，需要先教會婆媽店員使用 PX Pay，讓她們從不會到很會操作的體驗過程，就能帶來很大的推動力，婆媽會員會因為「她比我老，怎麼她會我不會？」而被說服；再加上後續加碼成為會員就贈送一串衛生紙當作誘因，衛生紙實實在在拿到手，比線上推廣送點數還有效，這一波更約達 9 成的命中率。

（四）虛實整合邊做邊練兵不斷優化

在導入新科技時，當系統可以使用了就能上線，不要想要做到力求完美才開始，PX Pay 推動的過程是邊做邊調整，邊做邊練兵，不斷優化，做到人機介面很友善，若等到系統很完美才推出，已經過時了，永遠只能在後面追趕。

初期跟信用卡合作，每周三結帳一次，顧客在周四購物，點數要等下周三才會匯入會員帳戶；或是有的銀行信用卡有限定贈點人數，顧客消費後沒有立即獲得點數；也有顧客回到家後接到消費明細，才發現資料打錯。以上種種不確定的因素，都能透過不斷優化來解除疑慮，讓消費者覺得越來越好用。未來也會持續考量消費者需求，視各門市的情況，選在尖峰時段，開一個 PX Pay

專用通道，做到有效的分流，讓會員結帳速度更為快速。

（五）量化效益五大面向

PX Pay 從量化效益來分析，可分為五個面向：

1.PX Pay 創造「中高齡」趨勢：全聯 PX Pay 已成為婆婆媽媽最愛用的行動支付工具之一，統計至 2022 年 6 月底，全聯會員 40 歲至 59 歲的「熟齡族」比例已達 50.2%

2. 帶動會員黏著度與業績成長：PX Pay 未來將增加會員個人化的應用場景，提供如會員消費歷程、點數回饋、食譜蒐集的體驗功能，甚至跨通路合作方案，結合精準行銷將商品推薦給更適合的會員。且因信用卡、儲值金綁定PX Pay，會員只要購買日常必需品，一定會回到全聯，藉此提高會員忠誠度，有效帶動門市客流量與業績成長。

3. 消費者忠誠度提高：2021 年相較前一年同期增加 182 萬名新會員，顯見 PX Pay 帶動用戶之效。

4. 會員貢獻度提高：2020 年會員貢獻度提升，忠誠客戶帶來更大的業績占比，從 2021 年來看，較 2020 年同期成長約 10%。

5. 推動非現金支付節能減碳：PX Pay 透過門市人員協助及長輩族互相推薦吸引更多會員下載，以簡易上手的方式一步步形成線上支付的循環生態圈。統計至 2022 年 6 月底，非現金支付占比提高到約 60%，大幅降低銅板找零的結帳時間，其中使用 PX Pay 的比例約占 35%；再者，電子發票存載具也有效減少紙張使用量，大量降低列印發票的耗材成本，根據 2021 年底統計，一年可減少 1.65 億張發票列印，更達到環保減碳的成效。

二 印花數位化討婆媽歡心更即時

全聯從 2015 年啟動全店印花活動，透過在家料理的生活提案，推出備料、烹煮、用餐、儲食到咖啡等各種主題贈品，讓婆媽換購後可以應用在不同生活場合中。由於活動大受歡迎，從一開始每年舉辦 1 檔，到如今每年會有 2 至 3 檔。

2020 年全球疫情爆發，全聯開始評估在 PX Pay 導入數位印花的功能，2021 年 8 月匯集全公司多個部門一同協作，從行銷規劃、會員洞察到營業流

程優化、資訊串接等，主打「可轉贈」、「更好集」、「趣味多」3大特點，與其他通路的數位印花做出差異化區隔。

為考量主要客群使用習慣，全聯數位印花規劃以3大方向為開發準則，包括「風險成本最小化」、「門市作業省力化」、「活動參與最大化」。其中，與其他通路相比最大亮點為可併行蒐集實體印花和數位印花，並於換購商品時一同計算。另主打的「印花轉贈」及「請支援印花」功能，還跨越了地理限制讓疫情期間無法常出門的消費者，蒐集印花更方便。

值得一提的是，「印花轉贈」是從以往喜愛集印花使用者觀察發現的狀況，印花轉贈行為是許多人日常維護鄰里、親友關係很重要的社交工具，所以初期在規劃時即將「請支援印花」列為第一階段主要功能，同時洞察到消費者很在乎蒐集印花時，自行貼上印花的過程，為此也保留了收集印花實體感，特別開發「貼印花」功能，讓消費者在手機上能自己享受蒐集趣味。

也觀察到消費者於疫情期間在家做菜機會變多，邀來曾是臺灣零售通路史上首位集點代言人的藝人蔡依林，擔任全聯數位印花代言人，宣傳印花換購活動、拍攝電視廣告、錄製廚藝節目《爸爸回家做晚飯》，讓關注全聯的年齡層更為廣泛。

（一）印花換購──匯集精品、名廚品牌

細數全聯全店印花活動，從2015年以來合作的品牌涵蓋德國雙人牌、德國廚具精品品牌WMF、Swiss Diamond瑞仕鑽石鍋，與英國名廚傑米奧利佛（Jamie Oliver）獨家開發的專業廚師刀具、果汁調理機等，以及與西班牙米其林二星主廚馬力歐桑多瓦爾（Mario Sandoval）合作的ARCOS米其林主廚聯名廚具，皆帶動市場熱潮。

其中，第一檔與德國雙人合作，以刀具換購商品打響名聲，累計換了100萬件商品，創臺灣量販超市通路之先，其後在2019年推出琺瑯鑄鐵鍋具、2022年再推精緻工藝的刀具，最高也累計兌換超過100萬件，可見受歡迎的程度。

至於，WMF也三度引爆全臺消費者換購熱潮，包括2016年的餐具，換購量近130萬件，明星商品快易鍋4.5L換出逾20萬件；2017年的鍋具，總兌換量近120萬件，明星商品單手鍋兌換量超過25萬件；2021年搶攻春節與防疫在家自煮商機，推出應景的健身料理神器，不斷創造話題。

至於，傑米奧利佛（Jamie Oliver）系列商品則引領通路推出廚具兌換風

潮，一檔換購數量超過 147 萬件商品，創下歷年最高紀錄。受消費者喜愛的「Swiss Diamond 瑞仕鑽石鍋」，則創下歷年最多 20 億元加購金額，鍋具換購約 70 萬件，為歷年之冠。

（二）點換購——活用福利卡點數

不只全店印花活動緊抓住婆媽的心，為了讓會員把福利卡點數發揮最大的效益，並能靈活運用，除了讓會員可以用點數折抵現金外，2014 年起還展開點換購活動，平均一年推出 6 至 8 檔，每檔換購商品多樣化，包含刀具、多功能家電、露營用品、居家生活用品等，透過連結生活中的儀式感，屢屢創造口碑和佳績，深受消費者歡迎。

2016 年首度與英國知名家電 Dyson 合作，以高質感家電用品為號召，吸引婆媽換購；2019 年選在 8 月和 12 月旅遊旺季，連續推出限量的「Discovery 揪露營趣」系列、「Discovery Adventures 趣旅行」系列商品點換購活動，貼近消費者的喜好。

2020 年針對疫情期間在家煮的需求，以「日本 TOFFY 個人家電」、荷蘭國寶卡通人物「miffy 米飛兔居家生活樂」點換購活動，創造宅經濟；2021 年與小家電品牌「九陽」和「LINE FRIENDS」合作的超萌廚電，攻占小資上班族、職業婦女的心。

在疫情期間無法出國的情勢下，看好喜愛戶外旅遊的國人轉而興起露營度假風，分別在 2020 年首度與美國戶外流行品牌「POLeR」合作，2022 年推出美國戶外休閒品牌 OUTDOOR 全店積分 / 點換購商品，創造網路討論度和換購熱度。

第三節　PXGo! 解決囤貨快遞在身邊

數位轉型三部曲首要解決「排隊」問題，讓顧客先以 PX Pay 取代實體卡，習慣結帳方式、賺取點數，第二部曲就是推出 PXGo! 導入新電商概念，因 PXGo! 與 PX Pay 的帳密系統相通，顧客無須重新註冊即可享受購物，且有效解決囤貨的困擾，可一次大量購買並分批取貨。顧客把全聯當成自己家的大冰箱，滿足家庭日常品需求，還可團購分享、透過社群平台轉贈親友，全臺超

過千家門市皆可取貨，相當便利。

全聯從過去乾貨的時代，走到生鮮的時代、熱食的時代、飲料的時代，從久久買一次乾貨，到一周買一次生鮮，天天買麵包、咖啡。便利商店很早就有咖啡寄杯，全聯 PXGo!「分批取」功能，與超商的咖啡寄杯服務有異曲同工之妙。

根據 2021 年統計指出，超過 4 成的會員購買領取 PXGo! 分批取商品時會順便購買門市商品，僅有近 6 成的會員屬於純兌換。OFF COFFEE 咖啡是分批取貨的重點經營項目，若以 2021 年 TOP 5 商品排行來看，光是冰 / 熱美式、拿鐵，就包辦 4 個名次，加總業績近 1 億元，咖啡可說是「分批取」的「帶路雞」。

此外，透過 App 還可以「轉贈」OFF COFFEE 咖啡、阪急麵包等商品給親友，甚至不定期祭出優惠的哈根達斯冰淇淋，也有人一次買 2、30 桶轉送給家人。「轉贈」的銷售反應非常好，尤其是低溫商品，若透過低溫宅急便贈送，花費至少百元起跳，但透過「轉贈」的運費是零，受贈者若正好在賣場，幾秒鐘就可收到，且可直接兌換商品，會讓人有「世上哪有這麼快的快遞」的驚喜感。

未來，「分批取」、「轉贈」的服務品項還會更多，除了 We Sweet 甜點、老鷹紅豆銅鑼燒，連水餃、饗城烏骨雞等商品都能送，讓店點跟消費者的民生需求連結得更緊密。

▼表 10-2　PXGo!TOP5 商品排行（2020-2022 年）

年度 排行	2020 年	2021 年	2022 年（7 月底）
TOP 1	熱拿鐵（中）	熱美式（中）	熱拿鐵（中）
TOP 2	熱美式（中）	熱拿鐵（中）	阪急麵包 30 元均一價
TOP 3	光泉 100% 純鮮乳 1857ml	阪急麵包 30 元均一價	熱美式（中）
TOP 4	輕食沙拉胸 115g	冰美式（中）	光泉 100% 純鮮乳 1857ml
TOP 5	冰拿鐵（中）	冰拿鐵（中）	冰拿鐵（中）

資料來源：全聯。

第四節　善用「實體電商」優勢，針對顧客需求提供服務

全聯透過 OMO 讓實體店跟電商整合，包含支付、電商、外送宅配，慢慢朝向電商第一大品牌邁進。全聯領先通路提出的第三部曲「實體電商」，便是

以實體店為主，加上電商的技術，做出屬於全聯特色的電商，提供不一樣的 E-Service（電子化服務）。

一　以門市為核心

「實體電商」以超過千家門市為核心並涵蓋附近範圍，讓消費者可透過線上購物、付款，再到實體店面取貨。距離近是通路很大的優勢，消費者享有就近取貨的便利性，不僅可以選擇箱購、預購，還可以分批取貨，提供有別於傳統電商的服務。

因為現有的門市據點占地面積有大有小，雖已增加物流配送的頻次，仍會遇到缺貨的情況，尤其有的門市較小，3、5 個顧客購買後線上就可能顯示缺貨訊息，但這家店缺貨不代表另一家也缺貨，若 App 能提供搜尋住家附近的門市，查詢各店商品貨量，就可減少撲空的可能性。

目前全聯基於顧客的需求，讓消費者可透過 PXGo!「分批取」、「小時達」，查看各門市庫存的狀況，打造更完整的線上線下虛實整合服務，實現數位轉型的最後一哩路。

二　做到電商做不到的事

實體通路看電商，常覺得電商很厲害，把實體通路的生意都搶走，但卻不去想如何結合實體通路自身的強項及應用科技，做到電商做不到的事。實體通路雖受限於門店展示空間，產品的品類和品項也因此受限，若把電商加進來，增加實體通路對顧客的服務，就可以無遠弗屆了。

電商沒有門市可逛，不可能讓顧客去衛星倉兌換商品，「分批取」、「轉贈」的運作模式就是實體通路的強項，顧客在店內逛，收到親友轉贈的咖啡或冰淇淋，立刻就能兌換商品，所以電商做不到的事就是實體通路的優勢。

（一）「圈團 +1」 把商機擴展到店外

PX Pay 新增的「圈團 +1」服務，吸引超過 3,500 位員工加入團爸、團媽

的行列，開團成功的團主平均可幫自己增加原本薪水約 3% 的收入，同時，也能讓消費者共襄盛舉，成為最佳團購主。

過去門市做預購，發 POP 廣告（Point of Purchase Advertising）、印 DM，顧客要寫預購單，店家在截止時間內統計數量給廠商出貨，把貨品送到物流中心，依照各門市訂單送到店裡，再根據客戶別通知顧客來拿貨，傳統運作比較繁雜，也比較容易出差錯。「圈團 +1」比預購更方便，透過 App 平台，省去使用傳統紙本的預購單，也降低人工統計的錯誤及漏單率。

以前是顧客到店裡買東西，現在把商機擴展到店外，團媽、團爸知道會員的需求，針對熟客想買的品項發出資訊揪團，當 +1 數量到達到門檻就能成團。有門市的店經理在國宅樓下一呼百應，號召住戶下樓參加，發揮「地推部隊」的強大優勢。

會員管理要「落地」，到門市才能真正產生業績，每家店管理自己的會員，讓小商圈的經營模式更豐富。根據內部統計，2022 年 3 月底開始，為期四個月期間，「圈團 +1」累積銷售額約破 1,700 萬元，日均為 13 萬元。

「圈團 +1」就像是直播主把夜市場景放到網路上，在夜市頂多幾百人、幾千人圍觀，在網路上可以吸引上萬人看直播，若串聯 LINE、Facebook、Instagram，變成「社群電商」，進行 D2C（Direct to Consumer），直接銷售給顧客，就更能直接符合顧客需求。

過去門市人員和顧客沒想過用「圈團 +1」的方式做生意，未來的銷售方式會越來越多樣化，最終的關鍵仍然要回到會員和店員如何利用科技，實體通路最重要的核心就是認識會員，以前是做單店行銷、單點行銷，現在要做的是「個人行銷」。

未來，「圈團 +1」有三大經營方向，包括增加商品多元性，像是肉品蔬果、母嬰與保濕防曬、季節小家電；鼓勵每店開團，想買的消費者都有鄰近門市可以選購；並擴大口碑、社群媒體操作，掌握辦公、住宅商圈經營。

（二）發展箱購，解決門市有限的空間

為了解決門市有限的空間，全聯 PX Pay 2022 年 7 月 8 日起增加「箱購」的服務功能，讓顧客能整箱購買，直接從倉庫送到家。若有婆媽拿一串衛生紙要結帳，店員跟她介紹買整箱比較便宜，一串 70 元、4 串 280 元，賣 250 元，而且可以送到家，本來是提一串，後來變成買整箱，效益倍增。

顧客雖人在實體賣場，購買的方式卻是電商的商品，所以發生的地點在店裡，交易的平台卻是在電商，這就是實體在做電商做不到的事，如果實體通路可以做到這樣，何必擔心電商強敵環伺。

目前體積大的衛生紙、尿布、重量重的水、飲料、民生必需的洗衣粉、米、雞精等，在全聯都能箱購送到家。根據 2021 年和 2022 年 PXGo! 銷售排行統計，也可觀察到全聯婆媽族熱愛的箱購品項是礦泉水和尿布。

有趣的是，連續二年的前 3 名品項都一樣，依序為悅氏 Light 鹼性水、康乃馨寶貝天使奈米銀嬰兒紙尿褲 XL、康乃馨寶貝天使奈米銀嬰兒紙尿褲 L；若以業績量來看，年成長最高將近翻倍。

▼表 10-3　PXGo! 箱購類別銷售排名（2021-2022 年）

類別排名	2021 排名商品	2022 排名商品
1	飲料類	飲料類
2	嬰兒用品	家用紙製品
3	家用紙製品	家用清潔劑類

資料來源：全聯。

▼表 10-4　PXGo! 箱購銷售排行（2021-2022 年）

單品排名	排名商品
1	【箱購】悅氏 Light 鹼性水（720ml）x20 瓶
2	【箱購】康乃馨 寶貝天使奈米銀嬰兒紙尿褲 XL（36 片 / 包）x4 包
3	【箱購】康乃馨 寶貝天使奈米銀嬰兒紙尿褲 L（42 片 / 包）x4 包

資料來源：全聯。

第五節　「小時達」──生鮮雜貨外送第一品牌

全聯 PXGo! 於 2021 年 1 月推出自營的「全聯小時達」外送服務平台，主要概念來自於全臺一千多家全聯門市都是社區的生鮮倉儲中心，距離消費者最近、也最新鮮，全聯其實就像家中的第二個冰箱，無論消費者選擇到店取

貨或是宅配到府，皆能從最短的距離將最新鮮的商品帶回家。陸續也與 Uber Eats、foodpanda 平台合作，等於全聯有 3 大平台提供外送服務。從首波雙北50 家門市，1 年半內擴展至全臺超過 500 家，以每家服務門市半徑 3 至 5 公里計算，涵蓋全臺將近 100% 外送區域，最快 40 分鐘內可送到家，以「最密集據點」、「最廣服務範圍」、「最短配送距離」三大優勢布局。

全聯自 2008 年開始經營生鮮品類，2020 年生鮮營業額突破 300 億元大關，替「全聯小時達」生鮮外送服務打下有利基礎。「小時達」定位為「生鮮雜貨外送第一品牌」，商品數從原有的 2,000 品，到 2022 年拓增至 5,000 品，主要提升日配、食品，一站集結生鮮蔬果、冷凍食品、零食飲料、家用雜貨等，不定時推出聯名的 We Sweet 甜點與期間限定商品，線上線下消費零差異且均一價。目前生鮮上架商品占比近 15%，自 2021 年推出外送服務以來，生鮮部分帶來 10 億元業績。

一 COVID-19 襲台，疫情催生業績

在疫情期間，帶動外送業績高速彈跳，「小時達」、Uber Eats 及 foodpanda三大平台上線合作至今，客單價成長 4 成、訂單量成長 6 成，回購率更超過 7 成；尤其 2022 年 4 月本土疫情爆發以來，更為單店生鮮業績帶來最高 3 成以上的成長；每日本土確診數破萬例後，三平台總業績更創下單日新高紀錄，日均訂單數已較疫情前成長近 6 成，顯示消費者在疫情間強勁的生鮮雜貨外送需求。2022 年 1 月至 7 月「小時達」業績已破 23 億元。

根據三大平台數據統計指出，2022 年 1 月至 5 月，消費者最愛訂購的Top 5 蔬菜分別是金針菇、玉米筍、鴻喜菇、小白菜、青江菜，其中，金針菇的銷量已超過 100 萬包；消費者最愛的水果是奇異果，累計賣出超過 60 萬顆，其次是香蕉跟蘋果；肉品由雞胸肉奪下冠軍寶座；文蛤是海鮮類第一名。

二 生鮮電商趨勢，改變消費習慣

「小時達」改變全聯會員的消費習慣，特別是帶小孩的父母、年長者，體驗購物送到家的便利感，使用起來很簡單，用過 1、2 次就上手。當「小時達」

訂單數量越來越大、顧客使用比例越來越高時，表示顧客慢慢習慣；當回購率越來越高時，表示提供的服務已納入顧客的生活方式。

也因「小時達」與 Uber Eats 和 foodpanda 合作，增加全聯比較少有的新客群，包含年輕的客群、年輕夫妻、單身族慢慢地也會到店裡消費，擴大全聯的顧客版圖，也帶來額外的效益。

全聯除了有「小時達」的推動外，品牌、商品也同步年輕化，近年還不斷改裝門市，包括新門市、改裝店針對商圈及消費行為而調整位置的位移店，每年約有 1、200 家，增加冰箱，把賣場擴大，早期想找 evian、沛綠雅 Perrier 礦泉水找不到，要買國外進口飲料的品項比較少，如今透過全面性的調整，引進更多新穎的品牌，讓年輕族群口碑相傳，「小時達」使用率也越來越高。

三 24 小時營業，滿足夜貓族需求

透過內部大數據演算分析，我們也發現有不少消費者下單時間越來越晚，因此為提供消費者最佳的使用體驗，加速門市人員的作業時間，全聯以社區生鮮雜物倉儲中心為概念，於大安延吉門市開設全臺首間 24 小時營運的「小時達專門店」，集中線上精選的 3,000 餘商品，專門提供外送服務、不服務門市顧客。至今已有 10 多家，滿足夜貓族需求，夜間熱銷前三名為飲料、零食、微波即食品。

2022 年計畫要開到 50 間店，包含生鮮蔬果、冷凍食品、常溫食品、雜貨家用等，不僅讓店員專門處理線上訂單，避免與實體賣場作業互相干擾，還可以小坪數的展店方式，拓點進駐空白商圈。

四 「小時達」拓點達 750 家

展望 2022 下半年，「小時達」持續以「鮮度」、「速度」、「廣度」3 大經營策略力拚成長動能，站穩「全臺最大生鮮電商」第一步，預計今年底外送服務拓點可達 750 家，包含 50 家 24 小時專門店，業績可望較去年成長三倍，創下新高。

未來消費者還能透過 PX Go! 查看各門市庫存狀況，打造更完整的線上、

線下虛實整合服務，甚至是形成點數金融圈。不管是行動支付還是電商，一定要方便、快速、直覺，「顧客的需求到哪裡，全聯的服務就到那裡」，不能讓消費者花太多時間等待。

五 創造衝動性購買的機會

最後一哩路是電商最大的成本，若以實體通路來看，還是希望顧客能到店裡體驗，到了賣場比較有衝動性購買的機會，不能單單只靠外送，而是善用科技提供更優質的服務。

像是讓顧客查詢門市商品庫存，確定有貨再去購買，不用白跑一趟；或是在線上購買，到店取貨快速離開，例如國外現有的「Roadside Picked」，一感應顧客車牌號碼，就知道哪個客人進來，車牌和訂單連結，顧客不用下車，未來國內也有機會做得到。

第六節 嗶經濟當道！全支付跨出全聯

全聯於 2019 年推出行動支付工具「PX Pay」，至今累積 800 多萬會員，在婆媽族群間打響知名度，促使行動支付使用的年齡層更加寬廣。今年 PX Pay 的服務更升級，由全聯百分之百投資的專營電子支付機構「全支付」在 9 月 1 日正式上線，讓會員更完整體驗跨通路支付。

即日起可透過 App 下載「全支付」，或透過全聯 PX Pay 完成註冊，升級成為全支付會員。目前全支付跨通路服務範圍涵蓋連鎖餐飲、百貨商場、藥妝、3C、遊樂園、手搖飲、電影院、交通運輸、商圈、夜市、公共繳費等，全臺超過百大品牌，如：王品集團、全國電子、臺灣大車隊、環球購物中心、屈臣氏、秀泰影城、路易莎咖啡、錢櫃、義大世界、嘟嘟房等。

首波 10 萬個支付據點皆可使用全支付，預計透過全聯門市推廣、上線行銷活動加乘效益，全支付預期到 2022 年底前，會員註冊數能突破 100 萬，上線一年內突破 200 萬會員數，預計首年可達到 300 萬下載量。

一　多方串連互惠，橫跨多種領域

「全支付」以「服務」為出發、支付為核心，整合會員、點數、合作商家與銀行，致力打造一個多元開放式科技平台，因此，全支付發展的未來不是競爭，而是多方串聯與互惠，橫跨多種領域。

其中，各項繳費服務，涵蓋台北市政府各項智慧繳費及公共事業費用，如：水費、停車費、電費、交通費、學雜費及各項規費繳納將陸續上線。為擴大生活支付場景並推動政府無現金社會政策，積極參與各縣市政府停車繳費、油品事業項目標案，北、中、南大型醫療院的即查繳服務都在規劃中；針對金融理財商品服務，如：信貸、基金投資等，也持續與各大銀行洽談中。此外，跨境支付及提供企業金流等服務，都在短期規劃與布局中。

上線後，「全支付」接續 PX Pay 提供全聯場域的金流支付服務，手機嗶一下，可以一次完成支付、累點、發票歸戶（手機條碼載具），且採用嵌入式（SDK）串接技術與 PX Pay 結合。也就是 PX Pay 現有會員，無需額外下載全支付 App，在 PX Pay App 首頁「全支付」入口，透過實名認證並連結銀行帳戶，服務立即升級。可跨通路支付，並享有更多元的支付方式，不僅可選擇信用卡付款，也開放直連銀行帳戶付款，以及全聯門市現金儲值至全支付帳戶付款，全面提升便利性。

同時，福利點也會由封閉式的點數循環生態，展開更開放性的靈活運用，透過全支付的點數（簡稱「全點」）兌換活動，福利點 10 點可兌換全點 1 點，全點 1 點等於 1 元，可在使用全支付付款時折抵使用。對於 PX Pay 用戶來說，可使用福利點當作買菜金折抵，還可以升級全支付，在數百個合作品牌、10 萬個支付據點折抵使用。

二　首波帳戶連結 13 家合作銀行

全聯近年積極推動數位化轉型，從 PX Pay、PX GO! 到「小時達」，緊扣主力消費需求，PX Pay 的推出解決核心用戶婆媽結帳排隊的痛點，跨足發展電子支付產業，能更快速有效拓展 PX Pay 服務的場域及功能。

全支付的上線，讓 PX Pay 走出全聯也能支付，並且享有支付、提領、轉帳、繳費、儲值、收款等電子支付專屬功能，讓 PX Pay 的消費者有更好、更

便利的消費體驗。

上線首波帳戶連結合作銀行有 13 家、可支援信用卡有 10 家。13 家銀行帳戶直連，包含：玉山銀行、富邦銀行、國泰世華、台新銀行、中華郵政、臺灣銀行、第一銀行、華泰銀行、新光銀行、彰化銀行、土地銀行、將來銀行、凱基銀行。

全支付的首要任務是通路的拓展，做到到處都能付，並且提升系統品質、建立安心的支付環境；在發展策略上也會持續跨領域合作，多元應用、多方串聯與互惠。

三　串聯 PXGo! 落實虛實整合

PX Pay 上線時，靠著全聯門市的婆媽「地推部隊」推廣創下佳績，全支付同樣也有門市各地的婆媽店員當後盾，靠著強勁的「地推部隊」與消費者面對面實際教學推廣全支付，讓更多會員能享用更加便利的支付體驗。10 月底前還會串聯 PXGo! 全聯線上購，同步落實虛實整合。

▼表 10-5　全支付合作主力通路（持續擴大上線中）

類別	合作通路
生活購物 超市 / 藥妝 / 專門店	全聯福利中心、屈臣氏、日藥本舖、NET、麗嬰房、生活工場、阿瘦皮鞋、La New
購物中心 / 百貨商場	環球購物中心、三創生活、比漾廣場、美麗華百貨、秀泰生活、宏匯廣場
餐飲連鎖	王品牛排、oh my! 原燒、聚日式鍋物、西堤、陶板屋、漢堡王、鬍鬚張、八方雲集、勝博殿、阜杭豆漿
飲品咖啡	85 度 C、清心福全、路易莎咖啡、cama café、可不可熟成紅茶、麻古茶坊、迷客夏、珍煮丹
休閒娛樂 / 影城	義大遊樂世界、小墾丁度假村、六福村、健身工廠、錢櫃、宜蘭傳統藝術中心、秀泰影城、喜樂時代影城
交通運輸	台鐵、臺灣大車隊、大都會車隊、城市車旅、嘟嘟房、臺灣聯通、歐特儀、吉拾停車場
3C	全國電子、神腦國際、小蔡電器、傑昇通信、良興
影音 / 線上	KKTV、開店平台 QDM、Showmore、UrMart、馬拉松世界、運動市集
商圈夜市	永康商圈、天母商圈、西湖內科商圈、寧夏夜市、南機場夜市、師大夜市、饒河夜市
公共繳費	台北市政府 -PayTaipei、北水處自來水費、臺北市路邊停車費、臺北市立聯合醫院醫療費

資料來源：全聯。

第七節　總結

　　想要數位轉型，財力要夠、最上層的主事者策略要清楚，全聯從零做起，是很特殊的例子。多次受邀演講時，總會在最後一頁寫上「千萬不要學全聯」，是因為很多臺灣中小企業想學習數位轉型成功的案例，但中小企業與全聯的規模不一樣，實在很難依樣畫葫蘆。

　　全聯前 20 年的主力放在展店，開了超過千家店、員工超過 2 萬多人，以生鮮來看，從產地開始，通過 PC 廠（生鮮處理中心 Processing Center），需要很大的經營規模。大型的規模在數位轉型時都會面對無法克服的問題，更何況是小型規模的中小企業，真的想學全聯也學不來。

　　零售業談數位化，大多數從電商下手，包含歐美、日本、臺灣的實體通路在數位轉型的路上走得很辛苦，一般通路的資訊人才比較傳統，多數不是行動應用的人才。

　　數位轉型時投入經費就可以取得技術，多數中小型企業，包含零售、餐飲、服飾等，若是能透過科技專業的協助，學會怎樣使用「軟體即服務 SaaS（Software as a Service）」，不一定要花很多時間和經費從頭做起。

　　於是要回到公司內部去檢視，做 SWOT 分析，了解優勢（Strength）、劣勢（Weakness）、機會（Opportunity）和威脅（Threat）在哪裡，再參考國外規模差不多、發展得不錯的成功案例，當作學習標竿。

　　再者，以超市起家的沃爾瑪（Walmart）為例，從實體通路出發擴展電商，一開始學習其他電商嚐到敗績，回到既有的強項，主攻生鮮、食品後，在 2020 年挺過疫情衝擊，打敗 eBay，登上美國電商市場銷售額第二名，僅次於亞馬遜（Amazon）。因此，花時間檢視自身通路的優缺點所在，確實掌握自己的優勢，才是最實在的做法。

CHAPTER 11 疫後人才培育與轉型

Hahow 好學校共同創辦人　黃彥傑

第一節　前言

　　自 2000 年開始，企業轉型議題逐漸熱絡，臺灣各大集團、企業都在各自領域發展獨有的轉型模式，尤其金融業、高科技製造業這兩大產業，已經在轉型之路上做到了許多里程碑；金融業的線上服務正在成熟開展，透過網路及行動裝置搭配常態服務的數位轉型，促使社會大眾逐步邁向數位金融的生活型態，不是每一項業務都需要親自臨櫃辦理，實體分行則將轉換為多元場域，為在地社區及大眾提供金融相關的知識普及與理財教育，金融業從數位結合服務著手，實現企業轉型的重要階段；有別於金融業以「服務」為出發，高科技製造業則是優先在與產線有關的系統工具著墨，藉由雲端網路系統，優化控管產線的人員與時空限制，加速生產效能；綜觀臺灣近十年的企業轉型，各行各業在制度、工具、產品與服務的層面上，都帶來顯著的轉型成果。

　　然而，根據行政院主計總處截至 2022 年 8 月 12 日統計，各產業所占臺灣 GDP 比例前三名分別是：製造業、其他服務業、批發及零售業，大眾所熟知正在展開轉型的企業除了及金融業及高科技製造業以外，來自這三個產業的案例相對稀少，對於製造業、其他服務業與批發及零售業所面臨的轉型議題，以 2021 年疫情爆發以來的國際趨勢與商業環境來看，轉型勢在必行，而且迫在眉睫。

　　回顧近 5 年的科技趨勢，網路雲端服務已經被廣泛應用，透過 SaaS

（Software as a Service）讓系統管理與存取跳脫時間空間的限制、行動網路從 3G 發展至 5G、藍牙傳輸技術的迭代、區塊鏈與元宇宙，日新月異的網際網路及科技發展，讓企業面對轉型議題時，相較於組織改造的龐雜規模，有機會能夠從系統工具更新、替換、整合，到商業模式的轉換，地端邁向雲端、硬體結合軟體、線下整合線上等等面向展開轉型策略，但是當系統工具優化與商業模式轉換後，企業也將面臨更爲迫切的問題——和「人」有關的轉型。

面對企業轉型，在各行各業之中，「人」總是關鍵因素，員工能否接受轉型所帶來的改變，不論是否對員工的工作內容產生影響，抑或是因應轉型所需要的技術與知識是否已經超出員工的理解之外；但是，在這些議題浮現之前，還得思考如何讓員工理解企業轉型的必要性，從而支持公司政策並配合推動執行，也因此開始討論轉型究竟該基於「制度」、「工具」、「思維」三者其一，還是有其優先序，甚至應該要三者並進；本文綜合國內、外知名企業的企業轉型案例，以及自 2020 年開始，Hahow 好學校以 Hahow for Business 服務開展，與臺灣各大企業專業經理人、人力資源專家與學習發展專家深度合作交流後，彙整一切與人才發展、員工關係、學習型組織有關的轉型策略，發現無論企業選擇哪一條路啓動轉型，將「以人爲本」的精神做爲轉型的核心理念，是企業轉型成功與否的關鍵之處。

第二節　工作模式轉型與人才培育的現況

COVID-19 加速了企業轉型的進度，更促使企業不分產業開始思考人力與人才在轉型時的重要性，面對人力與人才議題，首當其衝的便是工作模式的強迫轉型，臺灣本土疫情爆發後首度三級警戒開始，不論產業別都受限於疫情防控規範，產線與辦公室皆以最低人力運作，大部分的員工則以居家遠距辦公（Remote Work）的型態維持日常工作，在這個時刻直接考驗了企業營運團隊的應變能力，舉凡上下班打卡、工作進度回報、會議進行方式、團隊溝通協作、績效考核評估等議題，是企業最先遭遇的第一道關卡，緊接而來的，是如何讓員工的數位工具應用能力普及、如何讓教育訓練持續進行，以確保員工的知識技能成長，維持工作績效，在以製造業、服務業爲多數產業的臺灣，大多數企

業是在工作模式被迫改變的情況下，才意識到人才培育是企業轉型密不可分的重要關鍵。

一 遠距工作（Remote Work）與混合工作（Hybrid Work）

「遠距工作」是指員工在辦公室以外的地方工作的辦公模式，這些地方可能包含了家中、共同工作空間、咖啡廳等任何適當且可辦公的場域，在 2020 年 COVID-19 疫情爆發以來，遠距工作被視作隔離與封城期間仍需維持公司營運的選擇；「混合工作」則是結合辦公室工作與遠距工作模式，企業制定彈性的空間讓員工選擇辦公地點，或是限制特定的時段才開放遠距工作，與混合工作常做爲相同議題的是「混合辦公空間」（Hybrid Office），是指企業重新打造辦公場域，跳脫過往的辦公室設計，讓空間具備交流意義與啓發性。

微軟（Microsoft）與研究公司 Edelman Data x Intelligence（DXI）合作，在全球 31 個市場，對超過 30,000 名職場工作者與自由接案者進行調查，連續兩年（2021、2022）發布《年度工作趨勢報告》（Work Trend Index Report），2021 年標題是「混合工作是下一個大破壞，我們準備好了嗎？」（The Next Great Disruption is Hybrid Work - Are We Ready?），而 2022 年的標題則是「遠大的期望：讓混合工作模式發揮作用」（Great Expectations: Making Hybrid Work Work），標題由疑問轉爲肯定，來自於 2021 年到 2022 年數據結果改變的重要洞察。

2021 年，73% 的員工期待能夠維持彈性的遠距工作模式，然而在 2021 年的時空背景之中，遠距工作其實仍存在許多待解的難題，例如：管理階層逐漸與員工脫節，在受訪的領導者中，有 61% 的人認爲目前自己在蓬勃發展的狀態，與同事和領導層建立了更牢固的關係、獲得更高的收入，並且更能夠分配假期；對於員工來說，有 37% 的人認爲，公司在疫情以及遠距工作的情況下對他們提出太多要求。也就是說，比起管理階層，員工階級在疫情與遠距工作的情況下是掙扎且充滿挑戰的，乍看遠距工作帶來的高績效背後，隱藏著幾項關鍵數據：將 2020 年 2 月與 2021 年 2 月相比，平均每場會議時間由 35 分鐘增至 45 分鐘，每週會議總時間增加了 148%，數位過載（Digital Overload）的情況至眞實發生而且持續成長的。

2022 年，有些議題仍然待解，將 2020 年 2 月與 2022 年 2 月相比，每週會議總時間由 2021 同期比較的 148%，成長至 252%，但是員工也意識到彈性的工作模式並不代表「永遠在線待命」的狀態，而且遠距工作的模式也逐漸轉為混合工作（Hybrid Work），意味著從現在開始，企業內的工作模式將可能回歸實體場域，但仍保有遠距工作的彈性。而企業也在這段時間調整出一套可行的行政制度與工作文化；對於回到辦公室的意向，受訪的管理階層中，其中有一半表示公司正在計畫完全回到實體辦公狀態，而受訪的工作者當中有 52% 還是想保持混合工作與遠距工作的彈性。思科（Cisco）2022 年全球混合辦公研究指出，62% 的員工認同「能否自主選擇辦公地點」將會攸關他們選擇留任或是離職；如何面對工作模式轉型隨之而來的人力與人才議題，從制度與網路科技的軟體，到辦公場域空間設計的硬體，打造符合企業文化的混合辦公模式，將是企業的重要課題。

二 工作模式轉型的現況與實際案例

（一）商業服務業

對於商業服務業而言，批發、零售、餐飲、物流、連鎖加盟等業別，營業場景仍以直接互動為主要營運工作模式，在工作模式的轉型上需要更完整的規劃與配套，如同金融銀行業所做的種種措施，皆是從後勤至前線、總公司至分行端的作業流程整合，才能逐漸實現工作模式轉型的實際成果。以大苑子開發股份有限公司為例，其營業範疇橫跨餐飲、物流、連鎖加盟，早在 2008 年，大苑子就成立專屬的物流倉儲系統，深入產地採購，打造 ERP 系統平台，為後勤物料做好基礎建設；在 2014 年，專屬 App 上線，並且陸續於 2015 年開放線上訂餐、會員制度、線上儲值與支付；時至 2020 年疫情爆發，對於門市人員與後勤的影響，皆因為有著早已建立完備的後勤支援與數位工具，將影響降至最低，同年於臺北捷運市政府站周邊商圈開設旗艦店——市府夢想店。由此可見，即使商業服務業因為營業性質關係，無法透過工作模式轉型以因應市場環境影響，但仍須面對企業轉型議題，不論在數位工具的導入應用，還是如何為前線與後勤單位建立堅實營運模式，都是商業服務業須盡快展開行動的關鍵課題。

（二）金融銀行業

2021 年 5 月中臺灣進入三級警戒，金融銀行是首當其衝的產業之一，分行以往仰賴實體互動的業務模式如何轉換，後勤單位如何以最低人力提供分行業務支援，並持續維持金融交易運作，成為金融業營運與業務單位的最大課題。從異地備援的準備，到遠距工作的行政規劃、軟硬體準備，在三級警戒期間也調整出一套可行模式，例如：台北富邦銀行自 2020 年疫情爆發以來，就陸續採取分流上班、異地備援與居家辦公的制度政策準備，考量未來疫情變化，台北富邦銀行也持續研議更多元工作模式；花旗（臺灣）銀行也在 2020年開始，投注相關設備與規劃，最高可達 80% 員工在家上班。在 2022 年，辦公模式回歸實體的同時，金融業仍持續建置適合遠端工作的軟體環境，例如國泰金控、富邦金控，都陸續展開上雲計畫，打造混合辦公的雲端環境，讓員工在遠距工作時，一切都能符合金融法規、資安管控與隱私保密。

（三）網路科技與新創產業

思哈股份有限公司（下稱 Hahow 好學校）在 2022 年 6 月內部正式啟用全新辦公室，同時也確定改為混合工作模式；在 COVID-19 前，Hahow 好學校就已有一套遠端工作的制度與文化，即使回歸辦公室，也期望在辦公場域的設計上能帶來啟發與交流，同時也透過空間設計吸引員工期待並主動進入辦公環境。因此 Hahow 好學校特別保留 50% 的空間做為開放交流的場域，增設個人專注空間與小型（2-3 人）會議室，讓交流與專注都能在 Hahow 好學校的辦公場域中隨時發生。愛卡拉互動媒體股份有限公司（下稱 iKala）在疫情期間宣布遠距工作後，iKala 重新對員工進行不記名的內部調查，發現有 43% 員工認為在家效率更高，38% 表示無顯著差異，52% 比起在辦公室更偏好在家，同時也有 91% 的員工表示進辦公室最主要目的是面對面交流。因此 iKala 用「辦公室不是 100% 完成工作的場所」為前提，重新設計辦公空間，將 70% 座位設置流動辦公位，同時擴大交誼空間以及會議室來因應混合辦公。

（四）其他產業

除了金融業與網路新創產業以外，多數企業在 2022 年選擇回歸實體辦公場域，三級警戒期間的規劃與制度僅做為緊急備案，對製造業來說，直接員工勢必回歸產線，工作模式轉型僅限於內勤相關單位適用；例如仁寶電腦、南茂

科技等高科技製造業，疫情期間的營運模式已經於企業內部建立完整 SOP 與制度規劃，做爲重大事件緊急計劃備案參考。

三 因應工作模式轉型的人才需求

（一）數位思維與工具技能

　　遠距工作實行期間，企業勢必導入各種數位工具與雲端服務，以維持遠端的協作效率，在這期間讓員工從認識到理解、從學習操作到熟悉使用，在當時已經讓企業管理階層以及負責教育訓練的人力資源同仁絞盡腦汁，面對接下來的混合工作模式，企業期待是本身就具備數位思維與廣泛數位工具使用經驗的人才，在數位思維的價值觀之下，能夠正面看待一切彈性調整，並且自我適應維持高效率與高效能工作產出，擁有此一思維與價值觀念的人才在面對新工具的時候也會相對更快上手，甚至做爲企業內部的潛在轉型推手，在工作場合成爲典範，帶領同事適應轉變。

（二）管理階層的人格特質

　　面對混合工作模式，管理階層所面對的領導管理議題將與過去有顯著的不同，根據 DDI《2021 年全球領導力展望調研》（DDI's Global Leadership Forecast 2021）指出，管理階層要帶領混合工作團隊必須做到的五件事情：

- 建立信任與包容（Build trust and inclusion.）
- 保持良好且經常性的溝通（Communicate well and often.）
- 推動專注力與責任感（Drive focus and accountability.）
- 建立足夠有力的團隊文化（Create a strong team culture.）
- 用同理心避免倦怠（Avoid burnout with empathy.）

　　以上五件事情代表在工作模式轉型的*趨勢*之下，管理階層在具體的「領導管理能力」之前，需要具備彈性、包容、善於溝通、同理心等等的人格特質。

（三）自主學習動機

　　過往企業教育訓練多以實體培訓爲主要規劃，但在工作模式轉型，實行遠距工作的情形下，大部分的課程轉爲同步與非同步的線上課程，多數教育訓練規劃已經成熟之企業會積極廣納多元學習資源，例如：國泰金控、富邦金控、鴻佰科技、臺灣日通等企業，皆在遠距工作實行的同時，採用 Hahow for Business 做爲內部學習資源，透過課程主題策展、學習獎勵規劃等方式在企業內部推廣使用行爲，培養員工在疫情期間的自主學習氛圍，達成學習成效。因應正在發生的混合工作模式，企業會期待員工能夠具備自主學習動機，在此一需求的背後代表著，企業將交給員工更多元的工作任務與發展空間，以人力資源爲專業的同仁，能同時擁有數據分析能力；以程式系統開發爲主要工作的同仁，同時具有使用者介面設計的概念，將能爲企業創造更多元彈性的業務發展與轉型機會。

第三節　轉型趨勢下，人才培育如何因應

　　根據 DDI《2021 年全球領導力展望調研》統計，僅 21% 的臺灣領導者認爲，自己的企業組織已經爲數位轉型做好準備。而全球的統計結果，也僅 19% 的領導者表示爲轉型做好準備；然而數位轉型其實只是企業轉型過程中的其中一個項目，COVID-19 推進了大部分的企業選用此一項目做爲轉型開端，因此不能僅從工作模式轉型看人才培育，更需要在企業轉型「以人爲本」爲核心理念的原則之下，洞察人才培育的因應之道。

一　關於人才培育的轉型趨勢

（一）從人力管理到人才培育

　　千禧年以來，許多企業及管理學者開始理解並主張，應將「人力資源管理」轉而聚焦於「人力資源發展」的思維與實務上；人力資源管理的思維是將人員視爲企業可運用的「資源」或「財產」，是靜態且被動的，如同軟硬體資

產，而這樣的思維簡化了人員的特性，忽略了人員在企業組織內能夠承擔責任、發現問題、解決問題進而創造價值的「主動性」，而具備「主動性」的人就是所謂的「人才」（Talent）。「人力資源發展」即是指企業透過制度規劃、教育培訓與養成，為具備主動性的「人才」規劃完整的組織內職涯發展與成長計畫，搭配企業政策與組織發展計畫，持續挖掘潛力人才並加以培育，為企業創造更多商業價值。

企業轉型勢必結合人才培育計畫，例如金融業早已有制度的以儲備主管（MA）專案招募優秀畢業生做為潛力人才納入培育，高科技製造業的接班梯隊也已行之有年；時至現在，製造業、商業服務業等產業，歷經疫情後，更需要參考其他產業的人才培育經驗，為將來的企業發展方針制定人才培育計畫。

（二）VUCA（Volatility, Uncertainty, Complexity and Ambiguity）的能力養成再度成為議題

此一詞彙再度因為工作模式轉型而浮上檯面，分別代表的意義是：

- Volatility（易變性）
- Uncertainty（不確定性）
- Complexity（複雜性）
- Ambiguity（模糊性）

以 VUCA 來看待人才行為實際的展現則是以下 5 點：

- 對洞察力的知識儲備
- 對各種結果時刻準備
- 過程管理和資源系統
- 有效影響力模型的建立
- 恢復系統和修補措施

因為對應到混合工作其中的彈性特色，以及面對網際網路與科技應用一日千里的時代趨勢，人才培育將更看重彈性快速、問題解決、趨勢洞察等軟實力的養成，以及數位工具、數據分析、專案管理等硬實力的完備，過往臺灣企業

熱衷追求領導管理與溝通表達相關能力的實體培訓，轉往更爲直接面對產業問題、落地實用的解決方法，做爲主要培訓訴求。

（三）線上學習成為常態

線上學習成爲常態，並不代表線上課程將取代實體培訓，就管理階層來說，根據 DDI《2021 年全球領導力展望調研》顯示，領導者的學習方式發生了很大的改變，相較於 COVID-19 前，只有 28% 的全球領導者願意使用線上學習，疫情發生至今，有高達 40% 的領導者是接受且偏好使用線上學習，充分說明線上學習也成爲領導者的新常態。

對於員工而言，線上學習更是隨時獲取工作必要知識的快速管道，依據 Hahow for Business 自 2020 年起至 2022 年所累積的數據顯示，「職場工具」如 Microsoft Word、PowerPoint、Excel 等相關主題，皆在年度累積觀看時數的前十名排行中；連續三年也在排名中的還有「商業英文」如英文 E-mail、英文簡報、英文商務溝通等主題；員工對於線上學習的使用行爲更多地體現在對於課程實用性的要求，在員工需要這項技能或知識應用於工作職場之前的準備階段，或是面對技能工具操作疑難的當下，便是線上學習資源能幫上忙的職場應用場景。

二 臺灣企業對於人才培育的需求與關注議題轉變

（一）人格特質、理念共識與溝通能力

以天下雜誌在 2018 年發布的轉型報告爲例，天下雜誌在轉型過程中所面臨的其中一項挑戰便是「人才加值」，董事長吳迎春談到，天下雜誌堅持不用裁員的方式轉型，是因爲要找到有數位技能的人才容易，但是要找到有相同價值理念的人才卻很難，因應企業轉型，爲需要學習新技能的同仁安排學習資源，在乎同仁面對轉型的心態轉換，並且留下對新聞媒體這項使命有共同信念的人，即是天下雜誌在轉型的同時，所堅持的「以人爲本」的核心理念。

臺灣企業對於人才培育的需求已經由專業技能的要求，更多地轉爲關注人選的人格特質、理念共識以及溝通能力，同樣參考 DDI《2021 年全球領導力展望調研》結果，臺灣的調研資料顯示，企業潛力人才在各項能力自評上，均

明顯高於非潛力人才。其中以策略思維（24%）、溝通（21%）、培養人才／影響力（19%）為最大落差，這可能與大部分企業在識別潛力人才時，對於人選是否能提出更全面且具高度的思考方向，日常工作中在團隊內、外是否能有效溝通、互動協作的相關能力有關。

（二）內部培育更甚於對外招募

招募困境是全世界共同面對的問題，而臺灣企業現在更是面臨亞洲、歐美市場都來臺灣爭搶人才資源的高度競爭環境，也因此更需要轉為重視內部人才培育，有些企業則是早已將內部培育視為優先選項，以台灣水泥為例，企業轉型最大的限制因素在於過於安逸與老化的組織裡，看不到可用的潛力人才。為了加速變革轉型，陸續推動績效考核模式的調整、拔擢內部隱藏人才、提供資深主管優退方案，以加速換血，在 2006 年首度實施儲備幹部（MA）計畫，招募具強烈企圖心與學習能力的年輕世代，加快培育成為接班主管的歷程，經過多年累積，這些接班主管已成為台泥轉型過程重要的人力資本。

以內部培育為優先的金融銀行產業代表案例，則可以參考玉山金控，玉山金控的長期人才培育政策，提供玉山在金融產業競爭動態與數位化過程的核心支持。不同於國內其他金控公司，玉山從成立初始，便確立要走向專業經理人經營，而非家族企業的經營模式，公司不僅採取內部培養與內升經理人為重的政策；同時，為了建立領導梯隊，透過縝密的內部培訓計畫，建立經理人之間的層級網絡關係，並以類企業大學的「卓越學院」來構建中高階領導人才庫，玉山的人才發展制度與環境，一方面使得人員流動率僅為同業的一半，另一方面，更有效地吸引數位科技領域人才的進入，加速完成數位金融轉型。

（三）人才永續與永續人才

人才永續與永續人才的差異，在於「人才永續」代表的是企業內人才如活水一般流入並在內部創造良好的商業價值影響；而「永續人才」則是自 2021 年開始，政府倡議「淨零碳排」而被企業更為關注 ESG（環境保護 Environmental、社會責任 Social、公司治理 Governance）相關議題，在 ESG 的專業領域深度涉略並能為企業出謀劃策的人選，即被稱謂「永續人才」。

人才培育是達成「人才永續」的關鍵，建立制度化的培育與考核方式，穩定為企業內部培育潛力人才，同時給予員工所需的學習資源，鼓勵內部輪調讓員工

具備跨專業領域的知識技能，都是打造企業內人才永續經營與發展的可行方案。

關於「永續人才」，以產業別區分，製造業、商業服務業、金融業等等產業，分別應負起責任承擔 ESG 議題的領域皆有不同，現階段臺灣的永續人才皆出自於會計師事務所，或是專業商業策略顧問等企業外單位，陸續也有企業建置「永續長」，而如何定義「永續人才」的必備條件，則可以從永續長應具備的職能說明做為參考，其中包含策略分析能力、熟悉當地與相關產業 ESG 法規，對於企業社會責任、環境保護、企業內性平議題有處理經驗等；目前設立有永續長職位的臺灣企業例如：台達電、友達、宏碁、旭榮，又以政府規定 2023 年起，實收資本額大於新臺幣 20 億元的企業必須提交 CSR（企業社會責任，Corporate Social Responsibility）報告書，永續人才將成為人才培育的重要轉型趨勢。

三 從員工角度看人才培育現況與期待

（一）更注重身心平衡與工作環境

微軟 2022 年的工作趨勢報告指出，受訪的員工當中有 53% 的人表示，會將身心健康與福祉優先於工作條件做為考量，一切的影響來自於疫情所產生的安全感變動，讓人們更關注家庭、自身健康以及身心平衡的議題，過往存在於辦公室的實體福利，例如無限供應的早餐與咖啡、員工自組休閒社團等等，已經不再是員工所在乎的事情，而是期待看到企業經營者與管理階層能為與員工的日常生活密切相關的議題有所關注，舉凡工時彈性、工作地點彈性、更多的學習資源、更完善的身心平衡支持等；意味著企業在給予人才對應的新技能培養與職涯發展規劃的同時，必須給予員工適當的彈性空間與身心平衡輔助，如確保完整隱私的職場諮商、混合工作的明確制度等。

商業周刊與微軟聯合主辦的《2022 人才組織管理線上論壇》，安侯企管顧問公司數位創新服務營運長賴偉晏指出，企業應該重新定義「員工體驗旅程」；而如何定義員工體驗旅程，則可以從員工角度來看任何一個屬於員工的重要時刻，其中包括重大轉變或成長的時刻、里程碑慶祝時刻、負面或低潮時刻，在這些重要時刻的當下，企業領導者與管理階層如果能做出貼心行動，例如：送上禮品，或是由主管主動與員工討論個人成長，都是優化員工體驗能夠優先採

取的行動。

（二）期待企業能夠協助獲得多元學習資源

根據 LinkedIn Learning 所發布的《2022 職場學習報告》（Workplace Learning Report 2022）顯示，只有 20% 的人認同目前組織內的領導階層比以往更重視學習；過往的企業在提供員工教育訓練資源時，會以「管理職能」、「專業職能」與「通識技能」三者爲主要依據，但其中勢必帶有指定修課的管理力道存在，對於員工來說，被指定去到實體教室、線上會議室或是觀看特定影音內容的學習形式，可能無法即時滿足人才的求知欲望與成長動能，員工期待在企業內看到更多元的學習資源，以讓他們隨時選擇，最好能同時爲工作與生活帶來價值。

以 Hahow for Business 從 2020 年累積至今（2022 年）的數據，員工在不同課程類別（總共八大類）的完課比例前三名分別是：

• 第一名：職場技能
• 第二名：經營管理
• 第三名：多元生活

對於員工而言，透過 Hahow for Business 做爲學習資源，在「職場技能」與「經營管理」二大類別裡，滿足工作所需職能與技術的必要，同時「多元生活」的類別則滿足了員工藉由多元領域的課程爲生活添加價值的養分在其中。

（三）啟發正向的學習動機

在 LinkedIn Learning《2022 職場學習報告》中也指出，讓員工產生學習動機的三大主要原因是：
• 這堂課程幫助員工在專業領域保持競爭優勢
• 這堂課程專門針對員工的興趣和在企業內的職業目標而設計
• 這堂課程能幫助員工在內部找到其他發展機會、獲得晉升或更接近職涯里程碑的實現

以目前採用 Hahow for Business 的企業舉例，例如國泰金控，即是在超過

300 堂影音課程的選擇中，為特定職能的主管與員工規劃定期策展，以行銷策展的角度與特定族群溝通的概念，將員工視為受眾，並且依據職能、職稱、職等，提供對應的策展議題，讓員工直覺連結相關學習資源對於職場表現與競爭優勢的價值，引發正向的學習動機產生。

第四節　國際企業如何面對人才培育轉型議題

　　LinkedIn Learning《2022 職場學習報告》其中對於企業在學習發展（L&D, Learning & Development）優先事項的調查中發現，將職能與新技能結合並做為人才培育的規劃基礎，會是企業在人才培育議題上取得最大進展與影響力的行動，但是也只有10%的人力資源主管與業務主管認為自己所在的企業已經具備完整的技能資料庫，以用做接下來的學習發展參考；但是無論如何，將職能與新技能的整合勢必能為企業促進學習文化的養成，進而帶動人才招募、人才發展培育以及內部人才流動的發生；同時也能回顧過往已經先行於趨勢，早已展開人才培育轉型的企業案例，這些案例仍不脫離「以人為本」的核心理念。

一　以「人」結合地緣考量

（一）奇異公司（GE）

　　2016 年，奇異公司將企業總部搬到美國波士頓（Boston）市中心。公司深知必須深入波士頓年輕高科技新事業與人才圈，才能將企業組織變得更為創新、更為數位化，並確保企業能站在任何新興破壞式技術的最尖端；時任財務長的傑夫‧波恩斯坦（Jeff Bornstein）對《華爾街日報》（Wall Street Journal）如此概括波士頓的優勢：「我走出門，就能拜訪四家新創公司。如果是在之前的總部所在地點，我連三明治都買不到。」

（二）康尼格拉食品（Conagra）

　　康尼格拉食品是北美最大的包裝食物公司之一，在 2016 年把總部從內布

拉斯加州奧馬哈（Omaha）搬到芝加哥（Chicago）以吸引更多新世代員工，並招募具消費性品牌經驗的資深人才。執行長西恩·康納利（Sean Connolly）雖然稱讚奧馬哈，但也對《奧馬哈世界先驅報》（Omaha World-Herald）表示：「芝加哥這樣的環境，讓我們得以找到創新與打造品牌的人才。」

二　以人才發展規劃企業接班

（一）SAP

薩米特·謝提（Sumeet Shetty）擔任 SAP 的智慧企業解決方案開發經理，同時也是傑出的領導人與主管教練，因為過往協助建立高績效團隊的成績受到公認肯定，他很擅長運用「學習 S 曲線」；首先，他與團隊的每個成員（總計 35 人）進行一對一的職涯談話：「我和員工談論他們現在想做什麼，他們的人生目的，以及所希望職涯發展的大致方向。」他表示，確認員工在學習曲線上的位置之後，會準備一份非常客製化的個人發展計畫，而計畫中列出該位團隊成員可以著手哪些行動，以更加接近自己的理想職涯；謝提經常從 SAP 內部或外部選定導師，利用自己的人脈來指導團隊成員，每個人的發展計畫還包含至少二項推薦閱讀。「一項是與專業技術有關的讀物，內容與程式開發及電腦科學相關。第二項則完全不同，舉例來說，他指定一位特別有創意的成員，閱讀亞當·格蘭特（Adam Grant）的著作《反叛，改變世界的力量》（Originals）。」

（二）Hint Water

Hint Water 是一家美國飲料公司，而卡拉·戈爾丁（Kara Goldin）是 Hint Water 創辦人暨執行長，Hint Water 生產一系列只用天然水果調味、不加糖和防腐劑的風味水，才短短十幾年營收就達到 1.5 億美元。有天戈爾丁詢問她的一位高階員工：「你喜歡你現在的工作嗎？」對方回答：「我熱愛我現在做的事。」戈爾丁的回應令人驚訝：「你真應該聘個人來取代你。」她的論點是：這位員工雖然樂在其中，但很快就會達到職涯頂點，並感到無聊。戈爾丁建議這位高階員工，開始尋找並訓練自己的接班人，將能為他帶來新的挑戰，並期待這位高階員工在這麼做的同時，尋找公司內的其他輪調機會。

（三）Google

艾立克‧史密特（Eric Schmidt）在擔任 Google 執行長期間，聘請派翠克‧皮切特（Patrick Pichette）擔任財務長。而皮切特在加入 Google 前，已經擔任過加拿大貝爾集團（Bell Canada）的營運總裁，在那之前還擔任過另一家加拿大電信公司的副總裁暨財務長；起初，皮切特對第三次擔任營運工作沒有太大興趣：「這個完全不是我想要的工作。」史密特明白，要聘用一位已經在財務長職位 S 曲線上達到精通的員工，是一項挑戰，這意味著要源源不絕提供新的學習機會。史密特在說服皮切特接受這職位時，明白表示皮切特過往擔任財務長的經驗是優勢，也是劣勢。「18 個月後，你就會徹底感到無聊。這樣吧，我聘你為財務長，而每當你看起來要失去興趣時，我就會給你增加新工作。」史密特承諾說；在接下來七年裡，皮切特的職責從財務長，拓展到人力資源、房地產、員工服務、Google Fiber（提供寬頻存取）和 Google.org，以高階主管的角色歷經 Google 內部輪調，為 Google 持續創造商業價值。

三　國際因應人才轉型趨勢探究

（一）依據企業發展方針組建團隊，展開人才轉型與企業轉型

重要的不是頭銜，而是這些角色讓組織能夠專注於實現公司新價值主張的能力。這些職務可能需要與外部伙伴協同合作。例如：微軟任命一位企業副總裁主持「單一商業合作伙伴」（One Commercial Partner）計畫，負責簡化微軟與經銷支援公司的往來；設立這個高階角色的決定，反映了此一生態系統對微軟服務顧客的能力展現暫居非常重要的地位，也向合作伙伴保證，在微軟的高層決策過程中，始終有人代表他們的立場。

曾經領導健康科技領域的公司——飛利浦（Phillips），代表連網照護事業群的卡拉‧克瑞威特（Carla Kriwet）提到，她所帶領的團隊有時讓人覺得像是聯合國，因為團隊成員包含了美國在地與歐洲跨國工作經驗的夥伴；她認為，擁有這種多元文化團隊確有必要；她解釋：「如果你的團隊全是把歐洲想成美國一個州的美國人，就根本行不通，因為每個國家的健康照護系統和給付模式非常不同；如果團隊裡全是歐洲人，那他們一定不懂美國的大型連鎖醫院如何運作，以及美國擔心的是網路安全和實體安全問題，那也行不通，因此，

如果要加入我所帶領的團隊，最重要條件之一就是必須曾經住在國外，了解文化差異的真正意義。」

（二）嘗試跳脫既存已久的招募方式與條件認定

可利士（Calix）是一家軟體平台、系統和服務的全球供應商，而麥可·蘭洛斯（Michel Langlois）是 Calix 軟體開發部門負責人，他提到：「我們面臨的最大挑戰之一，就是要找到可以為我們推動數位化的人才。他們的適應力有多強，可能比懂多少種程式語言更加重要。我們需要的人才必須能協同工作、承認犯錯，並且迅速恢復。以前我們只重視應徵者寫程式的技能和技術能力。現在，我們也衡量這個人的工作動力與動機，以及批判性思考、創意和協作等技能。如果他們在這些方面的得分很低，我們就不會錄用。」

聯合利華（Unilever）和 Pymetrics 與 HireVue 二家科技新創合作，使用線上科學遊戲和影像面談來篩選候選人，新增的徵才管道遠多於之前以大學為主要招募來源的學校間數；透過人工智慧演算法執行過濾候選人的大部分工作，大幅減少了招募人員的時間和成本；這項招募方式已接手聯合利華在全球 68 個國家的基層人員招聘，精通 15 種語言，分析超過 27 萬份求職申請，節省 75％ 招聘人力，求職者 50,000 個小時的寶貴時間，並把招聘作業時間從 4 至 6 個月縮至 2 週，幫公司每年省下 100 萬英鎊（約新臺幣 4,000 萬元）也使得參加最後一關面談的應徵者收到並接受錄取工作通知的可能性提高了一倍之多。在這個過程中，聯合利華也大幅提高了員工在性別、種族和社經地位等方面的多元性。

第五節　我國企業面對人才培育轉型的指標案例

我國企業面對轉型議題，在歷經近三年疫情的衝擊洗禮之後有了顯著的改變，在 PwC Taiwan《2021 臺灣企業領袖調查報告》可以看到，超過半數（53％）的臺灣企業表示將致力培養「不同世代的接班人」，其次為「透過科技及自動化提高生產力」（46％）及「提升員工技能與適應力」（42％）；同時詳見 PwC《2021 全球數位信任調查報告》也發現，全球有 31％ 的企業高層表示，

透過新技能養成來推動企業現代化，是自身企業最關鍵的營運轉型措施之一。在臺灣指標企業中，已經實際看見及早展開人才培育轉型的優勢與成果，以及其所投入的心力與成本，是商業服務業展開人才培育規劃的重要參考對象。

一　臺灣指標企業案例

（一）國泰金控

　　國泰金控近年積極布局數位轉型，首重培育人才，結合遊戲化學習活動設計，打造個人化學習路徑，將自主學習彈性最大化，鼓勵同仁除深化專業，還能跳脫框架加入數位思維，成為跨領域整合人才；國泰金控曾三度榮獲「最佳卓越學習組織獎」，以重視員工長期職涯發展、創新學習模式領先業界，因應疫情與數位轉型的驅動，員工培訓也走向多角化的自主式學習。

　　國泰金控藉由數據分析，盤點同仁個人能力缺口，並透過 RPA（Robotic Process Automation）機器人流程自動化，即以軟體機器人及人工智慧（AI）為基礎的業務過程自動化科技進行個人課程推薦，經過追蹤發現，透過線上學習的引導，曾完成推薦課程的同仁在該項能力的成長幅度是未完成推薦課程同仁的兩倍，學習效果顯著。同時，國泰金控以遊戲化的方式鼓勵學習，根據同仁完課數給予不同的學習位階與數位證書，並可獲得年度學習競技活動的資格，讓同仁在遊戲化的過程獲得學習成就感，同時強化自主學習力。

　　「Hahow for Business 是第一個試驗，導入後，給同仁的是文化刺激，我們想進一步溝通的是自主與多元的學習文化。」翁副總經理表示，國泰備足多元學習資源，持續讓員工自主學習成長，透過線上學習，擁有新的跨界視野，達到技能升級（Upskilling）與技能重塑（Reskilling），在工作上發揮最大程度的學習綜效，強化企業永續經營的核心價值。

（二）遊戲橘子

　　遊戲橘子為新進同仁安排「初心者任務」，藉由資深的同仁經驗分享和簡單的測驗，增進新人彼此間的互動，找到有相近興趣與嗜好的夥伴，同時也協助新進同仁認識集團的核心精神、發展歷史、未來的觸角。2021 年新進率 25.5%，主要為 30 歲以下以及 31 至 50 歲間之同仁。

對於人才培育與發展，遊戲橘子提供完善的學習環境及完整的教育訓練藍圖，針對各職級同仁規劃多元訓練，提供數位學習、演講、座談會等方式，將誠信經營、社會責任議題皆納入教育訓練中，讓同仁在提升專業能力的同時，了解並認同遊戲橘子於社會責任的理念與使命，另補助員工參加外部專業課程。2021 年共挹注超過 137 萬元於教育訓練，平均每人訓練費用約 1,308 元，員工訓練課程共 134 門，總受訓人次數達 5,358 人次，總訓練人時數達 13,524 小時，員工平均受訓時數 12.9 小時。

（三）華碩電腦

華碩電腦的人才培育，以企業核心理念與文化傳承為主，與企業轉型趨勢結合，建立多元化人才培育制度，包含以核心、管理、專業職能為導向的人才發展體系，針對高中低各階主管及基層員工分別培育各項管理職能及專業職能，培養多元化人才。對於提升管理階層面對商業及領導的多元思維，華碩與政大合作，針對高階潛力人才開設 Mini-EMBA，透過個案教學、分組專題及跨團隊討論等多元學習方式，強化主管領導、人際與經營管理能力。內部也提供「個人發展計畫」（Individual Development Plan, IDP）與 eDISC（Dominance, Influence, Steadiness, Compliance）運用，協助主管自我成長。

因應 2020 年 COVID-19 衝擊，初階管理訓練規劃則以「混成學習」（Blended Learning）方案進行，將線上與實體整合。在線上課程中，學習管理觀念與技巧，使學習更即時。搭配實體 Workshop 進行日常管理個案交流、討論，使主管能在管理議題中進行經驗學習，課後即刻應用於管理場景，使學習內容與成果貼近實務需求。

二 綜觀臺灣企業現況

根據 PwC Taiwan 的《2021 臺灣企業領袖調查》，有 20% 的臺灣企業對科技變革的速度感到極度擔憂，較 2020 年調查成長 9 個百分點，可看出臺灣企業領袖有著更強烈的數位化憂慮；同時，臺灣企業領袖對於挾帶數位能力與虛擬化的跨業競爭者也感到威脅加劇，對「新的市場競爭者」表達極度擔憂的比例成長至 14%，在 PwC 2021 年度的報告中也能看到，有 35% 的臺灣企業

願意大幅投資「數位轉型」相關技能與工具，其次則是「研發與產品創新」、「領導力與人才培養」，間接驗證 LinedIn Learning 所做的統計——從員工角度出發所感受到企業領導者認同學習發展價值的比例並不高。

相較於金融業、網路科技業與高科技製造業，其他產業面對人才培育議題尚在嘗試與起步階段，尤其對製造業與商業服務業而言，第一線人員對於營收的影響是更為立即且直接的，維持產線與服務的順暢，避免任何會造成產能降低的錯誤，即時調整一切對於服務品質可能造成的影響，才是當務之急，但也因而錯失了開展人才培育的先機，導致在 2021 年面對人才招募困境，以及 COVID-19 隨之而來的轉型浪潮之下，這些產業無法彈性快速的應變調整營運模式，得承受營收下滑帶來的正面衝擊，也僅能以相對保守的策略等待景氣與環境復甦，讓企業運作重回軌道。

三 國內因應人才培育轉型趨勢探究

（一）發展企業獨有的學習模式與能力指標

明確定義企業內的符合文化與產業特性的能力發展框架，例如：華碩清楚定義在內部如何看待「管理職能」，以管理五力（目標力、組織力、決策力、監督力、培育力）為方向；又以國泰金控因應內部數位文化轉型而提出的三大關鍵職能——學習力、敏捷力、對話力，此一舉措讓內部人才及負責規劃學習發展的人力資源單位能精準依循，朝向共同的學習成果與價值主張邁進。又以臺灣康寧的數位人才培訓計畫為例，為期六個月，包含系列課程、團隊建立與案例分享，並以年度數位高峰會作為總結。經過數個月的籌備，這場會議集結來自公司各部門員工的想法，進行一場提案競賽，參賽團隊準備的內容有可能為公司產品製造方式帶來深遠的改變；此一方式將成為臺灣康寧獨有的學習模式，讓員工實際體驗學習成果獲得應用與展示的機會，在內部形塑成為學習交流的風氣。

（二）藉由系統工具與學習資源提升人才培育效率與成果

LinkedIn Learning 解決方案區域主管容沛華建議，根據市場上的學習趨勢和數據顯示，企業的學習與發展計畫，勢必要能夠「規模化」，才足以應付龐

大的學習需求，也因此實體課程的比重將減少，而線上訓練的角色，則會越來越重要，企業也應該更致力於幫助現有的員工學習新技能，以留住內部人才。

臺灣企業習慣使用的系統工具以學習管理系統（LMS, Learning Management System）為主，學習管理系統是以管理者為中心的系統模組，透過系統工具管理一切與學習相關的課程、內容、名單，以及基礎數據資料，對於協助企業達成人才培育與學習發展規模化的需求而言，仍有其限制。臺灣尚未正式展開人才培育的企業，是否能跳脫既有框架，往外探詢、實地了解已經在人才培育的項目行之有年的企業，如案例所提到的國泰金控、遊戲橘子等我國企業及國外企業案例，是如何選用系統工具與學習資源，與企業文化與學習指標相互搭配，進而將資訊帶回企業組織內討論，為自家的人才培育轉型展開布局行動。

（三）讓數據成為人才培育與組織發展的重要基礎

國泰金控透過數據分析盤點員工能力缺口，再透過 RPA 進行個人化的課程推薦即是一例；過往企業在看待學習結果與相關數據時，皆圍繞在課程觀看時數、員工完課與否、員工完課數量、測驗成績等項目，反而忽略了員工在展現學習行為時所留下的重要軌跡，例如：員工自主選修的主題類別、員工在哪幾堂課程累積的時數較多、員工對於現有學習資源的量化分數回饋為何，都是企業在探索員工學習需求的關鍵洞察指標，例如：員工原先的專業領域在財務會計，但是自主選修時則是以程式開發的主題類別為主，就能往下探究該位員工是否在程式開發領域已有自學基礎，並期待獲得相關專業的發展機會。當此一假設被驗證成立，代表著人才培育將不受限於「人才本身的專業背景」，多了「人才展現的學習行為與結果」做為判斷指標，讓內部人才開始流動，達成企業人才永續的目標。

第六節　總結

雲朗觀光集團總經理盛治仁預估：「未來的世界，包括飯店、餐飲服務及各個產業，將會走向二極化發展，一端是積極應用新科技，包括 AI、機器人、大數據等；另一端，則是跟人與人之間互動的溫度有關，在互動當中仍充滿故

事性。」富邦媒體科技股份有限公司董事長林啓峰也認爲：「在未來，線上銷售的電商場景與規模一定會越來越大，線下的角色將會變爲更注重『體驗』跟『服務』。」即便商業服務業在營業模式上受限於前線必須以「提供服務」爲優先考量，仍不代表商業服務業無法實現工作模式轉型與人才培育轉型。

以工作模式轉型爲例，商業服務業若要實現更具彈性的混合工作模式，最值得參考的就是臺灣金融銀行業在 2020 年至今的轉型歷程，在這三年之間，將分行臨櫃交易與前線、後勤間的龐雜行政來回，在符合金融法規的情況下以網路科技、系統工具、雲端服務等方式完成整合，讓分行場域成爲多元使用的空間，更讓後勤人力能完成更多企業轉型所需要的策略規劃與專案執行。

在人才培育轉型方面，以艾立運能爲例，艾立運能集結不同領域專才彼此激盪，透過跳脫傳統框架的團隊，爲產業帶來更多創新。今年將持續拓展數位運能平台規模，在商業開發、夥伴生態圈、產品、工程研發、自動化、平台營運、流程再造等部門開出多項職缺，廣邀多元人才加入。運輸業者是整個物流運輸生態圈中相當重要的一環，而人力不足、司機平均年齡攀升、司機非年輕人就業選項等，卻是產業共同面臨的問題。艾立運能重視司機職涯發展，成立「艾立學院」增加司機專業訓練，包括安全、健康、法律課程等並提升福利，爲司機打造專業、舒適且安全的工作環境，以吸引更多司機加入。艾立運能透過新型商業模式以及重視前線員工福祉的角度，打破過去物流業相對保守的營運模式，廣招人才加入，嘗試在人才培育轉型上爲企業創造商業價值。

世界趨勢、市場變動，甚或是 COVID-19 所帶來的影響與衝擊是不分產業的，以 Hahow for Business 與企業管理階層及人力資源單位從 2020 年展開合作交流以來，除驗證了「以人爲本」的轉型理念是成功關鍵以外，對於企業轉型、工作模式應變、人才培育等議題有起心動念並且展開行動，確實執行，才是踏向企業成功的唯一辦法，面對未知的未來，唯有迎向趨勢、保持彈性，才有機會爭取應變的時間與空間，達成企業轉型與人才永續的目標，爲臺灣經濟創造全新價值。

CHAPTER 12　XR 沉浸科技加速零售數位轉型

資策會 MIC 資深產業分析師兼產品經理　柳育林

第一節　前言

　　資策會 MIC 指出，i（IoT）、A（AI、AR/MR/VR）、B（Blockchain）、C（Cloud、Cyber Security）、D（DataTech、Drone）、E（Edge Computing）、F（Five G），為當前重點技術發展項目，也是全球各界的觀測焦點。與此同時，各行各業包括食、衣、住、行、育、樂等領域，亦面臨數位轉型的關鍵時刻。

　　XR（AR/MR/VR）沉浸科技，即是前述重點技術發展項目之一，可與 AI、Cloud、5G 等智慧科技匯流，帶動產業之數位轉型；若從消費者的角度來看，XR 也可為社會大眾創造更優質的生活。故此，如何掌握 XR 的發展局勢，以及其所帶來的龐大效益，就顯得格外關鍵。

　　以零售產業為例，在面對疫情衝擊與元宇宙浪潮下，不少業者都在加快轉型變革的步伐，也為零售產業導入 XR 的發展帶來更多可能。本文即先探討 XR 整體發展局勢，再針對零售產業導入 XR 的發展性進行分析，進而從數位轉型的構面剖析國際焦點業者，並以案例形式探究我國方案業者的相關布局，最終進行總結與展望。

第二節 XR 發展局勢探討

在剖析 XR 整體發展局勢前，先就 XR 的基本意涵進行說明。XR（Extended Reality）又稱延展實境，涵蓋 AR/MR/VR 等穿梭現實到虛擬的沉浸科技，可導入在零售、娛樂、教育、製造、健康等應用領域之中，讓虛實交互的世界變得更加自然與直覺。

其中，VR（Virtual Reality）虛擬實境，是由數位訊息構築成虛擬環境；AR（Augmented Reality）擴增實境，是將數位訊息疊加在現實環境；MR（Mixed Reality）混合實境，所追求的不只是將訊息擴增至現實中，更可與現實中的訊息互動，讓現實環境的訊息能與虛擬環境的訊息共存。MR 本質上仍屬於 AR 的一環，不少研究也將 AR/MR 用 AR 整合論述。

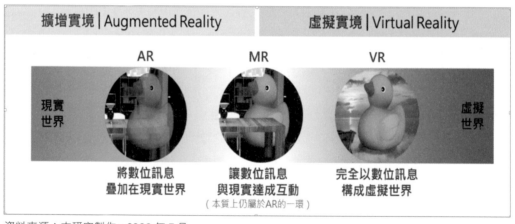

資料來源：本研究製作，2022 年 7 月。

▲圖 12-1　穿梭現實到虛擬的 XR 沉浸科技

回顧 XR 的發展，實在是波折不斷，VR 甚至歷經了快速的狂熱與泡沫，但仍有不少人抱以厚望，如 Apple、Google、Microsoft、Sony、Meta、Valve 等 XR 指標業者，在疫情爆發後紛紛表示對 XR 的高度重視，並會持續進行大量的投資。

一 XR 裝置發展態勢

（一）VR 裝置：一體 VR 後來居上，Meta 當仁不讓

當前 VR 的主流產品，為 VR 頭戴式顯示裝置（Head-mounted Display, HMD）。依照 VR HMD 的外觀型態，目前可大致區分為「配件型 VR、一體型 VR、主機型 VR」共三種類型。

配件型 VR 係指與智慧手機聯合使用的裝置，並透過智慧手機提供虛擬實境內容，具備可攜性，但訊息互動量等層面不及其餘二種類型。配件型 VR 代表案例如 Google Cardboard、Google Daydream 與 Samsung Gear VR。因其高度仰賴智慧手機的運算或顯示能力而趨於被動，整體發展有所停滯，前述提及的三個案例亦處於停產或停售之狀態。

主機型 VR 係指與 PC、遊戲機等主機聯合使用的裝置，具備高訊息互動量的優勢，發展上也相對成熟，但目前售價仍相對較高。推出主機型 VR 產品的品牌業者如 Sony、Valve、HTC、DPVR、HP。Sony、Valve 由於各自在 PlayStation、Steam 的基礎，於消費級市場仍有一定優勢，其他業者則多往企業級市場靠攏。

一體型 VR 係指將顯示、運算、儲存、供電等功能匯集於 VR HMD，可在不外接裝置下提供虛擬內容，目前在訊息互動量、售價、可攜性層面屬於中間的定位，也是當前 VR 界的當紅炸子雞。推出一體型 VR 產品的品牌業者如 Meta、Pico、Pimax、HTC，其中又以 Meta 的 Quest 系列最具代表性，特別是 2020 年 10 月推出的「Oculus Quest 2」，性能升級也更加輕薄便宜，銷量持續攀升，讓推出較其他類型晚的一體型 VR 後來居上，不少業者也投入一體型 VR 的懷抱。

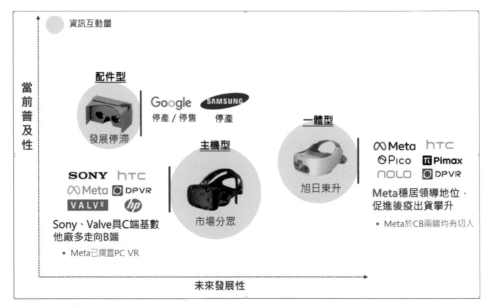

資料來源：本研究製作，2022 年 7 月。

▲圖 12-2　VR 裝置發展態勢

　　進一步觀察 VR HMD 的出貨量，2021 年出貨量估計近 1,000 萬台，相較 2020 年增長約 7 成，主要仰賴 Meta 的高 CP 值策略，以期打開市場，搭配日益豐富的內容平台生態。其他業者也紛紛跟進，包括 2021 年被「字節跳動」收購的 Pico。整體而言，當前 VR HMD 的出貨量仍然偏低，甚至遠低於一般穿戴裝置，要達到普及的程度仍有大量課題需要解決。

（二）AR 裝置：行動 AR 快速滲透，頭戴 B 端優先

　　依照 AR 顯示裝置的外觀型態，目前可大致區分為「行動裝置型 AR、投影型 AR、頭戴型 AR」共三種類型。

　　行動裝置型 AR 係指以智慧手機、平板等為載體，提供 AR 數位訊息。該類型具有極高的可攜性，具備快速普及的力量，且仍有一定的發展性。Apple 的 ARKit 與 Google 的 ARCore 為著名的行動裝置型 AR 平台工具，支援的行動裝置規模超過 21 億台。此外，透過 Web 連動 AR 的行動裝置規模，2021 年估計已有 30 億台。

　　談及行動裝置型 AR 的滲透力量，代表性案例如類 AR 遊戲《精靈寶可夢 GO》，其自 2016 年推出至今，累計營收超過 60 億美元（約新臺幣 1,792 億元，

本文依 2022 年 7 月匯率換算），開發商 Niantic 市場估值宣稱達 90 億美元（約新臺幣 2,688 億元）。AR 濾鏡的運用也相當廣泛，每天透過 Facebook、Instagram、Snapchat 等管道，估計誕生超過 45 億張 AR 濾鏡照片。

投影型 AR 具有高豐富性與即時性，體驗時可不用穿戴裝置，具備一定的發展潛力；惟當前成本相對較高，滲透速度較慢。投影型 AR 可用在車用抬頭顯示器（Head Up Display, HUD）、穿衣鏡、美容鏡、健身鏡、互動牆等。

頭戴型 AR 具有不錯的訊息互動量與便利可攜性，為近年備受市場關注的 AR 產品型態。推出頭戴型 AR 產品的品牌業者如 Microsoft、Google、Epson、Vuzix、Realwear，當前多優先布局企業級市場，消費級市場仍需靜待時機。

資料來源：本研究製作，2022 年 7 月。
說　　明：C：Customer（消費者）、B：Business（企業）。

▲圖 12-3　AR 裝置發展態勢

一 XR 市場與驅動力量

（一）XR 市場發展動態

《MarketsandMarkets》研究指出，2022 年全球 AR/VR 市場規模估計為 370 億美元（約新臺幣 1 兆 1,052 億元），並預測 2027 年將達到 1,145 億美元（約

新臺幣 3 兆 4,201 億元），CAGR 爲 25.3%。而就本文觀察，2021 年 AR 市場規模爲 VR 近二倍，且差距可能越拉越大，主要在於 AR 的應用情境較爲廣泛，行動裝置型 AR 滲透快速，頭戴型 AR 潛力也極爲巨大。

Microsoft、Google、Epson，Apple、Meta、Samsung、聯想、華爲等巨頭皆有布局頭戴型 AR，其中又以 Apple 的動向最受關注。不少 AR 眼鏡關聯新創也持續斬獲巨額募資，如 Magic Leap、Nreal、Varjo、Mojo，疫情爆發至今新增募資超過 12 億美元（約新臺幣 358 億元）。

然而，已推出頭戴型 AR 產品的業者多主攻企業級市場，消費級市場即便潛力巨大，但門檻極高，AR 市場規模在 5 年內會否有爆炸性增長仍是未知之數。值得一提的是，MIC 調查發現，即便體驗過 AR 眼鏡或了解其用途者不多，但 2021 年臺灣仍有 59% 成人對 AR 眼鏡感興趣，僅 7.2% 不感興趣。

VR 市場的發展性也不容小覷，但就現階段而言，「育樂」仍是當前市場成長的主流應用領域。教育方面，不少企業、醫療單位、學校都在考慮或加碼導入 VR，其在教學培訓的潛力也值得深入挖掘。娛樂方面，如 Steam 連接 VR 裝置的月活躍用戶，在 2022 年 1 月達到 340 萬；VR 遊戲《Beat Saber》，於 2021 年營收超過 1 億美元（約新臺幣 30 億元）等。

此外，除了 Meta、Sony、Microsoft 等巨頭在 VR 娛樂社交方面投入日益增長，不少新創也搭上元宇宙熱潮收獲豐碩，如 Rec Room、VR Chat、HIKKY，疫情爆發至今新增募資超過 4 億美元（約新臺幣 119 億元）；其中又以 Rec Room 最具話題性，市場估值宣稱達 35 億美元（約新臺幣 1,045 億元）。

（二）其他關聯驅動力量

以下列舉四個 XR 關聯驅動力量。首先，是顯示裝置課題力求突破。無論是在疫情爆發前或爆發後，大量業者都致力於解決顯示裝置的諸多課題，包括舒適度、外觀、視野角（Field of View, FOV）、感測力、續航力、擬眞度、價格等。

以 2022 年消費電子展（Consumer Electronics Show, CES）爲例，已有不少具備一定亮點的參展項目，也可看出業界對這些課題的改善愈加重視。舉例來說，Sony 參展的 PlayStaion VR 2，單眼解析度 2,000×2,040、支持 120Hz 螢幕更新率、眼動追蹤強調注視點渲染技術、FOV 提升至 110 度等，控制器

也導入手指動作偵測功能，期盼讓體驗更加自然。

Panasonic 參展的 VR 眼鏡單眼解析度 2,500×2,560，採用 Micro OLED，重量為 250 克。Vuzix 參展的企業級 AR 眼鏡，強調超薄雙目光波導技術，採用 Micro LED。新創 Kura 參展的高規格 AR 概念眼鏡，雙眼 8K、FOV 達 150 度、透光度達 95%、採用 Micro LED、重量僅 80 克等。

第二，是多重體感周邊輕薄進化。伴隨著人們對沉浸性的要求不斷提高，從主流的眼部，也逐步蔓延至手部、足部、軀幹，甚至是鼻部等體感的沉浸反饋；而連結這些部位的體感周邊，如體感手套與背心，也持續朝輕薄化、感知力提升等方向發展。

第三，是降低延遲有助加速成長。例如在完善的 5G 情境下，在廠房藉助行動裝置型 AR 進行大量作業時，流暢度也會有所昇華，創造不只是更快的商業價值。第四，是共通標準降低開發阻礙。在 XR 業界，以 Khronos Group 發起的 OpenXR 工作群組最受矚目，其目的就是想設定一套標準，以達成簡化 AR/VR 軟體開發，讓應用能覆蓋更廣泛的硬體裝置等目的。

值得一提的是，Khronos Group 於 2022 年 6 月進一步發起元宇宙標準論壇（Metaverse Standards Forum, MSF），吸引 Meta、Microsoft、Google 等眾多科技大廠與新創加入，志向也更加遠大。

第三節　零售產業 XR 發展性分析

近年大量零售業者，都在加快轉型變革的力道。舉例來說，線下通路受限於時空因素，無法隨時隨地前往，且受到疫情影響甚鉅；線上通路雖受惠於疫情，但傳統作法帶給消費者的體驗感觸有限，競爭也日益加劇。因此，無論線下或線上通路，數位轉型已然成為顯學。

除了數位轉型的核心驅力，體驗經濟、創新行銷、虛實融合（Online Merge Offline, OMO）等風向，也為零售產業導入 XR 的發展帶來更多可能。《The Insight Partners》研究指出，2021 年全球 AR/VR 零售應用市場規模約 38 億美元（約新臺幣 1,135 億元），預測 2028 年約達 179 億美元（約新臺幣 5,347 億元），CAGR 為 24.8%，展現出不錯的市場潛力。以下即從國際與臺灣的角

度，分析零售產業 XR 的發展性。

一　國際零售 XR 發展性分析

《eMarketer》研究指出，2021 年零售業銷售額高達 26 兆 310 億美元（約新臺幣 777 兆 5,460 億元），相較 2020 年成長 9.7%；對應 2020 年相較 2019 年衰退 2.9%，可推測在疫情影響趨緩與零售產業轉型速度加快下，銷售額已明顯回升。

2021 年零售業銷售額中，非電子商務銷售額約占 81%，相較 2020 年成長 8.2%；電子商務銷售額約占 19%，相較 2020 年成長 16.3%。展望 2022 年，估計零售業銷售額將達到 27 兆 7,960 億美元（約新臺幣 830 兆 2,665 億元）。

若從 XR 的角度來看，近期有不少研究明確指出消費者對虛實零售的需求。舉例來說，《Accenture》針對 16 個國家地區的調查發現，約 42% 消費者過去 1 年曾透過虛擬零售服務輔助購物（如瀏覽產品、獲得建議等），83% 有興趣在元宇宙情境下購物。另一方面，約 9 成的零售領導階層正在投資或計畫建構虛擬環境，並認為領航的組織需要打破虛擬界線。

觀察國際零售業者動態，也可發現不少業者都在加速 XR 布局，且運用 AR 者相對更多。例如 Cartier 於 2022 年 4 月針對網購，推出手錶、包包等商品的 AR 試戴服務。Amazon 於 2022 年 6 月宣布，開放美國與加拿大的用戶透過 iOS 裝置，進行品牌鞋款的 AR 試鞋服務。Walmart 於 2022 年 6 月，也宣布將在自家 App 新增兩個 AR 功能，包括家具裝潢 AR 試擺服務，以及線下商場的 AR 實境導購。

二　我國零售 XR 發展性分析

依據經濟部統計處資料顯示，2021 年我國零售業營業額約 3 兆 9,855 億元，相較 2020 年成長 3.3%。2021 年零售業營業額中，零售業網路銷售額約占 10.8%，達到 4,303 億元創歷年新高，相較 2020 年成長 24.5%，顯見疫情驅動的消費轉移力道。

此外，2021 年臺灣電子購物及郵購業銷售額約 2,600 億元，相較 2020 年成長 21.2%，但在零售業網路銷售額的占比從 2019 年的 64%、2020 年 62.1%，降至 2021 年的 60.4%，隱含實體零售業者搶攻線上，擠壓傳統電商板塊的局勢。

若從 XR 的角度來看，MIC 調查指出，在對網購有幫助的數位科技服務方面，2021 年 28.2% 成人認為產品 3D 瀏覽有幫助，僅低於電子支付與比價服務。此外，60.5% 認為無法實際體驗，為網購最大的缺點，也是 XR 體驗可瞄準之缺口。

對於在百貨商場、超市量販、便利商店之實體零售場域，進行 XR 體驗感興趣的調查方面，百貨商場 23.1% 最高，便利商店 16.5% 居次，超市量販 13.3% 最低，也顯示我國在實體零售場域的 XR 體驗仍有許多精進空間；當然，其比重差異也與通路消費行為模式息息相關。

值得一提的是，對於強調豐富科技體驗的科技概念店，我國感興趣的比重不低，也為推廣 XR 體驗帶來不少機會。以便利商店為例，有 60.5% 對科技概念店感興趣，僅 6.2% 不感興趣。

而在我國體驗過 XR 的成人中，有 33.5% 體驗過 AR 虛擬商品展示，27.2% 體驗過 VR 虛擬產品瀏覽。惟深入調查發現，不少消費者認為零售領域既有的 XR 體驗，尚未滿足其持續使用的需求，值得我國業者思考因應。

要補充說明的是，MIC 調查指出，2021 年我國 VR 體驗率為 50.7%，相較 2020 年增長 7%；AR 體驗率為 63.9%，相較 2020 年增長 18.4%，成長幅度相當驚人。

第四節　國際焦點業者案例分析

MIC 研究指出，數位轉型主要包括營運卓越（Operation Excellence, OE）、顧客體驗（Customer Experience, CX）、商模再造（Business Model, BM）共三大轉型構面。營運卓越，係指基於數位化能力，達成流程運作、工作支援及營運決策的提升。顧客體驗，係指基於數位化能力，增進對顧客的接觸、認識、訊息掌握與拓展的能力及成效。商模再造，係指基於數位化能力與

數位資產，產生的新產品或服務模式，所創造的新利潤空間與價值。

在零售產業數位轉型勢不可擋的局勢下，已有大量業者湧入進行布局。以下即以營運卓越、顧客體驗、商模再造這三大轉型構面，分別挑選三個 XR 國際焦點案例進行剖析，提供我國業者參考借鏡。

一　營運卓越：Scandit

Scandit 成立於 2009 年，總部位於瑞士蘇黎世，以提升企業營運效率為核心，推出強大的智慧裝置掃碼辨識與 AR 解決方案，並在零售相關領域頗有建樹。截至 2022 年 7 月，該公司公開募資總額已達約 2 億 7,300 萬美元（約新臺幣 82 億元），擁有 7-ELEVEN、Carrefour 等超過 1,700 個客戶，使用其方案的活躍行動裝置超過 1 億 5,000 萬台，年掃描次數高達數百億次，曾獲得歐洲零售科技獎（Retail Technology Award Europe）等多個獎項與殊榮。

（一）應用說明

Scandit 的解決方案可讓智慧設備透過條碼、文本、ID 等捕獲數據，與實體物件進行交互參照，並強調流程自動化與即時反饋，並可透過 AR 訊息疊加顯示。具體言之，其支援的智慧設備除了行動裝置，還可涵蓋 AR 眼鏡、無人機等，並側重條碼掃描（Barcode Scanning）、光學字元識別（Optical Character Recognition, OCR）、AR 技術之發展與匯流，同時也提供用於 Web 與 App 的 SDK。

條碼掃描為 Scandit 發展解決方案的根基，強調可透過配置攝影機的智慧設備達到專用掃描設備的效能，提升速度、靈活性與準確度，並可適應複雜條碼、遠距離、弱光源等艱難情境，進而幫助企業改善工作流程。而在多重掃描情境時，Scandit 更宣稱其捕獲 25 個條碼的速度，為專用掃描設備的三倍；在進行庫存管理時，掃描速度比專用掃描設備快 40%。

OCR 方面，Scandit 強調可將智慧設備變成強大的 OCR 掃描儀，讀取任意字母、數字、代碼等，以及任意字元大小、字體、顏色等，並可在智慧設備上同時進行條碼與 OCR 掃描，例如在條碼損壞時讀取包裹地址，進而覆蓋到整個零售供應鏈。

　　AR 方面，Scandit 可將條碼掃描、OCR 與 AR 相結合，讓智慧設備變成強大的數據捕獲與視覺顯示工具。換言之，即是將條碼掃描、OCR 獲得的數位訊息，透過智慧設備擴增在交互的實體物件上，進而達到快速查看庫存水準、搜索正確貨品等目的。

　　若將 Scandit 解決方案套用在零售領域，主要可滿足零售業者三大訴求。首先，是優化管理效率。舉例來說，可幫助員工在盤點貨品時，透過行動裝置掃描貨品，快速掌握貨品狀態，保持庫存水準。此外，還可用在收發貨、補貨、揀貨與取貨等情境，提高員工工作效率與訂單履行率。

　　第二，是提升服務表現。具體言之，可幫助零售店面員工在提供服務時，透過行動裝置掃描商品，快速取得庫存資訊，以及評比、優惠，乃至可促進「追加銷售」與「交叉銷售」等的輔助銷售資訊，並可作為行動 POS 進行結帳，讓員工成為高價值的銷售顧問，同時確保顧客能立即取得幫助。

　　第三，是促進零接觸體驗。舉例來說，當顧客進入零售店面時，可透過行動裝置掃描商品，快速獲得商品細節、庫存、優惠、購物建議等資訊，甚至可直接完成購物行為，進而期望提供顧客個性化的體驗與降低等待時間，同時讓員工從繁忙的工作中獲得解放。

資料來源：Scandit，本研究整理，2022 年 7 月。

▲圖 12-4　Scandit 解決方案之零售領域應用

（二）市場表現

　　Scandit 的解決方案運用在零售領域，常面向實體零售場域，藉助掃碼辦

識與 AR 促進智慧零售的實現。零售關聯客戶如 7-ELEVEN、Carrefour、德國零售集團 Metro、比利時零售集團 Colruyt、美國零售巨頭 Kroger、瑞士零售大廠 Coop、英國零售商 Nisa、Levi's、L'Oreal 等。

舉例來說，Colruyt 基於推動數位轉型計畫之目的，為商店員工更換既有的專用掃描設備，導入超過 1 萬 6,000 台基於 Scandit 方案的智慧手機，促成每月超過 360 萬次掃描，進而達成簡化運營與節省成本等目的。Nisa 針對 30 家商店進行三個月的試點，結合 Scandit 方案的 App 促成超過 3 萬 2,000 次的優惠兌換，綜合折扣價值超過 3 萬 6,211 英鎊（約新臺幣 130 萬元）等，並宣布 2022 年在所有 Nisa 商店進行推廣。

二 顧客體驗：Snap

Snap 成立於 2011 年，總部位於美國加州聖莫尼卡，以推出社群媒體應用 Snapchat 聞名，並於 2017 年上市。時至今日，官方宣稱 Snapchat 的日活躍用戶已超過 3 億，其中超過 2 億用戶每日都有使用 AR，展現出驚人黏著度。Snap 也提供 AR 試用等服務，讓 Snapchat 成為眾多品牌商部署社群商務的重要管道，協助 Gucci、Dior 等品牌創造嶄新的顧客體驗。

值得一提的是，Snap 相當重視 AR 技術的發展，除了在 Snapchat 上致力結合 AR 與社群媒體的能量，也投入資源布局智慧眼鏡系列產品 Spectacles，朝向 AR 眼鏡的方向發展。

（一）應用說明

全通路趨勢下，品牌商紛紛布局線上通路，並思考如何吸引更多人流、完善消費體驗；特別是在社群電商崛起，疫情衝擊線下通路的時代。Snap 即透過 Snapchat 提供品牌商多元的 AR 試用等服務，協助創造商品大量曝光、促進購買等效益。

Snap 的 AR 技術出色，AR Lens 渲染與追蹤（如臉部、手部、肢體）等都很有亮點。從零售領域的角度來看，Snap 提供品牌商專門的解決方案與自助開發工具，幫助其透過 Snapchat 或自家的 App，藉助 AR 實現其業務目標。

以結合 Snapchat 的 AR 試用（如試鞋、試衣、試妝、試擦）體驗為例，

用戶能夠在購買商品前，對品牌商的商品進行虛擬試用，進而可發揮社群媒體的本質將成果「分享」，或導向至購物頁面。如此，也有助於品牌商達到促進曝光、提高轉化率與減少退貨等目的。

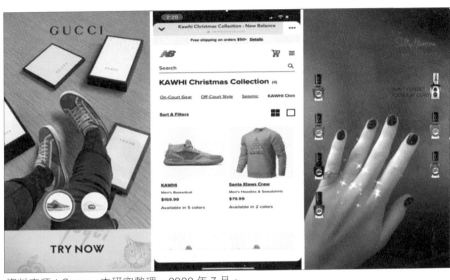

資料來源：Snap，本研究整理，2022 年 7 月。

▲圖 12-5　Snap AR 試用體驗示意圖

值得一提的是，Snapchat 近期推出的「Public Profiles」，可幫助品牌商在 Snapchat 上建立更完整的「家」，能據此與顧客互動，展示品牌故事、活動、AR Lens 等，甚至可連結 Shopify，讓顧客直接在 App 內瀏覽、試用與購買商品，進而讓 Snapchat 變成一個新的銷售點。

（二）市場表現

Snap 在 AR 試用等服務方面，擁有不少零售關聯合作客戶，如 Gucci、Dior、New Balance、NYX、Sally Hansen、Estee Lauder、Walmart、Coca-Cola 等。

舉例來說，Gucci 與 Snapchat 合作，推出號稱全球首個社交平台 AR 試鞋活動，為新運動鞋系列打造擬真的試穿體驗，創造 1,890 萬的 Unique Reach。New Balance 與 Snapchat 合作，為與球星 Kawhi Leonard 合作之籃球鞋系列，推出 AR 試鞋等多元廣告活動，吸引超過 730 萬的 Snapchat 用戶參與，平均試鞋時間約 20 秒，約 25 萬用戶導向至 New Balance 網站探索，購買轉化率提升 3.3%。

三　商模再造：三越伊勢丹

三越伊勢丹控股為日本百貨集團，由三越與伊勢丹兩家連鎖百貨公司於 2008 年合資成立，為當前日本百貨龍頭。旗下的三越伊勢丹公司主要在關東地方經營三越與伊勢丹百貨品牌，總部位於日本東京的伊勢丹新宿本店。

三越伊勢丹控股在 2020 財政年度（2019 年 4 月 1 日至 2020 年 3 月 31 日）銷售額約 1 兆 1,192 億日圓（約新臺幣 2,445 萬元），2021 財年年減 27.1%，降至約 8,160 億日圓（約新臺幣 1,783 億元），顯示疫情衝擊下的嚴重影響。2022 財年年減 48.7%，僅有約 4,183 億日圓（約新臺幣 914 億元），惟營業利益已有約 59 億日圓（約新臺幣 13 億元）。

與此同時，三越伊勢丹也加速了數位化的步伐，除了各種線上通路與服務的拓展，2020 年 Q2 更參加由 VR 公司 HIKKY 主辦，號稱全球最大規模的 VR 虛擬市集，並取得一定的成果。2021 年 3 月正式推出基於 VR 與行動裝置的「REV WORLDS」App，展開虛擬伊勢丹百貨的新時代，期望創造新的利潤空間與價值。

（一）應用說明

「REV WORLDS」所建構的世界，是基於真實伊勢丹新宿本店的周邊街景、百貨樓層、店面商品、店員等所打造而成，建模的範疇極為廣泛且細緻，以期保留許多真實世界的元素。值得一提的是，連虛擬銷售人員的動作都是基於動作捕捉拍攝，以期表達地更加真實。

資料來源：REV WORLDS，本研究整理，2022 年 7 月。

▲圖 12-6　基於真實世界所建構的「REV WORLDS」

用戶進入「REV WORLDS」可先創造虛擬化身，進而可操作虛擬化身在街道漫步，並前往虛擬百貨逛店。此外，進入時可選擇開放模式或朋友模式，前者可與所有成員在同一空間，後者則限定與好友在同一空間，享受一起逛店、聊天互動的快樂。進入虛擬百貨後，虛擬化身可自由逛店，甚至與虛擬店員互動；當看到喜歡的商品，可以觀看商品細節，或導向至三越伊勢丹的線上商店進行購買。

虛擬伊勢丹百貨目前已建置 5 個樓層，包括地下 2 層樓、地上 2 層樓與頂樓。具體言之，各樓層除了展示與販售服飾配件、紅酒、雜貨、食品、美妝藥妝等商品，還有藝術品、花卉等虛擬或實體的產品服務；位於 1 樓的「ISETAN Seed」，更匯集伊勢丹新宿店與三越伊勢丹線上商店的精選品牌商品。此外，也會舉辦各種主題活動，如聖誕節、時尚秀、酒展、馬拉松展等。

資料來源：REV WORLDS，本研究整理，2022 年 7 月。

▲圖 12-7 「REV WORLDS」場景示意圖

在虛擬化身方面，「REV WORLDS」宣稱可讓用戶體驗超過 1 億種組合的裝扮與調整，朝向虛擬化身經濟的方向發展。2021 年 11 月三越伊勢丹與博報堂合作，開啟面向虛擬空間的「廣告置入」商模驗證。

2022 年 3 月「REV WORLDS」再現了虛擬東京巨蛋，可透過水上巴士

或傳送功能造訪。虛擬東京巨蛋下方則興建虛擬地下競技場，目前作為「刃牙 30 周年」活動與周邊販售之用。展望未來，三越伊勢丹也期望讓「REV WORLDS」擴展成一個大型的虛擬城市，甚至連結各種非伊勢丹的商店。

（二）市場表現

「REV WORLDS」具有一定的遊戲化特色，但目前用戶的男女比重約各占一半。開發者初期以 10 多歲族群為目標，但目前用戶多在 20 至 50 多歲之間，又以 30 多歲最多，惟 60 歲以上的長者或 3 至 5 歲的幼童亦非少數，顯示其已有一定的易於使用性，以及跨年齡層共同參與的吸引力。

截至 2022 年 5 月，「REV WORLDS」進駐的品牌約 450 個，展示商品約 1,250 個，導向到官方線上商店的轉化率，是訊息、橫幅等普通廣告手法的 3 倍。

第五節　我國方案業者案例分析

MIC 調查指出，我國 XR 軟體服務業者於休閒娛樂領域投入比重達 63.8%，教育服務 56.5% 居次，全球亦有眾多業者爭相投入，國際化競爭難度高。零售商務 30.4% 排名第三，亦有具優異能量與國際化實力之業者。觀測全球 XR 應用態勢，零售領域亦有不少應用，展現出易於擴散複製的效益。

透過產業調查與業者訪談剖析，以下以有進行國際化生態布局的玩美移動、愛實境、宇萌數位科技為例，探究我國方案業者於零售領域之發展策略等。

一　玩美移動

玩美移動成立於 2015 年，總部位於新北市，為訊連科技旗下轉投資的新創公司，其解決方案致力將 AI/AR 技術應用於美容和時尚產業。截至 2022 年 7 月，該公司公開募資總額約 7,500 萬美元（約新臺幣 22 億 4,025 萬元），宣稱在 80 多個國家地區擁有超過 400 個品牌合作客戶、AR 試妝年使用次數達

100 億次、App 下載量破 10 億次等。

另一方面，該公司 2021 年營收約 11 億 9,550 萬元，相較 2020 年成長 29.3%，而 2020 年營收也較 2019 年成長 25.4%。值得一提的是，2022 年玩美移動宣布將以 SPAC 模式與美國上市公司 PAQC（Provident Acquisition Corp）合併，玩美移動為存續公司，預計 Q3 完成合併後上市，市場估值宣稱達 14 億美元（約新臺幣 418 億元）。

（一）方案概要

玩美移動的業務可分為 B2B 與 B2C。B2B 主要面向美容與時尚品牌業者，提供 AI/AR 驅動的皮膚分析、試妝、試髮、試戴等解決方案，並視客戶需求提供專屬方案、App 或 Web 版 SDK，以及整合社群平台（如 YouTube、Snapchat、Instagram、微信）的 AR 試妝服務等。針對中小企業客戶，玩美移動主打 Web 版 AR 試妝服務。

B2C 則以行動裝置 App 為主，包括玩美彩妝、玩美相機、玩美甲、玩美 Fun、玩美 Video、玩美秀。此外，玩美移動也推出號稱首個結合 AR 試用的 NFT 系列商品與解決方案。

（二）布局概況

玩美移動解決方案主攻零售領域，在發展策略上更優先鎖定美妝產業，聚焦資源集中投入，逐步鞏固競爭優勢。該公司已擁有 Estee Lauder、Clinique、Benefit Cosmetics、MAC、Sally Hansen、L'Oreal、SHISEIDO 等超過 400 個品牌合作客戶，並宣稱全球前 20 大美妝品牌集團中，約 95% 為其合作客戶。

以 Estee Lauder 為例，官方表示 AR 試用幫助其銷售轉化率提高 2.5 倍、約 1 萬 7,000 位美容顧問採用其 AR 工具等。Benefit Cosmetics 方面，官方表示 AR 試用讓顧客添加商品到購物車的比重增加 20%、銷售轉化率提高 113% 等。

玩美移動強調核心技術自主研發，聚焦 AI/AR 技術以建立可持續性的優勢。整體而言，玩美移動在訊連科技支持下，擁有較一般新創難以企及的資源支持，也是該公司較國內同業最大的優勢。

回顧玩美移動發展，其於 2014 年在訊連科技內部孵化，於 2015 年正式分拆時，已有數十個研發人員。此外，該公司於初期即獲得新臺幣數億元的投

入資金，讓其在成立的前幾年更專注的發展業務，爲未來自主爭取投資奠定基礎。當然，政策專案資源也是支撐其早期發展之關鍵。

另一方面，玩美移動成立之初即以海外市場爲目標進行布局，也提高不少拓展的難度。舉例來說，發展初期挖掘海外客戶不易，特別是大客戶；即便獲得初步認可，但考核時間可能長達數年，一般新創難以支撐。然而，獲取大客戶的價值也是相當巨大的，可大幅提升客戶拓展的影響力。

「人」也是該公司面對海外市場常面對的課題，特別是國際商務開發（Business Development, BD）人才，且研發人員也要具備異文化（Cross-culture）的溝通能力。產品服務方面，玩美移動視 SaaS 解決方案，爲公司甚至軟體產業可持久發展的模式，期望透過訂閱制獲取穩定收益，同時逐步優化解決方案。

二　愛實境

愛實境公司成立於 2015 年，總部位於台北市，其以 AR/VR 爲核心，推出虛擬展間等解決方案，客群涵蓋房地產、零售、旅遊等產業。該公司曾獲得國發基金、大亞創投、美商中經合集團等投資，Pre-A 輪資金約 500 萬美元（約新臺幣 1 億 4,935 萬元）。截至 2022 年 7 月，其服務範疇宣稱涵蓋法國、美國、德國、中國大陸、日本、墨西哥等 20 多個國家地區，擁有 Google、Intel、Microsoft、ASUS 等策略合作夥伴。

另一方面，該公司 2021 年度經常性收入（Annual Recurring Revenue, ARR）超過 500 萬美元（約新臺幣 1 億 4,935 萬元），2022 年預計超過 700 萬美元（約新臺幣 2 億 909 萬元），並表示 Q1 與 Q2 皆有約 40% 的同比增長。

（一）方案概要

愛實境的業務瞄準 B2B，主要面向房地產、零售、旅遊產業，提供基於 AR/VR 的虛擬展間、線上展覽、物業展示與 3D 電商解決方案，產品服務包括 VR Marker、AR Marker 與 METAmakeR。

VR Marker 強調手機搭配魚眼鏡頭與自轉儀，即可創建 360 度的 VR 空間實景，並能透過即時影像接合以 VR 模式 720 度觀看，也可爲空間添加註釋、

標記路徑、濾鏡優化等。AR Marker 方面，客戶可將 3D 模型上傳雲端空間，進行資訊標籤、互動設定等編輯，再透過 Web 模式公開創建的 AR 內容。

METAmakeR 專注於虛擬展間，提供多個展間模板，以及虛擬分身創建與訪客識別功能，並強調其編輯器無須編碼，即可在 10 分鐘內創建虛擬沉浸體驗，可用於展示商品等。終端用戶體驗時，也可透過 Web 模式瀏覽虛擬展間。

（二）布局概況

愛實境在發展策略上優先鎖定房地產產業，取得一定成果後，再逐步拓展至零售、旅遊等產業，如 3D/XR 的家具裝潢試擺、看屋找房、商場展示、商品瀏覽等。泛零售領域方面，該公司擁有如天貓、IKEA 等合作客戶，以及 LVMH、Kering、Richemont、L'Oreal 奢侈品集團旗下多個品牌客戶，並宣稱在疫情爆發後，協助全球品牌客戶打造超過 1 萬 3,000 個虛擬展間。

以 LVMH 旗下的 Tiffany 為例，愛實境 AR 方案已導入其門市布櫃環節，讓設計師在正式布櫃前，能透過行動裝置進行空間布置模擬，避免錯估空間的搬運成本。

回顧愛實境發展，其於 2010 年成立，提供傳統家具裝潢服務的宅妝公司，後於 2015 年與工研院 AR/VR 技術團隊合併成立愛實境，同年獲得兩個國際獎項，也為其發展奠定基礎。

市場方面，愛實境係以海外市場為主，國內市場為輔進行布局。愛實境表示，如何理解客戶需求，提供符合其偏好且能規模化、標準化的過程最為艱辛；換言之，需要盡可能避免大量高度客製化的專案，同時滿足客戶期待，才能在有限資源下快速成長。

考量大企業的動向為引領產業趨勢的重要指標，該公司以瞄準產業龍頭的策略因應，以具體掌握產業痛點，提高客戶拓展的影響力；此外，大企業資源較多，對新科技的接受度也相對較高，惟評估時間較長，營收不易在前、中期有顯著躍升。

愛實境表示，若從每個投入人工單位的獲利來看，目前海外市場約為臺灣 46 倍，並以歐洲市場為大宗，特別是法國。美國市場主要透過平台分潤獲利，亞洲市場則以代理商機制為主進行布局。臺灣方面也擁有不少著名客戶，政策資源亦為其提供不少助力。

在產品服務方面，該公司以 SaaS 模式為核心進行布局，也提供 SDK 等，

未來也會專注於 B2B 商業模式。與此同時，愛實境也擔憂因規模有限等因素，讓商業模式易被複製，而不利於競爭優勢的穩固。因此，也考慮將總部移至新加坡，強化業務拓展的能見度；而臺灣研發人才優異，可作為研發中心運營。

三 宇萌數位科技

　　宇萌數位科技（簡稱宇萌）成立於 2010 年，總部位於台北市，其主攻 AR 推出互動媒體平台等解決方案，客群橫跨多產業別。宇萌於 2014 年登錄創櫃板，並陸續成立上海、新加坡、美國矽谷分公司。截至 2022 年 7 月，其服務範疇宣稱涵蓋臺灣、新加坡、中國大陸、美國、英國、韓國、日本等國家地區，完成超過 1,000 個應用案例。另一方面，該公司 2021 年營收約新臺幣 5,000 萬元，並表示每年皆有 20% 以上成長。

（一）方案概要

　　宇萌的業務以 B2B 為主，面向零售、教育、工業、醫療等產業，提供以 AR 為主的解決方案，產品服務的核心為 marq+、winkiss 與 ARC。此外，該公司也提供 VR、MR 等解決方案。

　　marq+ 為 AR 互動媒體平台，可視為品牌通路與消費者的媒介，搭載 AR 圖像辨識與 LBS 定位服務，消費者可透過掃描指定圖像取得 AR 互動體驗，或在指定場域進行 AR 導覽與尋寶等。此外，其強調應用模組化，宣稱在素材齊全下進行模組套用，可在 7 天內建立 AR 應用。

　　winkiss 為 Web AR 濾鏡行銷平台，瞄準線上到線下的各種活動情境，如戶外體驗、商業展覽、慶祝派對、網路行銷等，提供諮詢服務與編輯平台等，打造活動 AR 拍照濾鏡。此外，其強調無須編碼即可快速製作 AR 濾鏡，可節省大量成本，也提供拍照次數等數據反饋。

　　ARC 為 AR 遠距協作平台，強調運用 AR 遠距傳遞視覺化訊息，以幫助客戶更快、更正確的解決問題。ARC 功能特點如 3D 錨點定位、手繪定位、文字註記、即時錄音拍照等。

（二）布局概況

　　宇萌在發展策略上未鎖定特定垂直領域發展，近年則側重零售、教育、工業與醫療產業。宇萌雖布局多個產業領域，但強調跨業合作，如與輔仁大學與 Newtonkids 合作補強教育 Know-How。

　　泛零售領域方面，該公司擁有如 OMEGA、LOTTE、Wyeth、麗嬰房、新光三越、全家等合作客戶，並表示疫情爆發後需求顯著增長。與此同時，宇萌也參與多個政府專案計畫。

　　以經濟部數位共好計畫為例，該公司為 207 個小型零售餐飲業者，導入基於 winkiss 的平台服務，幫助業者在疫情之下進行數位行銷。針對百貨業專櫃服務，也嘗試導入 ARC 讓專櫃人員可遠距與顧客溝通、帶看商品與導購等。

　　市場方面，宇萌目前仍主攻國內市場，但海外市場仍有持續布局，主要係將核心技術以 PaaS 模式輸出海外。在布局零售領域時，宇萌當前主打 Web AR，認為其簡易快速，易於讓消費者觸及，可有效促進行銷銷售。

　　宇萌表示，在布局零售產業時，仍經常面臨如客戶需求不易收斂、系統不易串連等問題。以百貨業為例，不少業者都有自家 App，常提出需要 SDK 整合 App 的訴求。此外，百貨業重視顧客關係管理，在 Web AR 模式下，如何更好地連結商家與顧客的關係，需要更多努力。

　　人才方面，宇萌主要藉由政府專案與產學合作培育 XR 人才；而在強調顧客體驗的方針下，除了 XR 技術人才，對 UI/UX 人才也很重視。

　　產品服務方面，宇萌強調平台化服務而非整套軟體輸出，朝向降低客戶導入門檻、可量化成效、易於擴散的方向邁進，並以 SaaS 模式為最終目標；面對大客戶特定需求時，再做高度客製化的衡量。

第六節　總結

　　在疫情衝擊與元宇宙浪潮等局勢下，大量零售業者都在持續布局 XR，如 Nike、New Balance、Gucci、Louis Vuitton、H&M、L'Oreal、Amazon、Shopify、Walmart、Macy's、Kohl's、三越伊勢丹等，也有不少提供零售解決方案的新創獲得更多矚目，甚至斬獲豐厚資金，如 Scandit、Marxent、Threekit、

Obsess、Avataar、ByondXR、3DLOOK、玩美移動，疫情爆發至今新增募資超過 4 億 1,200 萬美元（約新臺幣 123 億 644 萬元）。

整體言之，零售產業導入 XR 的發展性不容小覷，可連結虛實零售數位轉型的龐大商機，進而期望達成優化管理效率、提升服務表現、促進行銷銷售、維繫顧客滿意、降低退貨機率等目的。當然，就數位轉型三大構面而言，顧客體驗仍是零售產業導入 XR 的主要訴求。此外，零售產業朝線上化、社群化發展對 XR 的滲透也是助力。

但在看似風光的外表下，仍有不少議題值得關注。如對 XR 方案業者而言，推出的解決方案是否易於擴散，可規模化發展？在資金與人力有限的情況下，要如何拓展業務？國內市場有限，要如何進行國際生態布局？顧客體驗虛無縹緲，要如何量化成效？若客戶資源有限，是否有低門檻的解方提供等。

前述都是 XR 結合零售，甚至是其他應用領域都可能面對的問題，本文也透過案例分析提供參考方向。其中，連結 XR 發展局勢與國內外焦點案例，仍可發現當前 3D/AR 於零售領域的滲透力道，較 VR 更為強烈，特別是可結合行動裝置或支援 Web 的情境。展望未來，若 XR 技術有更多突破，結合 VR 頭盔與 AR 眼鏡等的未來商務時代，不再遙不可及。

CHAPTER 13 元宇宙經濟學與新商業模式

臺灣大學資訊網路與多媒體研究所助理教授　葛如鈞
暨電通行銷傳播集團 電通商業顧問 Web 3.0 團隊

第一節　由虛擬貨幣、NFT 交織而成的 Web 3.0 世界

時序進入 2020 年後，「Web 3.0」、「NFT」、「元宇宙」等相關的詞彙開始廣泛的出現在人們眼前，吸引了人們的注意力。在媒體的推波助瀾下，許多人似乎都開始意識到這些科技可能很重要，但卻又不完全理解這些名詞的含義。實際上這些科技趨勢，已經悄悄的在我們的身旁周圍發生中，正一步步的改變我們的世界，也正在改變商業與服務業的未來面貌。

首先從 Web 3.0 說起。90 年代中期，網際網路剛開始興起時，網路使用的架構其實非常簡單，通常是一個公司、組織、團體等，單方面的架設一個網頁頁面，單向地對外公布訊息。即便有互動，也多是在網頁放上 E-mail 或留言板，互動性不高。這是 Web 1.0 的網路風景。

進入 2000 年後，如部落格、社群媒體（Facebook、Twitter 等）、網路應用程式等的興起，逐漸改變人們網路使用的習慣，也將人們帶入了 Web 2.0 的時代。和 Web 1.0 相比，Web 2.0 的使用者不再只是被動接收訊息，而是更加主動搜尋，更加強調人際間互動。如今我們看到各公司團體、組織、乃至網路意見領袖等，已都習慣在社群媒體開設帳號、經營粉絲頁、和人群互動。這樣的網路使用生態，也大大改變傳統的商業行為，人們開始越來越重視社群行銷。

Web 2.0 商業型態的改變，也替這些網路平台帶來龐大利益。然而，越來

越多人開始對於這些網路大平台感到不滿，網路用戶替平台帶來商業利潤，但平台卻沒有將其更多的紅利分享給用戶和商業客戶，甚至有時會為了自身利益而規範用戶的使用行為，或是透過演算法來決定用戶可看到什麼訊息，或看不到什麼訊息，例如社群平台廣告的審查，或是 YouTube 上面的「黃標」、「演算法調整」等。

當大家開始反思這些網路公司、社群媒體中心化的經營模式時，區塊鏈技術發展在 2010 年後的 10 年間愈加成熟，於是所謂 Web 3.0 的概念也開始興起。區塊鏈技術主要概念就是「去中心化」或者說更加「分散式」的權利和管理，用戶個資、使用行為等不再被大型、主流的網路公司掌握，而是分散儲存在區塊鏈上。透過將資訊存儲在各個鏈上的節點，而非企業的單一伺服器上，使得資料儲存更安全、更難竄改。且區塊鏈技術主要使用代碼呈現，也使得個人資料具有匿名性而更加安全，在元宇宙的時代若是有較前瞻的商業服務業業者看見這個先機，率先擁抱 Web 3.0 認證機制、會員版圖，將可以優先搶得新世代消費者的關注與前期市場紅利。

元宇宙經濟學是什麼？對商業模式又可以帶來什麼創新和改變？Web 3.0 可以想像成是比過去的 Web 1.0 單向互動、Web 2.0 雙向互動，多加了互動時的一個新端點「激勵誘因」，這個激勵可以是區塊鏈點數、虛擬貨幣或是數位蒐藏品（NFT）。而 Web 3.0 最先刺激到現有的商業和服務業的就是 NFT。NFT 為 Non-Fungible Token 的簡寫，中譯為「非同質化代幣」。NFT 和虛擬貨幣都同樣是虛擬資產，不同的是每一枚虛擬貨幣的價值都相同，就如現實世界中每個面額一樣的硬幣價值都相同一樣。相較之下，每個 NFT 都擁有獨一無二的特性，不可被取代。

或許可以這樣比擬，虛擬貨幣就是虛擬世界的「錢」，而 NFT 就是虛擬世界的「物」。這二種類型的數位資產，將共同形構出元宇宙的金融模樣。未來的元宇宙世界，不會像媒體形塑的那樣，只是個類似擬真遊戲的虛擬場景而已，而是一個更具象化的網際網路世界，而這個虛擬世界跟現實世界一樣，可以進行金融交易，進行物品買賣。增添了區塊鏈金融特性的虛擬世界雖然變得誘因更大、更好玩，但也因為新科技剛推出，在整個市場上的知識教育和平台都還不成熟也不足夠，也容易因為知識落差而有人落入有心人士設下的如虛擬貨幣騙局、NFT 銷售詐騙等不幸事件；然而，隨著媒體報導日漸增多，政府有心推廣、商業應用也越來越多，無論是想要應用元宇宙技術如虛擬貨幣或 NFT

的商家或消費者，都務必要「停、看、聽」，追蹤可以信賴的媒體或知識來源，不要誤信騙局，也看清楚天下沒有白吃的午餐，沒有短期內既可以暴利又零風險的事，也要多聽身邊親朋好友接觸元宇宙的各種經驗，別自己一個人孤身勇闖才新誕生的虛擬世界，結伴同行比一個人安全許多。

相較於虛擬貨幣已逐漸被政府重視並計劃性管理，元宇宙和 NFT 都還在更早剛萌芽的階段，2021 年被稱為元宇宙元年和 NFT 元年，顯見兩者都還有很多發展的空間。本文將針對 NFT 領域，介紹 NFT 展現的各種形式可能性，描述 NFT 對於藝文產業、服務業、文化保存、GameFi（Game Finance，結合區塊鏈經濟誘因機制的遊戲）以及商業的影響。而藉由這些虛擬世界的數位金錢帶來的經濟誘因與激勵模型，加上好玩又可愛的數位蒐藏品 NFT，未來的商業與市場、消費者互動時就多了更豐富的管道，如同師大的師園鹽酥雞透過 NFT 來招募粉絲競價購買、電通集團協助 Pizza Hut、家樂福、Toyota 等品牌發布 NFT 來取悅粉絲，更不用提 Meta（過去的 Facebook）在 2022 年 8 月正式宣布上百個國家的 Instagram（IG）用戶全面開放將 NFT 當做圖片內容來發布，除用戶可以用品牌空投的 NFT 來宣示對品牌的忠誠度以外，IG 還會將用戶的 NFT 貼文多加一個驗證勾勾，讓用戶的一眾好友知道這個 NFT 多麼稀有，得來不易。這種用戶的激勵和蒐藏獎賞與快感，將勾起商業服務業與消費者接觸的新商機。

第二節　元宇宙 NFT 經濟與 IP 商業的初相遇

2021 年是 NFT 發展大爆發的一年，不過細看 NFT 市場上常見的項目，主要還是以藝術品的蒐藏為主，許多潮流設計師、數位藝術家都紛紛投入，尋求才華被看見的機會。然而實際上大多數的藝文從業者，對 NFT 多是一知半解，抱持著疑惑的態度。

2021 年 11 月，臺灣設計師、插畫家「黃色書刊」，其漫畫作品《勇者系列》挾著動畫化的好成績，延續勢頭與 Fandora Shop 推出 RNFT（Redeemable NFT）。這項 NFT 共有四款魔王身分，全球限量發行 500 份，而每個 NFT 持有者將來都可兌換稀有實體公仔，是這款 RNFT 的最大特色。

這款 NFT 一推出就秒殺，展現黃色書刊作品的超高人氣。黃色書刊最早為人所熟知的作品「人生系列」，以一篇篇又廢又好笑的插圖在社群裡引起關注。後來陸續推出《哀傷浮游》、《勇者系列》作品，以詼諧的手法諷刺社會，受到許多人歡迎。《勇者系列》更是進一步動畫化，在 2021 年 7 月於公視播出，9 月更一舉攻進 Netflix，成為臺灣首支上架 Netflix 的原創動畫影集。而隨後推出的 NFT 更是錦上添花，為其創作生涯添上亮眼的一筆。

然而，雖然《勇者系列》的 NFT 獲得成功，但黃色書刊在接受聯合報 UDN 的專訪時就坦言，他其實一開始對 NFT 是抱持著遲疑的態度，是因為認識項目方 Fandora 團隊，在看過完善的經營計畫後才放心踏足 NFT 世界[1]。擁有豐富藝術背景、同時是 EchoX 的共同創辦人溫家瑋，他觀察藝術圈、藝術管理圈對於 NFT 普遍是三種態度：不認識、把 NFT 當科普知識、或是對 NFT 擁有敵意[2]。

在對 NFT 普遍認識不足，以及媒體對於市場炒作 NFT 的新聞渲染下，藝術相關從業人士對於 NFT 就容易有抗拒的態度。黃色書刊就坦誠，踏入 NFT 的世界時，曾擔心被人貼上「資本主義」拜金的標籤。實際上，許多藝文創作者，無論是設計師、插畫家、攝影師或是作家，都對金錢誘因抱持著曖昧兩難的態度，一方面希望自己的創作生涯能成功，但另一方面又抗拒經濟因素阻礙了創作自由。

對此，同樣參與、並聯名合作《勇者系列》RNFT 的知名藝人黃子佼，反而對 NFT 持正面的態度。在藝人的身分外，黃子佼也長期參與藝術蒐藏的行列，並支持許多年輕的藝文創作者。黃子佼認為，臺灣現在的藝文環境對年輕的創作者來說其實很辛苦，他以詞曲創作為例說明，在 30 年前寫一首歌的歌詞可以獲得 5 萬元的報酬，而如今卻只剩 1 萬元行情。然而，NFT 卻有機會替這些藝文創作者帶來相應報酬，打破過往門檻。

另外一方面，NFT 作為網路新興的工具媒材，面向全球，可以打破很多現實的侷限。黃子佼說：「你看一個藝術家，要拿一幅畫去歐洲、日本參加雙年展、藝術博覽會，有門檻，而且門檻還不低。但透過 NFT，大多數的人都可

註 **1**　udn 瘋活動，2021.12.21。人氣台漫《勇者系列》搶搭 NFT 風潮！專訪黃色書刊：面對趨勢前，先了解自己要的是什麼？ https://uevent.udnfunlife.com/oneArticle.php?id=91

註 **2**　出自 SoundOn 製作寶博朋友說 EP101 能吃的 NFT？顛覆你對 NFT 的想像，全新 NFT 策展平台 Ft. EchoX 創辦人溫家瑋：https://apple.co/3Bivn0y

以輕易地去展示自己，秀自己的作品。」雖然和實體的作品相比 NFT 是相對的扁平化，但他認為這是一個時代帶來的巨大機會 [3]。

藝術與文化界對 NFT 另一個常見的疑慮，則是實體與虛擬的問題。曾有世界最昂貴藝術家頭銜的英國藝術家 Damien Hirst，他在 2021 年的 NFT 創作《The Currency》，將之與實體畫連結，並宣布買家必須在實體畫作與 NFT 作品之中做選擇，倘若買家選擇 NFT，實體畫作就將遭到銷毀。這個舉動造成了收藏家的兩難，結果最後有 5,149 幅實體畫作被留下，4,851 幅畫作被燒毀。在這事件中，買家對於實體與虛擬的兩難，其實也彷如人們對於實體與虛擬爭議的縮影。

不過，虛擬與實體也並非那麼二元絕對。若要問誰是 2021 年裡最成功的 NFT 藝術家，匿名 Beeple 的數位藝術家 Mike Winkelmann 絕對是人選之一。在 2021 年的 3 月，他的 NFT 作品《Everydays：The First 5000 Days》在佳士得以 6,900 萬美元的天價售出，使他晉升為在世身價最高藝術家的第三名。後來 Beeple 將此作品另外發行衍生的 NFT，並附有實體配件，包含了實體的數位像框，以及 Beeple 的頭髮作為驗證。

2021 年 11 月，Beeple 再次發表 NFT 作品《Human One》，這個作品是一件結合虛擬與實體的作品，在一個 7 英呎高的方形體內，播放著太空人不停行走著的影片，彷彿薛西弗斯般的徒勞。而這段具有詩意的影像，則是儲存在區塊鏈上，達成虛實交織的意象。這件動態影片雕塑的 NFT 作品，最後以 2,900 萬美元售出，成為史上第二高的 NFT 藝術品。

以上述案例來看，其實 NFT 雖然是虛擬世界的發明，與其說它是要取代人類現實生活中既有的生活經驗，倒不如說它是替人類的將來創造更多的可能性。事實上，除了極少數獲得成功的藝文工作者外，大部分從事藝文工作的人士都很難像其他商業領域的從業人員那樣獲得優渥的報酬。而 NFT 其實是一個機會，藝術相關領域出身的溫家瑋便表示，她進入科技圈服務到現在，從來沒有聽到有什麼是真正專門服務藝術的科技發明，到現在就只有 NFT。溫家瑋正聲說道：「藝術需要迷戀，也需要清醒對待。」

註 3　出自 SoundOn 製作寶博朋友說 EP108 佼哥宇宙！臺灣動畫《勇者系列》RNFT，可以換公仔的超限量 NFT 跨界合作 Ft. 非典型收藏家黃子佼：https://apple.co/3LgScpL

第三節 用 NFT 訴說餐飲業的新故事

目前的元宇宙 NFT 市場上，多以圖畫類型的 NFT 作品居多。但一齣舞蹈、一場行動藝術表演、甚至一道道美食的饗宴，也能變成 NFT？2022 年 4 月於 RAW 餐廳進行名為「We Are What We Eat：Seed」的策展，讓這一切成為了可能。

策展由三位不同類型的藝術家參與，包括多次參與威尼斯影展的 VR 虛擬實境藝術家黃心健、知名表演藝術家張逸軍及米其林主廚江振誠。這三位藝術家一同打造「策展型行動藝術精品」的 NFT 作品，而持有該 NFT 的人們可以參與展演並享受米其林級美食。

展演當天，顧客頭戴 VR 眼鏡，欣賞黃心健製作的 VR 影片與張逸軍的現代舞表演。顧客每看完一段，脫下 VR 眼鏡後，將會發現眼前有一道由主廚江振誠依據環保理念創作的美食。整場演出、包含每道料理的飲食時間約 4 小時，這段期間顧客視覺、聽覺、嗅覺、味覺和觸覺五感都經歷了一場美的盛宴。而這所有近似行為藝術的演出，也都將被登記在顧客購買的 NFT 裡。一間米其林星級的餐廳，首次把顧客透過 VR 技術和 NFT 紀念品帶入元宇宙當中，在真實世界裡用美味的餐點，回憶卻能結合元宇宙建構在永恆的區塊鏈世界中。

「We Are What We Eat：Seed」展演概念源起於 2021 奧地利林茲電子藝術節，由全球藝術家串連的「食壤」概念。在此次展演的《食壤計畫——Earth Tour》探討了環境議題，揭示我們對待土地自然的方式，也將反饋我們相應的食物，反映出「We Are What We Eat」的宗旨。

在策展露出的媒體訪談中，主廚江振誠分享，不管是料理或是一段表演，都是一個「Instant Art」。這種類型的美感體驗通常很難如實被記錄下來，當表演結束後，往往就只剩下記憶了[4]。舉例而言，1946 年出生，被尊稱為「行為藝術教母」的藝術家瑪莉娜·阿布拉莫維奇（Marina Abramović），在她活躍的年代裡，曾創造出一件件震懾人心的行為藝術表演。然而在過往的年代，要記錄其表演頂多是文字、相片與殘缺的影片。

這些紀錄媒介沒有防偽技術，後世許多人們經常會認為這些紀錄是否加油添醋，懷疑其真實性。即便有部分影片片段流傳，但轉錄設備不全，會有畫質流失的弊病，而用中心化模式儲存的影片，亦產生檔案永久遺失的風險。更重

註 4　黃方亭，食壤計畫。文化部文化科技網：https://tech.culture.tw/home/zh-tw/knowledge/76862

要的是，像瑪莉娜等級的藝術家，她演出的每個片段、每個時刻，都具有其歷史意義。但傳統紀錄媒介，可以無限複製，破壞了藝術的稀缺性，也很難將參與者當下的體驗過程刻劃下來。

而 NFT 基於區塊鏈的技術，擁有了防偽的特性，可以防止作品在資訊時代被無限制的複製，破壞了藝術品的稀缺性。而 NFT 可以將作品的紀錄與持有的歷程記錄下來，彷如簽名一般。或許可以這樣設想，杜象（Marcel Duchamp）的知名作品《噴泉》（Fountain）其實就是一尊在美術館展示的小便斗，用以挑戰當時既定的藝術觀念。然而世界上的小便斗那麼多，要怎麼區分其價值呢？靠的就是小便斗上的簽名。NFT 的鑄造，其意義就如同在作品上附上了簽名，將作品的歷程記錄下來。在這個意義上，江振誠期待能將藝術體驗產生的記憶保藏在區塊鏈上，讓食物的味道永遠不會過期 [5]。

這場策展的策展單位 EchoX 鑄造了 11 份 NFT，其中三份 NFT 由藝術家自己收藏，剩下 8 份則提供拍賣，讓顧客可持 NFT 至 RAW 進行美感與美食的體驗。而除了這 8 位顧客持有 NFT 外，EchoX 還將另外鑄造 512 份 NFT 作品，每張都是透過生成藝術（Generative Art）模式產出獨一無二的精美圖像。這群擁有 NFT 的持有者，未來都有機會預定 RAW 餐廳，品嚐特定餐點，亦能參加藝術家的座談活動。這樣的設計，不但體現 NFT 作品虛實整合的潛力，也達成「賦能」的效果，使 NFT 擁有更多額外價值。

「We Are What We Eat」被稱為全世界第一個可以吃的 NFT，結合行為藝術、VR 視覺藝術、飲食藝術的頂尖人物，也融合時下的區塊鏈技術，因此這項展演也被稱為史上最難策展。這項 NFT 專案，示範元宇宙結合各種不同商業和服務業的創新面向，將來會有越來越多人投入更多元的 NFT 創作世界，挖掘出元宇宙的更多要素，結合不同商業服務業的豐富可能性。

第四節　元宇宙作為文創電商

排灣族歌手阿爆（阿仍仍），2003 年以團體「阿爆 &Brandy」出道，並

註 5　出自 SoundOn 製作寶博朋友説 EP101 能吃的 NFT？顛覆你對 NFT 的想像，全新 NFT 策展平台 Ft. EchoX 創辦人溫家瑋：https://apple.co/3Bm7FAk

獲取金曲獎最佳重唱組合的獎項。2012 年於原住民電視台擔任主持工作，長年關心原住民文化，陸續出版了多張原住民語專輯，並獲得金曲獎肯定。2020 年更是以《kinakaian 母親的舌頭》專輯獲得金曲獎年度專輯獎，再創事業高峰。

長期關心傳統文化的阿爆，也對新興科技做了許多有趣的嘗試。不但辦過結合 AR、VR 技術的沉浸式演唱會，在 2022 年 1 月舉行的大型演唱會「阿嘟運動演唱會」，還特別與排灣族藝術家磊勒丹合作，推出包括「vava 小米酒卡」、「森林動物選手卡」、「ABAO 普通女神卡」等多款的 NFT 作品。參與演唱會的歌迷除可憑門票與 vava 小米酒卡兌換臺東當季的小米酒，達到虛實整合的效果外，所有 NFT 作品都蒐集完畢的歌迷還可以獲邀參與演唱會的總彩排，享受 VVIP 的尊榮音樂享受。

被問及是什麼契機被推入元宇宙的 NFT 世界裡，阿爆笑說是某天聽到工作夥伴高喊「（NFT）被搶光了」後，被夥伴的神情推坑入圈[6]。雖然阿爆是笑著談及這段往事，但阿爆加入元宇宙的行列後，發現 NFT 不僅只是一時的潮流，亦能替文化界做出許多貢獻。

如同眾人所熟知，阿爆是位擁有原住民血統的歌手，試著用母語來進行演唱。此外，他也曾擔任過原住民台主持人，跟著節目組出入各個原住民族的文化。在這過程中，他深刻感受到原住民族語言消逝的問題，且科技進步的速度遠超過語言保存的速度。因此，阿爆不時思考有什麼樣的方法可以保留即將消逝的文化。

阿爆說，有許多歌手插足 NFT 圈子是認為可以多一個載體來發行音樂，但阿爆卻想透過 NFT 做文化性的創作，讓文化得以永久保存。她說，她有許多做原住民傳統藝術的朋友，這些傳統文化有些是沒有文字的，可能是古謠、聲響、圖騰等等，都很容易在時間的流逝中被遺忘。然而 NFT 的科技卻能讓這些文化得以被保存。

事實上，在過往文化保存工作上，文化工作者面臨許多軟、硬體上的挑戰。資源相對缺乏的文化人，可能得找科技公司合作、要購買伺服器、要處理數位典藏等各項工作。而在 Web 2.0 中心化儲存的機制下，萬一公司營運出了問題，或是伺服器設備出問題，這些文資檔案可能又會面臨保存的問題。而在 Web 3.0 的時代裡，這些文化都可以由個人進行保存的工作，將文資檔案儲存於相對安全的區塊鏈上。「有些東西是會消失的，消失是無可避免的。但我在意的是我們可以保留什麼，在哪裡保存才不會不見。」阿爆語重心長的說。

註 6　出自 SoundOn 製作 寶博朋友說 EP116 NFT 的各種可能性：保存的意義與萬籟的脫胎 Ft. 阿爆（阿仍仍）：https://apple.co/3RIICzA

除了傳統文化的保留外，元宇宙與 NFT 也替多元文化帶來各種新的可能性。目前，在 NFT 領域裡，由於還屬於發展的起步階段，NFT 的視覺作品，流行的圖像風格還是以科技風、西方世界流行的風格爲主，某個程度來說其實還略顯單調。而這樣的環境，其實是世界各地多元文化的機會。阿爆表示，現在有許多年輕的原住民藝術家，他們也許師承傳統，也學習了新一代的東西，但卻找不到適合的舞台來展現自己，而元宇宙與 NFT 其實是一個契機。甚至，在元宇宙的世界裡，我們也不一定要依循現實世界既有的傳統與框架，而是可以在裡頭做各種的嘗試與實驗，開創新文化類型的可能性。

當然，也有不少人質疑 NFT 僅是一時的潮流，認爲現在已過紅利期，加入 NFT 世界已經無利可圖。對此，阿爆以音樂人的身分，懇切地說：「認爲沒搞頭就不做，通常有這種想法的都不是創作者」。

她認爲現在是一個內容的時代，身爲創作者過去可能只有唱片能做爲傳遞訊息的媒介，如今實體專輯漸漸式微，取而代之的是數位串流，然而大部份的創作者在數位串流得到的分潤卻很少。而 NFT 可以自己設定分潤，可以讓藝人做自己的老闆，其實是一個機會。除科技的媒介外，創作者也必須爲自身經營做出努力。阿爆認爲現在的內容產業也很分眾，她建議這個時代的創作人應該花時間了解自己的受眾族群爲何，培養受眾基本盤。「要誠實的知道自己想做什麼。而想要得到回音，就必須做功課。」。

阿爆本身對於 NFT 的認識，以及與文化藝術的關係，都有很深刻的見解。但被問及當初是如何突破學習門檻，進入到 NFT 的世界時，她打趣的說：「我真的很愛上商城買東西，其實你就把這些鏈當成不同商城就好。我在元宇宙裡擁有虛擬貨幣，就像我在蝦皮有蝦皮幣！」

事實上，阿爆在和歌迷宣告 NFT 相關事宜，或是和朋友在聊這方面知識時，都會顧及這個領域與一般人之間的鴻溝，希望用淺顯的語言來傳達新科技詞彙。以阿爆的觀察，她認爲一般人其實不會特別畏懼新事物，但可能會害怕麻煩。但同時也認爲，NFT 其實也在剛萌芽階段，很多地方難免會需要較爲繁瑣的操作過程。但她很浪漫樂觀的表示，這就像人們當初經歷任天堂紅白機、或是經歷必須透過數據機撥接連網的階段，是一個「珍貴的時刻」。

不過阿爆也強調，與其花過多時間與心力來搞懂這些詞彙，還不如親身參與一次 NFT 的購買或鑄造過程。她說很多人都認爲 NFT 的門檻高，且需要投入昂貴的成本，但這些可能都是媒體渲染過後所造成的既定印象。實際上，

NFT 的圈子裡，有如 Tezos 這般相對親民的區塊鏈網絡，也有臺灣本土的 NFT 平台 akaSwap 等，都適合新手入門。

阿爆將她的演唱會規劃以及邀請粉絲參與元宇宙 NFT 蒐藏的案例，向我們展示新商業與新數位模式對於文化推廣與創意商業既深且廣的影響力，他既有保存傳統文化的科技條件，也能提供尚未取得主流位置的創作者擁有一展才華的機會。期待 NFT 在不久的將來，為臺灣的文化發展帶來活水。

第五節　一雙數位跑鞋的商業契機與挑戰

電子遊戲產業一直是網路產業中很重要的一塊，許多玩家流連網路裡，便是希望在遊戲建立的虛擬世界中找到娛樂。過往有許多玩家花了大把心血與時間投入在遊戲中，甚至願意花錢買寶物、買點數、買裝備，希望自己在遊戲中的等級能夠提升，獲得更好的遊戲體驗，而這也是許多遊戲商的獲利來源之一。

然而就如同許多 Web 2.0 時代發生過的現象一樣，很多遊戲在過了風潮後，營運狀況開始走下坡，導致遊戲不得不關閉終止。而這對許多投入心血、甚至金錢的玩家來說，他們曾經付出的心血彷彿打水漂，遊戲累積的紀錄、買過的裝備寶物，一切都有去無回。而這現象不僅引起許多玩家扼腕，甚至產生商業糾紛。

然而進入到 Web 3.0 時代後，狀況開始有了新的轉機。過去在 Web 2.0 的時代，許多用戶投入平台的服務，幫平台賺取了獲利，然而這些中心化的平台卻鮮少將紅利與使用者共享。而在 Web 3.0 的世界裡則相反，因用戶們投入而壯大的生態，其獲得的利益也將與用戶們共享。於是我們看到有發表文章就賺取虛擬貨幣的媒體平台（如 Matters.news）、有獲得讚數就能獲利的社交媒體（如 Noise.cash）。而在遊戲領域，則有所謂的 GameFi 生態，讓玩家可以在遊戲中獲得利潤，顛覆傳統遊戲業的邏輯。

所謂 GameFi 即是 game（遊戲）與 finance（金融）的組合，中文可稱為「遊戲化金融」。簡言之，就是遊戲商在區塊鏈上開發遊戲，將遊戲中的虛擬角色、寶物、道具以 NFT 的形式鑄造，而遊戲中獲得的獎勵金，則是虛擬貨幣的形式。如此一來，玩家就能透過遊戲達成邊玩邊賺（play-to-earn）的目的。而由於這些遊戲角色、虛擬寶物都是 NFT，玩家不但可以拿到遊戲外交易，也不怕

資料來源：作者繪製。

▲圖 13-1　GameFi 生態，讓玩家可以在遊戲中獲得利潤，顛覆了傳統遊戲業的邏輯

遊戲停擺後這些角色和虛寶會跟著不見。

　　這段時間來，有越來越多人在 GameFi 領域開發不同類型的 NFT 遊戲，也創造許多知名遊戲。例如於 2021 年竄紅，被號稱為 NFT 版寶可夢遊戲的「Axie Infinity」，就是透過 NFT 寵物完成任務與對戰來賺取寶物與虛擬貨幣，其走紅程度也吸引了時代雜誌的報導。

　　而近來爆紅的 STEPN 則是開創「鏈遊」的新頁，將運動記錄程式、遊戲、區塊鏈結合，引起熱烈風潮。STEPN 在日本 iOS 的 App 下載量甚至一度超過 Nike Training Club，許多網紅也紛紛拍攝影片炫耀他們在這遊戲買了什麼NFT、獲取了多少利潤，可見其走紅程度。

　　STEPN 的運作模式，是透過購買跑鞋 NFT，掛載在遊戲裡面。而玩家則如同使用運動程式一般，在現實世界裡步行或跑步，達成邊跑邊賺錢（move-to-earn）的目標。而隨著掛載不同的跑鞋 NFT，賺取的紅利也會有所不同。這樣創新的遊戲設計，將玩家拉出虛擬世界，這是其與傳統 GameFi 鏈遊的最大不同之處。

　　然而，GameFi 鏈遊雖然看似有許多可能性等待人們挖掘，但也因為還在起步階段，因此有許多實務上需要注意的地方。例如，既然遊戲體驗能帶來實質經濟上的利益後，那麼怎麼確保遊戲機制的公平就顯得很重要。以 STEPN 為例，營運方就特別強調玩家不得作弊，並同時使用 GPS 定位與三軸加速度傳感器來防止玩家作弊。

　　而當遊戲的獎勵機制和遊戲外的加密貨幣、NFT 市場有所連動，那麼如何讓遊戲在設計上不因經濟的供需而過度影響玩家的遊戲體驗，就很需要考量。有許多 GameFi、SocialFi 的應用都曾面臨過幣值或供需的變化波動，造成玩家感到獲利困難，而產生用戶的出走潮。例如前述提到的 Axie Infinity，在

遭遇今年的虛擬貨幣熊市後，其活躍用戶的數量已較以往下降。

另外，GameFi 鏈遊所賺取的虛擬貨幣和 NFT 寶物，雖然在 Web 3.0 的框架下，不用擔心遊戲消失後這些數位資產的存留問題，但遊戲本身如何維持與營運依舊有很多需要考量之處。例如其與現在既有的科技平台的關係，就是一項挑戰。

以 STEPN 來說，做為一個區塊鏈的應用，他依舊是以 App 的形式透過 Apple Store 上架。而當 STEPN 的成功帶來巨量的商業利益後，蘋果公司卻未能從中分潤，這是否會影響平台方將來的營運方針？FULY.AI 智能投資策略機器人的 Rex 就對此做出了觀察，他認為蘋果公司現在可能還小看這股勢力，「所以接下來如果許多鏈遊採用類似的手法，蘋果公司營收會受到影響，因為大家就不去 Apple Store 付錢了。」Rex 繼續補充道：「這時蘋果公司可能有兩種選擇，一個是自己去做支援虛擬貨幣的錢包，或做虛擬貨幣的 Swap 服務。」[7]

或許 NFT 領域的開發，就如同在元宇宙的大西部拓荒一樣：一方面充滿了機會，在過去一年中 GameFi 的遊戲開發數量大幅增長；但另一方面，隨著 GameFi 的擴張，市場也勢必會面臨新舊秩序的調和或衝撞。而無論是否對 Web 3.0 有興趣，面對即將到來的新趨勢，我們都應該為將來預做準備。

第六節　CC0：以開放授權迎接新經濟模式──元宇宙的商業授權策略大革新

在過往，著作權問題一直是藝文界爭論不休的議題。有時保障了創作者避免遭受剽竊的風險，但有時似乎又妨礙了藝文創作的流通傳遞。而在進入 Web 3.0 的時代後，隨著 NFT 的區塊鏈技術特性，著作權與所有權的問題也將產生變化，商業經營的邏輯也萌生出與過往截然不同的模式。

在 NFT 著作權產生之爭議中，由 Larva Labs 開發的 CryptoPunks 是最著名的案例之一。這個以龐克風格的像素圖像 NFT，在最風行的時候引領許多人搶購，紛紛將自己的社交圖像換成作品的圖案，標誌自己的社群地位。

然而隨之而來的，是一系列的二創與抄襲行為。2021 年末，Larva Labs

註7　出自 SoundOn 製作寶博朋友説 EP131 今天的你，約跑了嗎？解構 STEPN 區塊鏈跑鞋計劃 ft.Fuly.ai Rex：https://apple.co/3dVwGLa

以侵犯著作權為由，向 OpenSea 提出下架多項仿冒作品。但同時人們發現 Larva Labs 與好萊塢的知名經紀公司簽約，透露出 CryptoPunks 與影視業版權合作的企圖。這讓許多 CryptoPunks 的 NFT 持有者議論紛紛，認為人們投資了 NFT，卻未能得到 Larva Labs 的分潤，此舉違反了 Web 3.0 的精神。

相較於 CryptoPunks，另一個知名的 NFT 項目「無聊猿遊艇俱樂部」（Bored Ape Yacht Club，簡稱 BAYC）在著作權議題上則是走上另一條路。無聊猿能夠造成市場上火紅的原因之一，在於將著作權開放給 NFT 的持有者，任何持有該 NFT 的人都可以進行二創、甚至做商業化的衍生項目。例如元宇宙音樂品牌「0x0」在持有 21 隻無聊猿的 NFT 之後，將之作為旗下出道藝人，組成了樂團「A-POP」。2022 年 5 月，這些虛擬猿猴更與知名歌手陳芳語一起推出單曲並拍攝 MV，造成 NFT 社群的轟動。

無聊猿這般開放授權的路線，吸引了許多創作者的投入。如今，無聊猿非但沒有遭遇太多剽竊的問題，反而還反過來更堅定了無聊猿的 IP。而在無聊猿走紅後，如今除無聊猿外，無聊猿的幕後團隊 Yuga Labs 亦開始衍生出無聊猿狗窩俱樂部（Bored Ape Kennel Club, BAKC）、變異猿遊艇俱樂部（Mutant Ape Yacht Club, MAYC）等項目，甚至拓展出虛擬土地 Otherdeed 與虛擬幣 ApeCoin（APE）代幣。換句話說，Yuga Labs 在開放著作權後，吸引了一批人投入，創造出「猿宇宙」的生態圈。

事實上在 NFT 問世後，人們對於著作權與所有權都開始有了新的想像。舉例而言，過去我們在畫廊買了一幅畫，我們等於是買下所有權，擁有了這幅畫的畫紙與畫框，可以將擁有的這幅畫懸掛在任何地方。然而，一幅畫的價值所在並不在於畫紙與畫框，而是其著作權。但人們在畫廊買下作品之後，並沒有因此獲得著作權的轉讓或授權，人們並不能任意將之作為商業使用。

而在 Web 3.0 元宇宙的世界裡，隨著區塊鏈技術的演進，開始有人認為所有權比著作權來得更重要。為何在 NFT 的潮流下所有權變得如此重要？這裡或可以數位藝術家 Pak 的作品做為例證。Pak 是位觀念前衛的藝術家，其作品《Merge》曾在 2021 年 10 大最貴的 NFT 排名中名列前茅，而其生成藝術作品《Fade》也在 2021 年的蘇富比拍賣中以 52.82 萬美元高價售出。《Fade》這件作品最大的特色是，圖畫在一年中會隨著時間逝去而不斷變色，而當第 365 天後若未被購買轉移至不同數位錢包，那麼這幅畫便會消逝而變成白紙一張。蘇富比在評論此作品時，認為這是「具有啟發性的冒險嘗試」。

實際上，這件作品即便變成白紙一張，他仍然是 NFT，依舊可能會有人購買。這是因為這作品不只是圖畫的表象，他亦記錄、刻劃了創作者的思考與觀念。重要的是，這件作品將 NFT 所有權的重要性被突顯，因為作品必須在所有權的轉售中才得以「存活」，而這也讓創作者得以持續獲得營收的分潤，並且不再單單依賴著作權來獲利。

NFT 圈這一連串的爭議事件與發展，促使人們重新思考 CC0（Creative Commons Zero）議題。中文稱為「公眾領域貢獻宣告」，即為著作權的拋棄。CC0 宣告的目的，在於創作者放棄自身著作利益後，可以讓更多人自由地在原作品進行後續的研究與創造。

資料來源：goblintown.wtf

▲圖 13-2　以 CC0 方式釋出的元宇宙 IP「哥布林」

而 NFT 的特性，得以讓 CC0 跳脫「做公益」的概念，使得創作者在採用 CC0 的模式時，亦能得到應得的分潤。提及 CC0，大家最熟悉的莫過於手機、電腦常使用的表情圖示 emoji。由於 emoji 多為 CC0 的創作，大家都可以進行二創，因此不同平台系統的 emoji 其實長得都差不多，不會有侵權問題。emoji 是一個很典型「做公益」的例子，我們幾乎很少聽過有人靠製作 emoji 獲利致富。但有了 NFT 後，透過 NFT 的科技性質，創作者亦得以透過 CC0 的版權模式獲得相應的回報。或者說，CC0 在精神上是更貼近於 Web 3.0 的理念[8]。

總而言之，NFT 的發明，讓傳統所有權與著作權的概念產生了很大的改

註8　出自 SoundOn 製作寶博朋友說 EP151 NFT 著作權的演變 Ft. 明日科技法律事務所主持律師王琍瑩：https://apple.co/3Uf4ymA

變，也相應的會產生新的盈利模式。就如同前述提及的無聊猿，將來或許不會僅靠販售價來獲利，而是透過 CC0，也就是拋棄著作權，吸引更多人投入進行再次創作，繼而形成一個生態圈。當生態圈成型後，NFT 價位有可能受到反哺而跟著水漲船高，營運方甚至可以發行虛擬貨幣，建立起代幣經濟。

就長遠來說，NFT 的生態仍在起步發展中，未來的發展動向仍值得持續觀察。但就目前展現出的**趨勢**，可以發現無論在版權、獲利方式、商業邏輯等，NFT 都帶給我們全新的想像。

第七節　總結

總而言之，綜覽全文，讀者或許已經認知元宇宙結合商業服務業的新商機有其未來，此外實際應用也已經有越來越多大企業採用及嘗試，如 Nike 結合虛擬球鞋的銷售擴大實體商品的能見度與年輕度、adidas、Lamborghini、Coca Cola、Louis Vuitton、Samsung、Pepsi、McDonald's、Ray-Ban、Burger King、Taco Bell、NBA、Marvel、Mercedes 等都是超過十億美金估值的大品牌，甚至包括今年（2022）底才公布元宇宙計畫的星巴克，預期在明年（2023）將知名的客戶體驗管理平台「星哩程」轉移到元宇宙，其中將會包含點數上鏈、NFT 獎勵搜集與交換、虛擬體驗等等，臺灣也不落人後，包括爭鮮壽司推出可收藏可兌換的 NFT 讓食客線上收藏，當代藝術館、臺北藝術博覽會發行 NFT 紀念票券，HTC 聯手歌手徐佳瑩線上開唱首場元宇宙售票演唱會，Luxgen 透過 NFT 發行作為首款電動車預購以及未來車友憑證管理的新方法，TOYOTA 在臺灣發行車款紀念 NFT 等等，可以想見未來勢必非常精彩！然而筆者仍須提醒的是，作為商業的經營者或開拓者，吾人自然鼓勵抱持開放心胸理解新世界與新商機，然新科技與新事物在真正成熟前，可能經歷「非理性繁榮」階段，也就是俗稱的「產業泡沫」，尤其在泡沫前後可能因為市場過熱，知識與技術相繼因市場的預期和過熱需求跟不上實務層面而產生出落差，在此落差間可能產生詐騙、吸金或不成熟的商務模式造成新創事業提前退出市場等，尤其應該多注意及小心，千萬在元宇宙商業世界裡，多加停看聽，小心求證，不要相信低風險高回報的危險消息，才有機會留得青山在，坐享多元宇宙結合商業服務業的甜美果實。

參考文獻

第一章

ESG 即環境保護（Environment）、社會責任（Social）及公司治理（Governance）的簡稱，最早來自於全球報告倡議組織（Global Reporting Initiative）於 2002 年推出的第一份永續報告格式，這格式是鼓勵企業主動向社會大眾揭露環境、社會、公司治理等三層面的資訊。

許添財 2021.11.〈全球經濟貿易暨服務業發展現況與趨勢〉，《2021 商業服務業年鑑》第一章。

IMF. 2022 July. **WORLD ECONOMIC OUTLOOK UPDATE: GLOOMY AND MORE UNCERTAIN. Fig.1**

2022.8.1. 自由財經：《彭博》報導，中國在 90 多個城市引發拒繳抵押貸款的情況，顯現中國房地產市場更廣泛系統性風險的警訊。最壞的情況，標普全球預估中國銀行恐面臨 2.4 兆人民幣的抵押貸款損失。今年房屋銷售可能下降多達 33%。

UNCTAD,2022,**World Investment Report 2022.**

IMF. 2022.7.27. WORLD ECONOMIC OUTLOOK. Fig.5 《**Downturn ahead, Downside Risks Dominate**》。

2022.7.28. 經濟日報.《美經濟連兩季萎縮即「衰退」？克魯曼：蠢，言之過早》。

2022.7.11. 天下雜誌.《美國新增就業人數比預期好太多！ 專家 3 個方向解讀》。

2022.7.29. 新頭殼 Newtalk.《美陷經濟衰退？》。

2022.7.27. 經濟日報《末日博士示警羅比尼：美經濟面臨深度衰退》。

「鉅亨網」2022/08/16.《末日博士：美國只有經濟硬著陸和通膨失控兩條路可選》。

觀看 YouTube.2022.7.30.Bloomberg.《**Wall Street Week.**》

有關短長期殖利率曲線倒掛領先經濟衰退的關聯性探討，筆者曾根據「景氣領先指標之父」莫爾博士（Dr.Geoffrey H. Moore）對利率結構與股市與景氣循環的關係解析其原理。參看 2019-04-02.「Ettoday 新聞雲」「Ettoday 論壇」**許添財《殖利率曲線倒掛與景氣衰退關係探源》**；另根據 Charlie Bilello 的計算，美國從 1976 年來，一旦發生殖利率曲線倒掛，平均歷時 19 個月，最短 7 個月，最長 35 個月，大多數就會發生經濟衰退。其實看不出較明確的區間與幅度。

2022.8.9. 科技新報：《**違背奧肯法則，歐美似乎出現「高就業式衰退」**》。

OECD, 2022April, **FDI IN FIGURE.** Fig 2: FDI inflows to selected areas, 2005-2021.

但值得注意的是，未來金磚國家的 FDI 流入前景不確定性十分之大。例如：同屬金磚五國之一的印度，在 2021 年的 FDI 流入減少了 30.5%。現在的俄羅斯在它入侵烏克蘭後，正遭國際嚴厲經濟制裁。中國站在俄羅斯一邊，「動態清零政策」嚴重造成供應鏈與移動性阻斷，房地產危機，受美國陸續加碼的「科技戰」產生的「脫鉤」效應衝擊，因反制美國眾院議長培洛西堅持訪台，持續對台展開威嚇性軍演嚴重打擊區域安定與世界貿易，引發「開戰」憂慮，政治、經貿、軍事等不確定性與日劇增。

OECD 現有 38 個成員。

Figure 1：Global FDI flows,1999-2021in OECD April 2022 FDI IN FIGURES.

《**2021 商業服務業年鑑**》第一章第三節一之（二）〈FDI 流量長期衰退與流向轉型形成轉折點考驗〉頁 7-9。

然而，它並非是與 FDI 流量一對一比較。因為分析單位不同，FDICI 衡量的是公司對市場的計劃投資，而不是其投資的規模。也許一家公司的大筆投資可以超過許多公司的小筆投資。何況，投資的意圖也可能因潛在東道國市場的經濟或政治發展，或其優

質目標和項目的實際可行性等因素而改變。

參 見 April, 2022. Optimism dashed The 2022 FDI Confidence Index, Message from Paul Laudicina.

2021 年 25 國前景評價「更樂觀」與「更悲觀」淨值，參見《2021 年商業服務業年鑑》〈第一章全球經濟貿易暨服務業發展現況與趨勢〉，表 1-3-3。頁 12-13。

科爾尼（Kearney）：**《2022FDICI 研究報告》**圖 6。

「持續通膨」為首度列入調查。參見 Kearney：2021 FDICI 研究報告圖 7。

維基百科：**《2021 年聯合國氣候變遷大會》**。

2022/01/26. 風險社會與政策研究中心：**「WEF《2022 全球風險報告》重點整理」。**

「服務業是衡量經濟發展程度的重要指標」，參考「2021 商業服務業年鑑」許添財作《全球經濟貿易暨服務業發展現況與趨勢》第一章第四節一之（一）。

IMF**《WEO》**2022 年 7 月。

WTO. **World Trade Report**, 2001-2021.

WTO 第 12 屆部長級會議（MC12）於 2022 年 6 月 12-17 日的會後結論。

依據 UNCTAD 2015 年的分類，商業的服務貿易分成下列九項：商品相關的、運輸、旅遊、建築、金融、智慧財產、電信與 ICT、其他商業服務與個人、文化、娛樂等。並對總商業服務中再分出「數位化可交付的服務」（Digitally deliverable service）的部分，以瞭解國際貿易的數位轉型發展。

2020 年各國遭到疫情衝擊，顯現經濟韌性（resilience）不一的情況與原理分析，參見**《2021 商業服務業年鑑》**第一章第二節，頁 3-5。

「數位化可交付服務」是指，除其他之外，可藉 ICT 網路進行遠距的交付，包括 ICT 服務、金融保險服務、專業服務、銷售與行銷服務、研發服務與教育服務。

有關晶片成為國際戰略核心物資，及其對世界政治經濟的影響分析，參見：許添財作**《貿易戰未解，科技戰升級的隱憂與挑戰》**，2021 商業服務年鑑，第一章第五節。

IMF 總裁喬治艾娃，Kristalina Georgieva 於 2022 年 10 月 15 日在**經濟領導人年度會議**後與 190 個成員國表示，「繫好安全帶，繼續前行」，先前於 10 月 14 日發布最新《世界經濟展望》時更警告說，全球正面臨衰退，「最糟糕的情況還沒到來」。

亞馬遜於 2022 年 6 月舉辦**跨境電商圓桌會議**，估計自 2021 年起，臺灣整體 B2C 電商市場規模預計以每年 9% 的速度成長，2025 年規模預估將達到 6,830 億新臺幣。其中 B2C 出口跨境電商快速發展，是臺灣第六大的出口類型。

第二章

中央銀行，(2022)，**《中央銀行統計資料庫》**，取自：http://www.pxweb.cbc.gov.tw/dialog/statfile9.asp，最後閱覽日期：2022/07/01。

行政院主計總處，(2022a)，**《110 年度產值勞動生產力趨勢分析報告》**，取自：http://www.dgbas.gov.tw/ct.asp?xItem=16975&ctNode=3103，最後閱覽日期：2022/07/01。

_____，(2022b)，**《就業失業統計資料查詢系統》**，取自：http://www.stat.gov.tw/ct.asp?xItem=32985&CtNode=4944&mp=4，最後閱覽日期：2022/07/01。

_____，(2022c)，**《歷年各季國內生產毛額依行業分》**，取自：http://www.stat.gov.tw/np.asp?ctNode=3564，最後閱覽日期：2022/07/01。

_____，(2022d)，**《薪資及生產力統計資料》**，取自：http://win.dgbas.gov.tw/dgbas04/bc5/EarningAndProductivity/QueryPages/More.aspx，最後閱覽日期：2022/07/01。

行政院科技部,(2022),《全國科技動態調查－科學技術統計要覽》,取自:https://ap0512.most.gov.tw/WAS2/technology/AsTechnologyDataIndex.aspx,最後閱覽日期:2022/07/01。

財政部,(2022),《財政統計月報民國 110 年》,取自:https://www.mof.gov.tw/Pages/Detail.aspx?nodeid=285&pid=57474,最後閱覽日期:2022/07/01。

經濟部投資審議委員會,2022,《110 年統計月報》,取自:http://www.moeaic.gov.tw/system_external/ctlr?PRO=PubsCateLoad,最後閱覽日期:2022/07/01。

PwC,(2021),《**Global Consumer Insights Pulse Survey**》,取自:https://www.pwc.com/gx/en/consumer-markets/consumer-insights-survey/2021/gcis-june-2021.pdf,最後閱覽日期:2022/08/20。

PwC,(2022),《**Global Consumer Insights Pulse Survey**》,取自:https://www.pwc.com/gx/en/consumer-markets/consumers-respond-to-waves-of-disruption/gcis-report-june-2022.pdf,最後閱覽日期:2022/09/15。

第三章

日本經產省,(2021),《商業動態統計書》,https://www.meti.go.jp/statistics/tyo/**syoudou/**。

日本經產省,(2021),《勞動力調查書》,https://www.meti.go.jp/statistics/index.html。

日本厚生勞動省,2017-2021 年,《基本工資結構統計調查》,https://www.e-stat.go.jp/stat-search/files?page=1&toukei=00450091&tstat=000001011429。

中國大陸統計局,(2021),《國家統計數據庫》,https://data.stats.gov.cn/easyquery。

行政院主計總處,(2021),《中華民國行業標準分類第 11 次修訂》,https://www.stat.gov.tw/ct.asp?xItem=46641&ctNode=1309&mp=4。

行政院財政部,(2022),《財政統計資料庫》,https://web02.mof.gov.tw/njswww/WebMain.aspx?sys=100&funid=defjspf2。

經濟部統計處,(2021),《批發、零售及餐飲業經營實況調查報告》,https://www.moea.gov.tw/Mns/dos/content/ContentLink.aspx?menu_id=9431。

Data USA, 2022, **Wholesale Trade Report**, retrieved from https://datausa.io/。

United States Census Bureau, 2022, **Monthly Wholesale Trade**, retrieved from https://www.census.gov/wholesale/index.html。

第四章

Ethan Cramer-Flood (2022),**Global Ecommerce Forecast 2022**,Insider Intelligence,網址:https://www.insiderintelligence.com/content/global-ecommerce-forecast-2022。

中華民國統計資訊網 (2022),**薪資及生產力統計**,網址:https://www.stat.gov.tw/np.asp?ctNode=522,上網日期:2022 年 8 月 1 日。

王巧文 (2022),**沃爾瑪擴張 InHome 雜貨配送服務 要增聘 3000 名司機**,聯合新聞網,網址:https://udn.com/news/story/6811/6012533,上網日期:2022 年 8 月 1 日。

仝澤蓉 (2021),**五倍券對 GDP 貢獻多少? 學者:重點在救兩種產業**,經濟日報,網址:https://money.udn.com/money/story/10869/5771272,上網日期:2022 年 8 月 1 日。

全盈支付 (2022),**全盈支付金融科技股份有限公司介紹**,2022 年 10 月 18 日,網址:https://www.104.com.tw/company/1a2x6bliob

行政院主計總處 (2021)，**行業統計分類**，網址：https://www.stat.gov.tw/public/Attachment/012221854690WG0X9I.pdf。

行政院主計總處 (2022)，**薪情平臺**，網址：https://earnings.dgbas.gov.tw/，上網日期：2022 年 8 月 1 日。

財政部 (2022)，**財政統計資料庫**，網址：https://web02.mof.gov.tw/njswww/WebMain.aspx?sys=100&funid=defjspf2。

張漢綺 (2022)，**全家全盈 +PAY 推新服務 打造無「現」生活圈**，中時新聞網，2022 年 10 月 18 日，網址：https://www.chinatimes.com/realtimenews/20221018001938-260410?chdtv，上網日期：2022 年 10 月 18 日。

勤業眾信 (2021)，**疫情後的全球零售業洞察 品牌與消費者間的信任是關鍵**，2021 年 11 月 23 日，網址：https://www2.deloitte.com/tw/tc/pages/about-deloitte/articles/pr20211123-cnsr.html。

勤業眾信 (2022)，**勤業眾信發布 2022 零售力量趨勢與展望報告**，網址：https://www2.deloitte.com/tw/tc/pages/about-deloitte/articles/pr20220308-cnsr.html，上網日期：2022 年 10 月 18 日。

經濟部統計處（2021），**網路銷售持續成長，助零售業減緩疫情衝擊**，2021 年 7 月 15 日，網址：https://www.moea.gov.tw/MNS/populace/news/News.aspx?kind=1&menu_id=40&news_id=96105，上網日期：2022 年 10 月 18 日。

維基百科 (2022)，**好市多**，網址：https://zh.wikipedia.org/zh-tw/ 好市多，上網日期：2022 年 8 月 1 日。

第五章

DoorDash(2022)，《**DoorDash Launches Industry-Leading Safety Features for Alcohol Delivery**》，取自 https://doordash.news/consumer/doordash-launches-industry-leading-safety-features-for-alcohol-delivery/，最後瀏覽日期：2022/8/1。

DoorDash(2022)，《**DoorDash Launches in Germany**》，取自 https://doordash.news/company/doordash-launches-in-germany/，最後瀏覽日期：2022/8/1。

David Curry (2022), 《**DoorDash Revenue and Usage Statistics (2022)**》 https://www.businessofapps.com/data/doordash-statistics/，最後瀏覽日期：2022/8/2。

Just Eat Takeaway.com(2022)，《**Just Eat Takeaway.com Q4 2021 Trading Update**》，取自 https://s3.eu-central-1.amazonaws.com/takeaway-corporatewebsite-dev/12-01-2022-Press-release-Just-Eat-Takeaway.com-Q4-2021-Trading-Update.pdf，最後瀏覽日期：2022/8/1。

Just Eat Takeaway.com(2022)，《**Just Eat Takeaway.com and Amazon enter into commercial agreement in the US**》，取自 https://www.justeattakeaway.com/newsroom/en-WW/216251-just-eat-takeaway-com-and-amazon-enter-into-commercial-agreement-in-the-us，最後瀏覽日期：2022/8/1。

ReportLinker (2022)，《**Online Food Delivery Services Global Market Report 2022**》 https://www.globenewswire.com/news-release/2022/04/04/2415327/0/en/Online-Food-Delivery-Services-Global-Market-Report-2022.html，最後瀏覽日期：2022/9/2。

National Restaurant Association(2021)，《**2022 State of the Restaurant Industry**》，取自 https://restaurant.org/research-and-media/research/research-reports/state-of-the-industry/，最後瀏覽日期：2022/7/29。

Newtalk 新聞 (2022)，《每單虧 4 元！競爭激烈搶市占美團外賣去年虧損千億元新臺幣》，取自 https://newtalk.tw/news/view/2022-03-29/730924，最後瀏覽日期：2022/8/1。

Newtalk 新聞 (2022)，《承先啟後的好味道 傳承台菜宴 20 日登場》，取自 https://newtalk.tw/news/view/2021-10-12/649929，最後瀏覽日期：2022/10/14。

Statista(2022)，《2017-2026 年全球在線外賣市場用戶數量》，取自 https://www.statista.com/forecasts/891088/online-food-delivery-users-by-segment-worldwide，最後瀏覽日期 :2022/8/1。

Statista(2022)，《Market size of the global online food delivery sector 2022-2027》，取自 https://www.statista.com/statistics/1170631/online-food-delivery-market-size-worldwide/，最後瀏覽日期：2022/8/1。

United States Census Bureau(2022)，《Employment, Hours, and Earnings from the Current Employment Statistics survey (National)》，取自 https://data.bls.gov/timeseries/CES7072200001?amp%253bdata_tool=XGtable&output_view=data&include_graphs=ture，最後瀏覽日期：2022/7/28。

United States Census Bureau(2021)，《Estimates of Monthly Retail and Food Services Sales by Kind of Business: 2021》，取自 https://www.census.gov/retail/mrts/www/benchmark/2019/html/annrev19.html，最後瀏覽日期：2022/7/29。

中央社 (2022)，《米其林 2021 名單 34 餐廳摘星 明年增台南高雄》，取自 https://www.cna.com.tw/news/firstnews/202108250186.aspx，最後瀏覽日期：2022/4/5。

中國國家統計局 (2021)，第七次全國人口普查公報 (第八號)，取自 http://www.stats.gov.cn/tjsj/tjgb/rkpcgb/qgrkpcgb/202106/t20210628_1818827.html，最後瀏覽日期：2022/7/29。

臺灣銀行家 (2021)，《後疫情時代萬物皆漲》，取自 https://news.cnyes.com/news/id/4744324，最後瀏覽日期：2022/5/11。

日本研調機構東京商工（Tokyo Shoko Research）(2021)，《2021 年の新設法人數、苦境の飲食店が過去最多の不思議》，取自 https://www.tsr-net.co.jp/news/analysis/20220627_01.html，最後瀏覽日期：2022/7/29。

高升全球 (2022)，《美團新業務，"燒掉" 384 億後 2021 虧損 231 億》，取自 https://www.goosuntrade.com/ArticleDetail/186.html，最後瀏覽日期 :2022/8/1。

日本總務省統計局 (2022)，「サービス産業動向調査」，取自 https://www.stat.go.jp/data/mssi/kekka/pdf/m202208.pdf，最後瀏覽日期：2022/10/28。

日本總務省統計局 (2022)，サービス産業動向調査年報 2021 年結果の概要，取自 https://www.stat.go.jp/data/mssi/report/2021/pdf/summary.pdf，最後瀏覽日期：2022/10/28。

楊子霆 (2022)，《要錢？要命？COVID-19 對經濟的衝擊》，取自 https://covid19.ascdc.tw/essay/177，最後瀏覽日期：2022/5/11。

勤業眾信 (2021) ，《2021 零售力量趨勢與展望報告 》https://www2.deloitte.com/tw/tc/pages/consumer-business/articles/pr210601-2021-cnsr-trend.html，最後瀏覽日期：2022/5/11。

新華澳報 (2022)，後疫情時代的餐飲業，https://www.waou.com.mo/2022/06/21/%E5%BE%8C%E7%96%AB%E6%83%85%E6%99%82%E4%BB%A3%E7%9A%84%E9%A4%90%E9%A3%B2%E6%A5%AD/ 最後瀏覽日期：2022/5/11。

新浪財經 (2022)，《2021 年全國餐飲業收入同比增長 18.6%》，取自 https://finance.sina.com.cn/jjxw/2022-01-21/doc-ikyakumy1791217.shtml，最後瀏覽日期：2022/07/28。

東方財富網 (2022)，《美團研究報告："識時務、一招鮮"，有道有術，效率致勝》，取自 https://caifuhao.eastmoney.com/news/20220409111208963314170，最後瀏覽日期 :2022/8/1。

資廚 iCHEF(2022)，《線上交易占比提升四倍 餐飲業加速走向電商化》，https://udn.com/

news/story/7240/6207043，最後瀏覽日期：2022/5/29。

經濟日報 (2022)，《大陸商務部提三措施 促進消費恢復》https://money.udn.com/money/story/5604/6256803?from=edn_related_storybottom，最後瀏覽日期：2022/7/29。

頭條匯 (2022)，《美團的「新與舊」：誰是王興最大的敵人》？，取自 https://min.news/zh-tw/economy/c3312423b1d01ae7f85b1b1a5b0f0aad.html，最後瀏覽日期：2022/8/1。

鉅亨網 (2022)，《外送需求強 DoorDash 在美市占 6 成 分析師點名看好》，取自 https://news.cnyes.com/news/id/4885254，最後瀏覽日期：2022/8/1。

經濟部商業司 (2021)，《經濟部提振批發、零售及餐飲業因應對策》，取自 https://www.moea.gov.tw，wHandBulletin_File，最後瀏覽日期：2022/8/1。

經濟部統計處 (2022)，《三級警戒急凍餐飲業營收，加速外送及宅配減緩衝擊》，取自 https://www.moea.gov.tw/Mns/dos/bulletin/Bulletin.aspx?kind=9&html=1&menu_id=18808&bull_id=9072，最後瀏覽日期：2022/10/5。

資訊咖 (2022)，《餐飲零售化如火如荼，400 萬餐企還將面對哪些機遇和挑戰？》，取自 https://inf.news/zh-tw/economy/e5852155a5a98be4f1e19850edc1aadf.html，最後瀏覽日期：2022/8/2。

華創證券 (2021)，《美團跟蹤分析報告：騎手權益保障視角下盈利再平衡分析》https://xueqiu-com.translate.goog/9508834377/199776700?_x_tr_sl=zh-CN&_x_tr_tl=zh-TW&_x_tr_hl=zh-TW&_x_tr_pto=sc，最後瀏覽日期：2022/8/2。

數位時代 (2022)，《後疫情時代餐飲業如何與病毒共存？Oddle 以新加坡市場經驗，給臺灣業者 3 大建議》，取自 https://www.bnext.com.tw/article/69116/oddle-singapore-strategy，最後瀏覽日期：2022/8/1。

數位時代 (2022)，《Uber Eats 將導入無人送餐模式，由機器人送餐成新選項》，取自 https://www.bnext.com.tw/article/69209/uber-eats-uses-automatic-delivery，最後瀏覽日期：2022/10/5。

歐陽宏宇 (2022)，《餐飲業迎來 3.0 時代報告："零售化"將成為餐企"第三增長曲線"》，取自 https://www.sohu.com/a/563935610_120952561，最後瀏覽日期：2022/8/2。

第六章

AirAsia (2021)，《Airasia Super App Officially Launches in Thailand Kick Starts with New Food Delivery SERVICE》https://newsroom.airasia.com/news/airasia-super-app-officially-launches-in-thailand (link as of 2022/09/30).

AirAsia(2022)，《Super App Targets to be Asean's Top App by 2026 Lifestyle and Travel Services for Everyone, Every day》https://newsroom.airasia.com/news/airasia-super-app-th-launch (link as of 2022/09/30).

DIGITIMES(2022)，《台灣首輛自駕物流車上路 新竹物流加速物流營運》，取自 https://www.digitimes.com.tw/iot/article.asp?cat=158&id=0000628010_MG0L79I427JAK0LV3ROBS&ct=v，最後瀏覽日期：2022/09/30。

Fitch Solutions Country Risk & Industry Research(2021)，《Operational Risk Index-Global Business Environment Report》, accessed through ProQuest ABI/INFORM Collection.

Fitch Solutions Country Risk & Industry Research(2022)，《Logistics & Freight Transport Report(for each country)》, accessed through ProQuest ABI/INFORM Collection.

IMO(2021)，《IMO's work to cut GHG emissions from ships》https://www.imo.org/en/

MediaCentre/HotTopics/Pages/Cutting-GHG-emissions.aspx (link as of 2022/09/30).

INSIDE(2022)，《【**2022 智慧城市展**】「無人機大聯盟」成立，工研院首公開物流無人機智取站》，取自 https://www.inside.com.tw/article/27124-2022smartcitytaipei-drone-itri，最後瀏覽日期：2022/09/30。

Lnews(2021)，《日本 **GLP** ／「**GLP ALFALINK** 流山」最大規模の物流施設を竣工》，取自 https://www.lnews.jp/2021/09/n0916403.html，最後瀏覽日期：2022/09/30。

Skift(2022)，《**AirAsia Superapp Topped 10 Million Monthly Active Users in the Second Quarter**》 https://skift.com/blog/airasia-superapp-topped-10-million-monthly-active-users-in-the-second-quarter/ (link as of 2022/09/30).

TechOrange(2021)，《【網購收包裹真的零接觸？】新竹物流、黑貓、**Lalamove** 有哪些科技防疫措施？》，取自 https://buzzorange.com/techorange/2021/06/03/logistic-covid-measures/，最後瀏覽日期：2022/09/30。

Volta Trucks (2022)，《**Truck as a Service**》 https://voltatrucks.com/truck-as-a-service (link as of 2022/09/30).

Volta Trucks (2022)，《**Volta Trucks, The Crown Estate and Clipper Logistics partner to decarbonise Central London retail distribution**》 https://voltatrucks.com/press/volta-trucks-the-crown-estate-and-clipper-logistics-partner-to-decarbonise-central-london-retail-distribution(link as of 2022/09/30).

World Economic Forum(2021)，《**Net-Zero Challenge: The supply chain opportunity**》 https://www.weforum.org/reports/net-zero-challenge-the-supply-chain-opportunity (link as of 2022/09/30).

工商時報 (2022)，《貨櫃三雄去年總營收破兆元大關》，取自 https://ctee.com.tw/news/industry/579186.html，最後瀏覽日期：2022/09/30。

中華民國統計資訊網 (2021)，《行業統計分類 - 第 11 次修正 (110 年 1 月)》，取自 https://www.stat.gov.tw/ct.asp?xItem=46641&ctNode=1309，最後瀏覽日期：2022/09/30。

中華航空 (2022)，《華航 **2021** 年貨運締造歷史新績創 **62** 年來最佳紀錄》，取自 https://www.china-airlines.com/tw/zh/discover/news/press-release/20220111，最後瀏覽日期：2022/09/30。

中華郵政全球資訊網 (2022)，《郵政物流園區簡介》，取自 https://www.post.gov.tw/post/internet/Group/index.jsp?ID=1586166474768，最後瀏覽日期：2022/09/30。

日經產業新聞 (2021)，《物流施設にカフェや託児所　日本 **GLP** が街づくり》，取自 https://www.nikkei.com/article/DGXZQOUC028YW0S1A101C2000000/，最後瀏覽日期：2022/09/30。

台灣英文新聞 (2022)，《農科園區吸引上百家企業進駐投資逾 **146** 億元！農委會冀建構完整物流通關體系協助台灣產業行銷全球》，取自 https://www.taiwannews.com.tw/ch/news/4612749，最後瀏覽日期：2022/09/30。

未來流通研究所 (2022)，《【產業地圖圖解】台灣實體零售「快商務」產業地圖》，取自 https://www.mirai.com.tw/taiwan-physical-retailing-quick-commerce-analysis/，最後瀏覽日期：2022/09/30。

未來流通研究所 (2022)，《【關鍵排行圖解】**2021** 台灣消費與生活產業 **TOP20** 變化排行》，取自 https://www.mirai.com.tw/2021-taiwan-consumer-industry-top-20-ranking-list/，最後瀏覽日期：2022/09/30。

未來商務 (2021)，《亞航疫下求生，打造全方位生活大平台！從買機票到叫外送，一個 **App** 全包了》，取自 https://fc.bnext.com.tw/articles/view/1651?utm_source=article&utm_medium=read-around，最後瀏覽日期：2022/09/30。

未來商務 (2021)，《搶攻最後一哩路！計程車、機車輕巧上路，成疫情下的「物流新物種」》，取自 https://fc.bnext.com.tw/articles/view/1554，最後瀏覽日期：2022/09/30。

交通部 (2022)，《空運需求暢旺 桃機去年貨運量達 281 萬公噸創新高 攜手業者優化效率 今年展望續看成長》，取自 https://www.motc.gov.tw/ch/home.jsp?id=14&parentpath=0%2C2&mcustomize=news_view.jsp&dataserno=202202080001&aplistdn=ou=data,ou=news,ou=chinese,ou=ap_root,o=motc,c=tw&toolsflag=Y&imgfolder=img%2Fstandard，最後瀏覽日期：2022/09/30。

交通部統計處 (2022)，《110 年汽車貨運調查報告》，取自 https://www.motc.gov.tw/ch/home.jsp?id=56&parentpath=0,6，最後瀏覽日期：2022/09/30。

交通部統計處 (2022)，《110 年運輸及倉儲業之生產與受僱員工概況》，取自 https://www.motc.gov.tw/ch/home.jsp?id=56&parentpath=0,6，最後瀏覽日期：2022/09/30。

行政院主計總處資料庫（2021），《薪情平台》，取自 https://earnings.dgbas.gov.tw/query_payroll.aspx，最後瀏覽日期：2022/09/30。

財政部財政統計資料庫 (2022)，《營利事業家數及銷售額第第 7 次、第 8 次修訂 (6 碼)》，取自 https://web02.mof.gov.tw/njswww/WebMain.aspx?sys=100&funid=defjspf2，最後瀏覽日期：2022/09/30。

經濟日報 (2022)，《長榮完成溫室氣體盤查 目標 2030 年運送碳排率少 5 成》，取自 https://money.udn.com/money/story/5613/6524949，最後瀏覽日期：2022/09/30。

經濟日報 (2022)，《華航獲利 有望冠全球同業》，取自 https://money.udn.com/money/story/122229/6167384，最後瀏覽日期：2022/09/30。

經濟部商業司 (2022)，《商業發展歷年推動成果》，取自 https://gcis.nat.gov.tw/mainNew/subclassNAction.do?method=getFile&pk=661，最後瀏覽日期：2022/09/30。

數位時代（2022），《台灣大車隊分割業務打造超級 App ！帶著 650 萬會員的底氣，如何擴大生態圈？》，取自 https://www.bnext.com.tw/article/67521/55688-ecosystem，最後瀏覽日期：2022/09/30。

數位時代（2022），《蘇揆參訪永聯物流冷鏈！一天消化 2 萬張訂單，如何讓包裹「自動排隊」？》，取自 https://www.bnext.com.tw/article/66488/ally-logistic-property，最後瀏覽日期：2022/09/30。

第七章

Business Insider (2022)，《This robot fast-food kitchen is fully autonomous and doesn't require any staff》，取自 https://www.businessinsider.co.za/robot-fast-food-kitchen-autonomous-machines-no-staff-hyper-robotics-2022-2，最後瀏覽日期：2022/7/20。

Deloitte (2021)，《Global Powers of Retailing 2021》，取自 https://www2.deloitte.com/content/dam/Deloitte/at/Documents/consumer-business/at-global-powers-retailing-2021.pdf，最後瀏覽日期：2022/7/13。

Deloitte (2022)，《Global Powers of Retailing 2022》，取自 https://www2.deloitte.com/global/en/pages/consumer-business/articles/global-powers-of-retailing，最後瀏覽日期：2022/7/20。

Euromonitor International (2022)，《Retailing in China》，取自 https://www.euromonitor.com/retailing-in-china/report，最後瀏覽日期：2022/7/20。

Franchise Direct (2022)，《Top 100 Global Franchises Ranking》，取自 https://www.franchisedirect.com/information/2022-top-100-franchises-report，最後瀏覽日期：

2022/7/20。

International Franchise Association (2022)，《**2022 Franchising Economic Outlook**》，取自 https://www.franchise.org，最後瀏覽日期：2022/7/20。

IEK 產業情報網 (2020)，《**科技跨界創新 超前部署 2030**》，取自 https://ieknet.iek. org.tw/iekrpt/rpt_more.aspx?actiontype=rpt&indu_idno=16&domain=69&rpt_idno=915153516，最後瀏覽日期： 2022/6/22。

Japan Franchise Association (2022)，《**2020 JFA Franchise Chain Statistical Survey Report**》，取自 https://www.jfa-fc.or.jp/particle，最後瀏覽日期：2022/7/20。

Mordor Intelligence (2022)，《**RETAIL INDUSTRY IN JAPAN - MAJOR TRENDS, GROWTH AND OPPORTUNITIES (2020 - 2025)**》，取自 https://www.mordorintelligence.com/industry-reports/retail-industry-in-japan，最後瀏覽日期：2022/7/20。

National Retail Federation (2019)，《**Technology is dramatically improving consumers' shopping experience**》，取自 https://nrf.com/media-center/press-releases/technology-dramatically-improving-consumers-shopping-experience，最後瀏覽日期：2022/7/20。

Peer Research (2021)，《**Peer Research Big Data Analytics Survey**》，取自 https://www.intel.com/content/dam/www/public/us/en/documents/reports/data-insights-peer-research-report，最後瀏覽日期：2022/7/20。

Retail Week (2022)，《**Everything you need to know from Retail Week Live 2022**》，取自 https://www.retail-week.com/people/from-ar-to-gen-z-the-must-read-stories-and-insight-from-retail-week-live-2022，最後瀏覽日期：2022/7/20。

Statista (2022)，《**Franchising in the U.S. - statistics & facts**》，取自 https://www.statista.com/topics/5048/franchising-in-the-us，最後瀏覽日期：2022/7/20。

The Future of Retail (2022)，《**How retail technologies have reshaped the customer experience**》，取自 https://retailtechinnovationhub.com/home/2022/5/25/how-retail-technologies-have-reshaped-the-customer-experience，最後瀏覽日期：2022/7/20。

Trading Economics (2022)，《**U.S. Retail Sales**》，取自 https://tradingeconomics.com/united-states/retail-sales，最後瀏覽日期：2022/7/20。

World Economic Forum (2020)，《**Recession and Automation Changes Our Future of Work, But There are Jobs Coming, Report Says**》，取自 https://www.weforum.org/press/2020/10/recession-and-automation-changes-our-future-of-work-but-there-are-jobs-coming-report-says，最後瀏覽日期：2022/7/20。

91App (2022)，《**2022 年 D2C 品牌商務白皮書**》，取自 https://www.91app.com/blog/news-2022-d2c-whitepaper/，最後瀏覽日期： 2022/6/15。

中國連鎖經營協會 (2022)，《**2021 年中國連鎖 Top100 發布，蘇寧易購居首，沃爾瑪、永輝超市進前十**》，取自 https://www.foodtalks.cn/news/30888，最後瀏覽日期： 2022/6/15。

臺灣連鎖暨加盟協會 (2018)，《**2018 臺灣連鎖店年鑑**》，臺灣連鎖暨加盟協會出版。

臺灣連鎖暨加盟協會 (2019)，《**2019 臺灣連鎖店年鑑**》，臺灣連鎖暨加盟協會出版。

臺灣連鎖暨加盟協會 (2020)，《**2020 臺灣連鎖店年鑑**》，臺灣連鎖暨加盟協會出版。

臺灣連鎖暨加盟協會 (2021)，《**2021 臺灣連鎖店年鑑**》，臺灣連鎖暨加盟協會出版。

臺灣連鎖暨加盟協會 (2022)，《**2022 臺灣連鎖店年鑑**》，臺灣連鎖暨加盟協會出版。

公平交易委員會，《公平交易委員會對於加盟業主經營行為案件之處理原則》，取自 https://www.ftc.gov.tw/internet/main/doc/docDetail.aspx?uid=167&docid=11795，最後瀏覽日期：2022/6/15。

行政院主計總處 (2022)，《**110 年人力運用調查性別專題分析（含國際比較）**》，取自 https://

www.stat.gov.tw/ct.asp?xItem=33341&ctNode=6135&mp=4，最後瀏覽日期：2022/7/13。

財政部統計資料庫 (2021)，《銷售額及營利事業家數第 7 次、第 8 次修訂 (6 碼) 及地區別》，取自 https://web02.mof.gov.tw/njswww/WebMain.aspx?sys=100&funid=defjspf2，最後瀏覽日期：2022/7/13。

許英傑，李冠穎 (2021)，《連鎖管理》，前程文化出版。

網易新聞 (2022)，《旺順閣老闆落淚：拍短視頻、門口擺攤，入行 36 年，今年比過去都難》，取自 https://www.163.com/dy/article/HACOEF3C05148UNS，最後瀏覽日期：2022/6/21。

數位時代 (2021)，《2 千元餐盒超熱銷，饗饗 INPARADISE 怎麼做到？解密「快體驗」轉型 D2C 企業訣竅》，取自 https://www.bnext.com.tw/article/66480/twanga-mohist，最後瀏覽日期：2022/6/16。

數位時代 (2022)，《高鐵內就能喝特調咖啡！路易莎接連跨界合作，拚成為餐飲集團新勢力》，取自 https://www.bnext.com.tw/article/69835/louisa-coffee-taiwan-high-speed-%E2%80%8B%E2%80%8Brail，最後瀏覽日期：2022/6/20。

數位時代 (2021)，《全聯有感：外送將成零售標配！它如何把小家庭、夜貓族都變客人？》，取自 https://www.bnext.com.tw/article/66477/pxmart-shipping-2021，最後瀏覽日期：2022/6/20。

數位時代 (2021)，《7-11 推出 OPEN NOW 快超市概念店！冷凍品項陳列擴增 4 倍搶攻生鮮快商務市場》，取自 https://www.bnext.com.tw/article/67346/7-11-open-now-2022，最後瀏覽日期：2022/6/15。

經濟部商業司 (2016)，《105 年度連鎖加盟業能量厚植暨發展計畫 - 連鎖加盟產業區域店長人才需求調查報告》，取自 https://ws.ndc.gov.tw/001/administrator/18/relfile/6037/8773/f32d197d-ab08-40e3-bb16-f78641fe2cab.pdf，最後瀏覽日期：2022/7/13。

經濟部商業司 (2022)，《111 年度「連鎖加盟鏈結國際發展計畫」輔導申請須知》，取自 https://gcis.nat.gov.tw/mainNew/publicContentAction.do?method=showPublic&pkGcisPublicContent=5492，最後瀏覽日期：2022/6/10。

勤業眾信通訊 (2022)，《2022 數位媒體趨勢：向原宇宙邁進》，取自 https://www2.deloitte.com/tw/tc/pages/about-deloitte/articles/monthly-newsletters.html，最後瀏覽日期：2022/6/23。

第八章

Unilever Website (2022).https://www.unilever.com/planet-and-society/NIKE (2022). FY21 Nike, Inc. **Impact Report.** Retrieved from https：//about.nike.com/en/newsroom/reports/fy21-nike-inc-impact-report-2（Mar 2022）

全球鞋業概況與 NIKE 股票分析。檢自 https：//raymanagement.wordpress.com/2020/05/10/globalshoesmarketandnikestock/(May 2020) 尚智 **Nike 西門紅樓 5 月 9 日盛大開幕。**檢自 https：//bouncin.net/p/news/new-stuff/1057/nike-ximen-redhouse-grand-opening (May 2020)

新聞分享 / 整新上架或再生利用 **Nike Refurbished** 回收翻新企劃給穿不到的鞋一個新家。檢自 https：//kenlu.net/2021/04/nike-refurbished/(May 2021)

減塑、減碳又惜食，超商龍頭統一超這樣帶頭做永續！│永續會 Podcast Ep.16 - CSR@ 天下 (cw.com.tw)。檢自 https：//csr.cw.com.tw/article/42586 (Jun 2022)

成本墊高，嘉里大榮向交通部爭取漲價 10% 未獲同意。檢自成本墊高 嘉里大榮向交通部爭取漲價 10% 未獲同意 | 產經 | 中央社 CNA (Jun 2022)

台廠另類小聯盟，力拚豐田、本田，宏佳騰、威剛跨界攜手合攻電動 3 輪車。檢自台廠另類

小聯盟力拚豐田、本田宏佳騰、威剛跨界攜手合攻電動 3 輪車 (yahoo.com) (Aug 2022)

王道銀行官網。檢自 https：//www.o-bank.com/retail **每 10 人就有 2 人一週籌不到 10 萬，銀行推「影響力存款」解危**。檢自 https：//csr.cw.com.tw/article/41826 (Jan 2021)

王道銀行榮獲臺灣永續獎四大獎並獲全球永續最佳案例獎。檢自 https：//money.udn.com/money/story/6722/5923847 (Nov 2021)

王道銀行推影響力貸款，助中低收入戶翻轉生活。檢自 https：//www.appledaily.com.tw/finance/20210517/ODH3ROJRUBF5BOBLMYGBUTW6TQ (May 2021)

維基百科－**孟加拉鄉村銀行**。檢自 https：//zh.wikipedia.org/zh-tw/%E5%AD%9F%E5%8A%A0%E6%8B%89%E4%B9%A1%E6%9D%91%E9%93%B6%E8%A1%8C

European Commission (1958).**'A European Green Deal'.** Retrieved from https：//ec.europa.eu/info/strategy/priorities-2019-2024/european-green-deal_en (Jul 2021)

European Council (2009). **'Fit for 55'.** Retrieved from https：//www.consilium.europa.eu/en/policies/green-deal/fit-for-55-the-eu-plan-for-a-green-transition/(Jul 2021)

國家發展委員會 (2014)。**臺灣 2050 淨零排放路徑**。檢自 https：//www.ndc.gov.tw/Content_List.aspx?n=FD76ECBAE77D9811&upn=5CE3D7B70507FB38 (Apr 2021)

CONGRESS.GOV. **'S.4355 – Clean Competition Act'.** Retrieved from https：//www.congress.gov/bill/117th-congress/senate-bill/4355/text

環境資訊中心。**中國「全國碳市場」運行首年盤點 碳價預計水漲船高**。檢自 https：//e-info.org.tw/node/233483 (Mar 2022)

金融監督管理委員會。**上市櫃公司永續發展路徑圖**。檢自 https：//www.fsc.gov.tw/ch/home.jsp?id=1024&parentpath=0,2,310 (Mar 2022)

行政院環保署。**環保署預告修正「溫室氣體減量及管理法」為「氣候變遷因應法」**。檢自 https：//enews.epa.gov.tw/page/3b3c62c78849f32f/de5ace9a-814a-47cb-8273-342ec0664511 (Oct 2021)

經濟部商業司。經濟部「2021 商業服務業年鑑」出版，**疫情下服務業仍有所成長，展現抗疫韌性**。檢自 https：//gcis.nat.gov.tw/mainNew/publicContentAction.do?method=showPublic&pkGcisPublicContent=5437 (Nov 2021)

一般社團法人日本特許加盟協會**「對地球暖化對策的行動」** https：//www.jfa-fc.or.jp.t.ek.hp.transer.com/particle/496.html

第九章

International Data Corporation (IDC)，2022，《全球數位轉型支出指南》，取自 https://www.idc.com/getdoc.jsp?containerId=prAP49116822。

經濟部統計處，2022，《網購市場順勢躍升新高，成長率優於整體零售業》產業經濟統計簡訊，取自 https://www.moea.gov.tw/Mns/dos/bulletin/Bulletin.aspx?kind=9&html=1&menu_id=18808&bull_id=9673。

Seagate、International Data Corporation (IDC)，2020，《**Rethink Data**》，取自 https://www.seagate.com/tw/zh/our-story/rethink-data/。

Grand View Research，2022，《**Social Commerce Market Size, Share & Trends Analysis Report By Business Model (B2C, B2B, C2C), By Product Type (Personal & Beauty Care), By Platform/Sales Channel, By Region, And Segment Forecasts, 2022 – 2030**》，取自 https://www.grandviewresearch.com/press-release/global-social-commerce-market。

Influencer Marketing Hub，2022，《**The State of Influencer Marketing 2022: Benchmark Report**》，取自 https://influencermarketinghub.com/influencer-marketing-benchmark-report/。

We are social、KEPIOS，2022，《**Digital 2022: TAIWAN**》，取自 https://datareportal.com/reports/digital-2022-taiwan。

尼爾森公司，2020，《**尼爾森媒體研究月刊**》11 月，著作權歸屬尼爾森所有。

第十章

無。

第十一章

2022 天下雜誌人才永續行動，取自：https://site.cwlearning.com.tw/events/talent/article/report.html，最後瀏覽時間：2022/08/30。

Cisco 2022《**思科 2022 年全球混合辦公研究**》

DDI 2021《**DDI's Global Leadership Forecast 2021**》

LinkedIn Learning 2022 Workplace Learning Report The Transformation of L&D，最後瀏覽時間：2022/09/10。

Microsoft 2021.March《**Microsoft Work Trend Index Annual Report 2021 － The Next Great Disruption Is Hybrid Work—Are We Ready?**》

Microsoft 2022.March《**Microsoft Work Trend Index Annual Report 2022 － Great Expectations: Making Hybrid Work Work**》

NIAGARA INSTITUTE，(2021)，《**WHAT IS VUCA LEADERSHIP? 6 WAYS TO SET YOURSELF UP FOR SUCCESS**》，取自：https://www.niagarainstitute.com/blog/what-is-vuca-leadership，最後瀏覽時間：2022/08/26。

PwC 2021 臺灣企業領袖調查報告

PwC，(2021)，《**因為疫情，讓每個行業都有合作的可能性**》，取自：https://www.pwc.tw/zh/ceo-survey/ceo-interview/interview-2021-07.html，最後瀏覽時間：2022/08/23。

iThome，(2022)，《**Cloud 周報第 154 期：富邦金控展開集團上雲計畫，優先把辦公 OA 應用搬上公雲**》，取自：https://www.ithome.com.tw/news/152709，最後瀏覽時間：2022/08/28。

大苑子官方網站 2022，取自：https://www.dayungs.com/about/，上網日期：2022/09/05。

天下雜誌，(2018)，《**天下雜誌數位轉型報告**》，取自：https://topic.cw.com.tw/media-digital-transformation/2018/，最後瀏覽時間：2022/09/03。

今周刊，(2022)，《**永續人才難尋！ESG 工作到底要做些什麼？一表看懂**》，取自：https://esg.businesstoday.com.tw/article/category/190807/post/202206090005/%E6%B0%B8%E7%BA%8C%E4%BA%BA%E6%89%8D%E9%9B%A3%E5%B0%8B%EF%BC%81ESG%E5%B7%A5%E4%BD%9C%E5%88%B0%E5%BA%95%E8%A6%81%E5%81%9A%E4%BA%9B%E4%BB%80%E9%BA%BC%EF%BC%9F%E4%B8%80%E8%A1%A8%E7%9C%8B%E6%87%82，最後瀏覽時間：2022/08/28。

台灣水泥 MA 儲備幹部計畫，取自：https://mamag.taiwancement.com/index.html，最後瀏覽時間：2022/08/27。

玉山金控人才培育與發展，取自：https://nqa.cpc.tw/NQA/WebPage/FCKeditorUpload/4F93FD52-1050-4ECF-B6C8-88B5925E6783/5.%E4%BA%BA%E5%8A%9B%E8%B3%87%E6%BA%90%E8%88%87%E8%B3%87%E8%A8%8A%E9%81%8B%E7%94%A8.pdf，最後瀏覽時間：2022/09/04。

哈佛商業評論，(2018)，《搬遷總部、創新實驗室、沉浸式參訪 繞著人才跑三大途徑》，取自：https://www.hbrtaiwan.com/article/18236/navigating-talent-hot-spots?_gl=1%2aaamc6s%2a_ga%2aMTc3NTU5NzExMC4xNjU2NzM3NDY5%2a_ga_RBJPZGKZS1%2aMTY2ODA5NDE2NC45LjEuMTY2ODA5NDI4My4yLjAuMA，最後瀏覽時間：2022/08/23。

哈佛商業評論，(2022)，《活動學習曲線管理績優團隊》，取自：https://www.hbrtaiwan.com/article/20801/manage-your-organization-as-a-portfolio-of-learning-curves?_gl=1%2a3vqzrp%2a_ga%2aMTc3NTU5NzExMC4xNjU2NzM3NDY5%2a_ga_RBJPZGKZS1%2aMTY2ODA5NDE2NC45LjEuMTY2ODA5NDQ3My44LjAuMA，最後瀏覽時間：2022/08/23。

哈佛商業評論，(2022)，《建立新時代領導團隊》，取自：https://www.hbrtaiwan.com/article/20800/reinventing-your-leadership-team?_gl=1%2a1kk9o9c%2a_ga%2aMjEyMjMwNzk5LjE2NDEyNDk5MzA.%2a_ga_RBJPZGKZS1%2aMTY2ODA5NDcxOC4zLjEuMTY2ODA5NDg1Mi43LjAuMA，最後瀏覽：2022/08/23。

哈佛商業評論，(2022)，《如何培養數位轉型人才庫？》，取自：https://www.hbrtaiwan.com/article/19306/how-to-develop-a-talent-pipeline-for-your-digital-transformation?_gl=1%2ax156yq%2a_ga%2aMjEyMjMwNzk5LjE2NDEyNDk5MzA.%2a_ga_RBJPZGKZS1%2aMTY2ODA5NDcxOC4zLjEuMTY2ODA5NDk4My4xMy4wLjA，最後瀏覽時間：2022/09/03。

遊戲橘子，(2019)，《**2019 企業 CSR 報告書**》，取自：https://csr.gamania.com/wp-content/uploads/2020/08/CSR%E9%9B%BB%E5%AD%90%E7%89%88_final-0807.pdf，最後瀏覽時間：2022.08.23。

經濟部中華民國廠商海外投資叢書，(2020)，《美國投資環境簡介（二）》，取自：file:///Users/shaokuankuo/Downloads/d0cf462b-85b4-4acb-a1bd-11f9b66c51a0.pdf，最後瀏覽時間：2022/08/23。

國泰金控新聞稿，(2020)，《「保險＋科技，幸福更靠近！」國泰人壽獲 **IDC** 數位轉型最**大獎肯定**》，取自：https://www.cathayholdings.com/holdings/information-centre/intro/latest-news/detail?news=19Rubdahw0OVPRIUfUIbAw，最後瀏覽時間：2022/09/03。

華碩電腦，(2021)，《**2021 企業 CSR 報告書**》，取自：https://csr.asus.com/english/file/ASUS_Detailed_2021_CHN.pdf，最後瀏覽時間：2022/08/23。

經理人，(2021)，《銀行的疫後新常態：複合式遠距辦公，遠銀、富邦、永豐怎麼做？》取自：https://www.managertoday.com.tw/articles/view/63419，最後瀏覽時間：2022/08/26。

商業週刊，(2022)，《線上論壇 用數據打造「幸福企業」，讓生產力爆炸性成長》，取自：https://www.businessweekly.com.tw/careers/indep/1002120，最後瀏覽時間：2022/08/31。

科技新報，(2022)，《**2 年內 IPO** 並擴增團隊規模！ **iKala** 如何軟硬體整合，打造混合辦**公新常態？**》，取自：https://technews.tw/2022/04/17/back-to-ikala-new-office/，最後瀏覽時間：2022/08/31。

科技新報，(2022)，《永聯物流開發旗下「艾立運能」完成 **A** 輪募資，布局上中游網路、**擴增冷鏈運輸**》，取自：https://technews.tw/2022/09/13/ally-transport-system-series-a-financing/，最後瀏覽時間：2022/09/13。

數位時代,(2018),《上半年營收跳增 3 倍,iStaging 如何用不到百人團隊滿足逾 50 國跨產業需求》,https://www.bnext.com.tw/article/50129/istaging-revenue-triple-in-first-half-2018

數位時代,(2019),《搶攻互動經濟,宇萌目標成為 AR 界 Google》,https://www.bnext.com.tw/article/52909/arplanet-ar-vr-mr-appication

關鍵評論網,(2020),《iABCDEF 這七類數位創新與轉型契機,堪稱「第四次工業革命」》,https://www.thenewslens.com/article/144598

中時電子網,(2021),《從產銷顧人發看 AR / VR 企業應用》,https://www.chinatimes.com/newspapers/20211205000657-260204?chdtv&fbclid=IwAR1ZloI0ErZy_tv1givXu12sJu3dDMSomWnQWiIpd6zgVdJPoU-hI8CNXZA

鏡週刊,(2021),《【臺灣 AR 耀全球 1】LV 欽點 50 人台商小公司 iStaging 攻下全球 4 大奢侈品集團》,https://www.mirrormedia.mg/story/20211006ind003/

經濟部統計處,(2022),《批發、零售及餐飲業營業額統計》,https://www.moea.gov.tw/Mns/dos/bulletin/Bulletin.aspx?kind=8&html=1&menu_id=6727&bull_id=9643

經濟部統計處,(2022),《網購市場順勢躍升新高,成長率優於整體零售業》,https://www.moea.gov.tw/Mns/dos/bulletin/Bulletin.aspx?kind=9&html=1&menu_id=18808&bull_id=9673

聯合新聞網,(2022),《獨角獸再添一隻!玩美移動採 SPAC 赴美上市》,https://udn.com/news/story/7240/6138687

柳育林,(2020),《2020 年 XR 軟體服務業概況調查》,財團法人資訊工業策進會 MIC AISP

柳育林,(2021),《AR/VR 後疫局勢與企業應用分析》,財團法人資訊工業策進會 MIC AISP

簡妤安,(2022),《新體驗 - AR/VR 消費調查分析》,財團法人資訊工業策進會 MIC AISP

陳冠文,(2022),《2021 年網購消費意向調查:網購傾向與科技體驗(上)》,財團法人資訊工業策進會 MIC AISP

廖珈燕,(2022),《2021 年網購消費意向調查:網路購物經驗(上)》,財團法人資訊工業策進會 MIC AISP

柳育林,(2022),《元宇宙發展局勢與應用分析》,財團法人資訊工業策進會 MIC AISP

柳育林,(2022),《2021 年便利商店消費行為調查:整體與區域分析》,財團法人資訊工業策進會 MIC AISP

訊連科技,(2022),《股東會年報》,https://tw.cyberlink.com/prog/company/ir-annual-report.jsp

三越伊勢丹ホールディングス,(2022),"有価証券報告書-第 14 期",https://pdf.irpocket.com/C3099/mCOP/XkEa/Iusg.pdf

Perfect Corp, (2020), "Estée Lauder Brings High Tech to High Touch Consumer Experience", https://www.perfectcorp.com/business/successstory/detail/1

Scandit, (2021), "Smartphone Scanning Streamlines Store Operations and Increases Productivity", https://www.scandit.com/resources/case-studies/colruyt-retail-operations/

Snapchat, (2021), "New Balance drives purchase with a multi-product strategy, led by a shoppable AR try-on Lens", https://forbusiness.snapchat.com/inspiration/new-balance-drives-purchase-with-a-multi-product-strategy-led-by-a-shoppable-ar-try-on-lens

The Insight Partners, (2021), "Virtual Reality and Augmented Reality in Retail Market Forecast to 2028 – COVID-19 Impact and Global Analysis – by Type, Application, and Geography", https://www.theinsightpartners.com/reports/virtual-reality-andaugmented-reality-in-retail-market

Scandit, (2022), **"Increased Customer Insights Delivered by AR-powered Voucher App"**, https://www.scandit.com/resources/case-studies/jisp-and-nisa/

Yahoo! JAPAN, (2022), **"三越伊勢丹 HD の EC 売上は 372 億円で 18.1% 増（2022 年 3 月期）、3 年後は 600 億円の計画"** https://news.yahoo.co.jp/articles/c3bab4ddc a0b0662e90101222554395d65ac96cb

eMarketer, (2022), **"Global Ecommerce Forecast"**, https://on.emarketer.com/rs/867-SLG-901/images/eMarketer%20Global%20Ecommerce%20Forecast%20Report.pdf

Accenture, (2022), **"Consumer Interest in "Virtual Living" Intensifies, Accenture Survey Finds"**, https://newsroom.accenture.com/news/consumer-interest-in-virtual-living-intensifies-accenture-survey-finds.htm

MarketsandMarkets, (2022), **"Augmented Reality and Virtual Reality Market by Technology Type（AR: Markerless, Marker-base; VR: Non-Immersive, Semi-immersive and Fully Immersive Technology）, Device Type, Offering, Application, Enterprise, and Geography - Global Forecast to 2027"**, https://www.marketsandmarkets.com/PressReleases/augmented-reality-virtual-reality.asp

第十三章

《寶博朋友說》Podcast 節目，取自網路，https://player.soundon.fm/p/a15ce25e-2627-48ca-9587-d4cf5e98f3a1

Ball, M., 2022. **The Metaverse: And How It Will Revolutionize Everything.** 1st ed. Liveright Publishing Corporation.

Ball, M., 2022. Payments, **Payment Rails, and Blockchains, and the Metaverse**—MatthewBall.vc. [online] MatthewBall.vc. Available at: <https://www.matthewball.vc/all/metaversepayments> [Accessed 17 May 2022].

De Filippi, P. (2018). **Citizenship in the Era of Blockchain-Based Virtual Nations.** In: Bauböck, R. (eds) Debating Transformations of National Citizenship. IMISCOE Research Series. Springer, Cham. https://doi.org/10.1007/978-3-319-92719-0_48

Lanier, J., Buterin, V., Weyl, E.G., & Posner, E.A. (2019). **Radical Markets: Uprooting Capitalism and Democracy for a Just Society.** Princeton: Princeton University Press.

Ready player one. 2018. [film] **Directed by S. Spielberg.** USA: Warner Bros. Pictures.

Yogesh K. Dwivedi, Laurie Hughes, Abdullah M. Baabdullah, Samuel Ribeiro-Navarrete, Mihalis Giannakis, Mutaz M. Al-Debei, Denis Dennehy, Bhimaraya Metri, Dimitrios Buhalis, Christy M.K. Cheung, Kieran Conboy, Ronan Doyle, Rameshwar Dubey, Vincent Dutot, Reto Felix, D.P. Goyal, Anders Gustafsson, Chris Hinsch, Ikram Jebabli, Marijn Janssen, Young-Gab Kim, Jooyoung Kim, Stefan Koos, David Kreps, Nir Kshetri, Vikram Kumar, Keng-Boon Ooi, Savvas Papagiannidis, Ilias O. Pappas, Ariana Polyviou, Sang-Min Park, Neeraj Pandey, Maciel M. Queiroz, Ramakrishnan Raman, Philipp A. Rauschnabel, Anuragini Shirish, Marianna Sigala, Konstantina Spanaki, Garry Wei-Han Tan, Manoj Kumar Tiwari, Giampaolo Viglia, and Samuel Fosso Wamba. 2022. **Metaverse beyond the hype: Multidisciplinary perspectives on emerging challenges, opportunities, and agenda for research, practice and policy.** Int. J. Inf. Manag. 66, C (Oct 2022). https://doi.org/10.1016/j.ijinfomgt.

附　錄

Appendix

年份	類別	標題	內容
1932 年	零售	百貨公司興起	第一間百貨公司「菊元百貨」於臺北成立，與第二間臺南的「林百貨」並稱南北兩大百貨。而後多家業者紛紛成立百貨公司，使得百貨公司此一業種進入戰國時代。
1934 年	餐飲	首間引入現代化管理的餐廳開幕	臺灣最早的西餐廳「波麗路西餐廳」開幕，首度引進西方現代化餐飲管理的營運制度。
1970 年	零售	大型超市興起	在 1970 年代（民國 59 年）初期，西門町出現西門超市及中美超市兩家大型超市，為臺灣大型超市開端。
1973 年	金融	第一次石油危機	在 1973 年（民國 62 年）中東戰爭爆發，阿拉伯石油輸出國家組織實施石油減產與禁運，導致第一次石油危機，我國經濟也因此受到影響，當時行政院長蔣經國決意推動「十大建設」，以大量投資公共建設，解決我國基礎建設不足的問題。在十大建設的帶動之下，1975 年（民國 64 年），我國通貨膨脹率開始下滑，成功改善我國產業的發展環境。
1974 年	物流	物流概念的萌芽	聲寶及日立公司於 1974 年（民國 63 年）投資成立「東源儲運中心」，為我國第一家商業物流服務業者，將物流概念與相關技術引進我國。
1974 年	餐飲	第一間在地連鎖餐飲品牌	1974 年（民國 63 年）第一家本土速食餐飲業者「頂呱呱」成立，將速食文化與相關技術引進臺灣。
1974 年	商業	塑膠貨幣出現	1974 年（民國 63 年）國內投資公司發行不具有循環信用功能的「信託信用卡」，臺灣首度出現「簽帳卡」，直至 1988 年（民國 77 年）財政部通過「銀行辦理聯合簽帳卡業務管理要點」，並將「聯合簽帳卡處理中心」改名為「財團法人聯合信用卡處理中心」，臺灣才出現具循環信用功能的信用卡。1989 年（民國 78 年）起開放國際信用卡業務，聯合信用卡中心與信用卡國際組織合作推出「國際信用卡」，開啟我國進入塑膠貨幣時代。

年份	類別	標題	內容
1978 年	物流	便捷交通網絡帶動商業發展	「十大建設」之一的中山高速公路於 1978 年（民國 67 年）全線通車，完善我國交通網絡，不僅帶動整體經濟成長，亦正面影響我國區域發展，我國商業發展獲得更進一步的提升。
1978 年	零售	便利不打烊	1978 年（民國 67 年）國內統一集團引進國外新型態零售模式，在國內成立統一便利商店（7-ELEVEN），改變傳統柑仔店的經營模式。24 小時不打烊的經營型態，服務項目從單純的零售販賣擴張至提供熱食及其他服務，如代收、多元化付款等，貼心而完整的服務使便利商店開始成為民眾生活不可或缺的一部分。
1980 年	商業	商業法規制定	隨著經濟發展，所得增加帶動消費，進而擴大對服務的需求，修訂公司法、商業會計法等相關規範與制度，為日後商業發展打底。
1983 年	餐飲	臺灣出現第一家手搖泡沫紅茶飲料店	陽羨茶行（春水堂前身）率先推出手搖泡沫紅茶，於 1983 年（民國 72 年）在臺中問世後，其魅力數年間席捲全臺，在臺灣餐飲史上占據獨特地位，而後創新的珍珠奶茶則掀起更為強勁深遠的龍捲風效應。茶飲品牌近十多年來更進軍海外，包括美國、德國、紐澳、香港、中國、日本、東南亞、甚至中東的杜拜與卡達。
1984 年	餐飲	國際餐飲速食連鎖加盟品牌進駐臺灣	1984 年（民國 73 年）國際速食餐廳「麥當勞」進軍我國，將國際速食餐廳的經營理念以及「發展式特許經營」模式引進國內，為餐飲市場帶來新觀念。
1987 年	零售	超市經營連鎖化與便利商店風潮興起	香港系統的惠康、百佳等公司亦相繼進入市場，使超市經營進入連鎖店時代，更具專業化；同年統一超商開始轉虧為盈，並突破 100 家連鎖店面，也讓國內興起成立便利商店的風潮。
1989 年	物流	臺灣物流革命之序曲	1989 年（民國 78 年），捆盟行銷成立，同年味全與國產企業亦分別成立康國行銷與全台物流，隨後統一集團之捷盟行銷、泰山集團之彬泰物流、僑泰物流亦分別設立，以迎合市場對配送效率的需求。

年份	類別	標題	內容
1989 年	零售	消費型態變革	1989 年（民國 78 年）我國第一家量販店萬客隆成立，同年由法商家樂福與統一集團共同在臺設立家樂福（Carrefour），自此開啟我國量販店的黃金時代。而後陸續出現多個量販店品牌，如：亞太量販、東帝士、大潤發、鴻多利、大買家與愛買。
1989 年	零售	大型零售書店之創立	1989 年（民國 78 年）臺灣大型連鎖書店誠品書店正式創立，開啟我國零售店新經營型態。
1991 年	餐飲	第一家美式休閒連鎖餐廳來臺	來自美國紐約的「T.G.I.Friday's」登臺，為我國市場上第一家美式休閒連鎖餐廳，刮起民眾朝聖休閒式主題餐廳的旋風，此時期餐廳著重主題性與文化性。
1992 年	餐飲	創新思維開創手搖飲料風貌	發跡於臺中東海的「休閒小站」首創「封口杯」，用自動封口機取代傳統杯蓋來密封飲料，即使打翻也不易外漏，這讓販賣茶飲有了革命性的改變。專做外帶的茶吧式飲料店，因店面小、租金便宜、人力精簡，如雨後春筍般興起。
1992 年	零售	第一家電視及購物業者出現	1992 年（民國 81 年）「無線快買電視購物頻道」正式成立，以有線電視廣告專用頻道型態經營。1999 年，我國第一家合法電視購物業者東森購物正式成立，直至 2014 年 NCC 委員會將原本管制為 9 個購物頻道放寬至 12 個，目前購物頻道結合網路購物及實體百貨零售市場，仍蓬勃發展中。
1992 年	零售	政府推動商業自動化	商業自動化和現代化為施政重點，包括：推動資訊流通標準化、商品銷售自動化、商品選配自動化、商品流通自動化及會計記帳標準化，促進產業升級，推升商業發展。
1995 年	電子商務	網際網路興起	1995 年（民國 84 年）資訊人公司成立，該公司開發搜尋引擎「IQ 搜尋」軟體並發展成商品。1998 年推出中文網路通訊軟體 CICQ，成為 Intel 在我國投資的第一間網路公司。
1995 年	商業	商業會計法大幅修訂	1995 年（民國 84 年）5 月 19 日第三次修正，全文增加為八十條，建立現在商業會計法的基本架構。

年份	類別	標題	內容
1996 年	電子商務	我國第一家網路仲介出現	1996 年（民國 85 年）我國第一家以網路為平台的人力仲介公司「104 人力銀行」正式成立。人力銀行改變人們找工作或企業找人才的模式，經由網路平台與電子郵件即可撮合人力供需雙方，開創了網路人力仲介商業市場。
1996 年	物流	捷運通車開啟便利生活	臺北捷運木柵線通車，藉由捷運系統建置逐步改變臺北交通運輸方式與生活圈，亦給其他縣市帶來交通發展方向的參考。
1997 年	零售	第一家美式賣場在臺設立	美國第二大零售商、全球第七大零售商以及美國第一大連鎖會員制倉儲式量販店好事多（Costco）與臺灣大統集團合資成立「好市多股份有限公司」，在高雄市前鎮區設立全臺第一家賣場。好市多為繼萬客隆倒閉之後，國內唯一收取會員費的量販店。
1997 年	電子商務	民營化行動通訊	政府於 1997 年（民國 86 年）開放民營業者可提供行動通訊業務，2003 年開放第三代行動通信執照，行動數據傳輸能力大幅增加。配合手機技術與行動應用程式（App）的開發，讓消費者可以利用更方便快速的方式進行消費。而第四代系統的逐漸普及，以更快速的網路商業服務，進而影響帶動現今行動支付發展。
1997 年	商業	出現亞洲金融風暴	亞洲金融風暴嚴重影響亞洲各國，加上蔓延效果擴散，導致全球經濟成長趨緩。為因應國際經濟情勢的劇烈變化，避免衝擊國內經濟及金融局勢，我國經建會（現國發會）擴大行政院國家發展基金規模，擴大國內製造業及服務業投資金額，使國發基金成為國內最大的創投，為長期經濟發展提供動能。
1999 年	零售	購物中心興起	國民所得達 12,000 美元，消費者休閒意識抬頭，因此兼顧消費購物與休閒文化功能的大型購物中心順應而生。「台茂購物中心」為全臺第一個大型購物中心，開啟全新的多功能休閒購物體驗，而後的二十年亦隨著國人消費型態與所得提升，國內陸續出現多個購物中心，如：微風廣場、京華城購物中心、臺北 101、寶麗廣場、環球購物中心、林口遠雄三井 Outlet Park、華泰名品城 GLORIA OUTLETS 等大型購物中心。

年份	類別	標題	內容
2000 年	物流	國內第一家宅配到府業者正式營運	2000 年（民國 89 年）國內第一家戶對戶的宅配服務公司（C2C、B2C、B2B）「台灣宅配通」正式營運，開啟我國宅配產業序幕。宅配也改變了我國物流市場，讓原本的物流業者開始投入宅配服務，銜接上電子商務發展的最後一哩，使電子商務開始蓬勃發展。
2000 年	電子商務	電子錢包啟用	民國 89 年（2000 年）悠遊卡正式啟用，是我國第一張非接觸式電子票證系統智慧卡，採用 RFID 技術。除了悠遊卡之外，也結合其他具有 RFID 載具提供服務，如結合信用卡、NFC 手機等。於 2002 年開始進入便利商店體系與公家機關使用小額付款，因此改變我國消費者的消費習慣。此為傳統銷售模式轉為電子商務，新型態商業模式的重要改變。目前臺灣所通行的電子票證，包含了悠遊卡、一卡通、icash、有錢卡等四種系統，讓民眾生活能夠更加便利。
2001 年	電子商務	國內 B2C 與 C2C 電子商務興起	2001 年（民國 90 年）Yahoo 拍賣由雅虎臺灣與奇摩網站合併而成，開啟國內電子商務 B2C 與 C2C 市場商機，並逐漸獨霸了整個臺灣拍賣的市場。
2001 年	商業	廢止「工商綜合區開發設置管理辦法」	為輔導民間企業投資工商綜合區，促進產業升級，推動振興經濟方案，特訂定本辦法，於 1994 年制定本法規，後因應都市發展所需，於今年 5 月正式廢止。
2006 年	商業	雪山隧道通車	雪山隧道通車，為宜蘭帶來觀光效益，宜蘭的商業服務業者也跟著因此受惠。
2006 年	零售	精緻超市引進來台	2006 年（民國 95 年）逐漸發展出頂級超市，港商惠康百貨和遠東集團不約而同先後引進 Jasons Marketplace、c!ty'super 頂級超市。互相較勁的重點，不再是誰家的商品便宜，而是誰家的商品較獨特、稀有，服務較貼心，可以攏絡頂級消費者的心。
2006 年	電子商務	電子商務龍頭爭奪戰開打	PChome 網路家庭與 eBay 合資成立露天拍賣。為本土第一家無店面零售公司，成為 Yahoo 拍賣的競爭者，這是無店面零售興起的開端。
2006 年	商業	「公司登記便民新措施跨轄區收件服務」施行	「公司登記便民新措施跨轄區收件服務」施行，民眾可選擇在經濟部商業司、經濟部中部辦公室、臺北市政府、高雄市政府任一地點提送公司登記申請案件。

年份	類別	標題	內容
2006 年	電子商務	雲端運算及大數據革命	亞馬遜推出彈性運算雲端服務,Google 執行長埃里克·施密特在搜尋引擎大會(SES San Jose 2006)首次提出「雲端計算」概念。雲端運算技術是繼網際網路發明後最具代表性的技術之一,可廣泛應用於政府、教育、經貿、企業等層面,其後各自發展出的不同雲端運算服務,對於產業發展有全面性的改變,為爾後出現的共享經濟型態,提供了堅實的基礎。
2006 年	電子商務	跨境電商興起	2006 年(民國 95 年)美國拍賣平台與國內業者合作推出跨國交易網站。跨境電子商務為出口貿易重要的交易平台,將會為我國廠商的經營模式帶來不一樣的改變。
2007 年	商業	成立商業發展研究院	隨著國內服務業活動發展趨勢已朝向商品精緻化、分工專業化、經營創新化與國際化之模式。因此,依據行政院 2004 年(民國 93 年)核定之「服務業發展綱領暨行動方案」以及 2006 年全國商業發展會議與臺灣經濟永續發展會議之結論,基於「建立服務業發展基石,創造高品質、高附加價值之服務業創新能量並整合資源,加速服務業知識化,提升國際優質競爭力」之成立宗旨,於 2007 年 12 月正式成立財團法人商業發展研究院(簡稱商研院)為國家級服務業研發智庫。
2007 年	電子商務	iPhone 出現,進入智慧手機元年	iPhone 系列革命性地改變人民的生活型態,帶動了行動商務發展。
2007 年	物流	高鐵通車	高速鐵路通車,完成國內一日生活圈的交通概念。
2008 年	商業	美國次級貸款引發金融海嘯	美國次級房貸市場泡沫破滅,引發全球金融流動性風險上升,造成全球經濟大衰退。在這波金融海嘯衝擊下,導致全球消費者行為模式出現改變,樽節支出、去槓桿化效應,及因網路技術的進步和社群網站的出現讓資訊得以更快速的流通,而發展出閒置產能再利用構想的「共享經濟」。此外,銀行在面對信用擔保市場的風險提升下,將提高對企業的融資限制,則「群眾募資」的融資方式將逐漸崛起。

年份	類別	標題	內容
2009 年	電子商務	共享經濟崛起	經濟學人雜誌定義「共享經濟」為「在網路中，任何資源都能出租」。網路成為共享經濟的重要橋梁，大型出租住宿民宿網站 Airbnb 成為共享經濟的重要代表。目前共享經濟概念襲捲全世界、影響消費者的消費模式與服務提供者的新型態經營模式，成為未來重要的商業模式。
2010 年	零售	新型態購物中心 Outlet 興起	義大世界購物廣場開幕，為臺灣首座的名牌折扣商場（Outlet mall）與大型 Outlet 購物中心。
2011 年	餐飲	爆發食安事件	衛生署查獲飲料食品違法添加有毒塑化劑 DEHP（鄰苯二甲酸二〔2- 乙基己基〕酯），（Di〔2-ethylhexyl〕phthalate），政府機關在事件爆發後明定檢驗標準，此一事件對於我國商業服務業營業造成衝擊，並喚起消費者意識抬頭，消費者開始注重食品安全與商品成分標示，亦促使整體食品與飲食文化等產業素質與品質的提升。爾後在 2014 年發生多起食用油廠商使用劣質油違法事件，引起社會輿論對食品安全問題普遍關注，國內知名餐飲連鎖業者也受波及，使國內食品餐飲品牌市占率重新洗牌。
2011 年	金融	群眾募資興起	2009 年 Kickstarter 引領「群眾募資」的概念開啟全球對募資平台的嚮往，我國於 2011 年（民國 100 年）成立第一個非營利集資平台 weReport，而後營利性質的群眾募資近年在臺灣也因各募資網站的崛起而蓬勃，如 flyingV、HereO（已轉型 PressPlay）、嘖嘖 zeczec 等。募資平台提供新點子及新創意的商品或商業模式在市場上推出或營運機會，成為商業發展及創意創業重要的管道及方式。
2015 年	電子商務	電商平台行動化	行動商務因智慧型裝置普及，嚴重影響實體通路業績，尤其主打行動拍賣平台與以 C2C 為主要客群的蝦皮拍賣，於 2015 正式進入臺灣，挾免手續費、免刷卡費、再補貼買家運費及全新方便簡約的 App 介面，迅速攻占了臺灣市場。

年份	類別	標題	內容
2016 年	商業	新修正商業會計法	為接軌國際，修正商業會計法、商業會計處理準則以及企業會計準則，於 2016 年（民國 105 年）年 1 月 1 日正式施行，我國商業會計法規邁入新紀元。
2016 年	零售	購物中心遍地開花	Outlet 購物中心崛起的一年新開設六間購物中心，分別為環球購物中心南港車站店、林口遠雄三井 Outlet Park、晶品城購物廣場、大墩食衣購物廣場、嘉義秀泰廣場、大魯閣草衙道。
2017 年	商業	公司法修正	經濟部修正公司法，修正涉及公司的法令鬆綁以及公司治理、洗錢防制的強化，以優化經商環境。本次修正基本有五大原則，分別如下：「不大幅增加企業遵法成本，維持企業運作安定性」、「新創希望速推之事項，優先推動」、「維持閉鎖公司專節，給予微型企業創業者更大運作彈性」、「充分考量公發、非公發公司規模不同，分別有不同的規範」、「適度法規鬆綁，但不逸脫基本法制規範，保障交易安全」。
2017 年	餐飲	國內大型餐飲業掀掛牌風	歷經食安風暴，餐飲營收近 5 年來持續穩定成長，各大業者紛紛進入搶食餐飲市場，如漢來美食掛牌上市、及多家正等待上市櫃的餐飲股，興起餐飲掛牌風，於公開資本市場進行募資，有利於籌備更多銀彈，朝向企業多角化經營。
2017 年	電子商務	迎戰行動支付元年	新型態電子支付出現，挑戰既有的支付生態系統創造價值。隨著行動通訊設備的出現，更一步地把網路上的一切搬到生活中每個時間點跟角落。也在今年上半年，三大行動支付（Apple Pay、Samsung Pay、Android Pay）登台，這些新創的付款方式，相較過往的支付方式更加便利，對國內的服務業者亦有正向影響。
2018 年	商業	5G 起步，邁向數位時代	5G 將成為物聯網發展的重要基礎，有鑑於在傳輸速度、設備連線能力、級低網路延遲等效益，預期將帶動更多創新應用服務發展。5G 取代 4G，最重要的特性在於低延遲，若能善用，5G 將可加速促成產業數位化及垂直市場的成長。

年份	類別	標題	內容
2018 年	零售	第一家無人超商正式營業	臺灣第一家無人超商「X-STORE」於 1 月 31 日在統一超商總部大樓進行初期測試，並於 6 月 25 日開始正式開幕，全程透過人臉辨識進店、採買、結帳。初期 X-STORE 以測試各項智慧型科技及營運模式，蒐集各種大數據做為未來發展的依據，讓臺灣便利商店產業不斷進化。在 X-STORE 開幕一個月後，在臺北市信義區開設第二家無人商店，並且額外導入智慧金融功能（X-ATM），提供指靜脈與人臉辨識，並可進行零錢存款與外幣提領功能。而全家便利商店也在 3 月底開立科技概念店，期望減低員工的勞務負擔，並帶給客戶更多的互動體驗。
2018 年	商業	智慧手機的普及帶動多元支付方式	因智慧手機的便利性與普及，有越來越多行為透過手機進行，加上物聯網科技串聯行動裝置、網路、服務與資訊，帶動商業服務方式的改變。臺灣目前的行動支付分為三種：電子支付、電子票證及第三方支付，而金管會於 6 月發布的報告當中，以歐付寶使用人數最多，在使用總人數約 243 萬人當中，有 72.97 萬人運用歐付寶進行電子支付。
2018 年	商業	公司法修正案於 7 月三讀通過，11 月 1 日正式施行	鑑於 10 多年來國內外經商環境變化快速，立法院於 2018 年 7 月 6 日三讀通過公司法修正案，並於 11 月 1 日施行。本次公司法修正重點為：友善創新創業環境、強化公司治理、增加企業經營彈性、保障股東權益、數位電子化及無紙化、建立國際化之環境、閉鎖性公司之經營彈性、遵守國際洗錢防制規範。
2018 年	商業	勞動基準法部分條文修正案於 1 月三讀通過，3 月 1 日正式施行；基本工資亦決議於明年 1 月調整	勞基法修正案於 3 月 1 日正式實施，本次修法主要聚焦於鬆綁 7 休 1、加班工時工資核實計算以及加班工時上限、特休假、輪班間隔。另基本工資亦於 2018 年第三季召開基本工資審議委員會，決議將於 2019 年 1 月起調漲基本工資，月薪由現行 $22,000 調漲至 $23,100，漲幅 5%；時薪由 $140 調漲至 $150，漲幅 7.14%。
2018 年	餐飲	臺北米其林指南公布，共 20 家餐廳奪星	米其林指南於 3 月 14 日發表首屆臺北版名單，共有 110 家餐廳入榜，除了 36 家必比登推薦（Bib Gourmand）名單外，今年共有 20 家餐廳奪星，包含 1 家三星、2 家兩星、17 家一星，其餘為推薦名單。

年份	類別	標題	內容
2018 年	餐飲	連鎖速食餐飲業導入自動點餐與多元支付系統	連鎖速食餐飲業——摩斯漢堡與台灣麥當勞已競相導入自動點餐機。摩斯漢堡的數位自助點餐機已導入 70 餘家門市，預計年底完成 100 家導入的目標。台灣麥當勞則是除了自助點餐機之外，亦結合多元支付，為國內速食連鎖第一臺可以多元支付的點餐機，目前先規劃在臺北不同商圈的 4 家門市建置。
2019 年	零售	臺灣品牌突破日本零售市場	臺灣誠品成功於日本橋展店，為我國業者進入日本零售業第一家。
2019 年	餐飲	外送平台深入國人生活	2019 年外送市場爆量，foodpanda 訂單成長 25 倍。緊追在後之 Uber Eats，擁有超過 5,000 家餐飲業的外送服務；再加上近期加入英國外送平台 Deliveroo，預期我國餐飲業外送服務將日益競爭。
2020 年	商業	COVID-19 疫情爆發	我國 1 月 21 日發現首起 COVID-19 確診病例，是由中國大陸湖北省武漢市移入之案例。
2020 年	商業	經濟部推出一系列因應嚴重特殊傳染性肺炎的資金紓困及振興措施	經濟部因應嚴重特殊傳染性肺炎，推出一系列資金紓困及振興措施資源，包括薪資及營運資金補貼、防疫千億保、水電費減免、研發固本專案計畫、協助服務業導入數位行銷工具及服務、商圈環境改善、人才培訓、振興三倍券、出口拓銷等來協助業者。
2020 年	商業	臺灣完成 5G 釋照與開台	經兩階段競標結果，我國國家通訊傳播委員會（NCC）於 2 月 21 日公布包括中華電信、遠傳電信、台灣大哥大、台灣之星、亞太電信 5 家電信業者，均獲得 5G 執照，並於 6 月 30 日起陸續啟用 5G 服務。
2021 年	商業	行政院延長《嚴重特殊傳染性肺炎防治及紓困振興特別條例》	因應疫情於 5 月中在本土擴散，行政院將《嚴重特殊傳染性肺炎防治及紓困振興特別條例》延長 1 年到明（民國 111）年 6 月 30 日，並增加 2,100 億元預算，特別預算經費上限提高為總額 8,400 億元，針對受疫情衝擊產業持續推出紓困與振興措施；經濟部商業司亦推出「商業服務業艱困事業營業衝擊補貼」政策，以及配合行政院「振興五倍券」加碼推出「好食券」，可於餐飲、糕餅、傳統市場及夜市等店家中使用。

年份	類別	標題	內容
2021 年	商業	臺灣純網銀開業	國內已取得純網銀執照的 3 家銀行（樂天國際商業銀行、LINE Bank 以及將來銀行）中，樂天國際商業銀行、LINE Bank 已經陸續開業。
2021 年	商業	電子支付跨機構共用平台上線	包括悠遊付、一卡通、愛金卡、國際連、橘子支付、街口支付、歐付寶、簡單付等專營電子支付機構間，以及電子支付機構與所有銀行機構間，皆可互相轉帳。
2022 年	餐飲	「一次用飲料杯限制使用對象及實施方式」法令正式生效	為從源頭減量，行政院環保署於 4 月 28 日修正公告「一次用飲料杯限制使用對象及實施方式」法令，並於 7 月 1 日生效實施，生效日起消費者自備環保杯前往飲料店、便利商店、速食店及超級市場等 4 大連鎖業者購買飲料，均享有至少 5 元的折扣。
2022 年	零售	公平會通過全聯併購大潤發乙案	全聯 2021 年宣布斥資新台幣 115 億元收購大潤發，公平會並於 7 月 13 日在提出 7 項附帶條件下通過全聯合併大潤發結合案，全聯從法國歐尚集團、潤泰集團取得 95.97% 大潤發流通事業股份有限公司股權，其收購範圍包括：大潤發自有土地建物、門市經營權及大潤發自有品牌。
2022 年	商業	全家推全盈 +Pay、全聯推出全支付進軍電子支付市場	由全家主導的「全盈 +PAY」在 4 月開業，全聯獨資成立的電子支付品牌「全支付」也在 8 月 24 日正式上路，三大業者全家（全盈）、全聯（全支付）、統一（icash Pay）都將握有電支品牌與廣大的零售通路。
2022 年	商業服務業	邊境管理措施鬆，採階段性開放，10 月 13 日開放觀光團出入境	9 月 29 日調整入境管制措施，取消機場唾液 PCR，恢復各國免簽，10 月 13 日進入國境解封第二階段，開放觀光團出、入境，11 月 7 日起，0+7 免居家隔離，同住接觸者 7 天自主防疫。9 月 29 日起，取消機場唾液 PCR，恢復各國免簽 10 月 13 日起，實施入境「0+7」，入境人數上限 15 萬人。

|附錄二| 臺灣商業服務業公協會列表

序號	全國性/產業性	組織名稱	網站	地址	聯絡資訊
1	全國性	中華民國全國商業總會	www.roccoc.org.tw	106 臺北市大安區復興南路一段 390 號 6 樓	電話：02-27012671 傳真：02-27555493
2	全國性	中華民國工商協進會	www.cnaic.org	106 臺北市大安區復興南路一段 390 號 13 樓	電話：02-27070111 傳真：02-27070977
3	全國性	中華民國全國中小企業總會	www.nasme.org.tw	106 臺北市大安區羅斯福路二段 95 號 6 樓	電話：02-23660812 傳真：02-23675952
4	產業性	台灣連鎖暨加盟協會	www.tcfa.org.tw	105 臺北市松山區南京東路四段 180 號 4 樓	電話：02-25796262
5	產業性	台灣連鎖加盟促進協會	www.franchise.org.tw	104 臺北市中山區中山北路一段 82 號 3 樓	電話：02-25235118
6	產業性	台灣全球商貿運籌發展協會	www.glct.org.tw	104 臺北市中山區民權西路 27 號 5 樓	電話：02-25997287 傳真：02-25997286
7	產業性	台灣服務業發展協會	www.asit.org.tw	106 臺北市大安區復仁愛路四段 314 號 2 樓之 1	電話：02-27555377 傳真：02-27555379
8	產業性	台灣服務業聯盟協會	www.twcsi.org.tw	106 臺北市大安區敦化南路二段 216 號 20 樓 A1 室	電話：02-27350056 傳真：02-27350069
9	產業性	中華民國物流協會	www.talm.org.tw	106 臺北市大安區復興南路一段 137 號 7 樓之 1	電話：02-27785669
10	產業性	台灣國際物流暨供應鏈協會	www.tilagls.org.tw	104 臺北市中山區南京東路二段 96 號 10 樓	電話：02-25113993 傳真：02-25212032
11	產業性	中華民國貨櫃儲運事業協會		221 新北市汐止市大同路三段 264 號 3 樓	電話：02-86480112 信箱：cctta@cctta.com.tw
12	產業性	中華貨物通關自動化協會		202 基隆市中正區義二路 72 號 4 樓	電話：02-24246115
13	產業性	台北市航空承攬運送商業同業公會	www.tafla.org.tw	105 臺北市松山區南京東路五段 343 號 8 樓之 3	電話：02-27601970 傳真：02-27640295
14	產業性	台北市海運承攬運送商業同業公會	www.iofflat.com.tw	104 臺北市中山區建國北路二段 90 號 7 樓	電話：02-25070366
15	產業性	台灣冷鏈協會	www.twtcca.org.tw	106 臺北市大安區忠孝東路四段 148 號 11 樓之 5	電話：02-27785255
16	產業性	台灣省進出口商業同業公會聯合會	www.tiec.org.tw	104 臺北市中山區復興北路 2 號 14 樓 B 座	電話：02-27731155 傳真：02-27731159
17	產業性	台灣省汽車貨運商業同業公會聯合會	www.t-truck.com.tw	106 臺北市大安區信義路三段 162 號之 30	電話：02-27556498 傳真：02-27080356
18	產業性	中華民國無店面零售商業同業公會	www.cnra.org.tw	106 臺北市大安區復興南路一段 368 號 8 樓	電話：02-27010411 傳真：02-27098757
19	產業性	台灣網路暨電子商務產業發展協會	tieataiwan.org	105 臺北市松山區民權東路三段 144 號 12 樓 1221A	電話：02-87126050

序號	全國性/產業性	組織名稱	網站	地址	聯絡資訊
20	產業性	中華民國百貨零售企業協會	www.ract.org.tw	220 新北市板橋區新站路 16 號 18 樓	電話：02-77278168 傳真：02-77380983
21	產業性	中華民國購物中心協會	www.twtcsc.org.tw	106 臺北市大安區敦化南路二段 97 號 2 樓	電話：02-77111008 傳真：02-66398479
22	產業性	中華美食交流協會	www.cgaorg.org.tw	242 新北市新莊區中榮街 124 號 2 樓	電話：02-22779596
23	產業性	中華日式料理發展協會	zh-tw.facebook.com/foood23701220	235 新北市中和區建康路 252 號 2 樓	電話：02-82267437
24	產業性	中華民國糕餅商業同業公會全國聯合會	www.bakery-roc.org.tw	412 臺中市大里區仁禮街 45 號	電話：04-24960912 傳真：04-24969796
25	產業性	台北市糕餅商業同業公會	www.bakery.org.tw	114 臺北市內湖區瑞湖街 178 巷 21 號 3 樓	電話：02-28825741 傳真：02-81926546
26	產業性	台灣蛋糕協會	www.cake123.com.tw	114 臺北市內湖區行善路 48 巷 18 號 6 樓之 2	電話：02-27904268 傳真：02-27948568
27	產業性	台灣廚藝美食協會	www.formosacooking.com.tw	407 臺中市西屯區長安路一段 152 號	電話：04-23155420
28	產業性	台灣國際年輕廚師協會	www.facebook.com/taiwanjuniorchefsassociation	249 新北市八里區觀海大道 111 號	電話：02-26105300 信箱：TJCA168@gmail.com
29	產業性	台灣婚宴文創產業發展協會	www.facebook.com/TaiwanWeddingIDA	108 臺北市萬華區艋舺大道 101 號 13 樓	電話：02-23383366
30	產業性	中華民國自動販賣商業同業公會全國聯合會	www.gs04.url.tw/vm/index.asp	402 臺中市南區工學路 126 巷 31 號	電話：04-22658733 傳真：04-22656815
31	產業性	中華民國台灣商用電子遊戲機產業協會	www.tama.org.tw	220 新北市板橋區三民路一段 80 號 3 樓	電話：02-29541608 傳真：02-29541604
32	產業性	台灣區電機電子工業同業公會	www.teema.org.tw	114 臺北市內湖區民權東路六段 109 號 6 樓	電話：02-87926666 傳真：02-87926088
33	產業性	台灣智慧自動化與機器人協會	www.tairoa.org.tw	408 臺中市南屯區精科路 26 號 4 樓	電話：04-23581866 傳真：04-23581566
34	產業性	台灣包裝協會	www.pack.org.tw	110 臺北市信義路五段 5 號 5c12	電話：02-27252585 傳真：02-27255890
35	產業性	中華民國金銀珠寶商業同業公會全國聯合會	www.jga.org.tw	800 高雄市新興區中正三路 80 巷 36 號 2B	電話：07-2350135 傳真：07-2350007
36	產業性	中華民國遊藝場商業同業公會全國聯合會		220 新北市板橋區南雅西路二段 10 號 1 樓	電話：02-89825268 信箱：taca1233755@gmail.com
37	產業性	中華民國親子育樂中心發展協會		114 臺北市內湖區新明路 246 巷 7 號	電話：02-27927922 傳真：02-27962850
38	產業性	台灣數位休閒娛樂產業協會		220 新北市板橋區南雅西路二段 10 號 1 樓	電話：02-89825268 信箱：taca1233755@gmail.com

2022 商業服務業年鑑：ESG 低碳與數位轉型 / 經濟部，財團
法人商業發展研究院作 . -- 初版 . -- 臺北市：時報文化出版企
業股份有限公司出版：經濟部發行, 2022.11
　面；　公分 . -- (Big；401)
ISBN 978-626-353-031-7（平裝）

1.CST: 商業 2.CST: 服務業 3.CST: 年鑑

480.58　　　　　　　　　　　　1011101861

BIG 401

2022商業服務業年鑑：ESG低碳與數位轉型

發 行 人：王美花
發行單位：經濟部
　　　　　地址：100 臺北市中正區福州街 15 號
　　　　　電話：（02）2321-2200
　　　　　網址：www.moea.gov.tw
執行單位：財團法人商業發展研究院
編審委員會召集人：陳厚銘
編審委員：王健全、何晉滄、林建元、吳師豪、洪雅齡、黃于玲、黃麗靜、詹方冠、陳文華、
　　　　　賈凱傑、康廷嶽、趙義隆、鍾俊元、蘇美華（依姓氏筆劃排列）
撰 稿 者：許添財、朱　浩、陳世憲、李世珍、程麗弘、梅明德、李曉雲、彭驛迪、李佳蔚、
　　　　　李介文、程世嘉、謝健南、黃彥傑、柳育林、葛如鈞（依章節序排列）
總 編 輯：蘇文玲
編　　輯：熊力恆、翁靜婷、蔡群儀、柯清介、林佳欣、許綺芳、曾芷筠、詹世民、張淑燕、
　　　　　謝季芳、許美玲、簡俊良、宋淳暄
執行總編輯：王建彬
執行副總編輯：朱　浩
執行編輯：王心怡、黃瑞華
校　　正：杜震華、葉倖君、林嘉儀、陳世憲、李曉雲、繆淑蓉、張芷容、蘇郁涵、林聖哲、
　　　　　李佳蔚、蔡卉卿、林仁佑、劉皓怡、陳冠州、陳俞廷、鄭郁潔、謝淑榕、游宗憲

出版單位：時報文化出版企業股份有限公司
董 事 長：趙政岷
108019 臺北市和平西路三段二四○號七樓
發行專線─（○二）二三○六六八四二
　　　　　讀者服務專線─○八○○二三一七○五
　　　　　　　　　　　　（○二）二三○四七一○三
　　　　　讀者服務傳真─（○二）二三○四六八五八
　　　　　郵撥──一九三四四七二四時報文化出版公司
　　　　　信箱──○八九九臺北華江橋郵政第九九信箱
時報悅讀網─ http://www.readingtimes.com.tw
法律顧問─理律法律事務所 陳長文律師、李念祖律師
（缺頁或破損的書，請寄回更換）

出版日期：2022 年 11 月
版　　次：初版
定　　價：799 元整
Ｇ　Ｐ　Ｎ：1011101861
Ｉ Ｓ Ｂ Ｎ：978-626-353-031-7